住房和城乡建设部“十四五”规划教材
“十二五”普通高等教育本科国家级规划教材
普通高等教育“十一五”国家级规划教材
普通高等教育“十二五”住建部规划教材
普通高等学校土木工程专业新编系列教材
中国土木工程学会教育工作委员会　审订

结构力学（上册）

（第6版）

包世华　主编
邢沁妍　参编

武汉理工大学出版社
·武　汉·

【编 者 简 介】

包世华 清华大学土木工程系教授,中国力学学会《工程力学》杂志编委,中国建筑学会高层建筑结构委员会委员。1985 ~ 1986 年为美国伊里诺伊大学土木工程系访问学者,1991 ~ 1993 年为香港理工大学土木与结构系研究员。长期从事结构力学、弹性力学、能量原理及有限元、板壳结构、薄壁杆件结构和高层建筑结构等领域的教学和科研工作。

出版教材和专著 30 多部。教材有《高层建筑结构设计》《结构力学》《结构力学教程》《结构动力学》和英文教材《Structural Mechanics》等,分别于 1987 年获建设部优秀教材二等奖,1988 年、1992 年获国家教委优秀教材奖,1998 年获教育部科学技术进步奖一等奖,1999 年获国家级科学技术进步奖二等奖,2002 年获教育部全国优秀教材一等奖,2007 年获教育部普通高等教育精品教材,2021 年获国家教材委员会颁发的首届全国教材建设奖全国优秀教材。2022 年获清华大学教材成就奖。所主编的由武汉理工大学出版社出版的《结构力学》两次获清华大学优秀教材一等奖,并被选为普通高等学校"十一五"和"十二五"国家级规划教材,以及"十二五"和"十四五"住建部规划教材,等等。专著有《薄壁杆件结构力学》《高层建筑结构计算》《新编高层建筑结构》《高层建筑结构设计和计算》(上、下册)等。

在国内外刊物上发表学术论文 130 多篇。参加制定《薄壳结构设计规程》,其壳体研究成果被收入该规程。提出和创建了高层建筑结构解析和半解析常微分方程求解器解法系列。1983 年获北京市科委技术成果奖,1986 年、1992 年、1994 年分别获国家教委科学技术进步奖一、二、三等奖。

邢沁妍 清华大学土木工程系副教授,中国力学学会第六届结构工程专业委员会秘书长。2010 年 10 月至今在清华大学土木工程系结构力学教研室工作,从事结构力学、计算力学、结构高性能数值计算方法领域的教学和科研工作。

先后主持国家自然科学基金联合基金项目 1 项、青年基金项目 1 项,清华大学本科教育教学改革项目 5 项,清华大学研究生教育改革项目 1 项。出版著作 1 部,发表论文三十余篇。获北京高等学校优质本科课程、北京高等学校优质本科教材课件、清华大学标杆课等多项教育教学奖励。

图书在版编目(CIP)数据

结构力学·上/包世华主编. —6 版. —武汉:武汉理工大学出版社,2025.1(2025.6 重印)
ISBN 978-7-5629-7179-5

Ⅰ. ①0342

中国国家版本馆 CIP 数据核字第 2024LZ4844 号

项目负责人:高 英 汪浪涛　　**责任编辑**:高 英
责任校对:丁 冲　　**封面设计**:付 群
出版发行:武汉理工大学出版社
社 址:武汉市洪山区珞狮路 122 号　**邮 编**:430070
网 址:http://www.wutp.com.cn
经 销:各地新华书店
印 刷:武汉市洪林印务有限公司
开 本:880×1230 1/16
印 张:17.75　　**字 数**:513 千字
版 次:2000 年 8 月第 1 版 2025 年 1 月第 6 版
印 次:2025 年 6 月第 2 次印刷 总第 43 次印刷
印 数:261001—264000 册　　**定 价**:43.00 元

第 6 版前言

本次修订的依据仍然是教育部颁布实施的《普通高等学校本科专业目录》中所规定的土木工程专业的业务培养目标，教育部高等学校非力学专业力学基础课程教学指导分委员会制定的《结构力学课程教学基本要求（A 类）》，住房和城乡建设部高等学校土木专业指导委员会制定的《结构力学课程教学大纲》和《高等学校土木工程本科指导性专业规范》。本书的适用对象为普通高等学校土木工程学科专业（即“大土木”）各类专业化方向的本科学生，也可供参加高等教育自学考试的学生、考研的学生和参加注册结构工程师考试的人员以及有关工程技术人员阅读参考。

本版修订时的一些主要考虑和做法：

1. 将纸质教材与电子教材综合考虑，线上和线下相互配合，各自发挥所长，构建一个彼此呼应、立体交叉的教材模式，这是一个新的尝试。作为一个新的努力目标，具体体现出的是将较深入和不是很常用的内容由纸质教材转移到二维码中展示。

2. 在纸版教材中继续贯彻少而精和创新原则。

少而精，指基本上只收入《结构力学课程教学基本要求（A 类）》中要求的内容，即通常的“必修内容”。

创新，指我们在前几版前言中提到的结构力学建模理论和结构力学的定性（概念）分析等，这对以前的结构力学教材来说是一种创新，还要进一步的深入讨论。

3. 矩阵位移法一章全部进行了改写，突出主题，只以平面刚架结构为例介绍矩阵位移法，删去了连续梁、桁架、组合结构等内容。计算程序也改为由通用的数学软件 Matlab 编写的源程序。

4. 本书将相应的学习指导以电子版形式展现，以便于学习者使用。

5. 本书仍以纸质版作为教材的主体，并在纸质版中收录了电子版教材的目录及极少量的文字说明，使读者能通过纸质版了解全书的面貌。全书中凡收入电子版的内容均在前面加了“*”号，这与前几版中的星号表达的意思是不同的。书中的二维码请用浏览器打开。

本书第 3、4、5 版前言仍保留，读者可从中了解各版的演进过程。

本书难免存在不足，欢迎批评指正。

包世华

2024 年 8 月于清华园

学习指导

第 5 版前言

本次修订的依据仍然是教育部颁布实施的《普通高等学校本科专业目录》中所规定的土木工程专业的业务培养目标，教育部高等学校非力学专业力学基础课程教学指导分委员会制定的《结构力学课程教学基本要求(A 类)》，住房和城乡建设部高等学校土木工程专业指导委员会制定的《结构力学课程教学大纲》和《高等学校土木工程本科指导性专业规范》。本书的适用对象为普通高等学校土木工程学科专业(即“大土木”)各类专门化方向的本科学生，也可供参加高等教育自学考试的学生、考研的学生和参加注册结构工程师考试的人员以及有关工程技术人员阅读参考。

本版主要改动的地方有：

1. 第 14 章对结构的计算简图和结构力学定性(概念)分析的内容有较大的增补。

这两部分内容都是编者在清华大学长期的教学实践中提出，是国内外结构力学教材中少有系统讨论的内容，是创新的内容。

结构计算简图是结构力学的建模理论，过去的结构力学教材多数是在第一章对构件、结点和支座等做出一些假设，以后就用线条表示的计算简图进行计算了。结构计算简图与实际结构之间有很大的差别。我们力图在教材中减少这个差别，也就是力学计算理论联系了工程结构实际，在第一章后还专门增加对结构计算简图的讨论。这一举措得到了学界和工程界的认可，有的教材也开始采用此方法，所以本版继续在这方面进行了增补。

结构力学定性(概念)分析首次在结构力学教材中系统的讨论，是在本书的第 4 版。为什么要写这部分内容的详细原因已在第 4 版前言中说明，不再复述。本版又增补了新内容。

2. 其他内容上的增、删和改写

第 1 章中增加了一节介绍结构线性分析和非线性分析；第 2 章中增加了对虚铰(主要是两平行杆虚铰)的讨论；第 8 章中删去主要适用于路桥专业的公路换算荷载；第 11 章中删去了用位移法解排架的内容，换成了更适合位移法求解的有多侧移的刚架；第 13 章中删去了忽略轴向变形的刚架一节；并对少量的文字、例题和图进行了修改。

3. 本版尽量用例题来表述内容，全书共有例题 180 多个。

本书第 3 版、第 4 版前言仍保留。其中提到的本书的编写依据，各版的演进过程，对基本要求和提高部分，以及星号“*”的含义等，仍然是有效的，可以翻看。

本书难免存在不足之处，欢迎批评，恳请指正。

包世华

2018 年 6 月于清华园

第 4 版前言

本次修订的依据是教育部颁布实施的《普通高等学校本科专业目录》中所规定的土木工程专业的业务培养目标，教育部高等学校非力学专业力学基础课程教学指导分委员会制定的《结构力学课程教学基本要求(A类)》、住房和城乡建设部高等学校土木工程专业指导委员会制定的《结构力学课程教学大纲》以及《高等学校土木工程本科指导性专业规范》。本书的适用对象为普通高等学校土木工程专业(即“大土木”)各类专门化方向的本科学生，也可供参加高等教育自学考试的学生、考研的学生和参加注册结构工程师考试的人员以及有关工程技术人员阅读参考。

本版主要改动的地方有：

1.新增写了静定结构内力和位移的定性分析、结构的变形简图、超静定结构内力和位移的定性分析、多层多跨刚架的近似法(侧移计算)等内容作为结构力学定性(或概念)分析的入门。

对结构力学定性(或概念)分析的重要性，工程界和广大教师已经有充分的认识。结构设计大师林同炎早就有《结构概念与体系》的专著，论述概念设计的重要性。因此，结构力学应该涵盖经典结构力学、程序(或计算)结构力学和定性(或概念)结构力学三个方面，已为大家所认知。经典结构力学已经成熟，程序(计算)结构力学正在日趋完善，定性(或概念)结构力学刚刚起步。

从结构力学对能力的培养来说也有三个方面：经典方法的分析能力、计算机分析能力和定性分析能力。在结构的概念设计、结构的合理形式、结构计算模型的建立、结构受力和变形性能的估计和判断，以及计算结果正误的分析等方面都需要结构力学定性分析能力的培养。从这个角度看，定性分析能力的培养可能是上述三个能力培养中要求最高，也是最难的一个方面。定性分析能力的培养并不只是结构力学一门课程的任务，也不能要求结构力学一门课程来完成，但是结构力学课程应该承担此任务。高层次的能力培养需要从简单的训练开始，需要一个入门的向导。编者认为在讲授经典结构力学分析方法的同时或稍后，就应该教学生做简单结构内力和变形的大致形状的估计、判断等的训练，以之作为结构力学定性分析的入门。20 世纪 80 年代，编者在清华大学上结构力学习题课时就曾进行过这方面的尝试，取得了较好的效果。

总之，定性分析是一个新的内容，在教材中怎么写好这个入门的材料，尚无一定之规。这次收入本书的只是在传统的经典分析方法的基础上，增加了一些仅靠脑和手对结构内力和变形进行定性分析的入门方法。这里要指出，计算机在定性分析中也是大有可为的，在计算机和各种应用软件高速发展的今天，期待着有更好的结构力学定性分析教材问世。

今后，结构力学定性分析的教材和教学走向可能有两条路：一条是以经典结构力学为主的教材中，加入计算机计算和定性分析的内容，前者是基础，为主体；后两者是互为依赖的左右手，是一个统一的整体、一本书，本书走的就是这一条路。另一条是单独设课，独立成书。

本书中把定性分析的内容集中放在了第 14 章中，教学中可以将其分散在合适的相关章节。因为《结构力学课程教学基本要求(A类)》中没有提出定性分析的要求，本书收入该内容是为了提倡读者培养结构力学定性分析的能力，各学校及读者可自行决定是否选用，书中该部分内容打上了星号(“*”)。

2.在内容上做了一些删减、改写，顺序也有改变

第 8 章中汽车车队移动荷载和铁路标准活载均按新规范标准进行了修改；原在下册的第 11 章位移法收入上册；第 12 章超静定结构的近似法收入第 14 章，内容有扩展；第 15 章中删去了有限元法求刚架的自振频率；第 16 章中改写了圆环和圆拱稳定方程的推导，删去了圆拱的计算长度和刚架的稳定；第 17 章中删去了矩阵位移法求刚架的极限荷载等。删减内容均是一般学校不选用的专题、提高

内容，需要用到相关内容的读者可参见本书的第 3 版。

本版修订工作由包世华制定修改方案和大纲。修订工作由包世华、辛克贵完成。全书由包世华修改定稿。

本书由中国工程院院士、清华大学龙驭球教授和清华大学张铜生教授审阅，龙驭球为主审。郑州大学樊友景、南昌大学张爱萍和昆明理工大学孙俊对本书进行了审读。他们对编写大纲及书稿提出了许多宝贵意见，在此向他们表示感谢。

本书难免存在不足之处，欢迎读者批评指正。

包世华

2011 年 10 月于清华园

第 3 版前言

本书第 3 版作为普通高等教育“十一五”国家级规划教材，重新进行了改编。

编写依据仍然是教育部颁布实施的《普通高等学校本科专业目录》中所规定的土木工程专业的业务培养目标、教育部高等学校非力学专业力学基础课程教学指导分委员会制定的《结构力学课程教学基本要求(A 类)》和建设部高等学校土木工程专业指导委员会制定的《结构力学课程教学大纲》。适用对象为普通高等学校土木工程专业(即“大土木”)各类专门化方向的本科学生，也可供参加高等教育自学考试的学生、考研的学生和参加注册结构工程师考试的人员以及有关工程技术人员阅读参考。

考虑到近年来各高校《结构力学》教学内容、体系改革等的实践结果和课时普遍调低的现状，第 3 版改动的地方主要有：

1. 为了与主编编写的结构力学双(英)语教材(Bao Shihua and Gong Yaoqing. Structural Mechanics. Wuhan University of Technology Press，2006)完全一致，以便中、英文教学可以互相参考，将第 2～6 章全部进行了改写。这样，采用中文教学的师生，需要时可以参考上述英语教材；采用双(英)语教学的师生，在需要时也可以参考本书。

2. 教育部高等学校非力学专业力学基础课程教学指导分委员会 2007 年印发的《结构力学课程教学基本要求(A 类)》(简称《基本要求》)中，将课程内容分为了两部分：基础部分和专题部分。基础部分为必修内容，专题部分中的“结构矩阵分析”和“结构的动力计算”(只要求到两个自由度体系)为必修内容，并去除了一些具体数字方面(如学时数、上机时数等)的硬性要求。

按照上述《基本要求》中是否为必修的要求，本书第 3 版将全书内容明确地划分为两部分：基本部分和专题、提高部分，前者为必修内容，后者为选修内容。

基本部分包括《基本要求》中的基础部分，即结构的几何组成分析、静定结构、超静定结构和影响线等；矩阵位移法和结构的动力计算(到两个自由度体系为止)。基本部分是为课程打好基础，落实课程基本要求的必修内容。第 2 版中没有打“*”号的内容第 3 版中大都保留下来了，但按照《基本要求》中列为必修和选修的要求重新进行了划分，即第 3 版中作为必修的基本部分已按新《基本要求》确定，较第 2 版有所减少。专题、提高部分是《基本要求》中未列为必修的内容，包括：稳定、极限荷载、两个自由度以上体系的动力计算，以及各章中加“*”号的内容。专题、提高部分一般不是课程教学基本要求的必修内容，个别学校或专业如有需要，可酌情选取其中某些材料作为教学内容。

有关学时数、理论教学时数、上机时数和实践性教学时数等规定，第 3 版中均去除了。

本版修订工作由包世华制定修改方案和大纲。修订工作分工如下：包世华，第 1～9、12、15～17 章；辛克贵，第 10、11、13、14 章。全书由包世华修改定稿。

本书由中国工程院院士、清华大学龙驭球教授和清华大学张铜生教授审阅，龙驭球为主审。郑州大学樊友景、南昌大学张爱萍和昆明理工大学孙俊对本书进行了审读。他们对编写大纲及书稿提出了许多宝贵意见，在此，对他们表示感谢。

本书难免存在不足之处，欢迎读者批评指正。

编　者

2007 年 3 月

目　录

1 绪　　论

本章提要

本章介绍结构力学的任务与方法、结构的计算简图、结构和杆件结构的分类、荷载的分类、结构线性分析和非线性分析共五个问题，其中结构的计算简图是重点，是本书后续章节计算的依据。

1.1　结构和结构的分类

在土木工程中，由建筑材料构成，能承受荷载而起骨架作用的构筑物称为工程结构，简称结构。图 1.1 所示是一些工程结构的例子①。图 1.1(a)所示为 2019 年建成的北京最高(528m)的建筑——中国尊大厦，图 1.1(b)所示为一水利枢纽工程，图 1.1(c)所示为一桥梁结构。再细一些，如图 1.16 所示单层厂房结构中的屋面板、屋架、梁、柱、基础及其组成的体系，也都是结构。

(a)　(b)　(c)

图 1.1　工程结构示例

(a) 北京中国尊大厦；(b) 长江三峡水利枢纽工程；(c) 九江长江大桥

① 严格地说，照片中看到的是这些结构的外形，只有图 1.1(c)的桥梁结构，其受力骨架是展现在外的。

结构按其几何特征通常分为三类：

（1）杆件结构

杆件结构是由杆件或若干根杆件相互连接组成。杆件的几何特征是：三个方向尺寸中，长度 l 比截面宽度 b 和厚度 h 大得多，如图 1.2 所示。各种结构中，杆件结构最多，本书讨论的也主要是杆件结构。

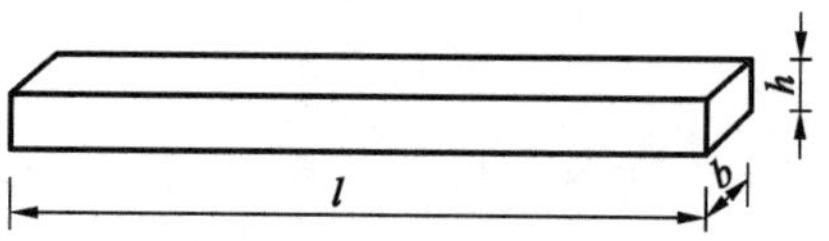

图 1.2　杆件

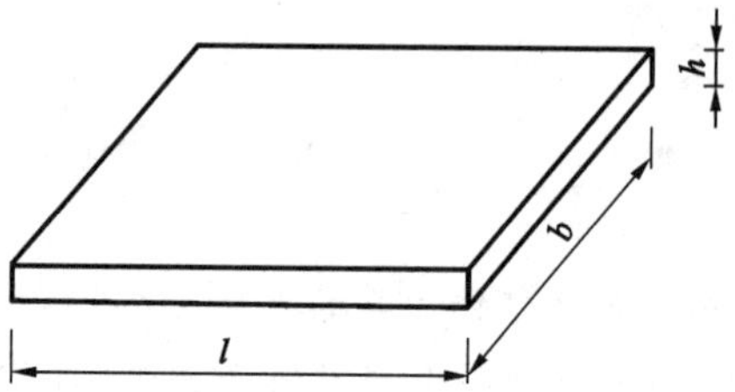

图 1.3　平板

（2）板壳结构（又称薄壁结构）

它的几何特征是：三个方向尺寸中，厚度 h 比长度 l 和宽度 b 小得多，如图 1.3 所示的平板。由几块平板组合，可得折板，如图 1.4(a)所示；图 1.4(b)所示为折板屋面结构。当薄壁结构为曲面时，则为壳体，如图 1.5(a)所示。图 1.5(b)所示为一壳体屋面结构。

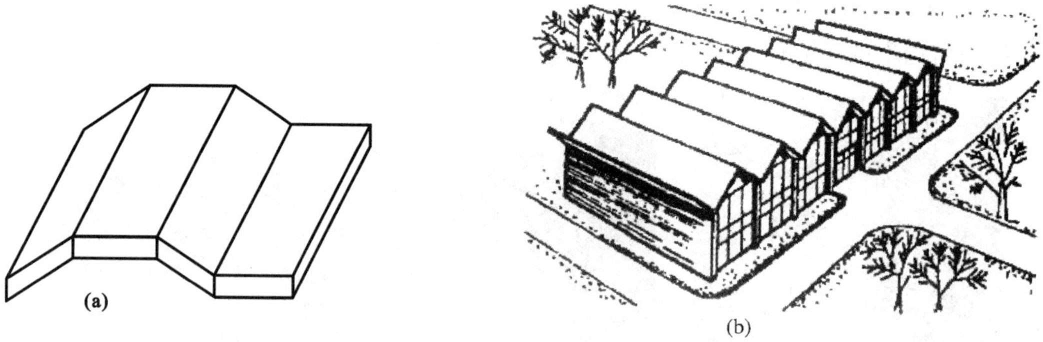

图 1.4　折板结构

(a) 折板；(b) 折板屋面

图 1.5　壳体结构

(a) 壳体；(b) 壳体屋面结构

(3) 实体结构

实体结构的几何特征是：三个方向尺寸中，长度 l、宽度 b 和厚度 h 大致相当，如挡土墙（图 1.6）、堤坝和块体基础（图 1.7）等。

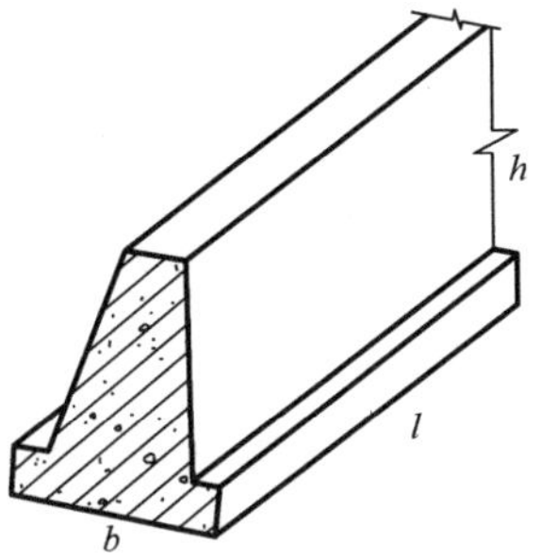

图 1.6 挡土墙

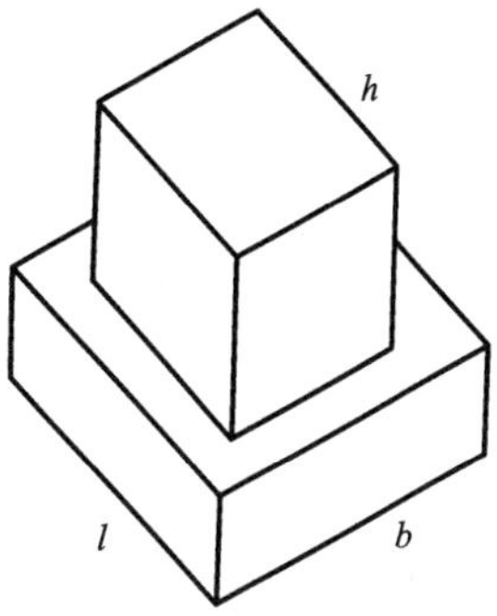

图 1.7 块体基础

1.2 结构力学的任务与方法

1.2.1 结构力学课程与其他课程的关系

本课程讨论的范围是杆件结构，因此，也可称为杆件结构力学，简称为结构力学。

结构力学是土木工程各专业的一门重要的技术基础课，在各门课程的学习中起着承上启下的作用。

结构力学是理论力学和材料力学的后续课程。理论力学研究的是刚体的机械运动（包括静止和平衡）的基本规律和刚体的力学分析。材料力学研究的是单根杆件的强度、刚度和稳定性问题。而结构力学则是研究杆件体系的强度、刚度和稳定性问题。因此，理论力学和材料力学是学习结构力学的重要的基础课程，为结构力学提供力学分析的基本原理和基础。

同时，结构力学又为后续的弹性力学（研究板壳结构和实体结构的强度、刚度和稳定性问题）以及混凝土结构、砌体结构和钢结构等专业课程提供了进一步的力学知识基础。因此，结构力学课程的学习在土木工程的房建、结构、道路、桥梁、水利及地下工程各专业的学习中均占有重要的地位。

1.2.2 结构力学的任务和学习方法

结构力学的任务包括以下几个方面：

(1) 研究结构的组成规律、合理形式以及结构计算简图的合理选择；

(2) 研究结构内力和变形的计算方法，以便进行结构强度和刚度的验算；

(3) 研究结构的稳定性以及在动力荷载作用下结构的反应。

结构力学的计算问题分为两类：一类为静定性的问题，只需根据下面三个基本条件的第一个条件——平衡条件，即可求解；另一类为超静定性的问题，必须满足以下三个基本条件，方能求解。三个基本条件是：

(1) 力系的平衡条件　在一组力系作用下，结构的整体及其中任何一部分都应满足力系的平衡条件。

(2) 变形的连续条件（即几何条件）　连续的结构发生变形后，仍是连续的，材料没有重叠或缝隙；同时结构的变形和位移应满足支座和结点的约束条件。

(3) 物理条件　把结构的应力和变形联系起来的物性条件，即物理方程或本构方程。

以上三个基本条件贯穿在本课程的全部计算方法中，只是满足的次序和方式不同而已。

学习时要注意结构力学与其他课程的联系。对理论力学和材料力学等先修课程的知识，应当根据情况进行必要的复习，并在运用中得到巩固和提高。

学习时要注意分析方法与解题思路。在本课程中讲述的各种具体的计算方法，均是前述三个基本条件的具体体现，要注意各种方法在其计算过程中是怎样实现三个基本条件的要求的。学习时要着重掌握各种方法的解题思路，特别是要从这些具体的算法中学习分析问题的一般方法，例如：如何由已知领域逐步过渡到未知新领域的方法，如何将整体分解成局部再由局部综合成整体的方法，如何把有关几个问题加以对比的方法，等等。

学习时要注意多练。做题练习是学习结构力学的重要环节。不做一定数量的习题，是很难掌握其中的概念、原理和方法的。但是做题也要避免各种盲目性：不看书，不复习，只埋头做题，这是第一种；贪多求快，不求甚解，这是第二种；只会对答案，不会自己校核，这是第三种；错题不改正，不会从中吸取教训得以提高，这是第四种。

1.3　结构的计算简图

1.3.1　计算简图及其选择原则

实际结构是很复杂的，完全按照结构的实际工作状态进行力学分析是不可能的，也是不必要的。因此，对实际结构进行力学计算以前，必须加以简化，略去不重要的细节，用一个能反映其基本受力和变形性能的简化的计算图形来代替实际结构。这种代替实际结构的简化计算图形称为结构的计算简图。结构的受力分析都是在计算简图中进行。因此，计算简图的选择是结构受力分析的基础。选择不当，则计算结果不能反映结构的实际工作状态，严重的将会引起工程事故。所以，对计算简图的选择应该十分重视。

计算简图的选择原则是：

(1) 计算简图应能反映实际结构的主要受力和变形性能；

(2) 保留主要因素，略去次要因素，使计算简图便于计算。

应当指出，计算简图的选择在上述原则指导下，要根据当时当地的具体要求和条件来选用，并不是一成不变的。如对重要的结构应采用比较精确的计算简图；对不重要的结构可以使用较为简单的计算简图。如在初步设计的方案阶段，可使用较为粗糙的计算简图，而在技术设计阶段再使用比较精确的计算简图。如用手算，可采用较为简单的计算简图，而用电算，则可以采用较为复杂的计算简图。

1.3.2　计算简图的简化要点

(1) 结构体系的简化

一般结构实际上都是空间结构，各部分相互连接成为一个空间整体，以承受各个方向可能出现的荷载。但在多数情况下，常可以忽略一些次要的空间约束而将实际结构分解为平面结构，使计算得以简化。本书主要讨论平面结构的计算问题。当然也有一些结构具有明显的空间特征而不宜简化成平面结构，本书也将涉及这方面的内容。

(2) 杆件的简化

杆件的截面尺寸(宽度、厚度)通常比杆件长度小得多，截面变形符合平截面假设，截面上的应力可根据截面的内力(弯矩、剪力、轴力)来确定，截面上的变形也可根据轴线上的应变分量来确定。因此，在计算简图中，杆件可用其轴线表示，杆件之间的连接区用结点表示，杆长用结点间的距离表示，荷载的作用点也转移到轴线上。当截面尺寸增大时(例如超过杆长的1/4)，杆件用其轴线表示的简化，将引起较大的误差。

(3) 杆件间连接的简化

结构中杆件与杆件之间的相互连接处，简化为结点。木结构、钢结构和混凝土结构中杆件与杆件之间相互连接的构造方式虽然很多，但其结点通常简化为以下两种理想情形：

① 铰结点

理想铰结点的特点是：被连接的杆件在结点处不能相对移动，但可绕铰自由转动；在铰结点处可以承受和传递力，但不能承受和传递力矩。这种理想情况，实际结构中是很难遇到的。图1.8(a)所示的木屋架端结点，由于连接的作用，各杆之间不能相对移动，但有相互间微小转动，计算时简化为一铰结点，其计算简图如图1.8(b)所示。木屋架的结点也只是比较接近铰结点。图1.9(a)所示一钢桁架的结点，是通过节点板把各杆件焊接在一起的，实际上各杆端是不能相对转动的，但在桁架中各杆主要是承受轴力，因此计算时仍将这种结点简化为铰结点[图1.9(b)]。

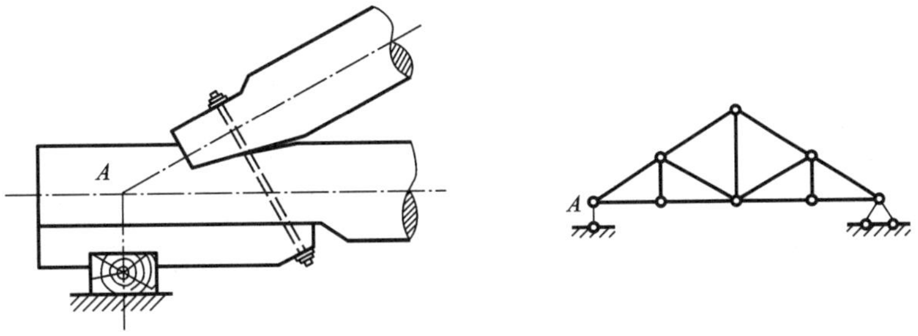

(a) (b)

图1.8 木屋架结点——铰结点

(a) 木屋架端结点构造；(b) 铰结点计算简图

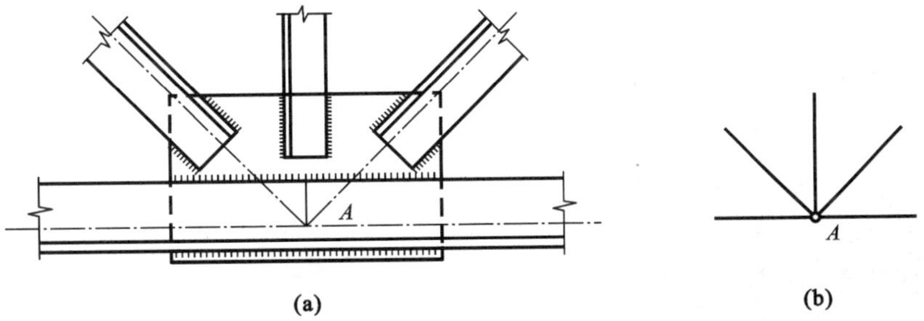

(a) (b)

图1.9 钢桁架结点——铰结点

(a) 钢桁架结点做法；(b) 铰结点计算简图

② 刚结点

刚结点的特点是：被连接的杆件在结点处不能相对移动，也不能相对转动；在刚结点处不但能承受和传递力，而且能承受和传递力矩。图1.10(a)所示是一钢筋混凝土框架边柱和梁的结点，由于梁和柱之间的钢筋布置以及混凝土将它们浇筑成整体，使梁和柱不能产生相对移动和转动，计算时简化为一刚结点，其计算简图如图1.10(b)所示。

(4) 结构与基础间连接的简化

结构与基础的连接装置称为支座。支座的作用是把结构固定于基础上，同时，结构所受的荷载通过支座传到基础和地基。支座对结构的反作用力称为支座反力。平面结构的支座一般简化为下面四种情形：

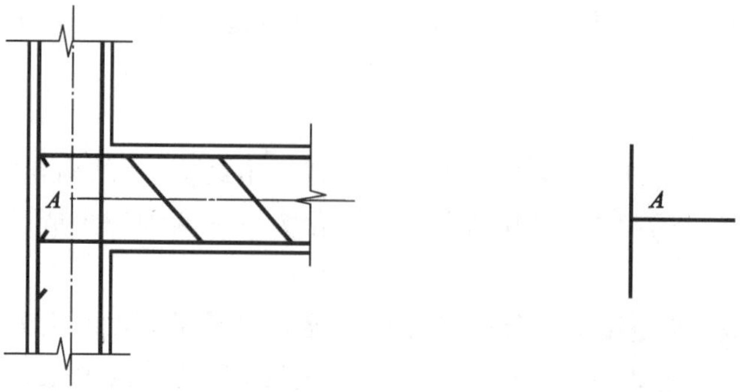

(a)　　　　　　　　　　　　　　(b)

图 1.10　钢筋混凝土梁柱结点——刚结点

(a) 钢筋混凝土梁柱结点做法；(b) 刚结点计算简图

① 活动铰支座

图 1.11(a)所示为一桥梁结构活动铰支座的照片；图 1.11(b)、(c)所示为桥梁结构中所用辊轴支座和摇轴支座的简化图形。它容许结构在支承处绕圆柱铰 A 转动和沿平行于支承平面 $m—n$ 的方向移动，但 A 点不能沿垂直于支承面的方向移动。当不考虑摩擦力时，这种支座的反力 R_A 将通过铰 A 的中心并与支承平面 $m—n$ 垂直，即反力的作用点和方向都是确定的，只有它的大小是一个未知量。根据活动铰支座的位移和受力特点，在计算简图中可以用一根垂直于支承面的链杆 AB 来表示，如图 1.11(d)所示。此时结构可绕铰 A 转动；链杆又可绕 B 转动，当转动很微小时，A 点的移动方向可看成是平行于支承面的。

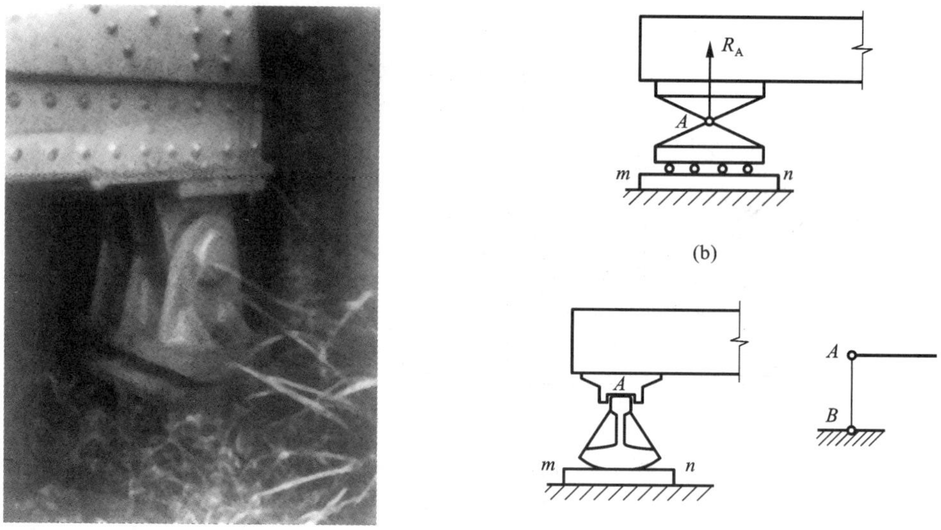

(a)　　　　　　　　　　(c)　　　　　(d)

图 1.11　活动铰支座

(a) 桥梁活动铰支座；(b) 辊轴支座；(c) 摇轴支座；(d) 活动铰支座计算简图

② 固定铰支座

这种支座的构造如图 1.12(a)、(b)所示，常简称为铰支座，它容许结构在支承处绕圆柱铰 A 转动，但 A 点不能作水平和竖向移动。支座反力 R_A 将通过铰 A 中心，但大小和方向都是未知的，通常可用沿两个确定方向的分反力，如水平反力 X_A 和竖向反力 Y_A 来表示。这种支座的计算简图可用交于 A 点的两根支承链杆来表示，如图 1.12(c)或(d)所示。

图 1.13(a)所示的预制混凝土柱插入杯形基础，杯口的空隙用沥青麻丝填充，柱子可以有微小的转动，但在水平方向和竖直方向的移动受限制，可以简化为一个固定铰支座。图 1.13(b)中 A 处所示

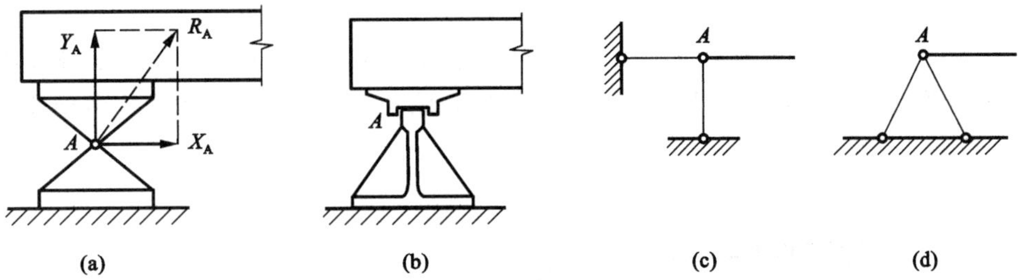

图 1.12 固定铰支座

(a)、(b) 固定铰构造;(c)、(d) 固定铰支座计算简图

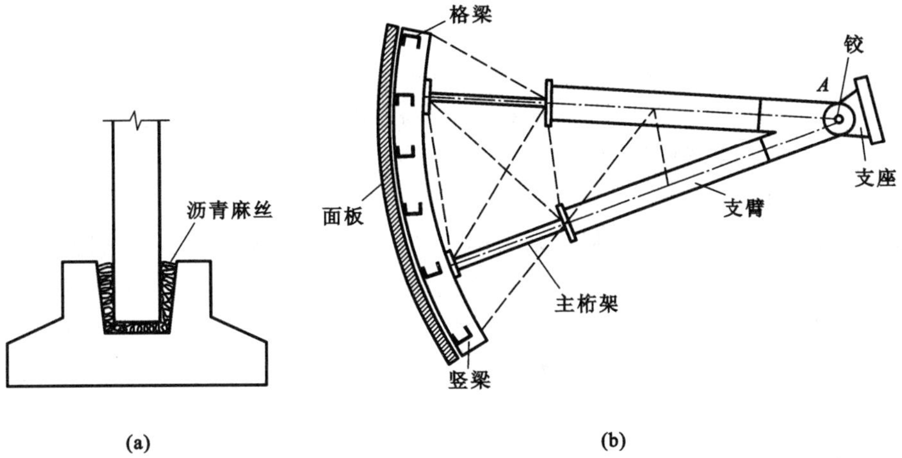

图 1.13 工程中的固定铰支座

(*a*) 预制混凝土柱插入杯形基础;(*b*) 弧形闸门铰支座

为一水工结构弧形闸门铰支座。闸门开启时,可绕固定圆轴 A 旋转。

③ 固定支座

这种支座不容许结构在支承处发生任何移动和转动[图 1.14(a)],它的反力大小、方向和作用点位置都是未知的,通常用水平反力 X_A、竖向反力 Y_A 和反力矩 M_A 来表示,计算简图如图 1.14(b) 所示。

图 1.14(a)所示悬臂梁,当梁端插入墙身有相当深度,且与四周有相当好的密实性时,梁端被完全固定,可以视为固定支座。

图 1.14(c)所示为一预制钢筋混凝土柱插入杯形基础,杯口的空隙用细石混凝土填实。当预制柱插入基础有一定深度时,柱在基础内的移动和转动均被限制,可以简化为固定支座。

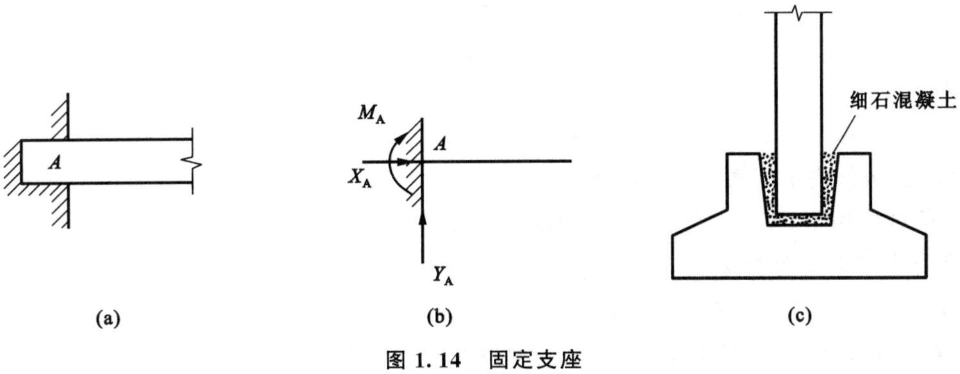

图 1.14 固定支座

(a) 悬臂梁;(b) 固定支座计算简图;(c) 预制柱杯口基础

④ 定向支座

结构在支承处不能转动，不能沿垂直于支承面的方向移动，但可以沿支承面方向滑动，其反力为一个垂直于支承面的力 Y_A 和一个反力矩 M_A，计算简图可用垂直于支承面的两根平行链杆表示(图 1.15)。

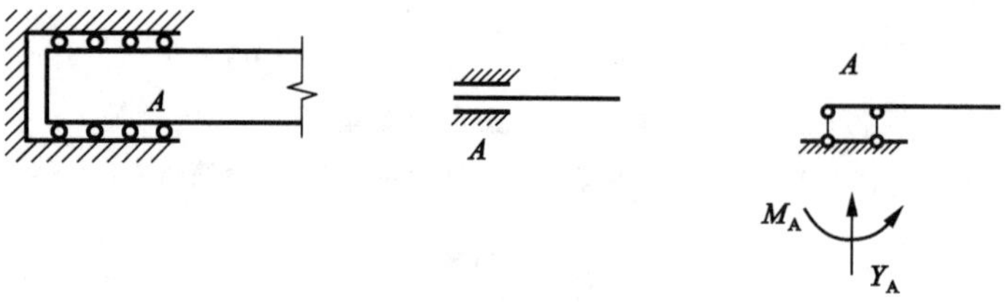

(a)　　　(b)　　　(c)

图 1.15　定向支座

(a) 定向支座做法；(b) 定向支座示意图；(c) 定向支座计算简图

(5) 材料性质的简化

在土木工程中结构所用的建筑材料通常为钢、混凝土、砖、石、木料等。在结构计算中，为了简化，对组成各构件的材料一般都假设为连续的、均匀的、各向同性的、完全弹性或弹塑性的。

上述假设对于金属材料在一定受力范围内是符合实际情况的。对于混凝土、钢筋混凝土、砖、石等材料则带有一定程度的近似性。至于木材，因其顺纹与横纹方向的物理性质不同，故应用这些假设时应予以注意。

(6) 荷载的简化

结构承受的荷载可分为体积力和表面力两大类。体积力指的是结构的重力或惯性力等；表面力则是由其他物体通过接触面传给结构的作用力，如土压力、车辆的轮压力等。在杆件结构中把杆件简化为轴线，因此不管是体积力还是表面力都可以简化为作用在杆件轴线上的力。荷载按其分布情况可简化为集中荷载和分布荷载。荷载的简化与确定比较复杂，下面还要专门讨论。

1.3.3　结构计算简图示例

【例 1.1】　图 1.16(a)所示为一工业厂房结构示意图，讨论其计算简图。

【解】

(1) 厂房体系的简化

该厂房结构是一系列由屋架、柱和基础组成的结构[图 1.16(a)中的阴影部分或图 1.16(b)]沿厂房的纵向有规律地排列起来，再由屋面板等纵向构件连接组成的空间结构。作用在厂房上的荷载，通常沿纵向是均匀分布的。因此，可以从这个空间结构中，取出柱间距中线之间的部分作为计算单元；作用在结构上的荷载，则通过纵向构件分配到各计算单元平面内。在计算单元中，荷载和杆件都在同一平面内，这样，就把一个空间结构分解成为平面结构[图 1.16(b)]。

下面对图 1.16(b)所示平面结构，分别讨论其屋架和厂房柱的计算简图。

(2) 竖向荷载作用下屋架的计算简图

在竖向荷载作用下，屋架的计算简图如图 1.16(c)所示。这里，采用了以下的简化：

① 屋架的杆件用其轴线表示；

② 屋架杆件之间的连接简化为铰结点；

③ 屋架的两端通过钢板焊接在柱顶，可将其端点分别简化为固定铰支座和活动铰支座；

④ 屋面荷载通过屋面板的四个角点以集中力的形式作用在屋架的上弦上。

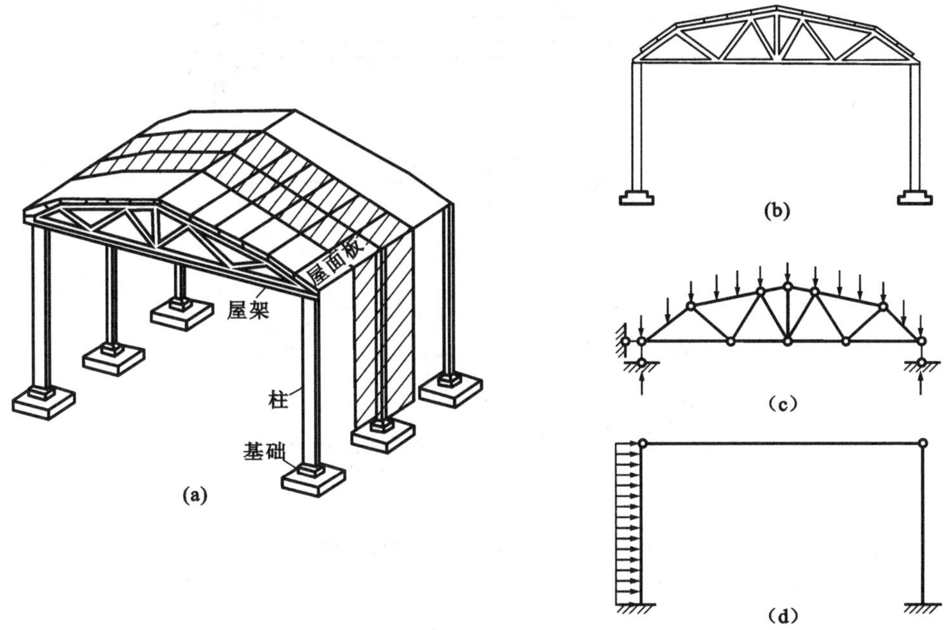

图 1.16 例 1.1 单层厂房结构的计算简图

(a) 单层厂房结构;(b) 平面结构;(c) 竖向荷载下屋架计算简图;(d) 横向水平荷载下排架计算简图

(3) 横向水平荷载作用下厂房柱的计算简图

在横向水平荷载(如侧向风荷载)作用下,厂房柱的计算简图如图 1.16(d)所示。这里,采用了以下的简化:

① 柱用其轴线表示;

② 屋架在两端均以铰与柱顶连接,计算柱时,屋架的作用如同一个两端为铰的链杆,将两柱在顶部连在一起;

③ 柱插入基础后,用细石混凝土填实,柱基础视为固定支座。

图 1.16(b)和图 1.16(d)所示的结构,称为铰结排架,是单层工业厂房常用的一种结构形式。

【例 1.2】 图 1.17(a)所示为一水电站的高压水管,讨论其计算简图。

【解】

水管支承在一系列支托上,从整体来看是一连续梁,固定台很重、很牢固,可看作梁的固定端,而支托可看作支杆。在水管自重和管内水重作用下,水管可按均布荷载作用下的连续梁来计算(在温度伸缩接头处受力构件已断开),计算简图如图 1.17(b)所示。

以上是计算水管纵向应力所取的计算简图,当计算环向应力时,由于水管很长,且每一截面所受水压力也是一样的,可以截取一单位宽度的圆环进行计算,计算简图如图 1.17(c)所示。当水管突然放空而形成真空时,由于外压的存在,有丧失稳定的可能,故还须验算圆环在均匀外压下的稳定性[图 1.17(d)]。

结构计算简图的选择十分重要,又很复杂;需要选择者有较多的实际经验,并善于判断各种不同因素的相对重要性。对一些新型结构,往往要通过多次的实验和实践,才能获得比较合理的计算简图,但对常用的结构形式,已有前人积累的经验,可以直接取其常用的计算简图。所以,选择结构计算简图的能力是在本课程、后续相关课程以及长期工程实践中逐步形成的。

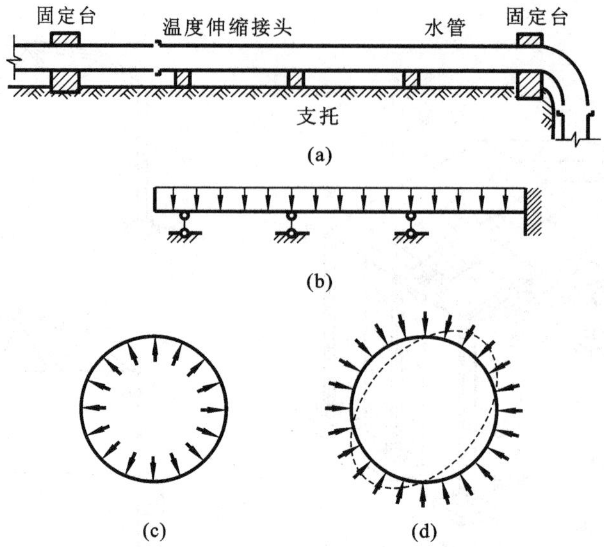

图 1.17　例 1.2 高压水管计算简图

(a)整体构造图;(b)整体纵向应力计算简图;(c)环向应力计算简图;(d)环向稳定计算简图

1.4　杆件结构的分类

杆件结构的分类,实际就是计算简图的分类。

常用的结构按其组成和受力特点,可分为以下几类:

(1) 梁

梁的轴线通常为直线,水平梁在竖向荷载作用下无水平支座反力,内力有弯矩和剪力。梁有单跨梁(图 1.18)和多跨梁(图 1.19)。

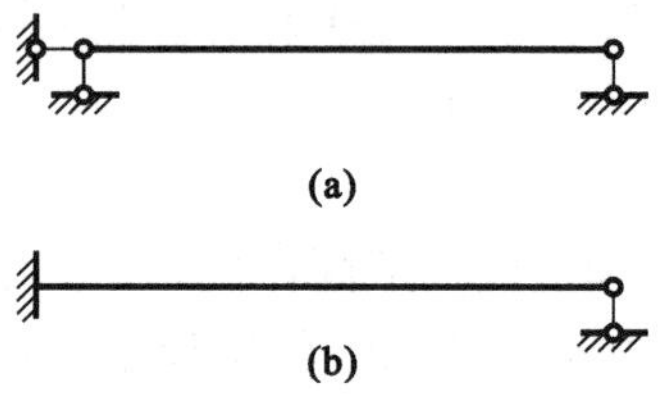

图 1.18　单跨梁

(a) 静定梁;(b) 超静定梁

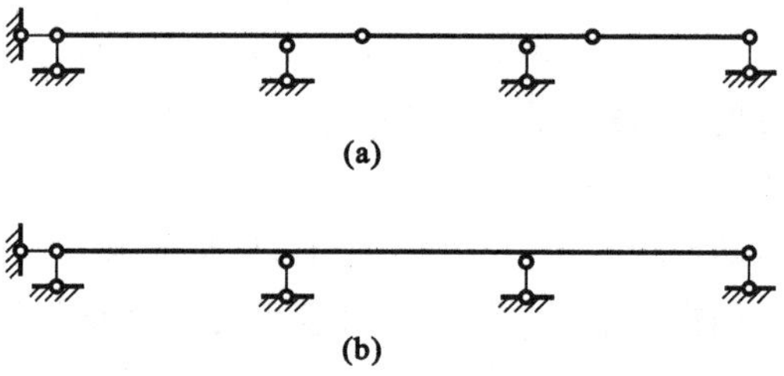

图 1.19　多跨梁

(a) 静定多跨梁;(b) 连续梁

(2) 拱

拱的轴线为曲线,在竖向荷载作用下有水平推力 H(图 1.20)。水平推力大大改变了拱的受力特性。

(3) 刚架

刚架是由梁和柱等直杆组成的结构,杆件间的结点多为刚结点(图 1.21);杆件内力一般有弯矩、剪力和轴力,其中弯矩为主要内力。

(4) 桁架

桁架由两端为铰的直杆(链杆)组成;当荷载作用于结点时,各杆只受轴力(图 1.22)。

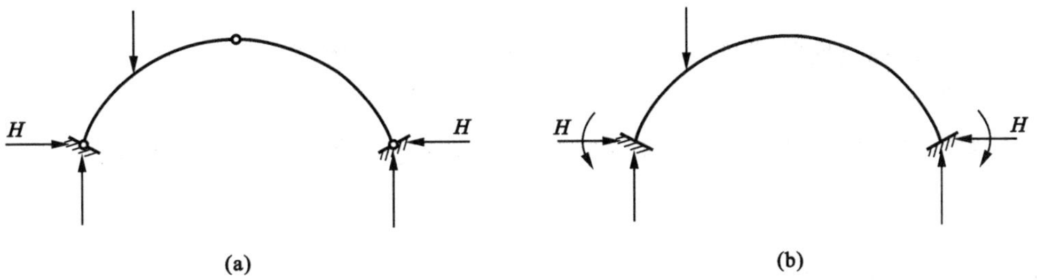

图 1.20　拱

(a) 三铰拱；(b) 无铰拱

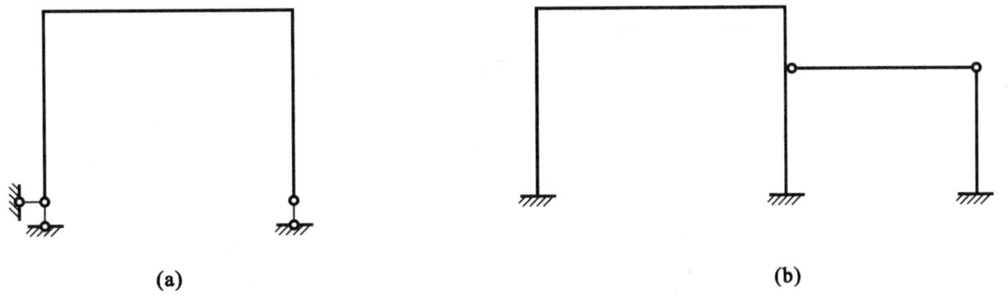

图 1.21　刚架

(a) 静定刚架；(b) 超静定刚架

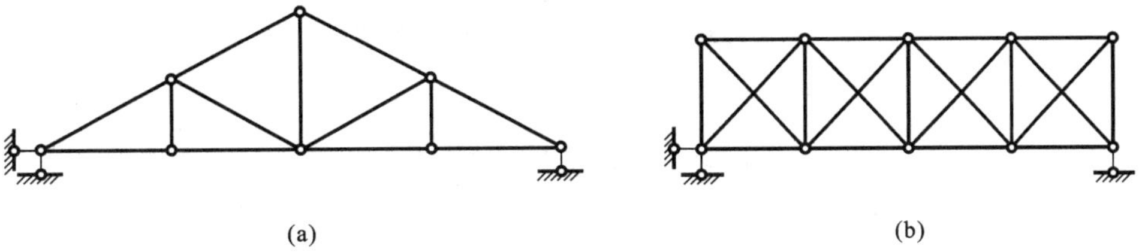

图 1.22　桁架

(a) 静定桁架；(b) 超静定桁架

(5) 组合结构

组合结构是由梁式杆(以受弯为主的杆件)和链杆组成的结构，如图 1.23 所示。

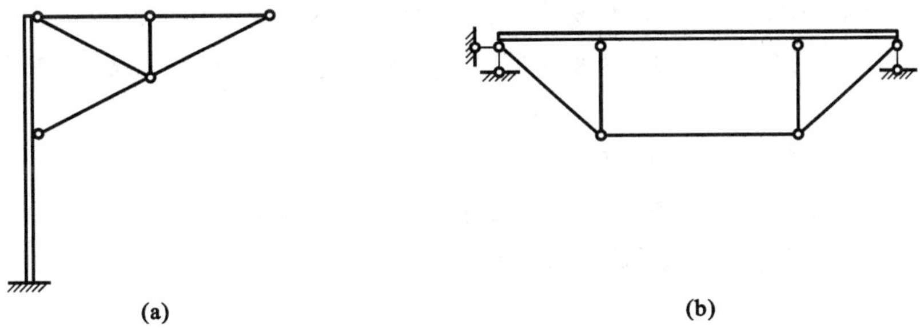

图 1.23　组合结构

(a) 静定组合结构；(b) 超静定组合结构

根据杆件结构的计算特点，结构可分为静定结构和超静定结构两大类。

(1) 静定结构

凡用静力平衡条件可以确定全部支座反力和内力的结构称为静定结构，如图 1.18 至图 1.23 中所有的(a)图所示。

(2) 超静定结构

凡不能用静力平衡条件确定全部支座反力和内力的结构称为超静定结构，如图 1.18 至图 1.23

中所有的(b)图所示。

根据杆件和荷载在空间的位置，结构可分为平面结构和空间结构。

(1) 平面结构

各杆件的轴线和荷载都在同一平面内，称为平面结构。前面所示均为平面结构，是本书讨论的重点。

(2) 空间结构

各杆件的轴线和荷载不在同一平面，或各杆件轴线在同一平面内，但荷载不在该平面内时，称为空间结构。图 1.24(a)所示为一空间刚架，各杆的轴线不在同一平面内；图 1.24(b)中各杆轴线虽在同一平面内，但荷载不在该平面内，亦为空间结构。

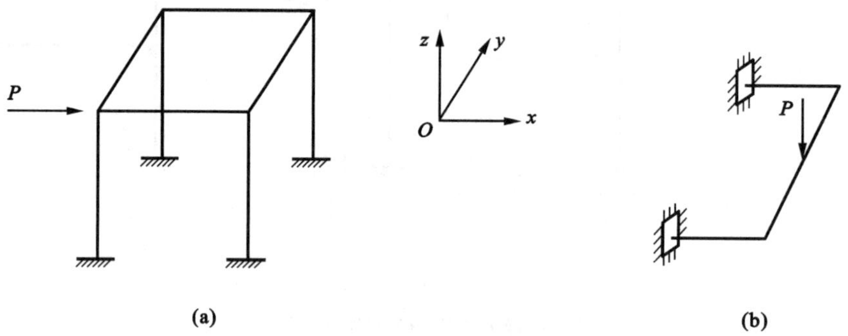

图 1.24　空间结构

(a) 空间刚架；(b) 平面刚架受非平面内荷载

1.5　荷载的分类

荷载是主动作用于结构的外力。例如，结构的自重(重力)，工业厂房结构上的吊车荷载，行驶在桥梁上的车辆荷载以及作用于水工结构的水压力和土压力等。

根据其作用时间的长短和作用性质，荷载可作以下分类。

(1) 根据其作用时间的长短，荷载可分为：

① 恒荷载　永久作用在结构上的不变荷载，如结构的自重，固定于结构上的设备的重量等。

② 活荷载　暂时作用在结构上的可变荷载，如楼面上的人群、吊车荷载、列车荷载，以及风荷载和雪荷载等。

活荷载按其作用位置的变化情况，还可分为：

a. 可动荷载　能作用于结构上的任意位置的荷载，如风荷载和雪荷载等。

b. 移动荷载　一系列互相平行、间距保持不变，但能在结构上移动的活荷载，如列车荷载和吊车荷载等。

(2) 根据其作用的性质，荷载可分为：

① 静力荷载　静力荷载的大小、方向和位置不随时间变化或变化极为缓慢，不会使结构产生显著的振动，因而可略去惯性力的影响。结构的恒荷载都是静力荷载。只考虑位置改变，不考虑动力效应的移动荷载，也是静力荷载。

② 动力荷载　动力荷载是随时间迅速变化的荷载，使结构产生显著的振动，因而惯性力的影响不能忽略。如机械运转时产生的荷载，地震时由于地面运动对结构的动力作用以及爆炸引起的冲击波等。

除荷载外，还有其他一些因素也可以使结构产生内力或位移，例如，温度变化、支座沉陷、制造误差、材料收缩以及松弛、徐变等。从广义上来说，这些因素也可视为广义荷载。

1.6 结构线性分析和非线性分析

除了选取结构计算简图做的那些简化之外，在力学计算中还有一些更基本的定律和原理，可通过它们使计算方法分类，或使计算得以简化。

(1) 结构线性分析

材料力学中有胡克定律，在材料的线弹性范围内，应力 σ 与变应 ε 成正比，表达式为：$\sigma = E\varepsilon$，是针对单一构件单一应力与应变关系的定律。

现将其引申、推广应用于结构上表述为：结构中"力"与"位移"成正比，称为结构的广义胡克定律。将其表达式写为：

$$F = k\Delta$$

式中 F——外荷载或外作用对结构产生的"力"(广义力)，是外因；

Δ——结构的"位移"，是外因通过内因而引起的反应(广义位移)；

k——常数(弹性常数)。

符合以上关系的结构称为线弹性结构，后面也称为线性变形体系。

1858 年基尔霍夫提出了有关线弹性结构解的唯一性定理。按照这一理论，线弹性结构的弹性变形与外部作用力之间具有一一对应关系，即在一定的外部作用下，线弹性结构的内力和变形都是唯一的。解的唯一性定律在线弹性结构的受力分析中具有重要地位，此时结构的受力分析称为结构线性分析。

与结构线性分析有关系的还有一个小变形假设。小变形假设是结构受力后，结构的位移和变形的量值，比起原结构几何尺寸量值是一个高阶的微量，可以忽略不计，即写平衡方程时仍用原几何尺寸，小变形不改变原力系的性状。结构力学中多数结构都满足小变形的假设。

线弹性结构的叠加原理：在小变形和线弹性情况下，作用在结构上多组荷载的效应(应力和应变)等于每组荷载单独作用效应的总和。其应用在结构线性分析中处处可见，这里不再举出。

综合起来，结构线性分析特点有三个：线弹性，小变形，可用叠加原理。

(2) 结构非线性分析

实际工程中有一些结构并不满足线弹性结构的条件，这样的结构称为非线性结构，此时结构的受力分析称为结构非线性分析。引起结构受力性态为非线性的原因有两方面：材料非线性和几何非线性。

材料非线性是指结构材料的物理性质是非线性的，包括非线性弹性，或者是材料已进入塑性状态的情况。如图 1.25 所示的简支钢梁，当荷载较大时跨中附近部分的材料已进入塑性阶段，此时梁的变形和内力与荷载之间即呈非线性关系。

几何非线性是指结构的变形或位移较大，已经明显地影响到结构的受力性态，必须在结构变形后的位置上应用平衡条件。最明显的是悬索。不同的力作用时，悬索的变形形态是完全不一样的。再如图 1.26(a)所示偏心受压柱，在竖向荷载作用下，若柱顶的侧移 Δ 相对于荷载偏心距 e 而言是微小的，则可以近似地在柱的原始位置应用平衡条件，即柱底弯矩 $M_A = Pe$；若柱顶侧移 Δ 较大，相对于偏心距 e 而言不能忽略，则必须在变形后的位置上建立平衡条件，即柱底弯矩 $M_A = P(e+\Delta)$。因为 Δ 本身又是 P 的函数，所以柱的变形和内力都将是非线性的。又如图 1.26(b)所示同时受竖向和水平荷载作用的柱，在相同荷载下可有Ⅰ、Ⅱ两种不同的平衡状态，也是非线性问题。

对于非线性结构，解的唯一性定理和叠加原理不再成立。

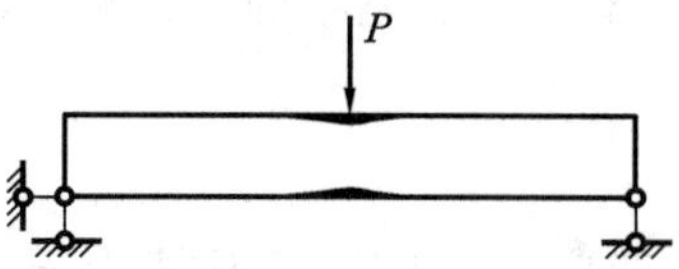

图 1.25　材料非线性——跨中附近进入塑性状态的梁

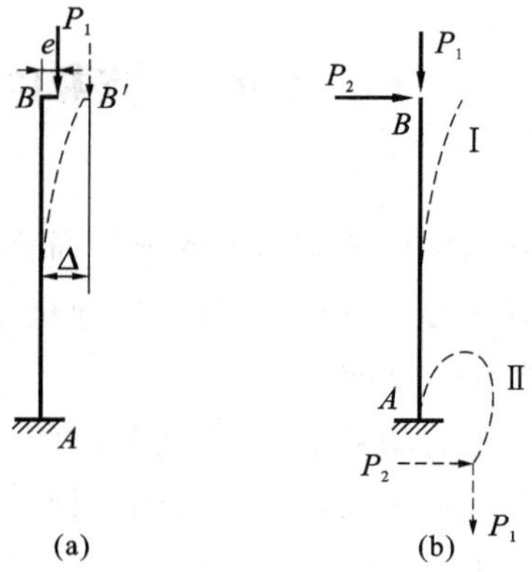

图 1.26　几何非线性

(a) 偏心受压柱；(b) 同时受竖向和水平荷载的柱

大部分实际结构在正常使用状态下满足线弹性的关系和小变形假设的条件，可以应用解的唯一性定理和叠加原理。本书前十五章主要讨论结构线性分析问题，最后两章内容属于结构非线性分析问题。

本章小结

本章讨论了五个问题：结构力学的任务与方法，结构的计算简图，结构和杆件结构的分类，荷载的分类，结构线性分析和非线性分析。它们都是贯穿在全书中的重要问题，但在学习绪论时，只要有一个基本的了解即可，以后逐步加深认识。

要强调一下的是，结构的计算简图是本章的重点，也是以后计算的出发点。学习时应对其选择原则、简化要点（特别是其中的结点和支座简化要点）等给予特别的注意，为今后进行结构的受力和变形分析打下基础。

思考题

1.1　什么是结构的计算简图？它与实际结构有什么关系与区别？为什么要将实际结构简化为计算简图？

1.2　平面杆件结构的结点通常简化为哪两种情形？它们的构造、限制结构运动和受力的特征各是什么？

1.3　平面杆件结构的支座常简化为哪几种情形？它们的构造、限制结构运动和受力的特征各是什么？

1.4　常用的杆件结构有哪几类？

1.5　移动荷载与动力荷载有何异同？试举例说明。

1.6　什么是线弹性结构？线弹性结构的基本受力特性和结构的广义胡克定律的基本含义怎么表述？

2 结构的几何组成分析

本 章 提 要

本章是结构力学计算的先导。先介绍自由度和约束的概念，然后讨论几何不变无多余约束的平面杆件体系的组成规律，并归结为三个规则，这是本章的重点。

2.1 几何组成分析的目的、几何不变体系和几何可变体系

为了能够承受荷载，结构的几何形状必须是不能改变的。如果一个体系的几何形状是可以改变的，就不能用作结构。

在荷载作用下，结构中的杆件由于材料应变产生的弹性变形，它使结构的几何形状产生微小的变化。但在分析杆件体系的形状时，不考虑这种微小弹性应变产生的形状变化，即将杆件看成是没有弹性变形的刚体(平面刚体，称为刚片)。讨论几何组成分析时，杆件都看做刚片。

根据杆件体系的形状和位置，杆件体系可以分为两类：

(1) 几何不变体系　如图 2.1(a)与(b)所示，在不考虑材料应变的条件下，体系的几何形状和位置是不能改变的。

(2) 几何可变体系　如图 2.2(a)与(b)所示，在不考虑材料应变的条件下，体系的几何形状和位置是可以改变的。

与几何不变体系和几何可变体系相应的还有内部几何不变体系和内部几何可变体系两种情况。

图 2.1(c)所示铰结三角形，虽然其位置在平面内是可以改变的(可以整体移动和转动)，但铰结三角形的形状是不能改变的，称为内部几何不变体系，简称内部不变。图 2.2(c)所示铰结四边形，不仅其位置在平面内是可以改变的，四边形的形状也是可以改变的，称为内部几何可变体系，简称内部可变。

杆件体系几何组成分析的目的为：

(1) 判定体系是否几何可变，从而决定该体系是否可以用作结构；

(2) 研究几何不变体系的组成规则。

此外，结构的几何组成分析是与结构的受力分析密切相关的，研究结构的几何组成，有助于结构静力分析。

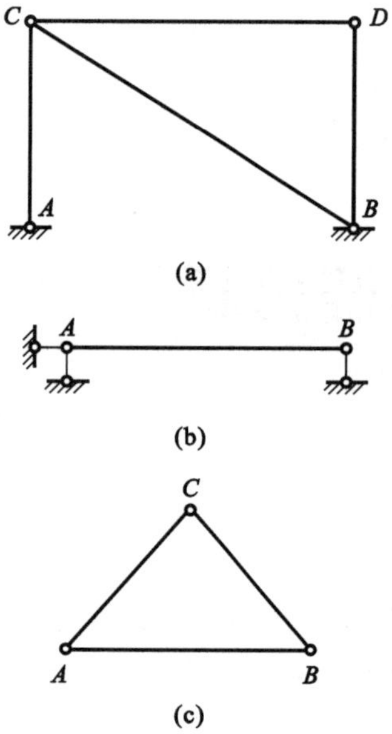

图 2.1　几何不变体系

(a)、(b) 几何不变体系；(c) 内部不变

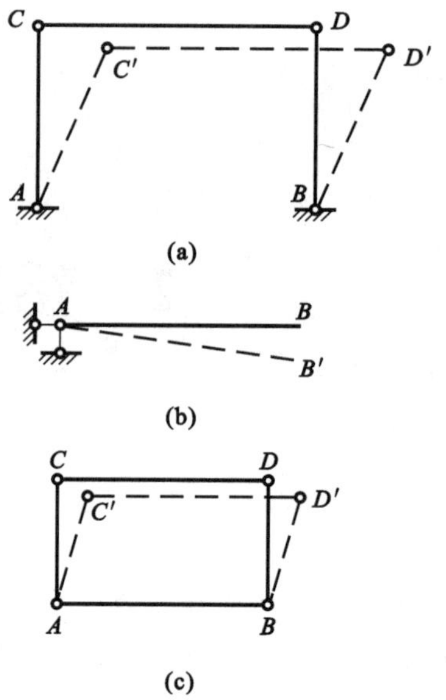

图 2.2　几何可变体系

(a)、(b) 几何可变体系；(c) 内部可变

2.2　自由度和约束的概念

在分析杆件体系的几何组成时，把杆件体系中的一部分杆件（即刚片）或结点看成是具有自由度的运动对象，而将另一部分杆件或连接看成是对这些刚片或结点的运动起限制作用的约束，然后分析这两者之间的关系，研究体系是否几何可变。因此，首先讨论自由度和约束的概念。

2.2.1　自由度

一个体系的自由度表示该体系独立运动的数目，或体系运动时可以独立改变的坐标数目。

(1) 一个点的自由度

平面内一个点的运动可以分解为两个方向的移动，即一个点有两种独立的运动方式，或一个点的位置需由两个独立的坐标来确定。例如图 2.3(a)中位于 A 的一个点，坐标为 x 和 y，当移动到一个新的位置 A'时，点的坐标为 $x+\Delta x$ 和 $y+\Delta y$，因此，平面内一个点的位置可以用平面内两个独立坐标来描述。所以，一个点在平面内具有两个自由度。

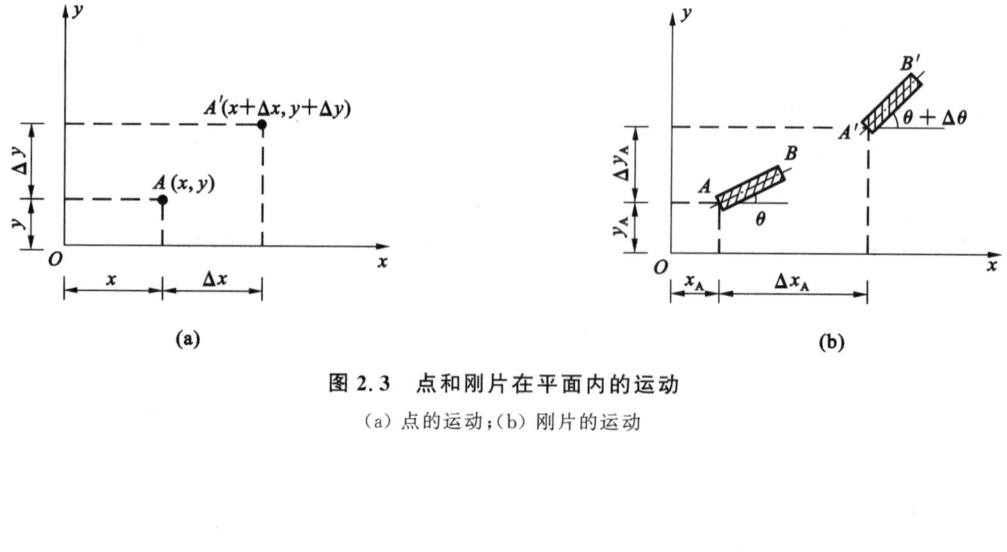

图 2.3　点和刚片在平面内的运动

(a) 点的运动；(b) 刚片的运动

(2) 一个刚片的自由度

平面内一个刚片的运动可以分解为两个方向的移动和绕某点的一个转动，即一个刚片可以有三种独立的运动方式。例如图 2.3(b)中刚片 AB 位置的坐标为 x_A，y_A 和 θ，当运动到一个新的位置 $A'B'$ 时，刚片位置的坐标为 $x_A+\Delta x_A$，$y_A+\Delta y_A$ 和 $\theta+\Delta\theta$。因此，平面内一个刚片的运动可以用平面内三个独立的坐标来描述。所以，一个刚片在平面内有三个自由度。

2.2.2　约束

使体系减少自由度的装置或连接，称作约束。能减少几个自由度的装置或连接，就相当于几个约束。

约束有两大类：支座约束和刚片间的连接约束。

(1) 支座约束

① 滚轴支座[图 2.4(a)]　能限制刚片 A 点在垂直方向移动，但不能限制其水平方向移动和绕 A 点的转动，减少了一个自由度，相当于一个约束。

② 铰支座[图 2.4(b)]　限制刚片 A 点在水平方向和竖直方向的移动，但不能限制其绕 A 点的转动，减少了两个自由度，相当于两个约束。

③ 固定支座[图 2.4(c)]　限制刚片在水平方向、竖直方向的移动和转动，使刚片的自由度减少为零，相当于三个约束。

④ 定向支座[图 2.4(d)]　限制刚片 A 点竖直方向的移动和转动，但不能限制其水平方向的移动，减少了两个自由度，相当于两个约束。

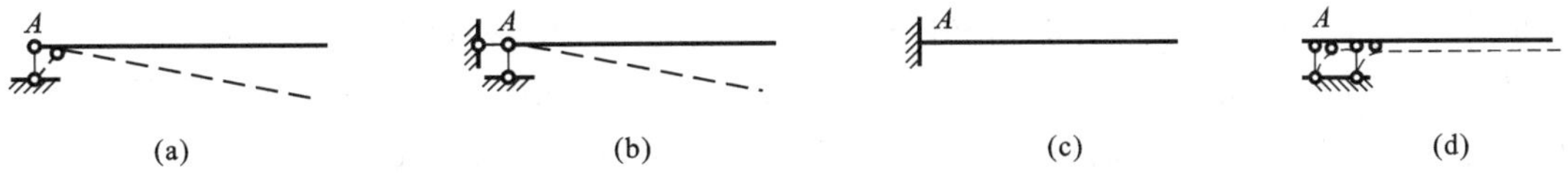

图 2.4　支座约束

(a) 滚轴支座；(b) 铰支座；(c) 固定支座；(d)定向支座

(2) 刚片间的连接约束

重点讨论两个刚片之间的连接约束。在平面内一个刚片有三个自由度，两个独立的刚片有六个自由度，彼此之间有连接后，自由度将减少。现分别讨论几种基本的连接所相当的约束。

① 链杆[图 2.5(a)]　AB 和 CD 两个刚片，互相之间有三个自由度。用链杆连接后，则两刚片间沿链杆 EF 方向的移动受到约束，使互相之间的自由度减少了一个。因此，一个链杆连接相当于一个约束。

② 简单铰[连接两个刚片的铰，图 2.5(b)]　AB 和 AC 两个刚片，互相之间有三个自由度，用铰 A 连接后，互相之间只有一个自由度，即绕铰 A 的相对转动，使互相之间自由度减少了两个。因此，一个简单铰相当于两个约束。

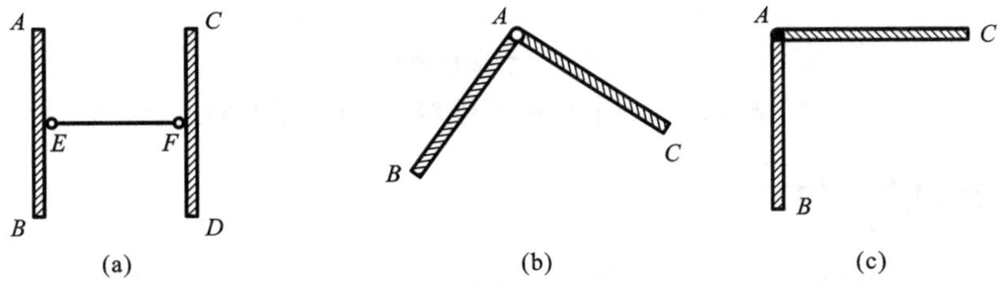

图 2.5　刚片间的连接约束

(a) 链杆；(b) 简单铰；(c) 简单刚结

③ 简单刚结[连接两个刚片的刚结,图 2.5(c)] AB 和 AC 两个刚片,用刚结点连接后,两刚片间没有相对运动,使互相之间自由度减少了三个。因此,一个简单刚结相当于三个约束。

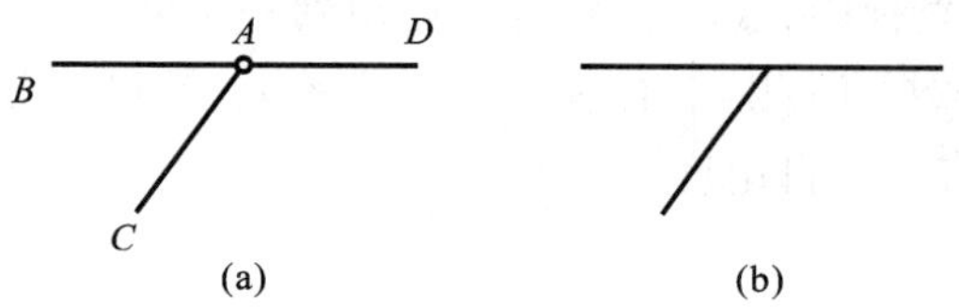

图 2.6 复合结点

(a) 复合铰;(b) 复合刚结

* 根据同理分析,连接三个刚片的铰结[图 2.6(a)],使体系互相之间的自由度减少了四个,因此,可折算成两个简单铰(AB 与 AC 间用简单铰 A 相连,然后再与 AD 用简单铰相连),相当于四个约束。连接 n 个刚片的铰,可以折算成$(n-1)$个简单铰,因此,相当于$2(n-1)$个约束。对连接三个刚片的刚结[图 2.6(b)],以及连接 n 个刚片的刚结,亦可同理分析。

2.2.3 约束代换和虚铰

一个简单铰相当于两个约束,两根链杆也相当于两个约束,而约束是可以代换的。为了将约束代换的概念扩大,引入虚铰的概念。

连接两个刚片的不在同一直线上的两个链杆,相当于一个铰。如果不在同一直线上的两链杆 AB、AC 交于刚片上的 A 处[图 2.7(a)],则 A 为具有确定位置的实际的简单铰。如果连接两个刚片的两个链杆不在刚片上相交,则两链杆的交点处,形成一虚铰,虚铰的位置是变化的,因此,又称瞬铰。

图 2.7(b)中连接两个刚片Ⅰ和Ⅱ的两个链杆 AB 和 CD 交于刚片外 E 点。刚片Ⅰ和Ⅱ之间用两个链杆相连,减少了互相之间的两个相对移动自由度,但还有一个相对转动自由度。现在来确定两者间的转动中心。如果刚片Ⅰ相对固定,则刚片Ⅱ上的 A 点沿以 B 为圆心、AB 为半径的圆弧方向运动,而 C 点则绕以 D 为圆心、CD 为半径的圆弧方向运动;而 AB 和 CD 的交点为 E,所以,可以看成刚片Ⅱ以两个链杆的交点 E 为圆心,沿两链杆的垂直方向运动,即绕铰 E 转动,因此,可以看成两个刚片用两个链杆在其交点处形成瞬铰相连。瞬铰 E 即两者间的相对转动中心。随刚片Ⅱ的位置的微小变化,瞬铰 E 的相应位置也由 E 变化到 E'。可见,瞬铰的位置是瞬时变化的。

当连接两个刚片Ⅰ、Ⅱ的两个链杆 AB 和 CD 平行时,两个链杆相交于无穷远处,即相当于无穷远处的虚铰,如图 2.7(c)和图 2.7(d)所示。但图 2.7(c)和图 2.7(d)两者的组成又有些不同。图 2.7(c)中是平行不等长的两链杆,刚片Ⅰ相对刚片Ⅱ具有微小位移后两链杆不再平行,相当于无穷远的瞬铰。图 2.7(d)所示为平行等长的两链杆,刚片Ⅰ相对刚片Ⅱ有位移(不限于微小)后两链杆仍平行,相当于无穷远的常铰。

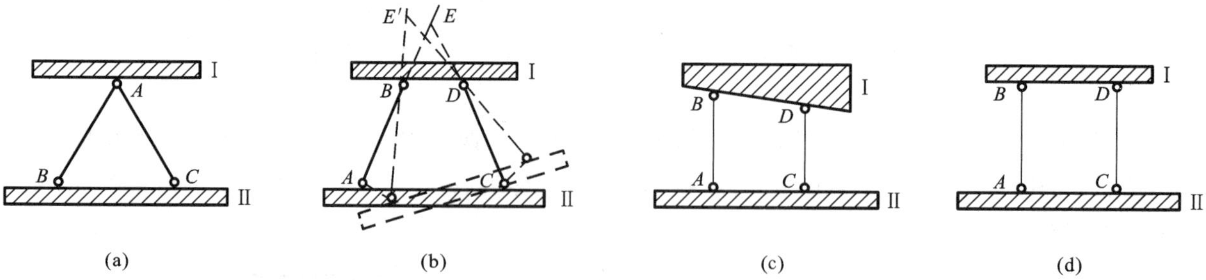

图 2.7 实铰和虚铰

(a) 实铰;(b) 瞬铰;(c)相交于无穷远处的瞬铰;(d)相交于无穷远处的常铰

2.2.4 必要约束和多余约束

在杆件体系中能限制体系自由度的约束,称为必要约束。而对限制体系自由度不起作用的约束,称为多余约束。

图 2.8(a)中的自由点 A 有两个自由度,如果用两根不共线的链杆 1 和 2 把 A 点与基础相连

[图 2.8(b)],则 A 点被固定,两个自由度受到了约束。因此,链杆 1 和 2 都是必要约束。如果在图 2.8(b)中的 A 点再增加一个链杆 3 与基础相连[图 2.8(c)],则链杆 3 即为多余约束(可将三根链杆中的任何一根看成是多余约束)。

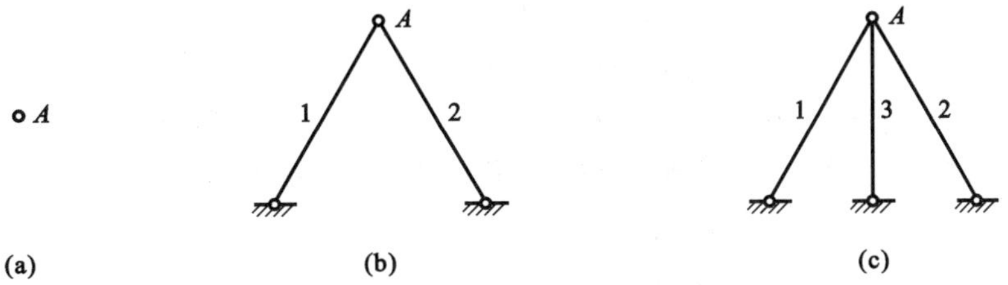

图 2.8　必要约束和多余约束

(a) 自由点 A;(b) 必要约束;(c) 有多余约束

图 2.9(a)中自由杆 AB 有三个自由度,如果用三根不交于一点的支杆 1、2、3 把 AB 与基础相连[图 2.9(b)],则 AB 被固定,三个自由度受到了约束,成为几何不变的简支梁。因此,支杆 1、2、3 都是必要约束。如果在图 2.9(b)的梁中间再增加一支杆 4 与基础相连[图 2.9(c)],则支杆 4 即为多余约束(可将三根竖直支杆 2、3、4 中的任何一根看成是多余约束),而水平支杆 1 则是必要约束。

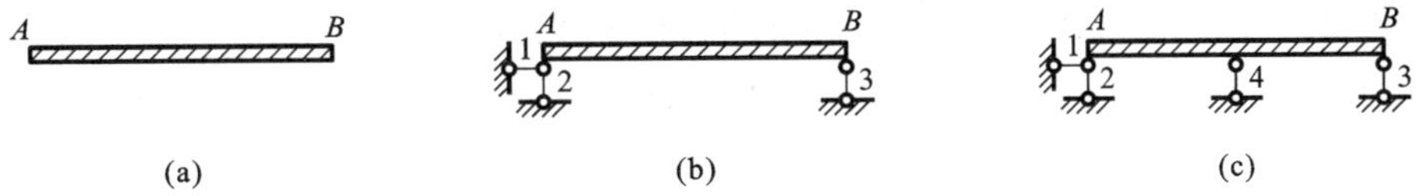

图 2.9　必要约束和多余约束

(a) 自由杆;(b) 必要约束;(c) 有多余约束

2.3　几何不变无多余约束的平面杆件体系的几何组成规则

几何不变无多余约束的平面杆件体系的几何组成规则有三个,现分别讨论和举例说明。

2.3.1　一个点和一个刚片的连接

平面内一个点有两个自由度,因此,平面内一个刚片与一个点 A 只用一根链杆 AB 相连[图 2.10(a)],则 A 点还能沿以 B 为圆心、AB 为半径的圆弧运动,是内部可变的;如再加一个与 AB 不在同一直线上的链杆 AC 与 A 点相连[图 2.10(b)],则 A 点相对于刚片的两个自由度完全被约束,则构成内部不变、无多余约束的体系。

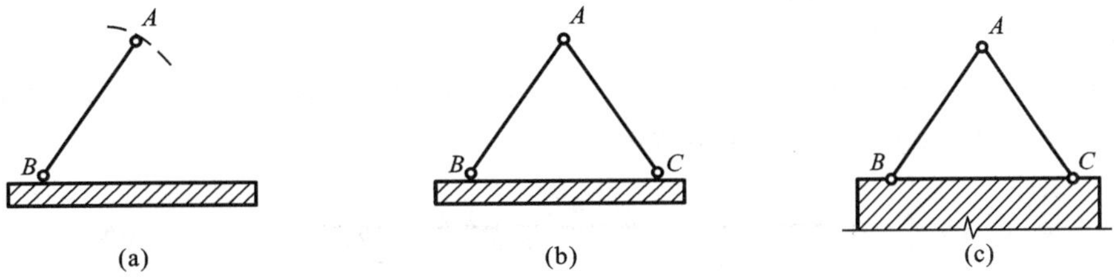

图 2.10　一点和一个刚片的连接

(a) 一链杆连接一点和一刚片;(b) 两链杆连接一点和一刚片;(c) 两链杆固定一点

由此可得下述规则:

规则Ⅰ:一个点与一个刚片用两根不在一直线的链杆相连,构成内部几何不变且无多余约束的体系。

规则Ⅰ也可用二元体的组成叙述：

在一个刚片上，增加一个二元体仍为几何不变无多余约束的体系。

二元体是指用两根不在同一直线的链杆连接一个新结点的构造。二元体的构造不改变原体系的自由度。

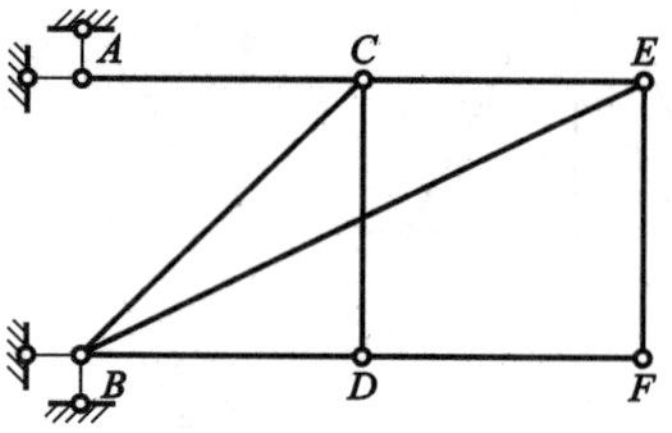

图 2.11　例 2.1 图

最后指出，在以上组成中，基础也可视为一个刚片[图 2.10(c)]，则规则Ⅰ就成为从基础固定一个点的标准模式。

【例 2.1】　分析图 2.11 所示链杆体系的几何组成。

【解】

① 根据规则Ⅰ，由不动点 A、B 出发，用不在同一直线的两链杆 AC 和 BC 固定点 C。

② 从固定点 B、C 出发，增加一个二元体，固定点 D；再增加一个二元体，固定点 E；从固定点 D、E 出发，再增加一个二元体，固定点 F。

因此，整个体系是几何不变无多余约束的体系。

2.3.2　平面内两个刚片的连接

平面内 AB 和 BC 两个刚片如果只用一个铰 B 相连，则 AB 仍然可以绕铰 B 转动[图 2.12(a)]；如果在不通过 B 铰处加一链杆 AC[图 2.12(b)]，则该体系的自由度被约束，构成内部几何不变且无多余约束的体系。

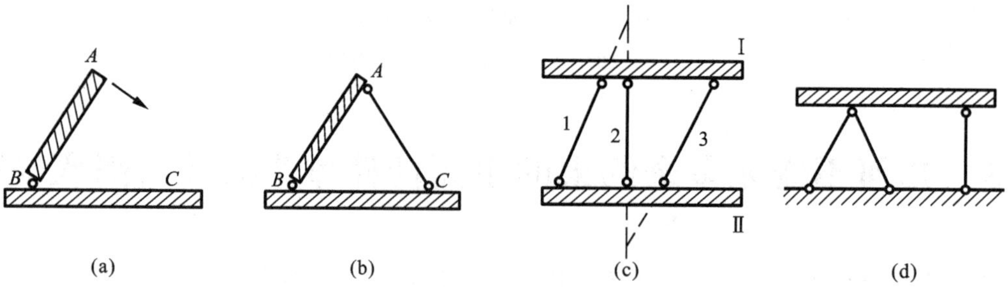

图 2.12　两个刚片的连接

(a) 一铰连接两刚片；(b) 一铰一链杆连接两刚片；(c)、(d) 三链杆连接两刚片

由此可得下述规则：

规则Ⅱ：两个刚片用一铰和一链杆相连，且链杆及其延长线不通过铰，构成内部几何不变且无多余约束的体系。

根据两链杆和一铰的约束等效性及瞬铰的概念，可得规则Ⅱ的另一叙述：

规则Ⅱ′：两个刚片用三个链杆相连，三链杆不平行也不交于一点，则组成内部几何不变且无多余约束的体系[图 2.12(c)]。

当将基础也视为一个刚片时[图 2.12(d)]，规则Ⅱ就成为从基础固定一个刚片的标准模式。

【例 2.2】　分析图 2.13 所示体系的几何组成。

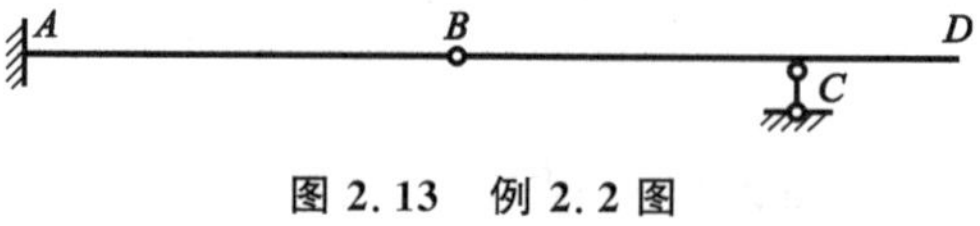

图 2.13　例 2.2 图

【解】

① 把刚片 AB 看做运动对象，用一固定支座 A 与基础相连，因此，AB 被固定，且无多余约束。

② 把 BD 看做运动对象，根据规则Ⅱ，用铰 B 和支杆 C 与基础相连。支杆 C 不通过铰 B，因此，几何不变，无多余约束。

整个体系几何不变，且无多余约束。

2.3.3 平面内三个刚片的连接

根据一个铰结三角形是最简单、最基本、内部不变且无多余约束体系的分析[图 2.12(b)]，可得规则Ⅲ[图 2.14(a)]。

规则Ⅲ：三个刚片Ⅰ、Ⅱ和Ⅲ用三个铰 A(Ⅰ，Ⅱ)、B(Ⅰ，Ⅲ)和 C(Ⅱ，Ⅲ)两两相连，且三铰不在同一直线上，则组成内部几何不变且无多余约束的体系。

当将基础也视为一个刚片时[图 2.14(b)]，规则Ⅲ就成为从基础固定两个刚片的标准模式。

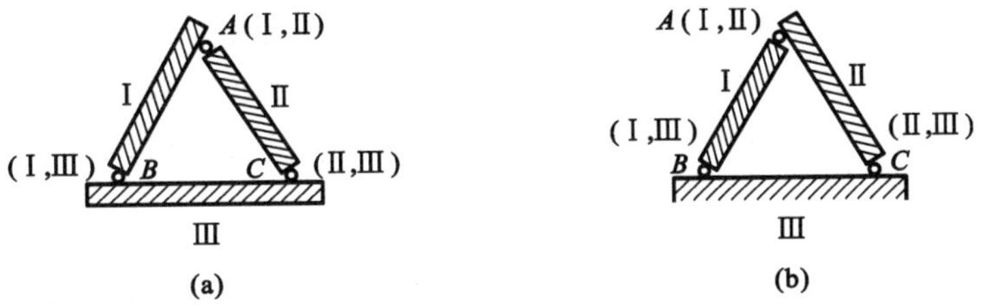

图 2.14 三刚片的连接

(a) 三刚片用三铰连接；(b) 两刚片用三铰固定于基础

【例 2.3】 分析图 2.15 所示体系的几何组成。

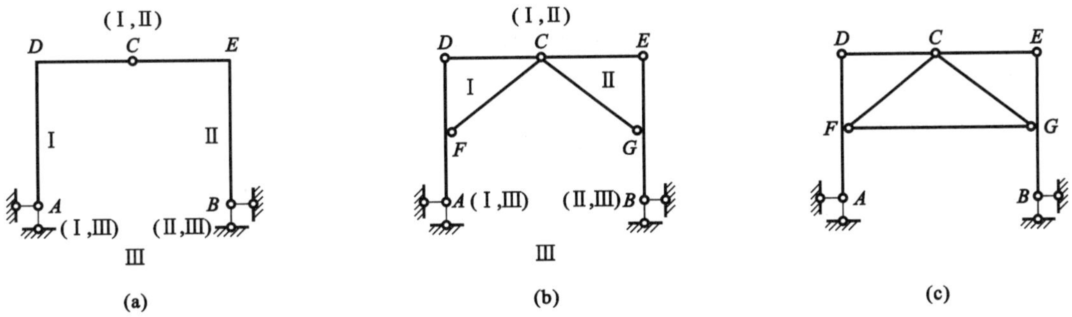

图 2.15 例 2.3 图

【解】

① 图 2.15(a)：ADC 是刚片Ⅰ，BEC 是刚片Ⅱ，基础是刚片Ⅲ。刚片Ⅰ、Ⅱ、Ⅲ用三个铰两两相连(刚片Ⅰ和Ⅱ用铰 C 相连，刚片Ⅰ和Ⅲ用铰 A 相连，刚片Ⅱ和Ⅲ用铰 B 相连)，三个铰 A、B、C 不在同一直线；根据规则Ⅲ，组成一几何不变无多余约束的体系。

② 图 2.15(b)：AFD 是一个刚片，在刚片 AFD 上加一个二元体，C 点被固定，$AFDC$ 组成一个大刚片Ⅰ。同理，$BGEC$ 也组成一个大刚片Ⅱ。基础为刚片Ⅲ。刚片Ⅰ、Ⅱ、Ⅲ分别用不在同一直线上的三个铰 A(Ⅰ，Ⅲ)、B(Ⅱ，Ⅲ)、C(Ⅰ，Ⅱ)两两相连，根据规则Ⅲ，组成几何不变无多余约束的体系。

所以，整个体系几何不变，且无多余约束。

③ 图 2.15(c)：在图 2.15(b)的几何不变、无多余约束的体系上，又增加了一根链杆 FG；因此，图 2.15(c)所示体系几何不变，有一个多余约束。

2.3.4 瞬变体系

在杆件体系的组成中，如果有足够的约束数目，但布置不当，不符合几何不变体系组成规则中对约束布置的要求，则不能保持几何不变。

图 2.16(a)中,在基础上用两根在同一条直线上的链杆连接一个结点 A。作为 BA 杆上的 A 点可以沿以 B 为圆心、BA 为半径的圆弧运动;而作为 CA 杆上的 A 点可以沿以 C 为圆心、CA 为半径的圆弧运动;因 BA 和 CA 在一直线上,两圆弧在 A 点有一公切线,因此,A 点有一微小的竖向位移;但当 A 发生位移到 A' 时,$A'B$ 和 $A'C$ 不再在一直线上,A' 点的位置不再继续发生改变。

图 2.16(b)中所示三个链杆交于刚片外 O 点,刚片Ⅱ可以绕刚片Ⅰ有微小的相对转动,但因杆长不同,微小转动发生后,三杆不再交于一点,因此,刚片Ⅱ不能再继续发生位移。

图 2.16(c)中刚片Ⅰ、Ⅱ和Ⅲ(基础),用三个虚铰 $O_{Ⅰ、Ⅱ}$(无穷远处瞬铰)、$O_{Ⅱ、Ⅲ}$ 和 $O_{Ⅰ、Ⅲ}$(后两者为无穷远处常铰)相连接,三铰都在同一直线上(各无穷远点都在同一直线上,此直线称为∞线),当刚片Ⅱ绕刚片Ⅰ有微小相对转动,$O_{Ⅰ、Ⅱ}$ 的两链杆不再平行,$O_{Ⅰ、Ⅱ}$ 不再是无穷远处瞬铰,有限点不在∞线上,故三铰不再在同一直线上,因此,刚片Ⅱ不能再继续发生位移。

这种瞬时发生微小位移,经微小位移后不再运动的可变体系称为瞬变体系。瞬变体系的位移虽然很小,但若有一定荷载作用时,杆件内力非常大,对结构受力极为不利,不允许用作结构。

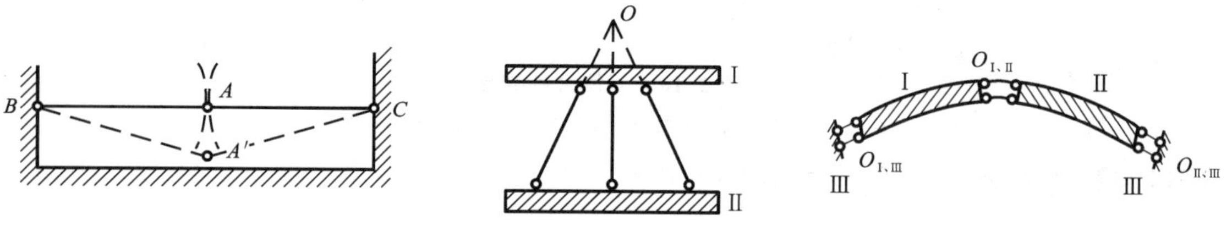

图 2.16　瞬变体系

(a) 三铰共线;(b) 三链杆共点;(c)三无穷远点共线

【例 2.4】　分析图 2.17 所示体系的几何组成。

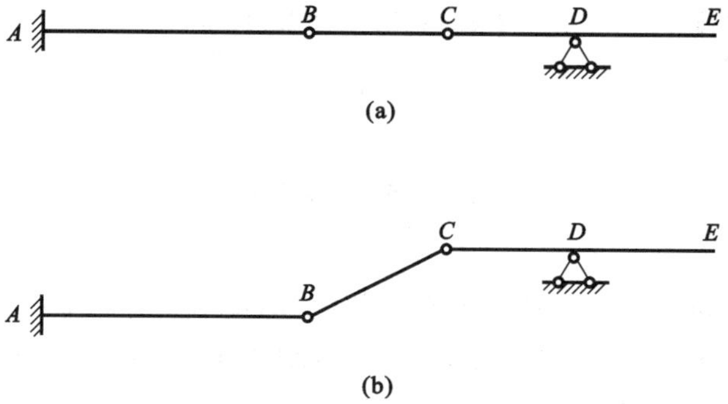

例 2.4 动画

图 2.17　例 2.4 图

【解】

① 图 2.17(a)

a. AB 是一刚片,与基础用一固定支座 A 相连,B 看成是固定于基础上的点。

b. CDE 是一刚片,与基础用链杆 BC 和铰 D 相连,但链杆 BC 的延长线通过铰 D,不满足规则Ⅱ对约束的要求,为瞬变体系。**体系模态请扫二维码。**

② 图 2.17(b)

a. 同图 2.17(a)分析,AB 已被固定于基础。

b. 刚片 CDE 用链杆 BC 与铰 D 和基础相连,BC 不通过铰 D,因此,几何不变,无多余约束。

图 2.17(b)整个体系几何不变,且无多余约束。

2.4　几何组成分析举例

【例 2.5】　分析图 2.18 所示体系的几何组成。

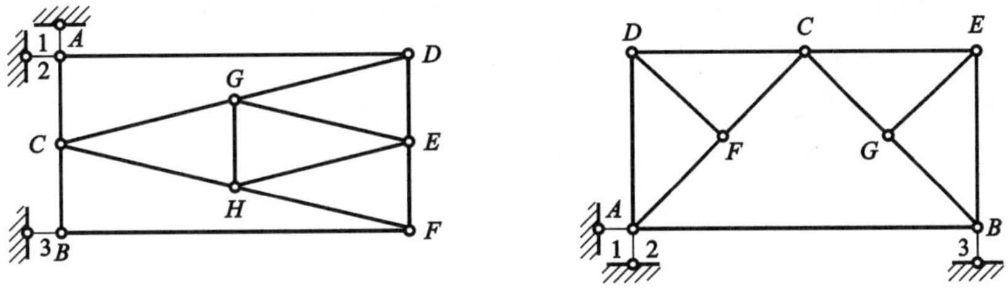

图 2.18　例 2.5 图

【解】

① 图 2.18(a)

a. 将铰结三角形 CGH 看成一个刚片(也可将三角形 GDE,或 GHE、HEF 看成刚片),在 CGH 刚片的基础上,用增加二元体的构造,依次固定 E、D、F,得到 $CGDEFH$ 大刚片;再继续用增加二元体的构造,固定点 A 和 B,组成一个无多余约束的大刚片。

b. 整个大刚片与基础用不交于一点的三根支杆 1、2、3 相连,组成几何不变且无多余约束的体系。

因此,整个体系几何不变,且无多余约束。

② 图 2.18(b)

a. 铰结三角形 AFD 是一刚片,在 AFD 基础上,增加一个二元体,固定点 C,得 $AFCD$ 大刚片;同理,可得 $BGCE$ 大刚片。

b. $AFCD$ 和 $BGCE$ 两个大刚片用铰 C 和链杆 AB 相连,链杆 AB 不通过铰 C,组成一个无多余约束的更大的刚片。

c. 整个刚片用不共点的三个支杆 1、2、3 与基础相连,组成几何不变,且无多余约束的体系。

因此,整个体系几何不变,且无多余约束。

【例 2.6】　分析图 2.19 所示体系的几何组成。

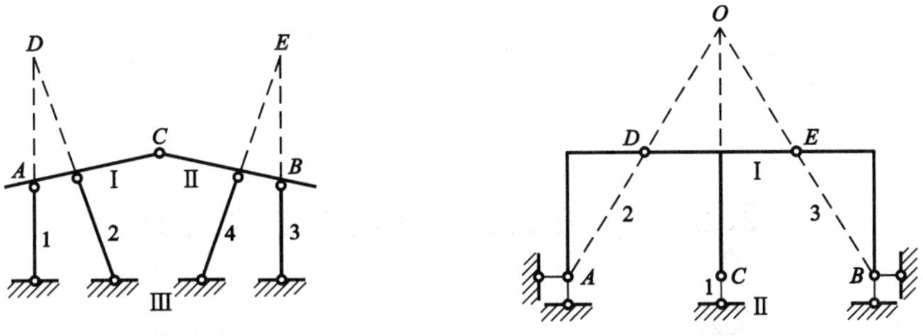

图 2.19　例 2.6 图

【解】

① 图 2.19(a)

a. 将 AC、BC 和基础分别看成刚片Ⅰ、Ⅱ和Ⅲ。刚片Ⅰ与基础Ⅲ之间用链杆 1 和 2 相连,链杆 1

和 2 在其交点处为瞬铰 D；同理，连接刚片Ⅱ和基础Ⅲ之间的链杆 3 和 4 在其交点处为瞬铰 E。刚片Ⅰ和Ⅱ用铰 C 相连。

b. 如果 C、D 和 E 三铰不在同一直线上，则体系几何不变，且无多余约束；如果 C、D 和 E 三铰在同一直线上，则体系几何可变，属瞬变体系。**体系模态请扫二维码。**

图 2 19(a)动画

② 图 2.19(b)

CDE 和基础分别看成刚片Ⅰ和Ⅱ。AD 和 BE 是两端为铰的折杆，A 端和 B 端为固定铰支座，因此，AD 和 BE 可分别看成两端铰之间的链杆 2 和 3，连接刚片Ⅰ和基础Ⅱ。

刚片Ⅰ和基础Ⅱ之间用链杆 1、2 和 3 相连；1、2 和 3 三根链杆交于一点，因此，体系几何可变，属瞬变体系。**体系模态请扫二维码。**

图 2.19(b)动画

【例 2.7】 分析图 2.20(a)所示体系的几何组成。

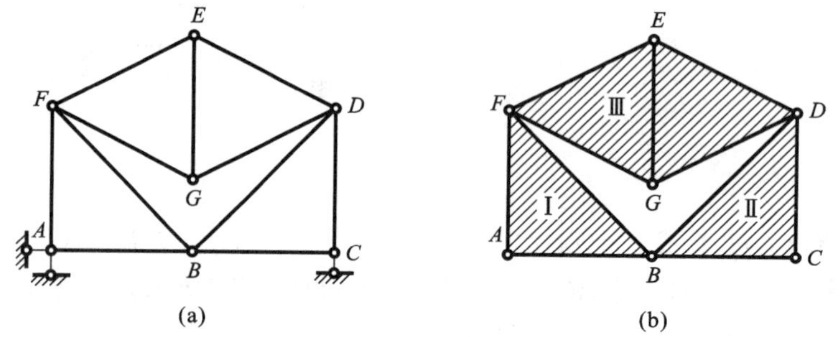

图 2.20　例 2.7 图

(a) 原体系；(b) 三支杆排除后的体系

【解】

先排除三支杆，得到如图 2.20(b)所示体系。

根据二元体(或三刚片)规则，先分成几何不变部分 ABF、BCD 及 $EFDG$，分别看成大刚片Ⅰ、Ⅱ、Ⅲ。

刚片Ⅰ、Ⅱ、Ⅲ之间分别由铰 B、D、F 两两相连，且三铰不在一直线上，故体系内部不变。加上三支杆后仍几何不变。

所以图 2.20(a)所示体系几何不变，且无多余约束。

通过以上的解题过程，可以看出，进行几何组成分析时应灵活和综合应用三个几何组成规则；应用每一个组成规则时，应分清哪些是点、刚片，哪些是约束，约束的数目和布置是否满足要求；分析时应充分运用最基本的刚片，如基础和铰结三角形等，并注意运用约束代换和瞬铰。

分析的步骤有两种：一种是先从基础出发，逐次应用组成规则固定点或其他刚片，如例 2.1、例 2.2。另一种是先从杆件体系内部局部刚片(如一铰结三角形或一刚性杆件)出发，应用组成规则逐渐扩大为大刚片，最后与基础固定，如例 2.5、例 2.7。

*2.5　体系的计算自由度数公式

本节从计算自由度角度介绍了结构几何组成分析的问题，详见**二维码**。

2.5 节

2.6 结构的几何组成和静定性的关系

几何组成分析还有一个重要作用是通过判定几何不变体系是否有多余约束，来判定结构是静定结构或超静定结构。

静定结构，几何组成上是几何不变、无多余约束的体系。如图 2.21(a)所示体系，有三个支杆，有三个未知支座反力。这三个不交于同一点的支座反力，可以由平面一般力系的三个平衡方程 $\sum X=0$、$\sum Y=0$ 和 $\sum M=0$ 求出。从而全部内力都能用平衡条件求解。

超静定结构，几何组成上是几何不变、有多余约束的体系。如图 2.21(b)所示体系，有四个未知支座反力。ABC 梁可以建立三个独立的平衡方程。显然，未知支座反力数大于平衡方程数，不能用三个方程求解四个未知支座反力。因而不能用平衡条件求解全部内力。

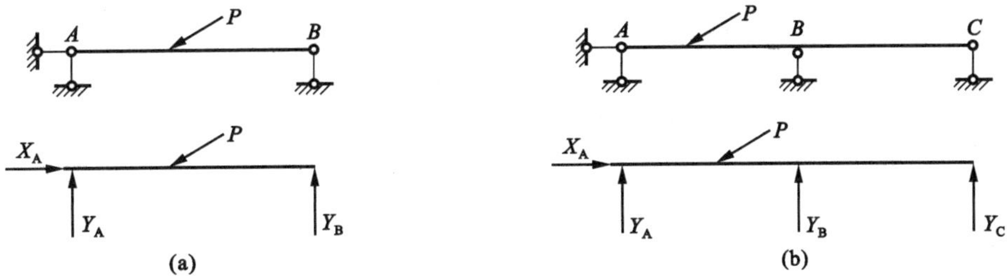

图 2.21 几何组成与静定性

(a) 静定结构；(b) 超静定结构

因此，静定结构在几何组成上是几何不变、无多余约束的体系，它的力学特点是全部支座反力和内力都可以由平衡条件求得唯一和确定的解答。超静定结构在几何组成上是几何不变、有多余约束的体系，它的力学特点是全部支座反力和内力不能由平衡条件求得唯一和确定的解答。

本 章 小 结

(1) 几何组成分析的目的主要是：判定杆件体系是否几何可变，从而决定其能否用作结构；研究几何不变、无多余约束体系的组成规则，以便帮助我们正确选择静力分析方法和程序，这一点以后各章经常要引用。

(2) 几何不变无多余约束体系的组成规则有三个：

① 一刚片和一个点用不共线的两根链杆连接；

② 两刚片用一个铰和一根不通过此铰的链杆或三个全不平行也不交于一点的三根链杆连接；

③ 三刚片用不在同一直线上的三个铰两两相连。

三个规则的实质是三角形规则，即三角形的三个边长一定，其几何图形是唯一确定的。了解这三个规则并不难，重要的是要能够熟练地运用它来依次分析各种复杂的杆件体系。这是本章的重点，但初学者往往难于下手，为此，进行一定量的练习是必要的。

应用三个规则分析体系时，一方面要注意它的严格性：分清被约束的对象和起限制自由度作用的约束，它们的数目和布置是否满足组成规则的要求。另一方面又要注意灵活性：被约束对象或约束的代换关系、瞬铰的概念等等，不被形式的变化所迷惑。

(3) 掌握结构的几何组成和静力特征之间的关系：

几何不变，无多余约束　静定结构；

几何不变，有多余约束　超静定结构；

几何可变(包括瞬变)　不能用作结构。

思考题

2.1　什么是几何不变体系？什么是几何可变体系？

2.2　内部几何不(可)变体系与几何不(可)变体系有什么异同点？

2.3　为什么要对杆件体系进行几何组成分析？

2.4　平面内一个点和一个刚片各有几个自由度？

2.5　什么是约束？列举常见的三种支座和刚片间连接所相当的约束的数目，并说明这些约束对刚片约束后的机动特征。

2.6　简述瞬铰的概念。

2.7　什么是必要约束和多余约束？

2.8　简述几何不变无多余约束体系的几何组成规则Ⅰ。

2.9　固定一个点需要几个约束？约束应满足什么条件？

2.10　简述内部几何不变无多余约束体系的几何组成规则Ⅱ。

2.11　固定一个刚片需要几个约束？约束应满足什么条件？

2.12　简述内部几何不变无多余约束体系的几何组成规则Ⅲ。

2.13　三个刚片组成几何不变体系时，需要几个约束？约束应满足什么条件？

2.14　瞬变体系的机动特征是什么？

2.15　试总结你做几何组成分析题目的体会，并列举你在解题过程中犯的错误或遇到的困难，分析产生错误或困难的原因。

2.16　计算自由度数 W 的概念是什么？它与体系的几何可变(不变)性有什么关系？

2.17　静定结构几何组成有什么特征？静力分析有什么特征？

2.18　超静定结构的几何组成和静力分析的特征与静定结构有什么区别？

习题

2.1　分析题 2.1 图所示链杆体系的几何组成。要求简要说明分析规则，并给出体系属于几何不变、无多余约束，几何不变、有多余约束(有几个，在何处)，或几何可变的结论。

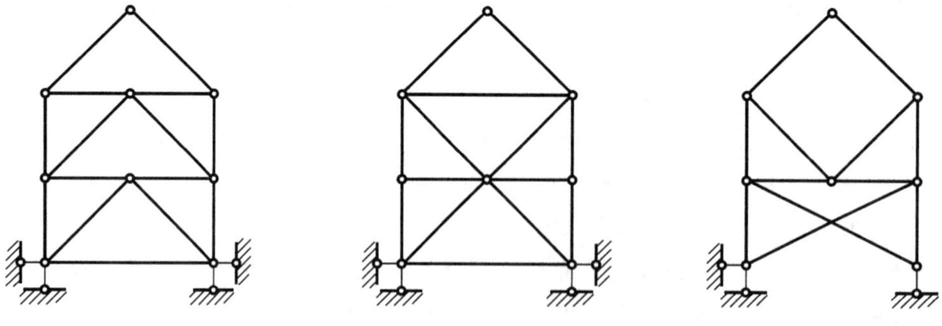

(a)　(b)　(c)

题 2.1 图

2.2　分析题 2.2 图所示体系的几何组成，要求同题 2.1。

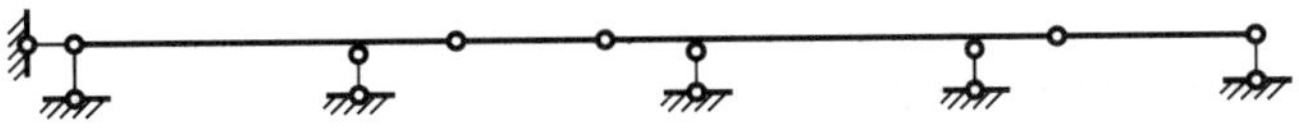

(a)

(b)

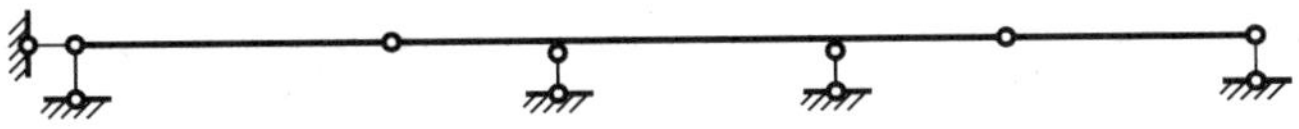

(c)

题 2.2 图

2.3～2.19 分析题 2.3 图至题 2.19 图所示体系的几何组成，要求同题 2.1。

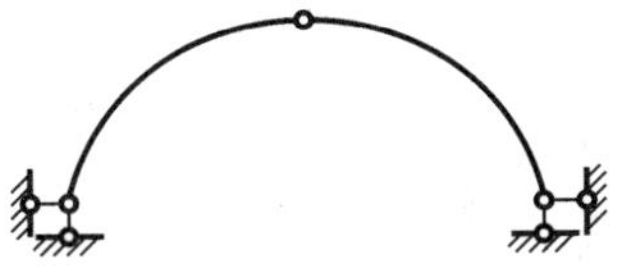

(a)

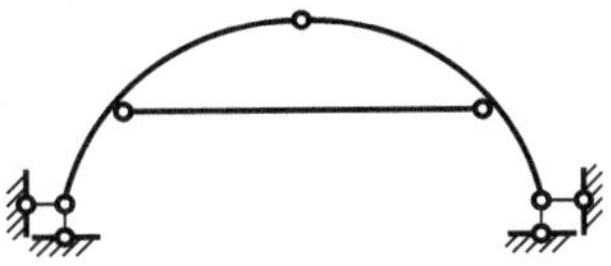

(b)

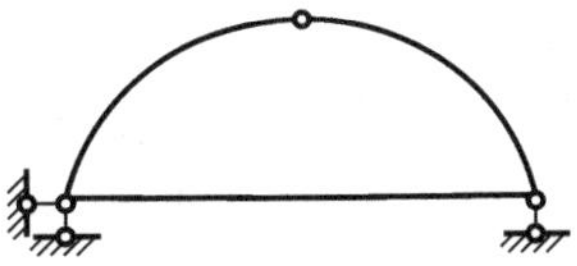

(c)

题 2.3 图

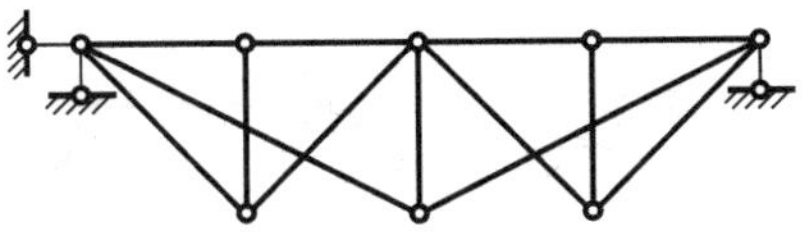

题 2.4 图

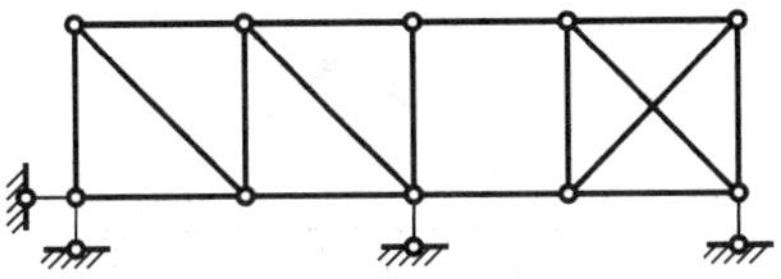

题 2.5 图

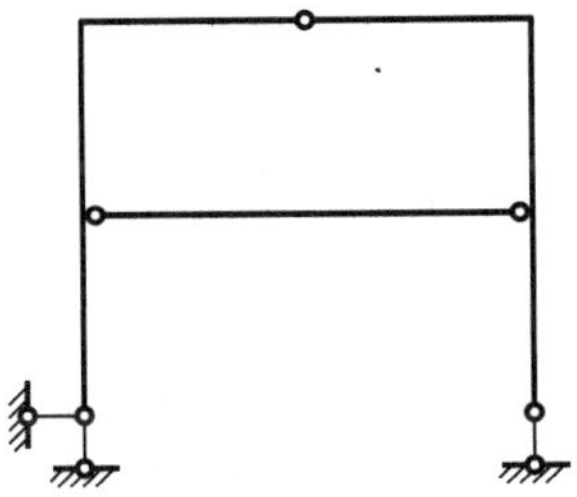

题 2.6 图

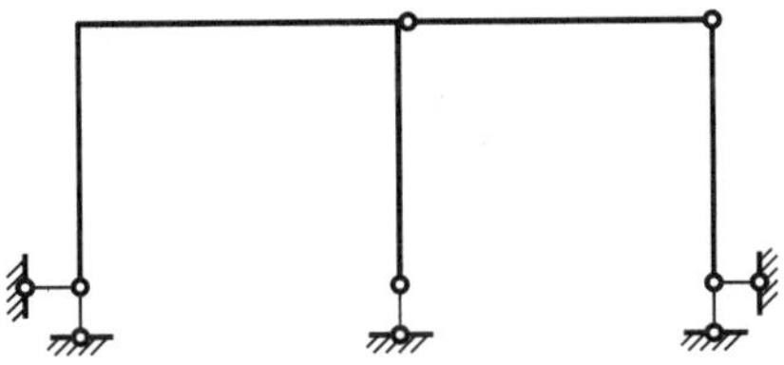

题 2.7 图

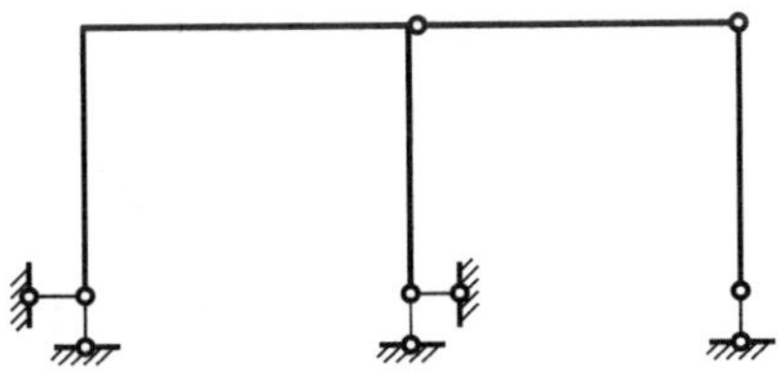

题 2.8 图

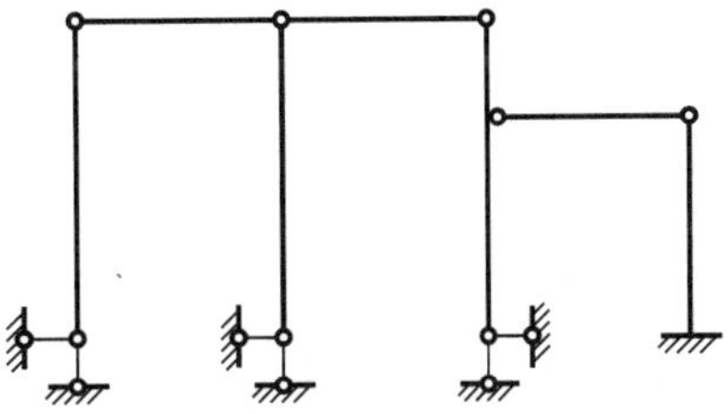

题 2.9 图

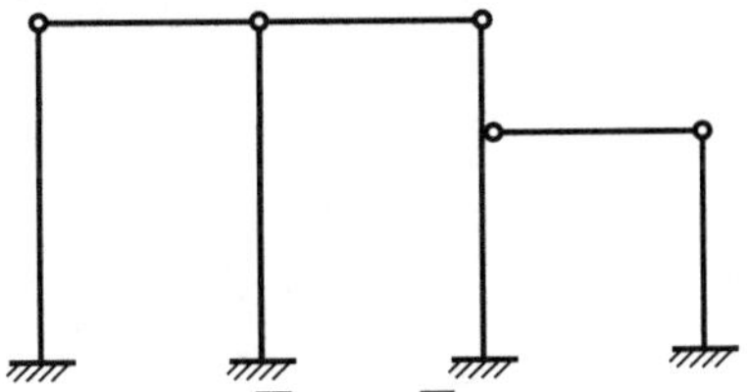

题 2.10 图

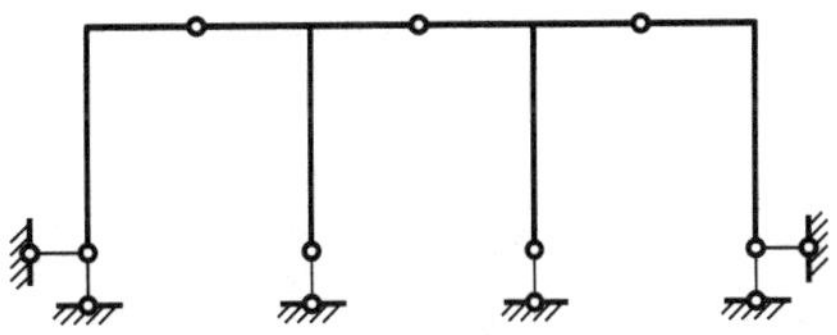

题 2.11 图

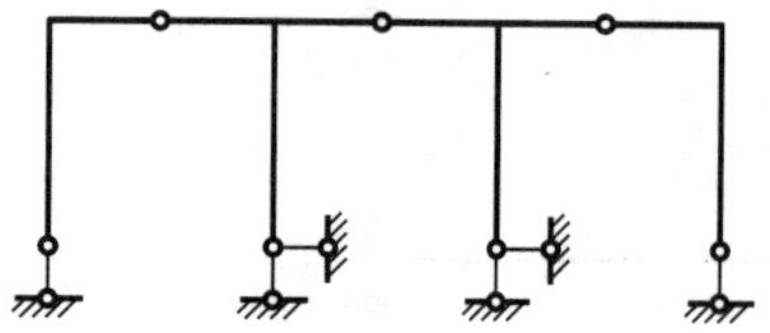
题 2.12 图

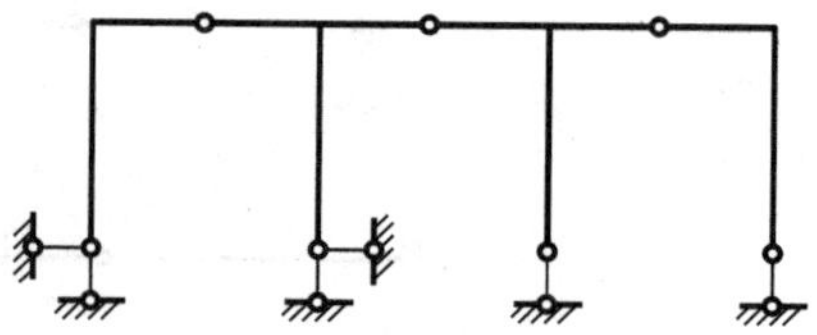
题 2.13 图

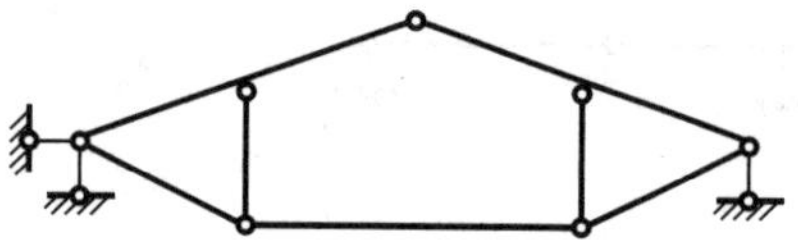
题 2.14 图

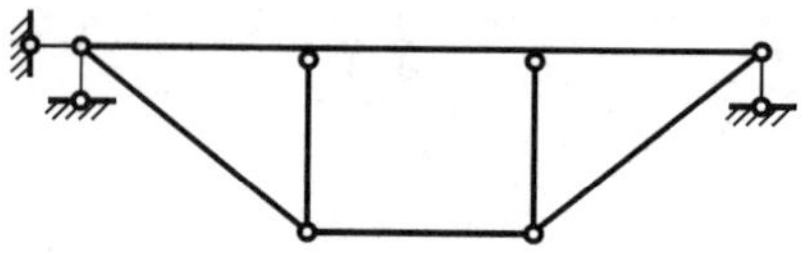
题 2.15 图

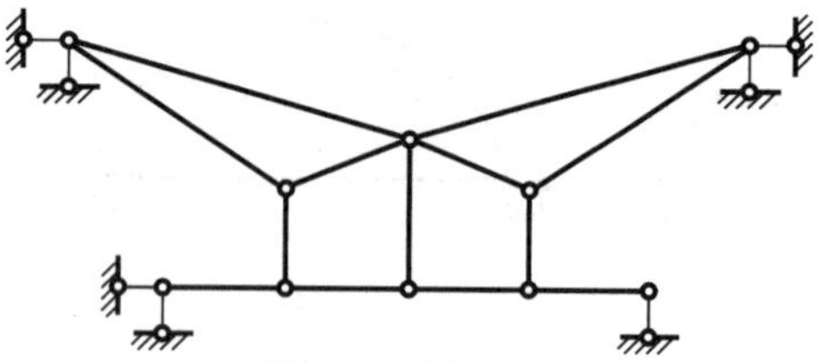
题 2.16 图

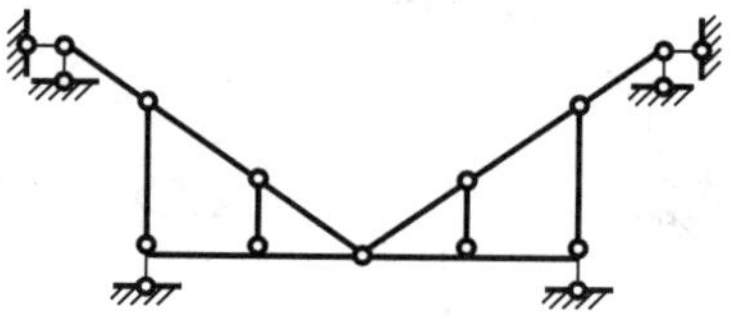
题 2.17 图

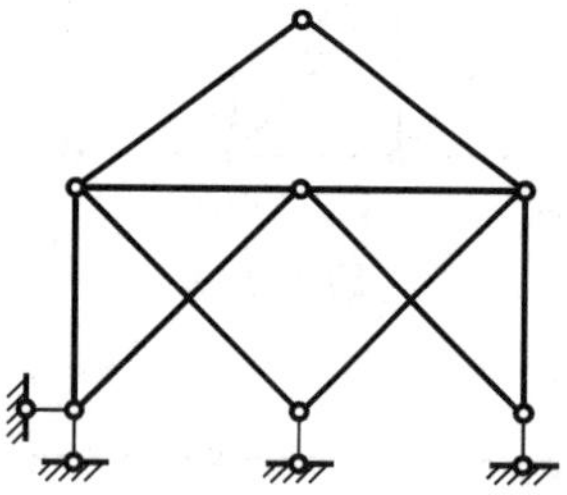
题 2.18 图

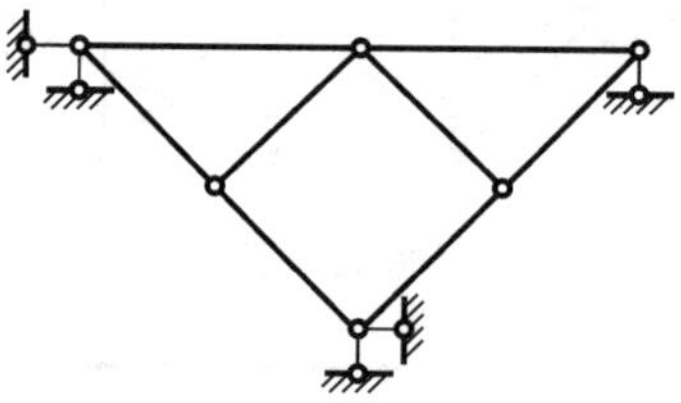
题 2.19 图

*2.20　对题 2.1、题 2.2 各图，求其计算自由度数 W。

3 静 定 梁

本 章 提 要

本章讨论静定单跨梁和多跨梁的支座反力、内力的计算,及内力图的绘制。单跨梁是多跨梁计算的基础,要求熟练掌握。注意本章中分段叠加法绘制直杆弯矩图在作法上的特点。

3.1 静定单跨梁的计算

在工程中静定单跨梁的应用很多,且静定单跨梁的受力分析是静定多跨梁、静定刚架等受力分析的基础。常见的静定单跨梁有下列三种类型:① 简支梁[图 3.1(a)];② 悬臂梁[图 3.1(b)];③ 伸臂梁[图 3.1(c)]。

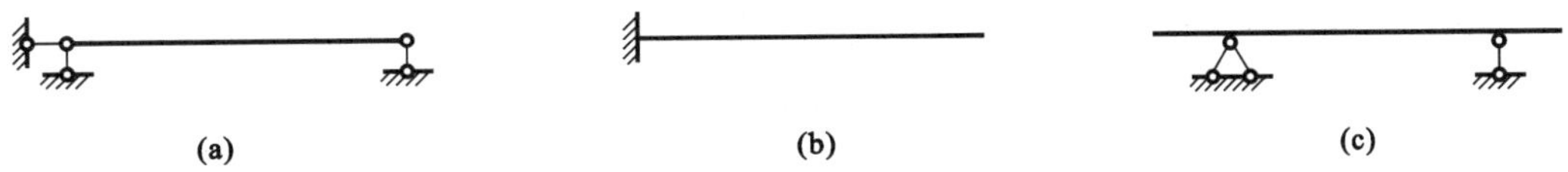

图 3.1 静定单跨梁

(a) 简支梁;(b) 悬臂梁;(c) 伸臂梁

本节对静定单跨梁截面的内力计算及内力图的绘制进行复习和讨论。

3.1.1 杆件截面内力及正负号规定

平面杆件截面上一般有三个内力分量:轴力 N、剪力 Q 及弯矩 M。

截面内力沿杆轴切线方向的分力称为轴力。轴力以拉力为正,压力为负[图 3.2(a)]。

截面内力沿杆轴法线方向的分力称为剪力。剪力对截取的隔离体邻近截面顺时针旋转者为正,反之为负[图 3.2(b)]。

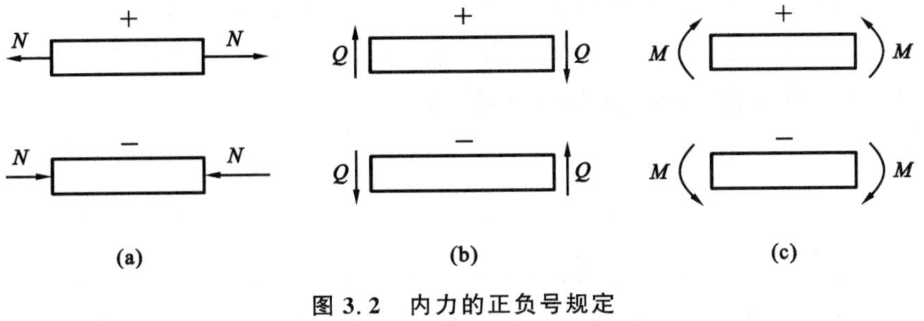

图 3.2 内力的正负号规定

(a) 轴力的正负;(b) 剪力的正负;(c) 弯矩的正负

截面内力对截面形心的力矩称为弯矩。在水平杆中，当弯矩使杆件下部纤维受拉时，弯矩为正，反之为负[图 3.2(c)]。

3.1.2　杆件截面内力计算的方法——截面法

计算杆件指定截面内力的基本方法是截面法，即沿指定截面将杆件截开，取截面的一边为隔离体，利用隔离体的三个平衡方程，可确定该截面的三个内力分量。

现结合例题说明用截面法计算截面内力的方法。

【例 3.1】　图 3.3(a)所示简支梁，AC 段有均布荷载 $q=2$ kN/m，在截面 D 处作用水平力 $P=10$ kN，其偏心距 $e=0.2$ m，用截面法计算截面 C、D_1、D_2 的内力。

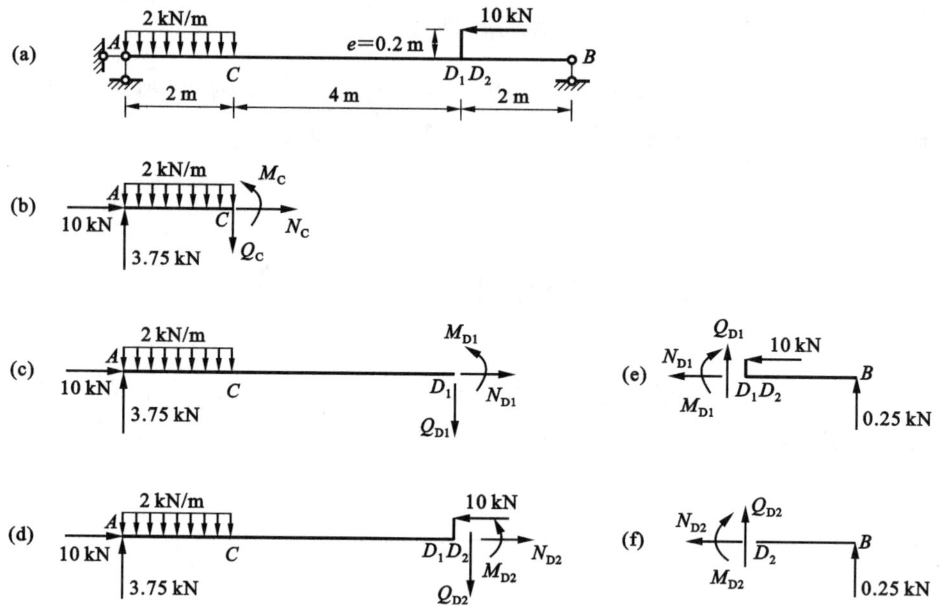

图 3.3　例 3.1 图

【解】

① 在求梁内力以前，应先利用整体平衡条件求支座反力。

$$\sum X=0,\quad X_A-10=0,\quad X_A=10\ \text{kN}(\rightarrow)$$

$$\sum M_A=0,\quad 2\times2\times1-10\times0.2-Y_B\times8=0,\quad Y_B=0.25\ \text{kN}(\uparrow)$$

$$\sum M_B=0,\quad -2\times2\times7-10\times0.2+Y_A\times8=0,\quad Y_A=3.75\ \text{kN}(\uparrow)$$

校核：$\sum Y=0,\quad 2\times2-3.75-0.25=0$

② 求截面 C 的内力

沿截面 C 截开，取 C 左边 AC 段为隔离体，如图 3.3(b)所示。隔离体 AC 上作用的已知力有支座 A 的两个支座反力和梁上的均布荷载，未知力为截面 C 的三个内力 M_C、Q_C、N_C。未知内力按正方向画出。利用三个平衡条件，可求出截面 C 的内力。

$$\sum X=0,\quad 10+N_C=0,\quad N_C=-10\ \text{kN}$$

$$\sum Y=0,\quad 3.75-2\times2-Q_C=0,\quad Q_C=-0.25\ \text{kN}$$

$$\sum M_C=0,\quad 3.75\times2-2\times2\times1-M_C=0,\quad M_C=3.5\ \text{kN}\cdot\text{m}(\text{下部受拉})$$

求得的 N_C、Q_C 为负值，说明截面 C 的轴力和剪力与隔离体上假设的方向相反，即轴力是压力，剪力是负剪力。求得的 M_C 为正值，说明截面 C 的弯矩与隔离体上假设的方向相同，即弯矩使梁下部纤维受拉。

③ 求截面 D_1 的内力

沿截面 D_1 截开，取 D_1 左边部分 AD_1 段为隔离体［图 3.3(c)］。隔离体 AD_1 上作用的已知力同前，即支座 A 的两个支座反力和梁上均布荷载，未知力为截面 D_1 的三个内力 M_{D1}、Q_{D1}、N_{D1}。由三个平衡方程可求得截面 D_1 的内力：

$$\sum X=0,\quad 10+N_{D1}=0,\quad N_{D1}=-10\ \text{kN}$$

$$\sum Y=0,\quad -3.75+2\times 2+Q_{D1}=0,\quad Q_{D1}=-0.25\ \text{kN}$$

$$\sum M_C=0,\quad 3.75\times 6-2\times 2\times 5-M_{D1}=0,\quad M_{D1}=2.5\ \text{kN}\cdot\text{m}(\text{下部受拉})$$

内力正负号所表明的意义同前所述。

④ 求截面 D_2 的内力

沿截面 D_2 截开，取 D_2 左边部分 AD_2 段为隔离体［图 3.3(d)］。隔离体 AD_2［图 3.3(d)］上的作用力和隔离体 AD_1［图 3.3(c)］上作用力的区别是：AD_1 段没有水平集中力，而 AD_2 段则包括水平集中力。由三个平衡方程，可求得截面 D_2 的内力：

$$\sum X=0,\quad 10-10+N_{D2}=0,\quad N_{D2}=0$$

$$\sum Y=0,\quad -3.75+2\times 2+Q_{D2}=0,\quad Q_{D2}=-0.25\ \text{kN}$$

$$\sum M_{D2}=0,\quad 3.75\times 6-2\times 2\times 5-10\times 0.2-M_{D2}=0,\quad M_{D2}=0.5\ \text{kN}\cdot\text{m}(\text{下部受拉})$$

内力正负号意义同前所述。

用截面法截取隔离体时，可截取截面左边杆段为隔离体，如例 3.1 所示。也可以取截面右边杆段为隔离体，计算结果是相同的。例 3.1 中，求截面 D_1 的内力，可取截面 D_1 右边 D_1B 段为隔离体［图 3.3(e)］；求截面 D_2 的内力，可取截面 D_2 右边 D_2B 段为隔离体［图 3.3(f)］。后者显然更简单些，建议读者自行计算一下。

用截面法计算指定截面内力的步骤如下：

(1) 沿指定截面截开，取截面一边（通常取受力简单的部分）为隔离体。

(2) 画出隔离体受力图。

(3) 建立隔离体的平衡条件，确定该截面的三个内力分量。

显然，要正确建立平衡方程，求得正确的内力结果，关键是要正确画出隔离体受力图。画隔离体受力图时，应注意以下几点：

(1) 隔离体与其周围的约束要全部截断，以相应的约束力代替。

(2) 约束力要符合约束的性质。截断滚轴支座、铰支座和固定支座时，应相应地加上一个、两个和三个支座反力（固定支座的三个反力中，有一个是反力偶）。截断链杆（两端为铰的直杆，且杆上无荷载作用）时，在截面上加轴力；截断一个简单铰时，在截面上加轴力和剪力；截断受弯杆件时，在截面上加轴力、剪力和弯矩。

(3) 如实画出隔离体上的全部力，不要遗漏，也不可增添。隔离体受力图上的力包括两类：一类是外荷载（分布荷载、集中力和集中力偶等），另一类是截断面上的约束力［如(2)中所述］。

(4) 隔离体受力图的表示必须清楚、明确。一般已知力按实际作用方向、实际数值表示；未知力一般按正号方向画。求得的未知力若为正值，表示未知力的方向与假设的方向一致；若为负值，则与假设的方向相反。这样，根据未知力计算结果的正负号，即可确定实际力的方向。

以上是用截面法求杆件截面内力的正规做法。此方法的另一表现形式是不画出隔离体，直接根据由截面内力定义得出的内力算式来计算。

截面内力的算式为：

轴力＝截面一边的所有外力沿杆轴切线方向投影的代数和；

剪力＝截面一边的所有外力沿杆轴法线方向投影的代数和；

弯矩＝截面一边的所有外力对截面的形心力矩的代数和。

正负号的规定同前。

【例 3.2】 例 3.1[图 3.3(a)]中简支梁的支座反力求得后，试直接用截面内力的算式重新计算截面 C、D_1、D_2 的内力。

【解】

① 截面 C 的内力

沿 C 作截面，取 C 左边 AC 上的外力，自 A 向 C 求得：

$$N_C = -10\ \text{kN}$$

$$Q_C = 3.75 - 2 \times 2 = -0.25\ \text{kN}$$

$$M_C = 3.75 \times 2 - 2 \times 2 \times 1 = 3.5\ \text{kN} \cdot \text{m}$$

因截面 C 左边外力沿梁轴切线方向投影时，支座反力 X_A 的方向指向截面 C，使截面受压，故 N_C 为负号。截面 C 左边外力沿梁轴法线方向投影时，支座反力 Y_A 的方向对截面 C 顺时针旋转，在 Q_C 算式中取正号；而均布荷载合力的方向对截面 C 逆时针旋转，因此，在 Q_C 算式中取负号。截面 C 左边的外力中，支座反力 Y_A 对截面 C 的力矩使梁下部纤维受拉，在 M_C 算式中取正号；而均布荷载合力对截面 C 的力矩使梁上部纤维受拉，因此，在 M_C 算式中取负号。

② 截面 D_1 的内力

沿 D_1 作截面，取 D_1 左边 AD_1 上的外力，自 A 向 D_1 求得：

$$N_{D1} = -10\ \text{kN}$$

$$Q_{D1} = 3.75 - 2 \times 2 = -0.25\ \text{kN}$$

$$M_{D1} = 3.75 \times 6 - 2 \times 2 \times 5 = 2.5\ \text{kN} \cdot \text{m}$$

正负号的确定同①。

③ 截面 D_2 的内力

沿 D_2 作截面，取 D_2 左边 AD_2 上的外力，自 A 向 D_2 求得：

$$N_{D2} = -10 + 10 = 0$$

$$Q_{D2} = 3.75 - 2 \times 2 = -0.25\ \text{kN}$$

$$M_{D2} = 3.75 \times 6 - 2 \times 2 \times 5 - 10 \times 0.2 = 0.5\ \text{kN} \cdot \text{m}$$

截面 D_2 与 D_1 的区别是在 D_2 左边外力中，比 D_1 左边外力多了一个具有偏心距的水平力。此水平力使 D_2 受拉。对截面 D_2 的力矩使梁上部纤维受拉，因此，在弯矩的算式中取负号。

列截面内力算式时，可以取截面左边所有的外力列，也可以取截面右边所有的外力列，结果是相同的。但通常从力少的一边算起较简单。如例 3.2 中，求截面 D_1、D_2 的内力时，均以自 B 向 D 求较为简单，请读者自行验证。

3.1.3 荷载与内力之间的微分关系

在工程力学(材料力学)课程中，曾讨论过水平直杆的荷载、剪力、弯矩之间的微分关系，在结构力学课程的学习中，要求进一步熟练掌握这些微分关系，以便进行内力图的校核，并能根据内力图形状的特点迅速分段绘制内力图。

现结合图 3.4(a)所示简支梁所受荷载讨论如下。设竖向荷载向下为正，横坐标轴 x 向右为正，纵坐标轴 y 向下为正；截面内力正负号规定同前。

(1) 分布荷载作用

在荷载连续分布区段 CD 内，任意取微段 dx 为隔离体[图 3.4(b)]，由平衡方程有：

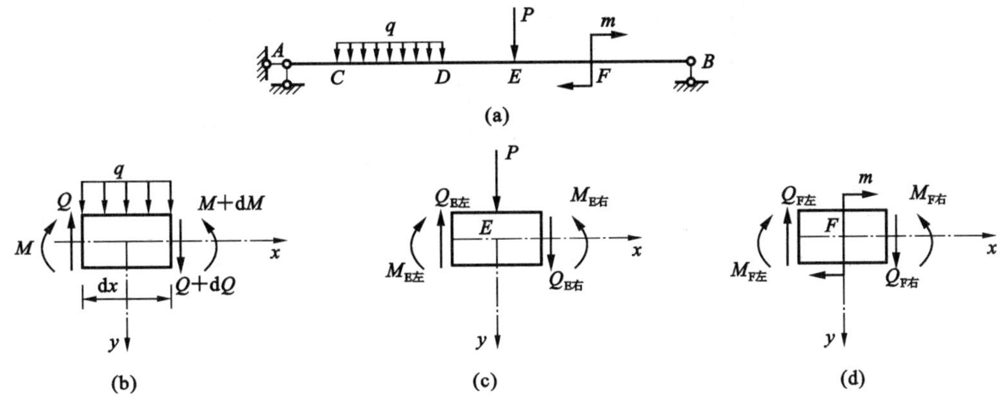

图 3.4 微段内力与荷载之间的关系

$$\sum Y=0, \qquad \frac{dQ}{dx}=-q \tag{3.1a}$$

$$\sum M_0=0, \qquad \frac{dM}{dx}=Q \tag{3.1b}$$

综合式(3.1)的(a)和(b),得:

$$\frac{d^2M}{dx^2}=-q \tag{3.2}$$

上述微分关系表达式的几何意义是:

式[3.1(a)]表示剪力图在某点的切线斜率等于该点的荷载集度,但两者正负号相反。

式[3.1(b)]表示弯矩图在某点的切线斜率等于该点的剪力。

由式(3.2)表示弯矩图曲线在某点的二阶导数(一阶导数的变化率)等于该点的荷载集度,但符号相反。

上述微分关系说明在荷载连续分布的区段,内力图的形状有以下特点:

① 在均布荷载区段(q=常数)

Q 图是 x 的一次式,Q 图是斜直线;若取剪力图纵坐标向上为正,q 向下作用时,斜直线自左向右向下倾斜。

M 图是 x 的二次式,M 图是抛物线;当 q 向下时,M 图的一阶导数的变化率为负,即曲线向下凸。

② 在无荷载区段($q=0$)

Q 等于常数,Q 图是水平线。

M 图是 x 的一次式,M 图是斜直线,倾斜方向同剪力的符号。

(2) 集中力作用

在集中力作用点 E 附近取微段为隔离体[图 3.4(c)],由平衡方程有:

$$\sum Y=0, \qquad Q_{E右}=Q_{E左}-P \tag{3.3a}$$

$$\sum M_E=0, \qquad M_{E左}=M_{E右} \tag{3.3b}$$

式[3.3(a)]说明在集中力作用点的两侧剪力值是不等的,两侧剪力相差的值为 P。因此,剪力图在 P 作用点有突变,突变值为 P。

式[3.3(b)]说明在集中力作用点的两侧弯矩值是相等的,但由于 P 作用点两侧剪力值不等,因此,弯矩图在 P 作用点两侧斜率不同而形成一尖点,当 P 作用方向向下时,尖角向下。

(3) 集中力偶作用

在集中力偶作用点 F 附近取微段为隔离体[图 3.4(d)],由平衡方程有:

$$\sum Y=0,\quad Q_{F左}=Q_{F右} \tag{3.4a}$$

$$\sum M_F=0,\quad M_{F右}=M_{F左}+m \tag{3.4b}$$

式[3.4(a)]说明在集中力偶 m 作用点的两侧剪力值是相等的，因此，剪力图在 m 作用点的两侧无变化。

式[3.4(b)]说明在集中力偶 m 作用点的两侧弯矩值是不等的，两侧弯矩值相差为 m，因此，弯矩图在 m 作用点两侧有突变，突变的值为 m。且由于 m 作用点两侧的剪力相等，弯矩图在 m 作用点两侧的斜率相等，即两侧的切线彼此平行。

3.1.4　内力图的绘制

内力图是表示杆件上各截面内力沿杆长度变化规律的图形。绘制时，以杆轴为横坐标，各截面内力值为纵坐标。本课程对绘制内力图的规定如下：

弯矩图的纵坐标一律画在杆件受拉纤维一侧，不注明正负号。剪力图和轴力图可画在杆件任一侧，但需注明正负号(对于水平杆件，一般把正号剪力和轴力画在杆件上方)。

前述荷载与内力的微分关系说明，杆件内力图的形状是与荷载分布直接有关的。在分布荷载和无荷载段，内力图为连续图形，而在荷载的不连续点，内力图也出现不连续的变化。利用这些特点，可以迅速简便地绘制内力图，其要点如下：

(1) 选择控制截面

控制截面是指荷载的不连续点，如分布荷载的起点和终点、集中力作用点和集中力偶作用点。控制截面也是内力图出现不连续的截面。

(2) 计算控制截面内力值

计算控制截面内力值的基本方法是截面法，见第 3 章 3.1.2。

(3) 分段绘制内力图

将一杆件以控制截面分段，以控制截面的内力值作为内力图在该截面的纵坐标，由荷载与内力的微分关系总结的内力图特征绘制各分段间的内力图。

现举例说明。

【例 3.3】　作图 3.5(a)所示简支梁的内力图。

【解】

① 求支座反力

利用整体平衡条件：

$$\sum X=0,\qquad X_A=0$$

$$\sum M_A=0,\quad 16\times1+4\times4\times4-Y_B\times8=0,$$

$$Y_B=10\ \text{kN}(\uparrow)$$

$$\sum M_B=0,\quad Y_A\times8-16\times7-4\times4\times4=0,$$

$$Y_A=22\ \text{kN}(\uparrow)$$

$$\sum Y=0,\quad 22-16-4\times4+10=0$$

② 作剪力图

a. 用截面法计算控制截面内力。控制截面有 A、B、C、D、E 等荷载不连续点，将梁 AB 分成四段：AC、CD、EB 段无荷载，Q 图为水平线，用一个值就可确定；DE 段有均布荷载，Q 图为斜直线，有两个值就可确定。

$$Q_A=Q_{C左}=Y_A=22\ \text{kN}$$

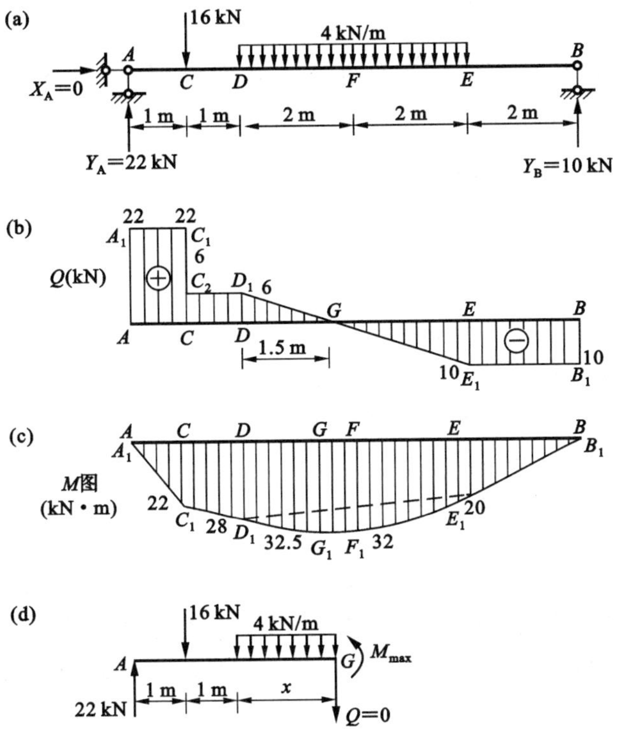

图 3.5 例 3.3 图

$$Q_{C右} = Q_D = Y_A - P = 22 - 16 = 6\ \text{kN}$$

$$Q_E = Q_B = -Y_B = -10\ \text{kN}$$

b. 作 Q 图

先作 Q 图横坐标轴 AB[图 3.5(b)]，在横坐标轴上各相应位置标注控制截面(A、C、D、E、B)，在 A 点和 $C_{左}$ 点的坐标轴上面取 22 kN 为纵坐标，得到 A_1 点和 C_1 点；在 $C_{右}$ 和 D 点的坐标轴上面取 6 kN 为纵坐标，得到 C_2 点和 D_1 点；在 E 点和 B 点的坐标轴下面取 10 kN 为纵坐标，得到 E_1 和 B_1 点。将各纵坐标 A_1C_1、C_2D_1、D_1E_1、E_1B_1 分别连以直线，在坐标轴上面注明正号，在坐标轴下面注明负号，即得剪力图。剪力图如图 3.5(b)所示。

③ 作 M 图

a. 用截面法计算控制截面弯矩。仍选 A、C、D、E、B 为控制截面，各控制截面弯矩值为：

$$M_A = 0$$

$$M_C = 22 \times 1 = 22\ \text{kN} \cdot \text{m}(\text{下边受拉})$$

$$M_D = 22 \times 2 - 16 \times 1 = 28\ \text{kN} \cdot \text{m}(\text{下边受拉})$$

$$M_E = 10 \times 2 = 20\ \text{kN} \cdot \text{m}(\text{下边受拉})$$

$$M_B = 0$$

b. 作 M 图

在横坐标轴上各控制截面(A、C、D、E、B)下方标注各相应截面弯矩的纵坐标值(0、22、28、20、0)，它们对应的点为(A_1、C_1、D_1、E_1、B_1)，如图 3.5(c)所示。

在梁上无荷载段，即 AC、CD、EB 段，将 A_1C_1、C_1D_1、E_1B_1 分别连以直线，即得这些段的弯矩图。

在梁上有均布荷载的 DE 段，弯矩图为抛物线，抛物线应根据三个纵坐标定出。现已有 D_1 和 E_1 点，在 D_1 和 E_1 之间缺少一个纵坐标值，可取 DE 段中点 F 的弯矩值 M_F，也可取 DE 之间的 M_{max} 值，现分别计算如下：

$$M_F = 22 \times 4 - 16 \times 3 - 4 \times 2 \times 1 = 32 \text{ kN} \cdot \text{m}(\text{下边受拉})$$

M_{max} 发生在 $\frac{dM}{dx} = Q = 0$ 的截面，设该截面为 G，先利用 AG 隔离体平衡[图 3.5(d)]，计算 $Q=0$ 截面(即 G 点)的位置。

$$Q_G = 22 - 16 - qx = 0$$

$$x = \frac{22-16}{4} = 1.5 \text{ m}$$

$$M_{max} = 22 \times 3.5 - 16 \times 2.5 - 4 \times \frac{1.5^2}{2} = 32.5 \text{ kN} \cdot \text{m}$$

得到 M_F 值和 M_{max} 值后，就可在横坐标轴上 F 点下面取纵坐标为 32 kN·m，得到 F_1 点；或在横坐标轴上 G 点下面取纵坐标为 32.5 kN·m，得到 G_1 点。将 D_1、F_1、E_1 三点或 D_1、G_1、E_1 三点连成一抛物线，即得 DE 段的弯矩图。

AB 梁的弯矩图如图 3.5(c)所示。

④ 内力图形状特征的校核

由图 3.5(a)、(b)、(c)给出的荷载图、Q 图和 M 图分析：AC、CD、EB 都是无荷载段，剪力图是水平线，弯矩图是斜直线；在 P 作用点 C，剪力值有突变，突变值为 P，弯矩图在 C 两侧斜率不等，形成尖点，尖角指向同 P 的方向；DE 段有均布荷载 q，剪力图是斜直线，斜率值即 q 值，弯矩图是二次抛物线，注意在 D_1 和 E_1 点直线和曲线之间为光滑过渡。

还可看出，弯矩图切线斜率的数值和方向与剪力图的剪力值和符号是一致的，M 图曲线的凸向与 q 的指向相同。

3.2　叠加法绘制直杆弯矩图

力学分析中的叠加原理，是指结构中一组荷载作用所产生的效果等于每一荷载单独作用所产生效果的总和。现讨论怎样利用叠加原理简便地绘制直杆弯矩图。

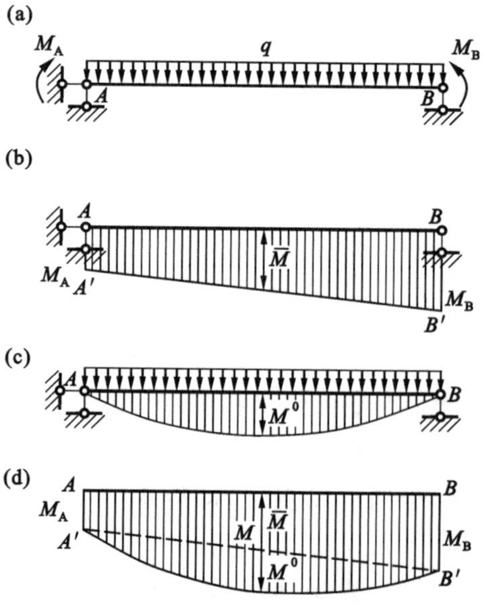

图 3.6　简支梁弯矩图的叠加

3.2.1　简支梁弯矩图的叠加方法

图 3.6(a)中 AB 是一简支梁，在两端部 A 和 B 受有集中力偶 M_A 和 M_B，在梁上受有均布荷载 q。由叠加原理，将梁 AB 所受荷载分成两组：一组是梁两端的集中力偶 M_A、M_B 如图 3.6(b)所示；另一组是梁上的均布荷载 q，如图 3.6(c)所示。

在梁两端力偶 M_A 和 M_B 作用下的弯矩图 $\overline{M}$ 是一根直线，只需将端截面 A 和 B 的弯矩纵坐标 M_A 和 M_B 画出，得到点 A' 和点 B'，在点 A' 和点 B' 之间连以直线即得其弯矩图，如图 3.6(b)所示。在梁上均布荷载作用下的弯矩图 $M^0(x)$ 则是二次抛物线，如图 3.6(c)所示。而简支梁 AB 在端弯矩和梁上均布荷载共同作用下的总弯矩图 M 则是两组荷载产生的弯矩图的叠加。在作弯矩图时，可在直线 $\overline{M}$ 图的基础上叠加 M^0 图，即得到总弯矩图(M 图)，如图 3.6(d)所示。

应当注意：弯矩图的叠加是指弯矩纵坐标的叠加，而不是指图形的简单拼合。图 3.6(d)所示任意截面的三个纵坐

标 $\overline{M}$、M^0 与 M 之间的叠加关系为：

$$M(x)=\overline{M}(x)+M^0(x)$$

其中，M^0 的纵坐标也应垂直于杆轴 AB，而不是垂直于图中的虚直线 $A'B'$。

3.2.2 分段叠加法

现在把第 3 章 3.2.1 所讨论的简支梁弯矩图的叠加方法推广应用到直杆的任意段情形。图 3.7(a)所示简支梁，杆段 AB 受有均布荷载 q，杆段 AB 端部截面 A 和 B 的弯矩已用截面法求得，现讨论如何用叠加法作杆段 AB 的弯矩图。

取杆段 AB 为隔离体，受力图如图 3.7(b)所示，AB 段端部截面的作用力为 M_A、Q_A 和 M_B、Q_B。

图 3.7(c)所示为一跨度和杆段长度与图 3.7(a)中 AB 杆段相同的简支梁 AB，受有梁端力偶 M_A、M_B 和梁上均布荷载 q 的作用。

将图 3.7(b)所示杆段 AB 与图 3.7(c)所示简支梁 AB 相比较，杆段 AB 的长度和简支梁 AB 的跨度相等，杆端力偶 M_A、M_B 和均布荷载 q 都相同；由平衡条件可知：$Y_A^0=Q_A$，$Y_B^0=-Q_B$。因此，图 3.7(b)所示杆段 AB 的受力状态和图 3.7(c)所示相应简支梁 AB 的受力状态是等效的，两者的弯矩图也是相同的。这样，就可以利用绘制简支梁 AB 弯矩图的叠加方法来绘制杆段 AB 的弯矩图，结果表示于图 3.7(d)中。

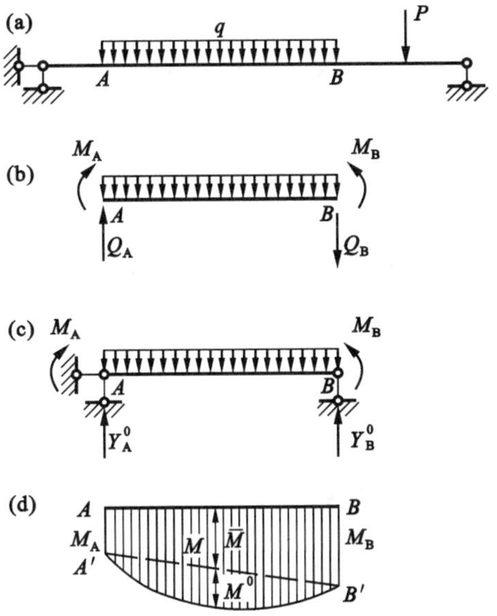

图 3.7 一段梁弯矩图的叠加

对于直杆的任意段 AB 用叠加法画弯矩图的做法是：先用截面法求得分段两端控制截面的弯矩值 M_A 和 M_B；在弯矩图横坐标轴上以 M_A 和 M_B 的值作为纵坐标（画在杆件受拉纤维一侧），两纵坐标端点 $A'B'$ 连以虚直线；以此虚直线为基线，叠加 AB 段长度作为跨度的相应简支梁在跨间荷载作用下的弯矩图的纵坐标。

【例 3.4】 作图 3.8(a)所示伸臂梁的弯矩图。

【解】

本题不需求出支座反力即可作出弯矩图。

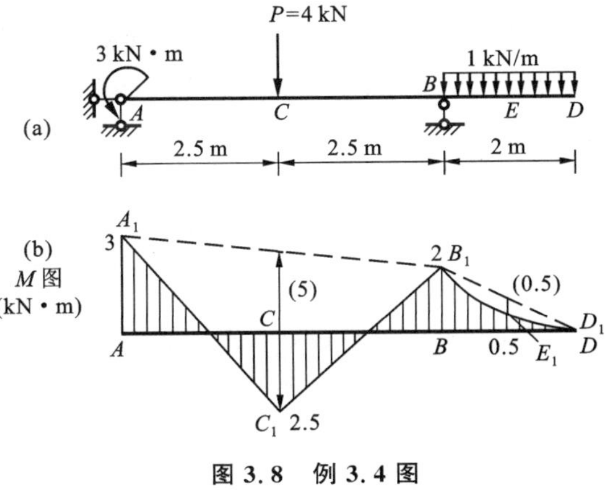

图 3.8 例 3.4 图

① 计算控制截面弯矩

选荷载不连续点 A、B、D 为控制截面，用截面法算得弯矩值为：

$M_A=-3$ kN·m（上边受拉）

$M_D=0$

$M_B=-1\times2\times1=-2$ kN·m（上边受拉）

② 用分段叠加法绘制 M 图

先画 M 图横坐标轴，在坐标轴上控制截面 A、B、D 点上以计算得到的 M_A、M_B、M_D 的值画出纵坐标，得到 A_1、B_1、D_1 点，如图 3.8(b)所示。控制截面将梁分为两段，即 AB 段和 BD 段。

AB 段有集中力 P，先将 A_1B_1 连以虚直线，以 A_1B_1 虚直线为基线，叠加以 AB 长度为跨度的简支梁在跨中有集中力作用下的弯矩图，即 M^0 图。M^0 图在跨度中点的纵坐标为 $\frac{4}{4}\times5=5$ kN·m，因

此 AB 中点 C 的弯矩值为：

$$M_C = -\frac{3+2}{2}+5=2.5\ \text{kN}\cdot\text{m}(\text{下边受拉})$$

以 M_C 值为纵坐标得到 M 图中的 C_1 点。

BD 段有均布荷载。先将 B_1D_1 连以虚直线，以 B_1D_1 虚直线为基线，叠加以 BD 长度为跨度的简支梁在均布荷载作用下的弯矩图，即 M^0 图。M^0 图在 BD 中点的纵坐标为 $\frac{1}{8}\times1\times2^2=0.5\ \text{kN}\cdot\text{m}$，因此 BD 中点 E 的弯矩值为：

$$M_E = -\frac{2+0}{2}+0.5=-0.5\ \text{kN}\cdot\text{m}(\text{上边受拉})$$

以 M_E 值为纵坐标得到 M 图中的 E_1 点。

注意：AB 段、BD 段的 $\overline{M}$ 图虚直线在坐标轴上边，而简支梁的 M^0 图是使梁的下部纤维受拉，因此，叠加时纵坐标 $\overline{M}$ 和 M^0 应相减。

最后弯矩图如图 3.8(b)所示。

本题 BD 段弯矩图也可将 BD 看成悬臂梁作用有均布荷载直接画出，而不必用叠加法。

3.3 简支斜梁的计算

在房屋建筑中，楼梯[图 3.9(a)]的计算简图通常取为简支斜梁[图 3.9(b)、(c)]。

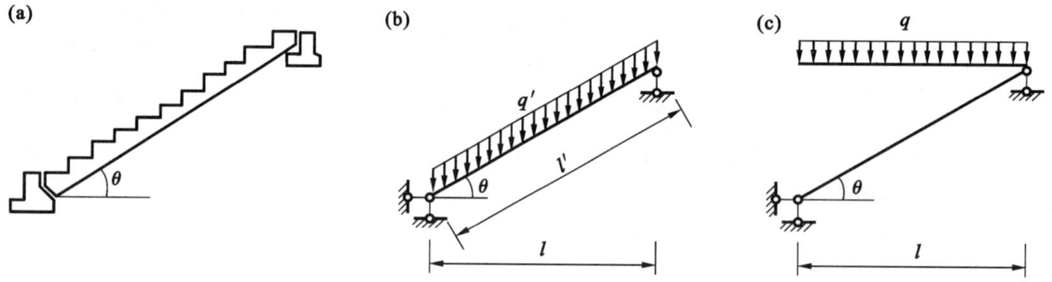

图 3.9 楼梯及其计算简图

斜梁的轴线是斜直线，它和水平轴的夹角为 θ。斜梁所受的荷载分两种：① 沿斜杆轴线分布的竖向荷载，如自重；② 沿水平线分布的竖向荷载，如使用荷载。计算时为了统一，常将沿斜杆轴线分布的竖向荷载[图 3.9(b)]，化为沿水平线分布的竖向荷载[图 3.9(c)]。按杆轴线分布和水平线分布的计算结果是相同的。当为均布荷载时，两者间的折算关系为：

$$ql = q'l' = q'\frac{l}{\cos\theta}$$

所以

$$q=\frac{q'}{\cos\theta}$$

式中 q'——沿杆轴线每单位长度上的竖向均布荷载；

q——沿水平线每单位长度上的竖向均布荷载。

下面以沿水平线表示的竖向均布荷载为例说明静定斜梁计算的特点。

【例 3.5】 作图 3.10(a)所示简支斜梁的内力图，q 为沿水平线每单位长度上的荷载。

【解】

① 利用整体平衡条件，计算支座反力。

$$\sum X=0,\qquad X_A=0$$

$$\sum M_A=0,\qquad Y_B=\frac{1}{2}ql(\uparrow)$$

$$\sum M_B=0,\qquad Y_A=\frac{1}{2}ql(\uparrow)$$

校核：

$$\sum Y=0,\qquad ql-\frac{ql}{2}-\frac{ql}{2}=0$$

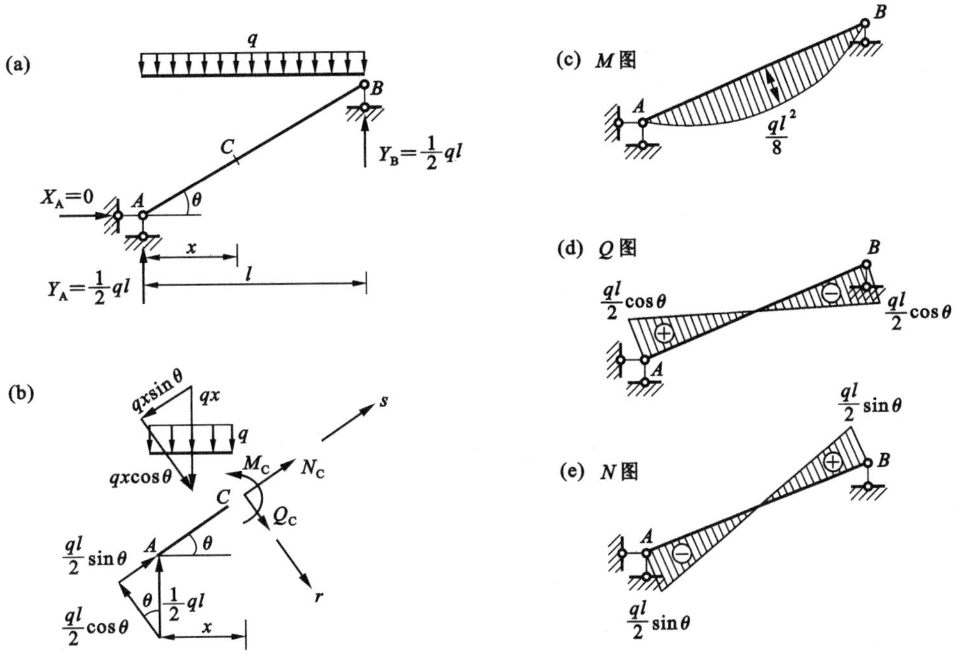

图 3.10 例 3.5 图

② 用截面法计算任一截面 C 的内力

设任一截面 C 距支座 A 的水平距离为 x。沿 C 作截面切开，取 C 左边部分为隔离体，隔离体受力图如图 3.10(b)所示。注意：斜杆轴线是倾斜的，所以斜杆的剪力和轴力都是倾斜的力。在建立隔离体投影平衡方程时，应分别取沿杆轴切线(s)方向和法线(r)方向的投影方程，可直接求得 N_C 和 Q_C，因此，应将支座反力 Y_A 和均布荷载 qx 都沿 s 和 r 方向分解。

$$\sum M_C=0,\qquad \frac{1}{2}qlx-qx\frac{x}{2}-M_C=0,\qquad M_C=\frac{1}{2}q(lx-x^2)\tag{a}$$

$$\sum r=0,\qquad -\frac{1}{2}ql\cos\theta+qx\cos\theta+Q_C=0,\qquad Q_C=\frac{1}{2}q(l-2x)\cos\theta\tag{b}$$

$$\sum s=0,\qquad \frac{1}{2}ql\sin\theta-qx\sin\theta+N_C=0,\qquad N_C=-\frac{1}{2}q(l-2x)\sin\theta\tag{c}$$

③ 作 M、Q、N 图

a. M 图

式(a)与简支水平梁的 M_C 的方程相同，弯矩图如图 3.10(c)所示。

b. Q 图

由式(b)可看出，剪力分布是 x 的一次式，是一直线，可由梁两端剪力纵坐标连一直线画出。

$$x=0,\qquad Q_A=\frac{1}{2}ql\cos\theta$$

$$x=l, \qquad Q_B=-\frac{1}{2}ql\cos\theta$$

与相应水平梁(荷载和水平跨度相同)比较,只差一常数 $\cos\theta$,即为水平梁剪力的投影。Q 图如图 3.10(d)所示。

c. N 图

由式(c)可看出,轴力分布也是 x 的一次式,是一直线,可由梁两端轴力纵坐标连一直线画出。

$$x=0, \qquad N_A=-\frac{1}{2}ql\sin\theta$$

$$x=l, \qquad N_B=\frac{1}{2}ql\sin\theta$$

与相应水平梁的剪力比较,只差一常数 $\sin\theta$,也为水平梁剪力的投影。N 图如图 3.10(e)所示。

通过例 3.5 分析说明:

(1) 简支斜梁计算支座反力和内力的方法仍然是隔离体平衡和截面法。

(2) 在竖向荷载作用下,简支斜梁的支座反力和相应的平梁的支座反力是相同的。

(3) 在竖向均布荷载作用下,简支斜梁的弯矩图和相应平梁的弯矩图是相同的。

(4) 在竖向荷载作用下,斜梁有轴力;斜梁的剪力和轴力是相应平梁的两个投影。

最后补充说明一点:斜梁杆轴线是直线,凡直线的杆段均可用分段叠加法绘制弯矩图。

3.4 静定多跨梁的计算

3.4.1 静定多跨梁的约束力与几何组成

静定多跨梁是由若干单跨梁用中间铰按照几何不变无多余约束体系组成规则组成的。这种结构形式在公路桥梁[图 3.11(a)]和屋架檩条[图 3.12(a)]中应用较多,相应的计算简图如图 3.11(b)和图 3.12(b)所示。

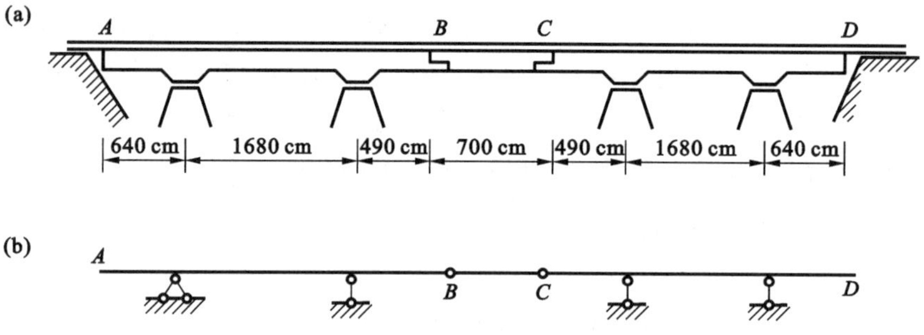

图 3.11 公路桥梁及其计算简图

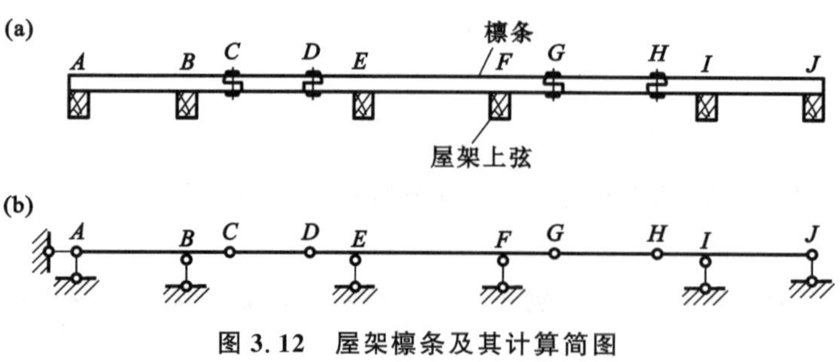

图 3.12 屋架檩条及其计算简图

静定多跨梁的支座反力一般多于三个。如图 3.13(a)所示静定多跨梁的支座反力的数目为五个，而整体平衡方程的数目只有三个，显然，不能只用三个整体平衡方程计算五个支座反力。必须结合静定多跨梁组成时有中间铰结点的特点，即补充在铰处截面弯矩为零的条件。图 3.13(a)所示多跨梁有两个中间铰 C 和 E，就补充了 $M_C=0$ 和 $M_E=0$ 两个方程，这样，总的支座反力数(五个)和总的方程数(整体三个，铰 C 和 E 两个)相等，就可以计算出全部支座反力。

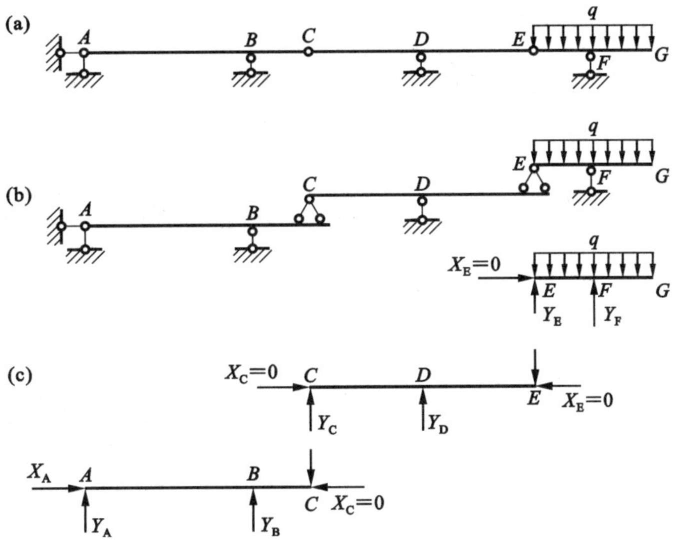

图 3.13 静定多跨梁的基本部分与附属部分

对于静定多跨梁来说，虽然可以用这样的方法算出全部支座反力，但因支座反力数较多，方程也较多，不可避免地要解联立方程。较好的解法是先进行几何组成分析，据此提出解算的顺序。

静定多跨梁的组成特点是：可以在铰处分解为以单跨梁为单元的基本部分和附属部分。基本部分能独立承受荷载并维持平衡；附属部分则依靠基本部分的支撑才能承受荷载并保持平衡。

图 3.13(a)中梁 ABC 直接用三根支杆固定于基础，先组成几何不变体系，是基本部分；梁 CDE 用铰 C 和支杆 D 支承于基本部分才能承受荷载，并保持平衡，是附属部分；最后固定梁 EFG。图 3.13(b)是表示图 3.13(a)支承关系的关系图。

由以上分析说明：静定多跨梁的几何组成可分为基本部分和附属部分；组成的次序是先固定基本部分，后固定附属部分。

计算图 3.13(a)的多跨梁时，采用与组成时相反的顺序，即先计算附属部分 EFG，再计算 CDE 部分，最后计算基本部分 ABC[图 3.13(c)]。附属部分 EFG 是一个单跨梁，可以顺利地求出其支座反力。中间部分 CDE 也是一个单跨梁，在铰 E 处承受上部传来的荷载，即将 EFG 中铰 E 处的支座反力 X_E 和 Y_E 反其指向加于 CDE 的 E 处。基本部分 ABC 还是一个单跨梁，在铰 C 处承受中部传来的荷载 X_C 和 Y_C。图 3.13(c)从上而下清楚地表明了解算的顺序和力的传递关系。

总之，计算静定多跨梁约束力的顺序，正好与组成顺序相反，先计算附属部分，将附属部分的支座反力反其指向，作为加于基本部分的荷载，再计算基本部分。这样便把多跨梁的计算分解为一个个的单跨梁的计算，各个解决，从而避免了解联立方程。

3.4.2 静定多跨梁内力图的绘制

(1) 静定多跨梁的内力正负号规定及内力图的绘制规定同单跨梁。

(2) 计算静定多跨梁的内力就是分别计算各单跨梁的内力；将各单跨梁的内力图连在一起就是静定多跨梁的内力图。

(3) 直杆的荷载与内力微分关系及内力图特征仍然适用于静定多跨梁。应注意的是：在多跨梁

中间铰处 $M=0$。可以利用这些条件校核多跨梁的内力图以及快速绘制其内力图。

【例 3.6】 作图 3.14(a)所示静定多跨梁的内力图。

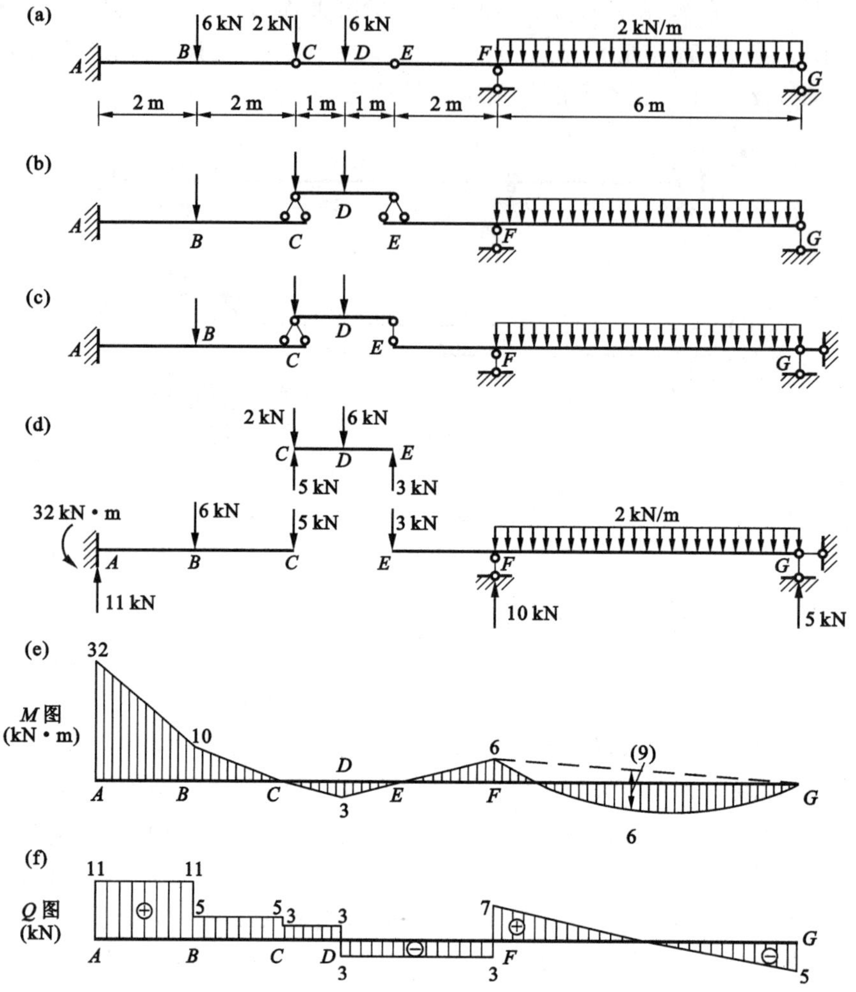

图 3.14　例 3.6 图

【解】

① 几何组成分析，作关系图

本题的几何组成关系如图 3.14(b)所示。梁 ABC 用固定支座与基础相连，是基本部分。梁 CE 在 E 端原本是一个铰，有水平约束，可以阻止梁 EFG 的水平运动。但在竖向荷载作用下，此水平约束中的力为零；将铰 E 处的水平约束改移到 G 处，并不改变此结构的受力状态，故关系图如图 3.14(c)所示。在此关系图中，EFG 也是基本部分。CDE 支承在 ABC 和 EFG 上，是附属部分。

② 计算约束力和支座反力

按组成相反的顺序计算约束力和支座反力，先计算梁 CDE 的支座反力，铰 C 上作用的集中力可认为加在梁 CDE 上，也可认为加在梁 ABC 上，对多跨梁的支座反力和内力没有影响。求得 CDE 的 C 和 E 处的约束力后，反向作用于梁 ABC 和 EFG 上，再计算梁 ABC 和 EFG 的支座反力。支座反力的结果如图 3.14(d)所示。

校核：整体

$$\sum Y=0,\qquad 6+2+6+2\times 6-11-10-5=0$$

③ 作内力图

在铰的约束力和梁的支座反力求得后，用分段叠加法分别作出单跨梁 ABC、CDE 和 EFG 的弯矩图，连在一起，即得静定多跨梁的弯矩图，如图 3.14(e)所示。

分别作出各单跨梁的剪力图，连在一起即得静定多跨梁的剪力图，如图 3.14(f)所示。

④ 内力图的特征

由图 3.14(e)、(f)可见，弯矩图在铰 C、E 处 $M=0$；无载段，即 AB、BC、CD、DE、EF 段，M 图为一斜直线，Q 图为水平线；在集中力 B、C、D 处，M 图形成尖角，Q 图上出现突变；均布荷载 FG 段，M 图为抛物线，Q 图为斜直线。这些关系均符合直梁的荷载与内力微分关系的特征。

【例 3.7】 作图 3.15(a)所示静定多跨梁的弯矩图，并与两跨简支梁的弯矩图进行比较。

【解】

① 几何组成分析

图 3.15(a)所示静定多跨梁中，BCD 为基本部分，AB 为附属部分，关系图如图 3.15(b)所示。

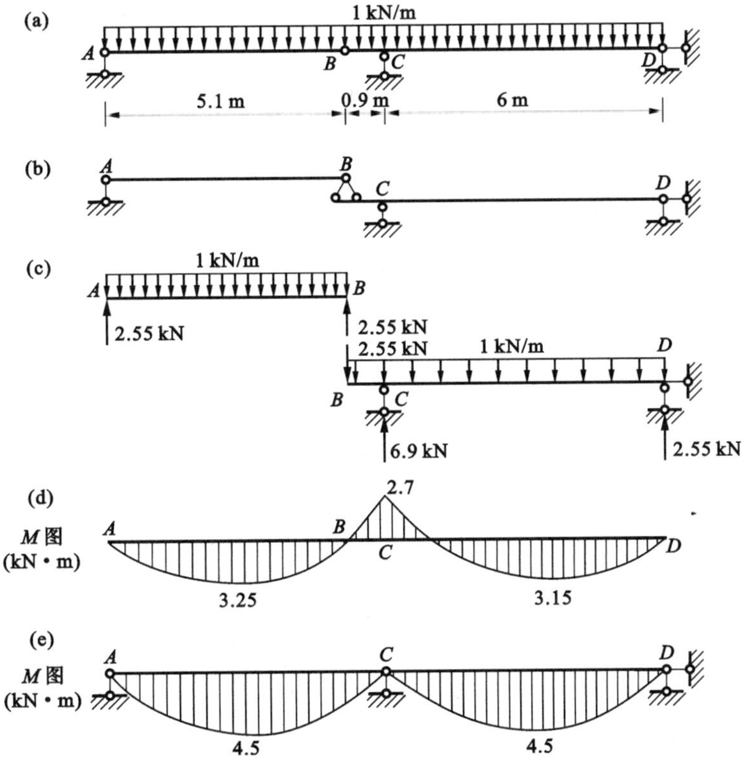

图 3.15 例 3.7 图

② 计算支座反力

先计算梁 AB 的支座反力及约束力。将铰 B 的约束力反向作用于梁 BCD 上，求得梁 BCD 的支座反力。支座反力如图 3.15(c)所示。

校核：整体

$$\sum Y=0, \qquad 1\times 12-2.55-6.9-2.55=0$$

③ 作 M 图

分别作梁 AB 和 BCD 的 M 图，连在一起，得静定多跨梁的弯矩图，如图 3.15(d)所示。

④ 与两跨简支梁 M 图比较

两跨简支梁的 M 图如图 3.15(e)所示。可以看出，静定多跨梁的内力分布更均匀，正弯矩峰值减少了 28%。

一般来说，静定多跨梁与一系列简支梁相比，内力分布均匀，材料用量较少，但中间铰的构造要复杂一些。

本章小结

本章基本内容是静定单跨梁和多跨梁的支座反力、内力的计算及内力图的绘制。

单跨梁是多跨梁以及刚架的计算基础，虽然材料力学中已讨论过，但现在的要求是熟练、简捷地绘出内力图，因此，学习时应强调多做练习，提高熟练程度。本章的要点如下：

(1) 计算步骤：通常先计算支座反力（悬臂梁可不求反力），再计算截面内力，最后绘制内力图。

对静定多跨梁，要注意其几何组成特点，求支座反力的次序应与组成次序相反。

(2) 截面内力有弯矩、剪力和轴力，应注意其定义及正负号规定。

(3) 计算截面内力的基本方法是截面法。重点要求：能正确地截取隔离体、准确地画出隔离体受力图。受力图上必须画上隔离体所受的全部力，力的方向、数值和符号必须表示清楚。未知力用正方向的符号表示，已知力用实际方向的数值表示。只有画出正确清楚的受力图，才能写出明确无误的平衡方程。在此基础上，也应能熟练地列出截面法算式，直接计算截面内力。

(4) 绘制弯矩图的基本方法是分段叠加法。以控制截面将杆件划分为若干段。无载段的弯矩图即相邻控制截面弯矩纵坐标之间所连直线；有载段，以相邻控制截面弯矩纵坐标所连虚直线为基线，叠加以该段长度为跨度的简支梁在跨间荷载作用下的弯矩图，得最后弯矩图。剪力图和轴力图则将相邻控制截面内力纵坐标连以直线即得。

(5) 内力图的纵坐标垂直于杆轴线画。弯矩图画在杆件受拉纤维一侧，不注正负号，剪力图和轴力图则注明正负号。

思考题

3.1 怎样确定梁上任意截面的弯矩、剪力和轴力的正负号和数值？

3.2 怎样用截面法计算控制截面的内力？

3.3 试总结材料力学和结构力学课程画梁的弯矩、剪力图的区别。

3.4 怎样根据外荷载 q、P 和 M 的作用对梁的弯矩图和剪力图的形状特征进行校核？

3.5 用分段叠加法画梁的弯矩图的步骤是怎样的？为什么强调 M 图的叠加是两个 M 图纵坐标的叠加，而不是图形的拼凑？

3.6 在例 3.3 中，只选分布荷载的断点 D 和 E 为控制截面（截面 C 不作为控制截面）是否可行？如可以，请用 D、E 作为控制截面用分段叠加法绘制该梁的弯矩图。

3.7 伸臂梁伸臂端上的荷载对跨中正弯矩的影响如何？在例 3.4 中撤除伸臂端 BD 及其上的荷载，将 AB 作为简支梁受相同的荷载，内力有什么变化？

3.8 图示为长度相同，均布荷载 q 相同的悬臂梁、简支梁和伸臂梁，比较它们的最大内力值。问伸臂梁的伸臂 a 取多大时，梁的弯矩分布最均匀？

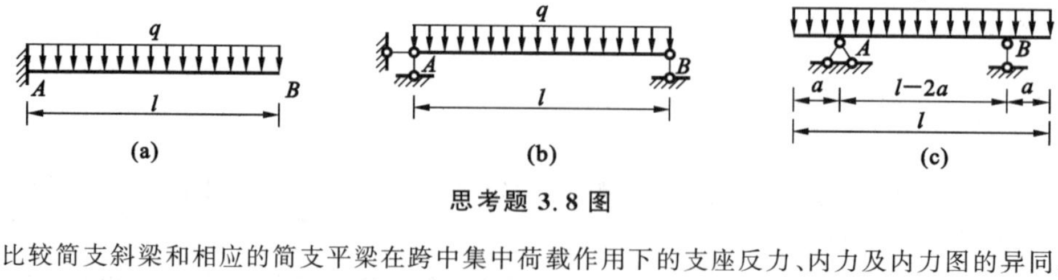

思考题 3.8 图

3.9 试比较简支斜梁和相应的简支平梁在跨中集中荷载作用下的支座反力、内力及内力图的异同。

3.10 静定多跨梁拆成基本部分和附属部分后，都是一些什么梁？

3.11 计算静定多跨梁支座反力的步骤是怎样的？

3.12 当荷载作用在静定多跨梁的基本部分时，对附属部分是否引起内力？当荷载作用在静定多跨梁附属部分时，对基本部分是否引起内力？为什么？

3.13 图 3.14(a)所示静定多跨梁，当 FG 跨上有水平力作用时，其关系图是怎样的？

3.14 为什么说在一般情况下，静定多跨梁的弯矩比一系列简支梁的弯矩要小？

习 题

3.1～3.6 绘制静定单跨梁或柱的弯矩图和剪力图（画弯矩图时，应根据本课程的绘制规定）。

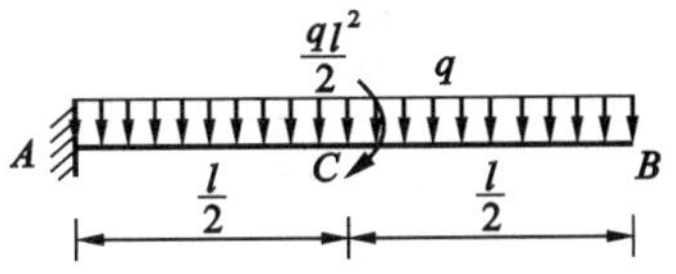

题 3.1 图

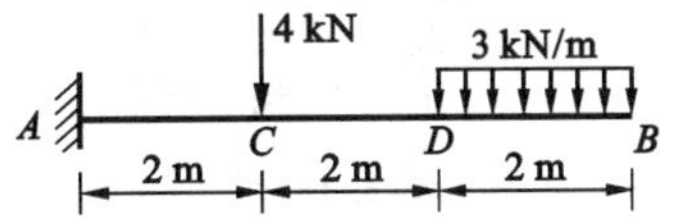

题 3.2 图

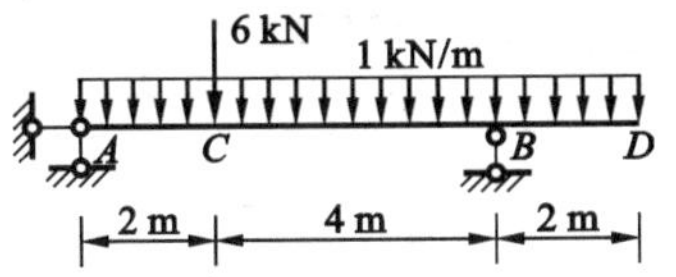

题 3.3 图

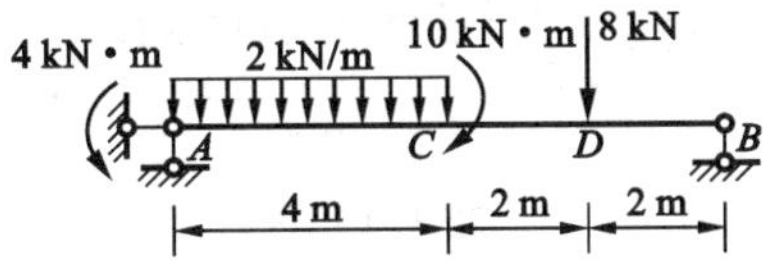

题 3.4 图

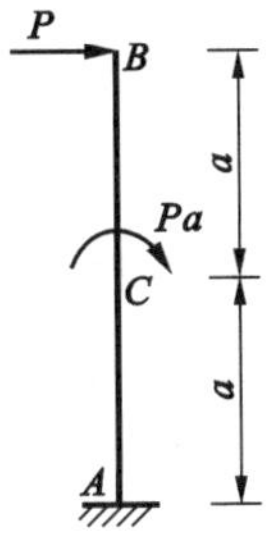

题 3.5 图

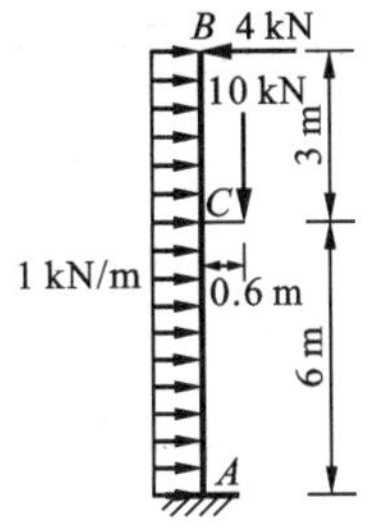

题 3.6 图

3.7～3.12 根据荷载与内力的微分关系，判断内力图的正误，并改正其错误。

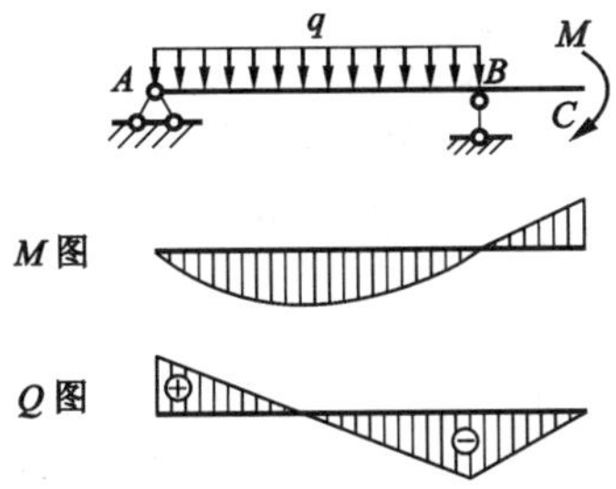

题 3.7 图

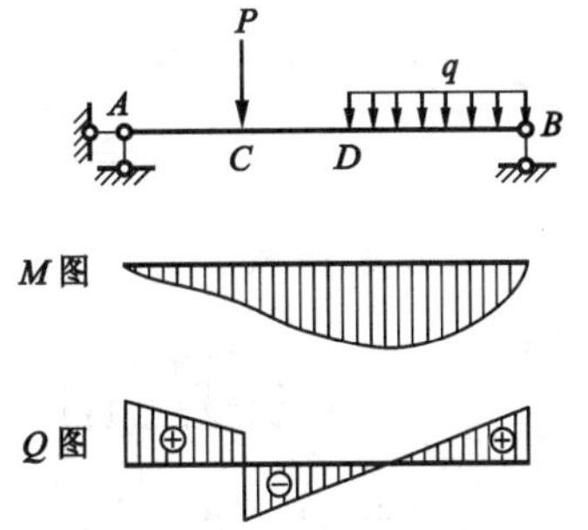

题 3.8 图

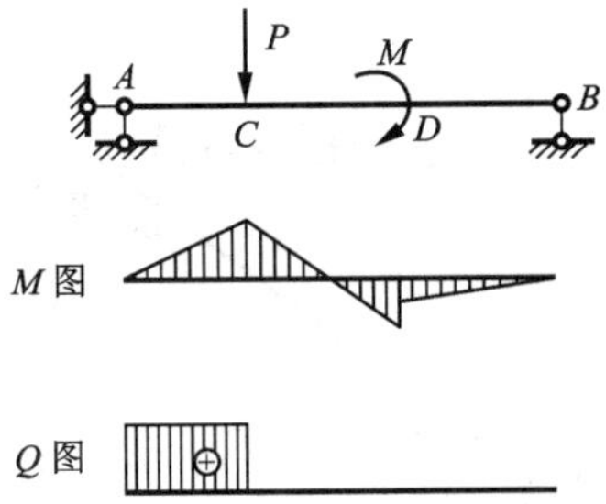

题 3.9 图

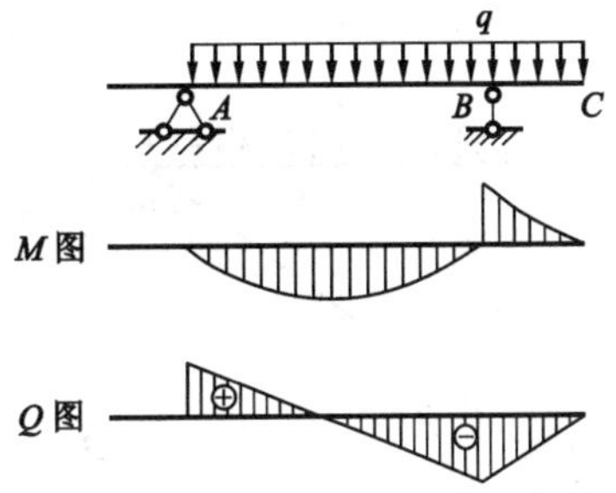

题 3.10 图

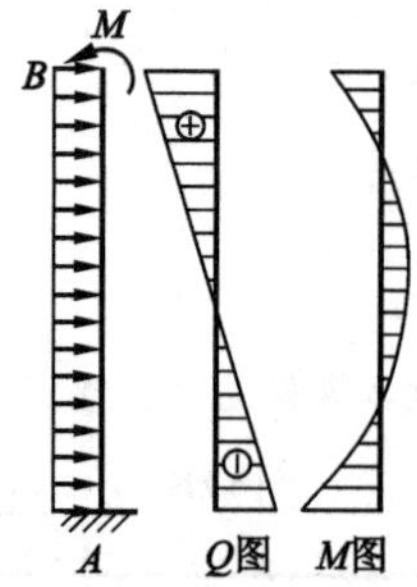

题 3.11 图

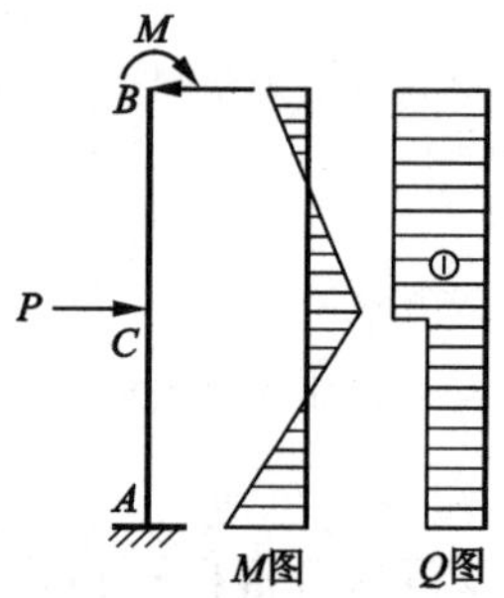

题 3.12 图

3.13～3.22　用分段叠加法作下列梁的弯矩图，并计算 C 点的弯矩值。

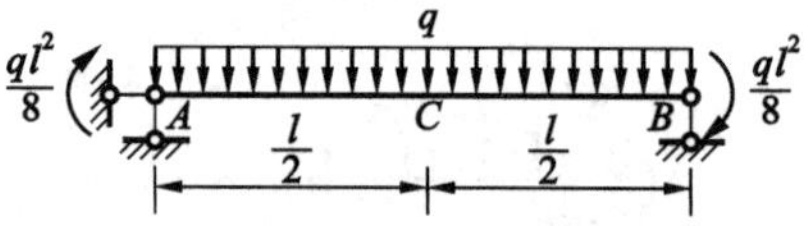
题 3.13 图

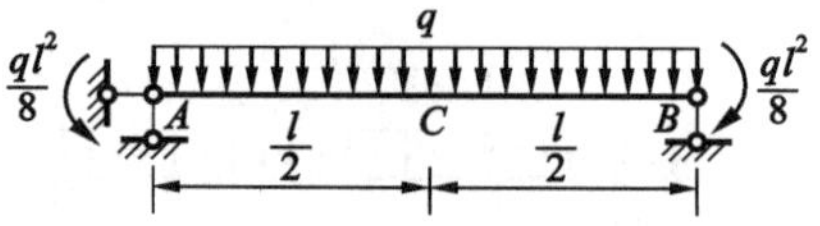
题 3.14 图

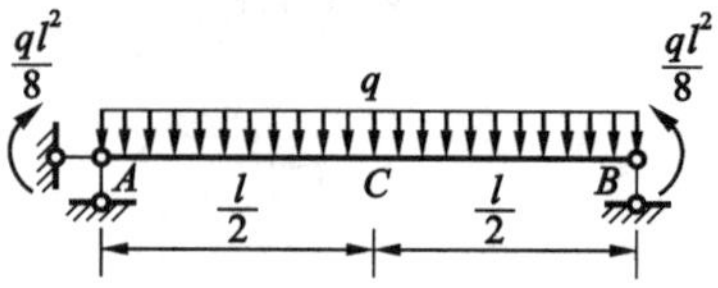
题 3.15 图

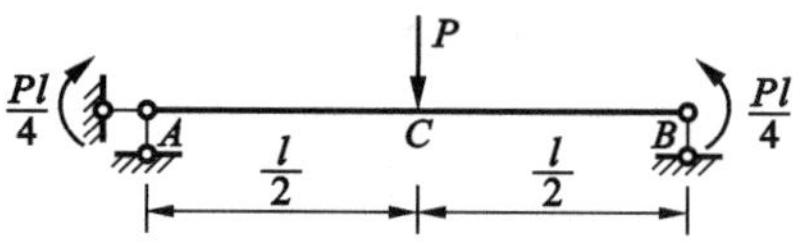
题 3.16 图

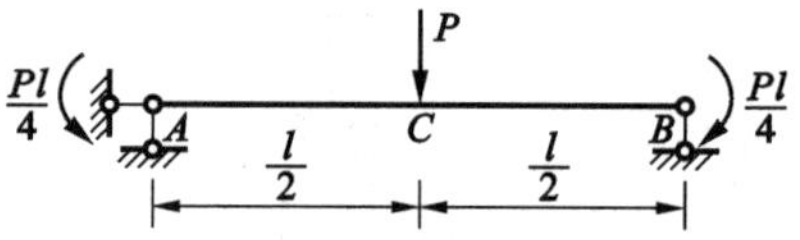
题 3.17 图

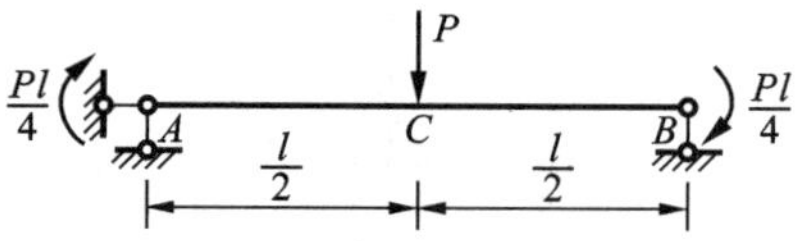
题 3.18 图

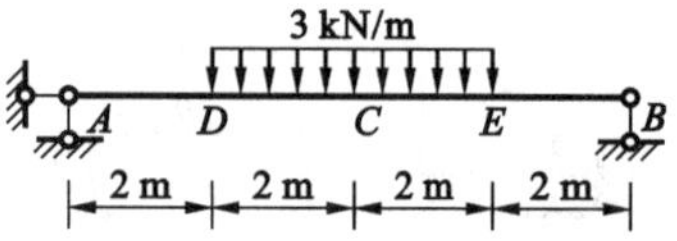

题 3.19 图

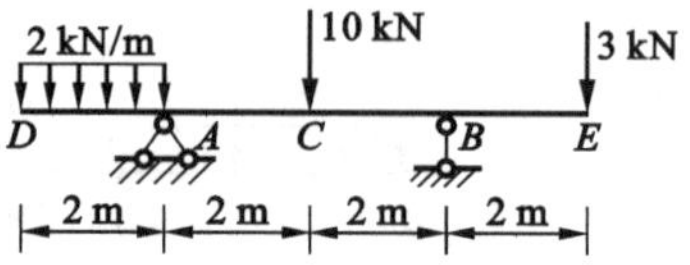

题 3.20 图

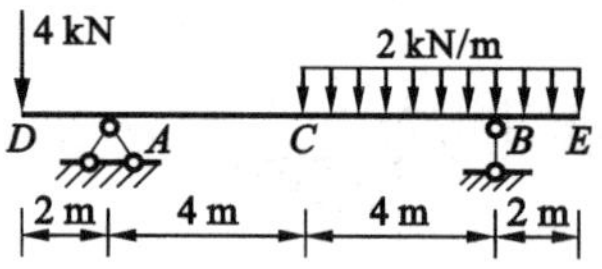

题 3.21 图

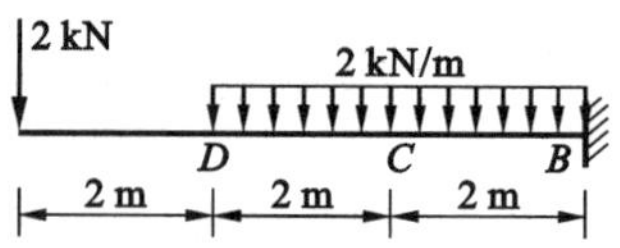

题 3.22 图

3.23～3.24　试作斜梁的内力图，并求 C、D 截面的内力值。

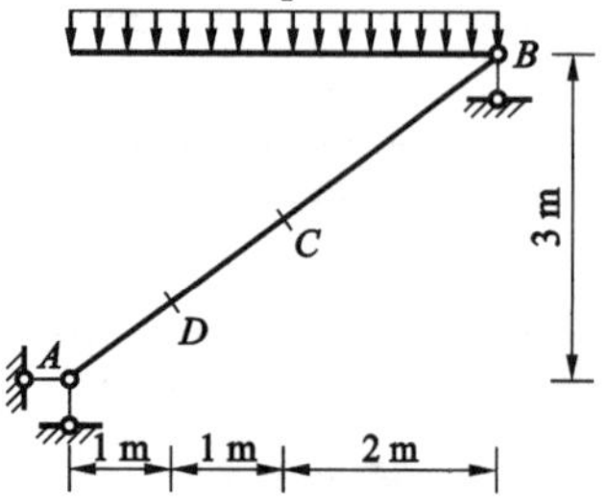

题 3.23 图

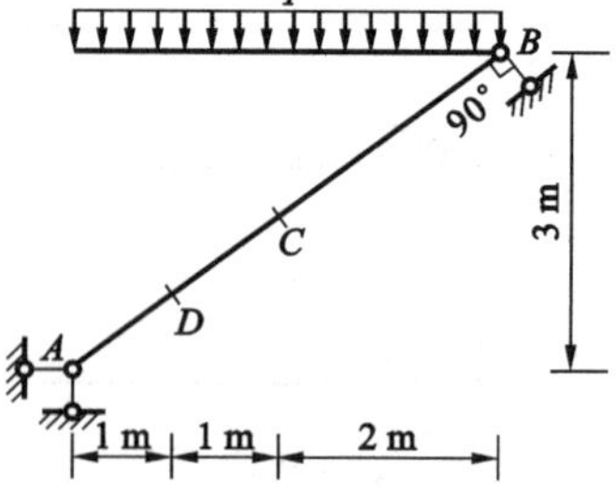

题 3.24 图

3.25～3.26 计算静定多跨梁的支座反力，并画出梁的内力图。

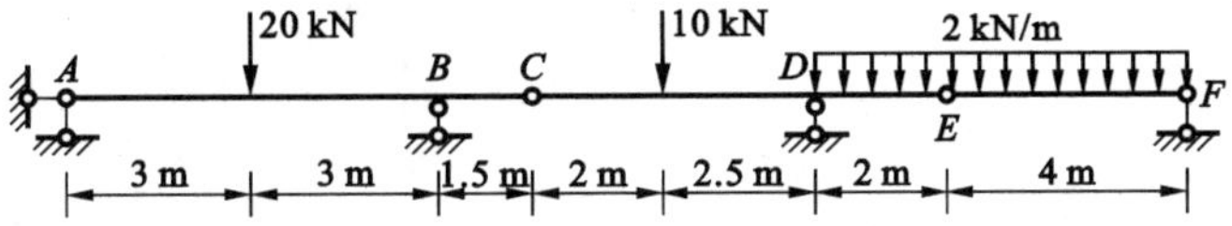

题 3.25 图

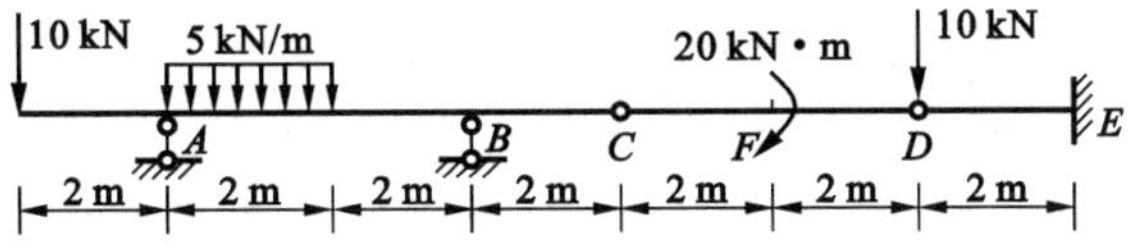

题 3.26 图

3.27 图示静定多跨梁上作用有集中荷载 P，试就下列三种情况分别绘出其弯矩图，并进行比较：(1) 当 P 只作用在 CD 的中点；(2) 当 P 只作用在 AB 的中点；(3) 当 P 只作用在 EF 的中点。

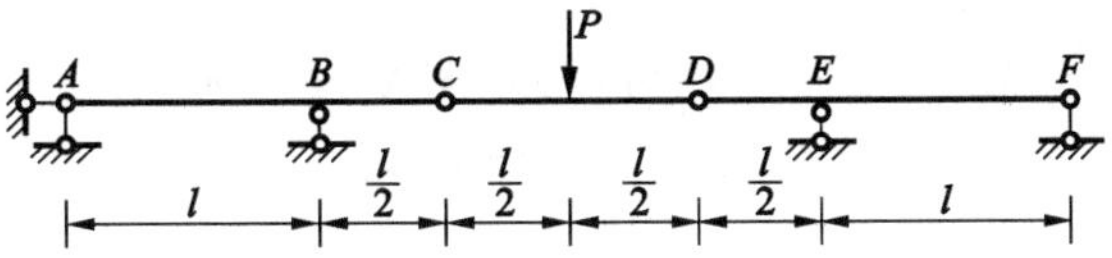

题 3.27 图

3.28 根据静定多跨梁受力特点及荷载与内力微分关系，直接画出 M 图。

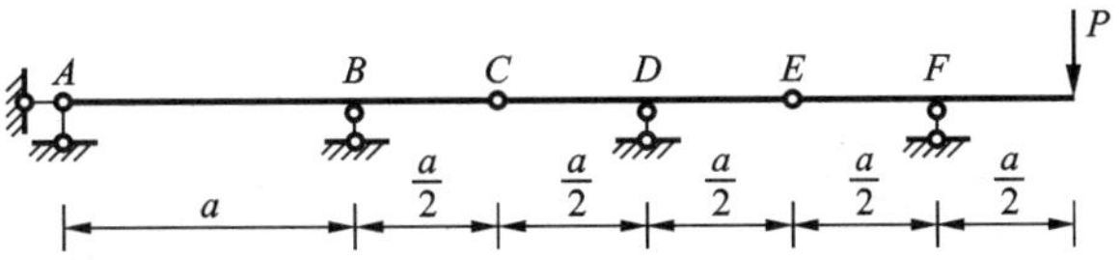

题 3.28 图

4 静定刚架

本章提要

本章讨论静定刚架的计算。先讨论支座反力的计算，再讨论杆端截面内力的求法和内力图的绘制方法。求三铰刚架支座反力时，必须利用中间铰处 $M=0$ 的补充方程；求多跨多层刚架的支座反力时，须先进行组成分析，按与组成相反的顺序进行计算；求杆端截面内力时，要注意交于刚结点的各杆的不同的杆端截面；绘弯矩图时，仍采用分段叠加法。

在工程中有些结构是静定平面刚架，如站台的雨篷、车棚[图 4.1]，单层厂房车间、仓库[图 4.2]等。静定刚架的受力分析又是刚架的位移计算和超静定刚架受力分析的基础，因此，应切实、熟练掌握本章内容。

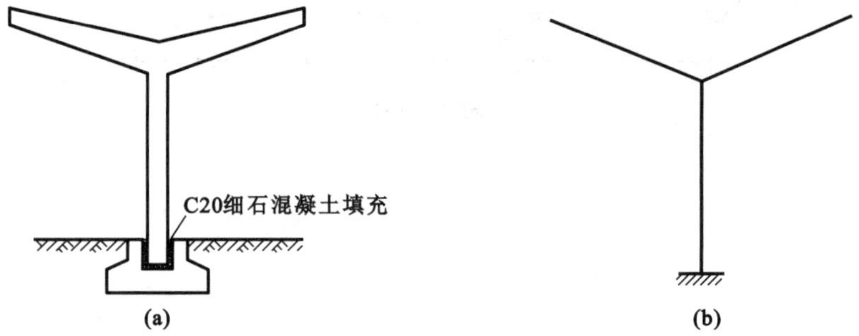

图 4.1 雨篷及其计算简图

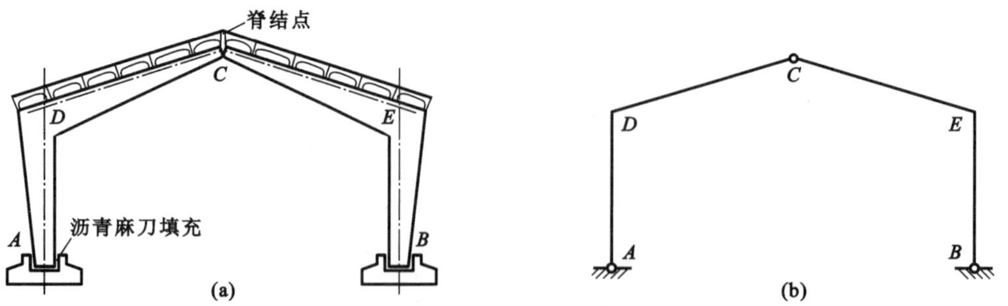

图 4.2 单层三铰刚架及其计算简图

4.1 静定平面刚架的几何组成及特点

刚架是由梁、柱等直杆组成的具有刚结点的结构，其中全部或部分结点是刚结点。图 4.3(a)表示一刚架，结点 C 和 D 是刚结点。如果将图 4.3(a)中的刚结点改为铰结点，体系便成为几何可变的，如图 4.3(b)中虚线所示，为使其组成几何不变体系，必须增加约束，例如，在内部加一斜杆，如图 4.3(c)所示。

图 4.3(a)所示刚架，由于梁和柱之间用刚结点连接，可以不用斜杆而组成几何不变体系，因此，刚架杆件的弯曲变形较大，弯矩是主要内力。

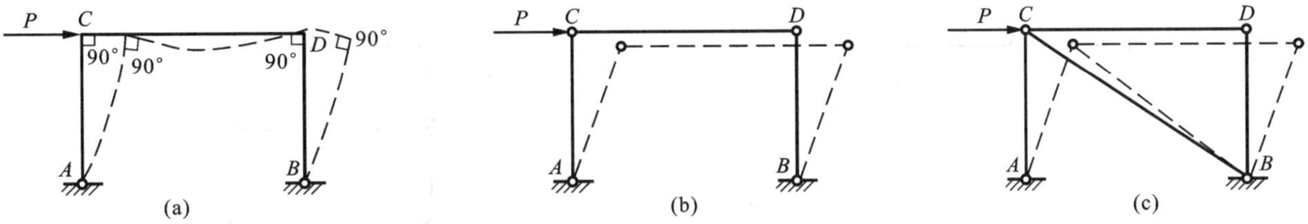

图 4.3 刚架和桁架

(a) 刚架；(b) 几何可变体系；(c) 桁架

图 4.3(a)所示刚架与图 4.3(c)所示铰结结构(桁架)相比，刚架的杆数较少，结构内部空间较大，便于利用。

刚结点与铰结点比较，有以下区别。

在几何变形方面：在刚结点处所连接的各杆端的轴线不能发生相对转动，因而受力变形后，各杆杆端转了同一角度，即各杆之间的夹角保持不变，图 4.3(a)刚架变形后图形为虚线所示，刚结点 C 和 D 连接的各杆杆端之间的夹角变形后仍为 90°。铰结点所连接的各杆可以发生相对转动，图 4.3(c)中的虚线表示铰结体系变形后的图形，铰结点 C 和 D 连接的各杆都产生了相对转动，变形后各杆之间的夹角不再保持原角度。

在受力分析方面：刚结点能传递力和力矩，而铰结点则只能传递力。

图 4.4(a)中梁和柱的结点为铰结点，由于铰结点不能传递力矩，当梁 CD 上受荷载作用时，只有梁 CD 产生弯曲变形和弯矩，柱 AC 和 BD 不产生弯曲变形和弯矩。图 4.4(b)中梁和柱的结点为刚结点，由于刚结点能传递力矩，当梁 CD 上受荷载作用时，不但梁 CD 产生弯曲变形和弯矩，柱 AC 和 BD 也产生弯曲变形和弯矩。两者相比，图 4.4(b)中梁 CD 弯曲变形和弯矩峰值比图 4.4(a)中梁 CD 的弯曲变形和弯矩峰值减少了许多[图 4.4(a)、(b)中的虚线为变形曲线]。

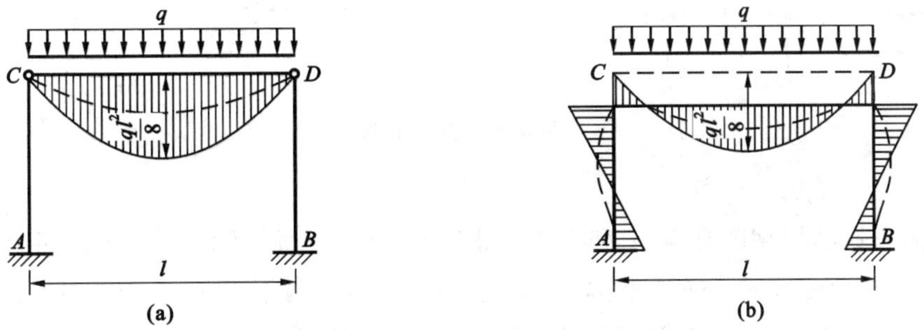

图 4.4 刚结点与铰结点受力的区别

(a) 简支梁的弯矩图和变形曲线；(b) 刚架的弯矩图和变形曲线

静定刚架的几何组成应符合几何不变无多余约束体系的组成规则。常见的平面刚架有：

(1) 简支梁和悬臂梁式刚架，如图 4.5(a)、(b)所示；

(2) 三铰刚架，也可称为拱式刚架，如图 4.5(c)所示；

(3) 多跨和多层刚架，如图 4.5(d)和(e)所示。

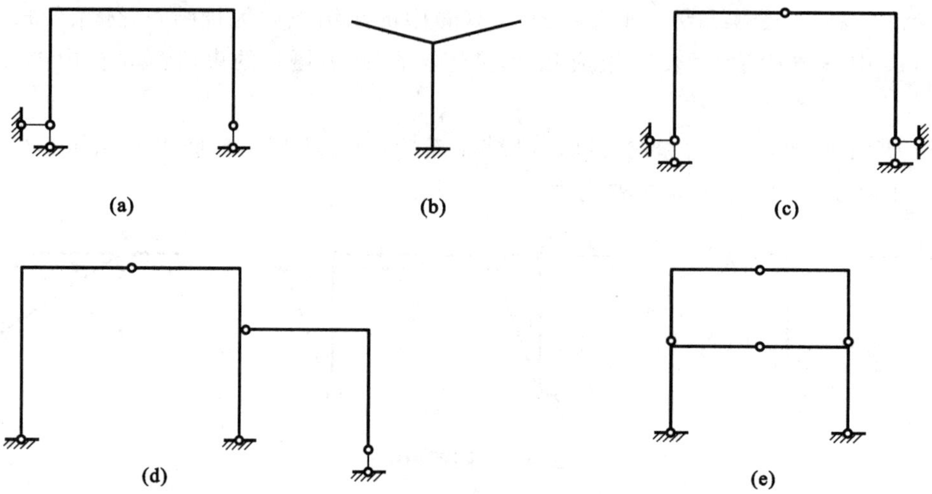

图 4.5　平面刚架的类型

(a) 简支刚架；(b) 悬臂刚架；(c) 三铰刚架；(d) 多跨刚架；(e) 多层刚架

4.2　静定刚架支座反力的计算

简支梁和悬臂梁式刚架的支座反力计算很简单，不再讨论。下面通过例题讨论三铰刚架和多跨刚架支座反力的计算。

【例 4.1】　计算图 4.6(a)所示三铰刚架的支座反力。

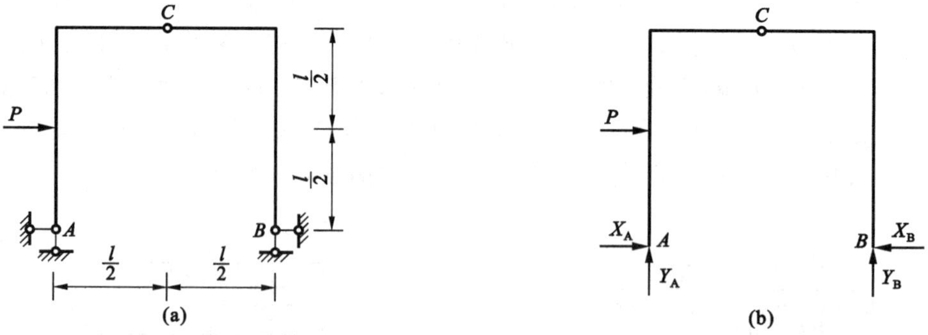

图 4.6　例 4.1 图

【解】

图 4.6(a)的三铰刚架截断支座 A 和 B 后，得到图 4.6(b)所示隔离体，共有四个支座反力：X_A、Y_A、X_B、Y_B。从运动角度来看，ABC 整体运动有三个自由度，两个折线杆 AC、BC 还可绕铰 C 有相对转动，共有四个自由度。与之相应，隔离体平衡时应满足的平衡方程共有四个：三个整体平衡方程和一个铰 C 处弯矩为零的方程。这样，四个方程可以求解四个未知支座反力。

为避免解联立方程，计算步骤如下：

① 先利用两个整体平衡方程求 Y_A 和 Y_B。

$$\sum M_A=0,\qquad P\times\frac{l}{2}-Y_B\times l=0,\qquad Y_B=\frac{P}{2}(\uparrow)$$

$$\sum M_B=0,\qquad P\times\frac{l}{2}+Y_A\times l=0,\qquad Y_A=-\frac{P}{2}(\downarrow)$$

校核：
$$\sum Y=0,\qquad \frac{P}{2}-\frac{P}{2}=0$$

② 利用铰 C 处弯矩为零的方程，求出一个水平支座反力 X_A 或 X_B。现由截面 C 右半边 BC 所受外力计算 M_C，得：

$$M_C=0,\qquad X_B\times l-Y_B\times\frac{l}{2}=0,\qquad X_B=\frac{Y_B}{2}=\frac{P}{4}(\leftarrow)$$

③ 再利用第三个整体平衡方程，求另一水平支座反力。

$$\sum X=0,\qquad P+X_A-X_B=0,\qquad X_A=X_B-P=-\frac{3}{4}P(\leftarrow)$$

【例 4.2】 计算图 4.7(a)所示两跨刚架的支座反力。

【解】

图 4.7(a)刚架共有四个支座反力[图 4.7(b)]，可利用三个整体平衡方程及铰 E 弯矩为零的条件，解出四个支座反力。一般情况下的计算方法是，先进行几何组成分析，然后按组成相反的顺序求解，步骤如下：

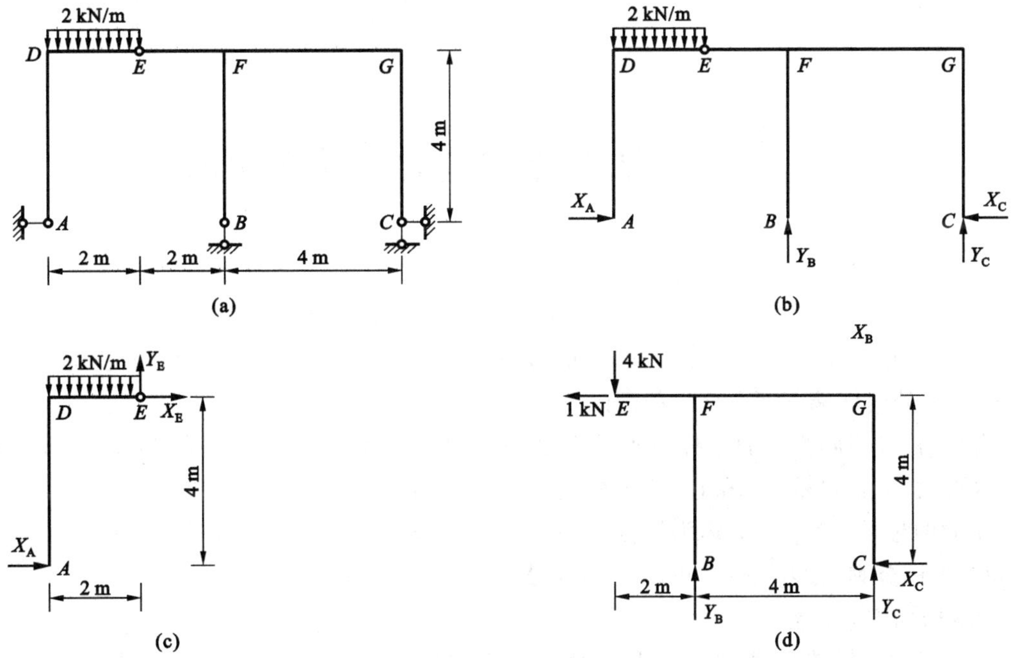

图 4.7 例 4.2 图

① 进行几何组成分析，确定计算支座反力的顺序。

刚架 $BCEFG$ 先与基础相连，为基本部分；刚架 ADE 通过铰 E 和水平支杆 A 与基本部分相连，为附属部分。求支座反力的次序应与组成次序相反，即先计算刚架 ADE 的支座反力，后计算基本部分的支座反力。

② 从铰 E 处切开，取附属部分 ADE 为隔离体[图 4.7(c)]，利用铰 E 处弯矩为零的条件，建立方程如下：

$$M_E=0,\quad 2\times2\times1+X_A\times4=0,\quad X_A=-1\ \text{kN}(\leftarrow)$$

再利用 ADE 隔离体的其他两个平衡方程，求铰 E 处的约束力。

$$\sum Y=0,\quad 2\times2-Y_E=0,\quad Y_E=4\ \text{kN}(\uparrow)$$

$$\sum M_A=0,\quad 2\times2\times1-4\times2+X_E\times4=0,\quad X_E=1\ \text{kN}(\rightarrow)$$

③ 将求得的铰 E 处约束力反向作用于基本部分 $BCEFG$ 刚架上[图 4.7(d)]，求基本部分的支座反力：

$$\sum X=0,\quad X_C+1=0,\quad X_C=-1\ \text{kN}(\rightarrow)$$

$$\sum M_B=0,\quad -4\times2-1\times4-Y_C\times4=0,\quad Y_C=-3\ \text{kN}(\downarrow)$$

$$\sum M_C=0,\quad -4\times6-1\times4+Y_B\times4=0,\quad Y_B=7\ \text{kN}(\uparrow)$$

校核：　$\sum Y=0,\quad 4+3-7=0$

以上为了说明一般情况下的解题步骤，采用了先计算附属部分，后计算基本部分的方法。对图 4.7(a)这个具体问题，还可以有别的解法。例如，对图 4.7(b)，可以先利用铰 E 处弯矩为零的条件，求出 X_A。

$$M_E=0,\quad 2\times2\times1+X_A\times4=0,\quad X_A=-1\ \text{kN}(\leftarrow)$$

然后，再利用整个隔离体[图 4.7(b)]的三个平衡方程，求出其他支座反力。

$$\sum M_B=0,\quad -2\times2\times3-Y_C\times4=0,\quad Y_C=-3\ \text{kN}(\downarrow)$$

$$\sum M_C=0,\quad -2\times2\times7+Y_B\times4=0,\quad Y_B=7\ \text{kN}(\uparrow)$$

$$\sum X=0,\quad X_A-X_C=0,\quad X_C=-1\ \text{kN}(\rightarrow)$$

4.3　用截面法求静定刚架杆端截面内力

(1) 刚架的内力及正负号的规定

刚架的内力有弯矩、剪力和轴力。弯矩不规定正负号，只规定弯矩图的纵坐标画在杆件受拉纤维一边。剪力、轴力的正负号规定与梁相同，即剪力绕截面顺时针旋转为正，轴力以拉力为正。

(2) 刚结点处的杆端截面及杆端截面内力的表示

刚架由梁、柱等不同方向的直杆用刚结点组成，因此，在刚结点处有不同方向的杆端截面，如图 4.8(a)所示刚架，结点 C 有 C_1 和 C_2 两个杆端截面。杆端截面的内力用两个下标表示，第一个下标为截面所在端的标号，第二个下标为杆远端的标号，如杆端截面 C_1、C_2 的弯矩分别用 M_{CA}、M_{CB} 表示，剪力和轴力则分别用 Q_{CA}、Q_{CB} 和 N_{CA}、N_{CB} 表示，如图 4.8(b)所示。

(3) 杆端截面内力计算

每一杆件有两个杆端截面，如图 4.8(a)所示刚架中杆 AC 的 A 端和 C_1 端截面，杆 CB 的 C_2 端和 B 端截面。

沿杆端截面截开，在截开的截面处有三个未知内力 M、Q、N，Q 和 N 按正方向画，M 可按任意假设的方向画。这里，我们仍然先假设未知 M 按顺时针旋转的方向画。图 4.8(a)所示刚架，杆 CA 的隔离体受力图如图 4.8(c)所示，这里，M_{CA} 按假设顺时针旋转的方向画出，使杆 CA 左边受拉；杆 CB 的隔离体受力图如图 4.8(d)所示，这里，未知杆端弯矩按顺时针旋转方向画出，使杆 CB 下边受拉。如计算结果为正，说明内力方向与图中方向相同；如计算结果为负，则与图中方向相反。

在隔离体受力图的基础上，建立平衡方程，可求出各杆端截面内力。对图 4.8(c)、(d)所示隔离

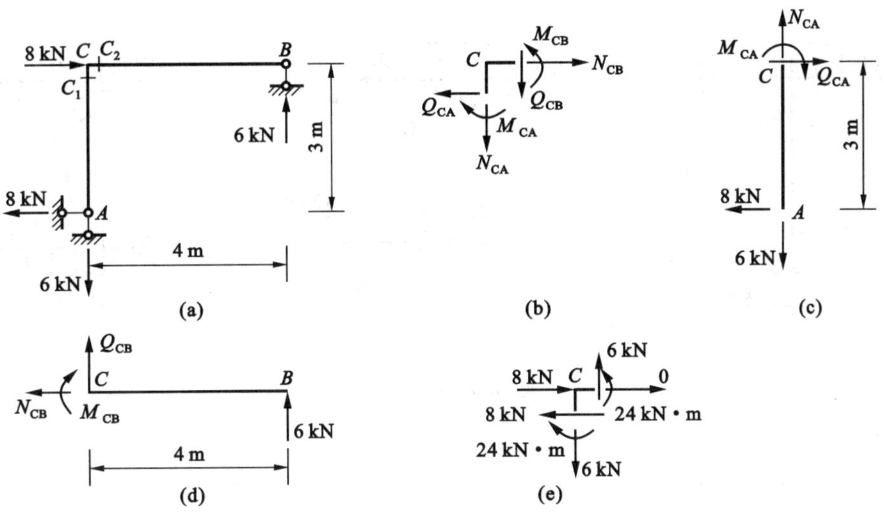

图 4.8 用截面法求刚架杆端截面内力

体受力图，结果如下：

CA 杆[图 4.8(c)]

$$\sum X=0,\qquad Q_{CA}-8=0,\qquad Q_{CA}=8\text{ kN}$$

$$\sum Y=0,\qquad N_{CA}-6=0,\qquad N_{CA}=6\text{ kN}$$

$$\sum M_C=0,\qquad 8\times 3+M_{CA}=0,\qquad M_{CA}=-24\text{ kN}\cdot\text{m}$$

M_{CA} 为负，说明 M_{CA} 的方向与假设方向相反，使杆件右边受拉。

CB 杆[图 4.8(d)]

$$\sum X=0,\qquad N_{CB}=0$$

$$\sum Y=0,\qquad Q_{CB}+6=0,\qquad Q_{CB}=-6\text{ kN}$$

$$\sum M_C=0,\qquad M_{CB}-6\times 4=0,\qquad M_{CB}=24\text{ kN}\cdot\text{m}$$

M_{CB} 为正，说明 M_{CB} 的方向与假设方向相同，使杆件下边受拉。

(4) 刚结点处力和力矩的平衡校核

刚结点上各杆端截面的内力不是无关的，应满足刚结点处的三个平衡条件

$$\sum X=0,\qquad \sum Y=0,\qquad \sum M=0$$

图 4.8(a)所示刚架中取刚结点 C 为隔离体[图 4.8(e)]，在隔离体的截面 C_1、C_2 上，分别画上计算所得的 CA 和 CB 的杆端内力。注意：在画杆端内力时，对已知量均按实际的数值和方向标出。

$$\sum X=0,\qquad 8-8=0$$

$$\sum Y=0,\qquad 6-6=0$$

$$\sum M=0,\qquad 24-24=0$$

刚结点 C 的这三个平衡条件，可以用来校核杆件内力的计算结果。

【例 4.3】 计算图 4.9(a)所示刚架刚结点处各杆杆端截面的内力。

【解】

刚结点 C 有 C_1、C_2、C_3 三个截面，沿 C_1、C_2 和 C_3 切开，分别取 C_1 左边、C_2 右边和 C_3 上边 C_1B、C_2D 和 BC_3D 三个隔离体，分别建立平衡方程，确定杆端截面 C_1、C_2 和 C_3 的内力。

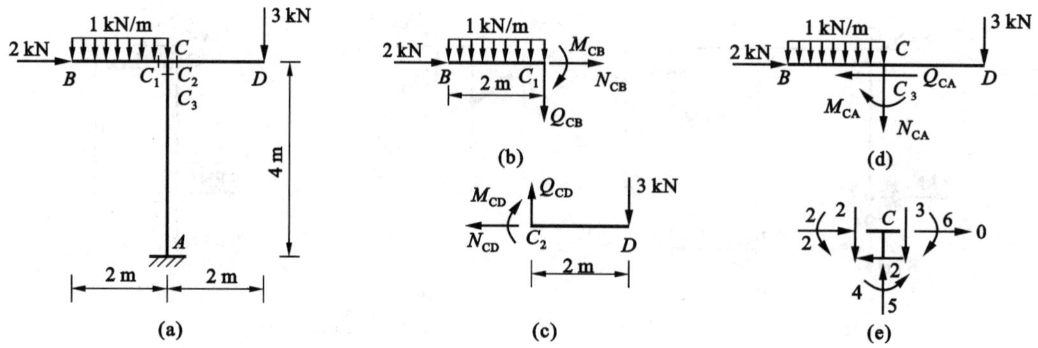

图 4.9　例 4.3 图

C_1B 隔离体[图 4.9(b)]

$$\sum X=0,\quad N_{CB}+2=0,\quad N_{CB}=-2\ \text{kN}$$

$$\sum Y=0,\quad 1\times 2+Q_{CB}=0,\quad Q_{CB}=-2\ \text{kN}$$

$$\sum M_C=0,\quad 1\times 2\times 1-M_{CB}=0,\quad M_{CB}=2\ \text{kN}\cdot\text{m}(\text{上边受拉})$$

C_2D 隔离体[图 4.9(c)]

$$\sum X=0,\quad N_{CD}=0$$

$$\sum Y=0,\quad Q_{CD}-3=0,\quad Q_{CD}=3\ \text{kN}$$

$$\sum M_C=0,\quad M_{CD}+3\times 2=0,\quad M_{CD}=-6\ \text{kN}\cdot\text{m}(\text{上边受拉})$$

BC_3D 隔离体[图 4.9(d)]

$$\sum X=0,\quad 2-Q_{CA}=0,\quad Q_{CA}=2\ \text{kN}$$

$$\sum Y=0,\quad 1\times 2+3+N_{CA}=0,\quad N_{CA}=-5\ \text{kN}$$

$$\sum M_C=0,\quad M_{CA}-1\times 2\times 1+3\times 2=0,\quad M_{CA}=-4\ \text{kN}\cdot\text{m}(\text{左边受拉})$$

校核

取结点 C 为隔离体校核[图 4.9(e)]

$$\sum X=0,\quad 2-2=0$$

$$\sum Y=0,\quad 5-2-3=0$$

$$\sum M_C=0,\quad 6-2-4=0$$

【例 4.4】 计算图 4.10(a)所示刚架刚结点 C、D 处杆端截面的内力。

【解】

① 利用整体平衡的三个平衡方程求出支座反力,如图 4.10(a)所示。

② 计算刚结点 C 处杆端截面内力

沿 C_1 作截面,取 C_1A 为隔离体[图 4.10(b)]

$$\sum X=0,\quad Q_{CA}+3\times 4-12=0,\quad Q_{CA}=0$$

$$\sum Y=0,\quad 4-N_{CA}=0,\quad N_{CA}=4\ \text{kN}$$

$$\sum M_C=0,\quad 12\times 4-3\times 4\times 2+M_{CA}=0,\quad M_{CA}=-24\ \text{kN}\cdot\text{m}(\text{右边受拉})$$

沿 C_2 作截面,取 C_2A 为隔离体[图 4.10(c)]

$$\sum X=0,\quad N_{CD}+3\times 4-12=0,\quad N_{CD}=0$$

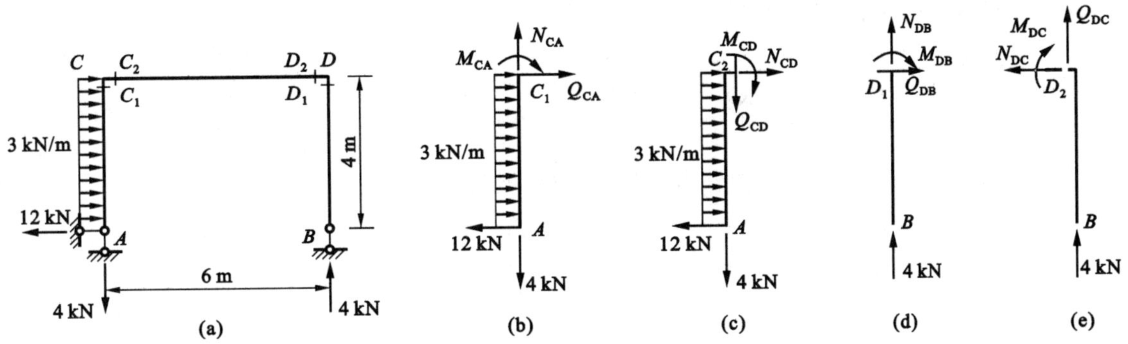

图 4.10 例 4.4 图

$\sum Y=0,\quad Q_{CD}+4=0,\quad Q_{CD}=-4\ \text{kN}$

$\sum M_C=0,\quad 12\times4-3\times4\times2+M_{CD}=0,\quad M_{CD}=-24\ \text{kN}\cdot\text{m}$(下边受拉)

③ 计算刚结点 D 处杆端截面内力

沿 D_1 作截面,取 D_1B 为隔离体[图 4.10(d)]

$$\sum X=0,\quad Q_{DB}=0$$

$$\sum Y=0,\quad N_{DB}+4=0,\quad N_{DB}=-4\ \text{kN}$$

$$\sum M_D=0,\quad M_{DB}=0$$

沿 D_2 作截面,取 D_2B 为隔离体[图 4.10(e)]

$$\sum X=0,\quad N_{DC}=0$$

$$\sum Y=0,\quad Q_{DC}+4=0,\quad Q_{DC}=-4\ \text{kN}$$

$$\sum M_D=0,\quad M_{DC}=0$$

当有一定的训练后,计算杆端截面的内力时,只需用截面法按 3.1.2 节给出的内力算式,用截面一边外力直接列式求出,而不必画出每杆的隔离体受力图。这里要注意列式时内力各项的正负号规定。剪力以绕截面顺时针旋转为正,轴力以拉力为正。而弯矩则不规定正负号,可先设定杆端某边受拉为正,列式计算,算出结果为正,表明该边是受拉,算出结果为负,表明另一边受拉,该边受压。

【例 4.5】 试直接列内力算式重新计算例 4.4 中图 4.10(a)所示刚架结点 C、D 处杆端截面内力[支座反力如图 4.10(a)所示]。

【解】

① 计算刚结点 C 处杆端截面内力

沿 C_1 作截面,用 AC_1 杆上作用的外力,自 A 向 C_1 求得:

$$Q_{CA}=12-3\times4=0$$

$$N_{CA}=4\ \text{kN}$$

$$M_{CA}=12\times4-3\times4\times2=24\ \text{kN}\cdot\text{m}\text{(右边受拉)}$$

这里列 M_{CA} 算式时,是以右边受拉为正列出的,算出结果为正,表明是右边受拉。

沿 C_2 作截面,用 AC_2 杆上作用的外力,自 A 向 C_2 求得:

$$N_{CD}=12-3\times4=0$$

$$Q_{CD}=-4\ \text{kN}$$

$$M_{CD}=12\times4-3\times4\times2=24\ \text{kN}\cdot\text{m}\text{(下边受拉)}$$

这里列 M_{CD} 算式时,是以下边受拉为正列出的,算出结果为正,表明是下边受拉。

② 计算刚结点 D 处杆端截面内力

沿 D_1 作截面，用 BD_1 上作用的外力，自 B 向 D_1 求得：

$$Q_{DB}=0$$
$$N_{DB}=-4\ \mathrm{kN}$$
$$M_{DB}=0$$

沿 D_2 作截面，用 BD_2 上作用的外力，自 B 向 D_2 求得：

$$N_{DC}=0$$
$$Q_{DC}=-4\ \mathrm{kN}$$
$$M_{DC}=0$$

4.4　静定刚架内力图的绘制

静定刚架内力图有弯矩图、剪力图和轴力图。刚架的内力图是由各杆的内力图组合而成的，而各杆的内力图，只需求出杆端截面的内力值后，即可按照梁中绘制内力图的方法画出。现以例题说明计算和绘制内力图的步骤。

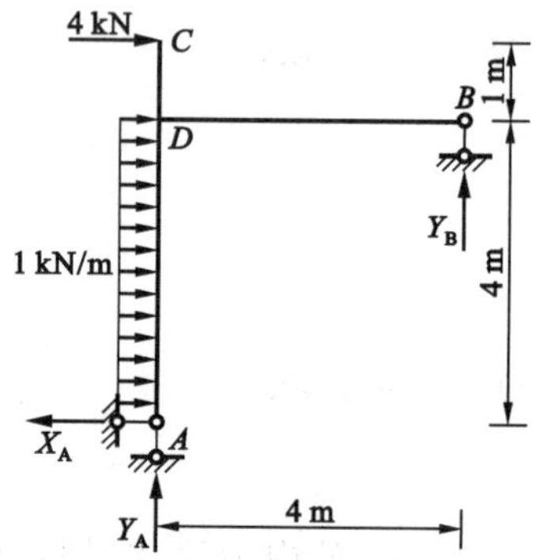

图 4.11　例 4.6 的支座反力

【例 4.6】　作图 4.11 所示刚架的内力图。

【解】

① 计算支座反力(图 4.11)

$$\sum M_A=0,\quad 4\times5+1\times4\times2-Y_B\times4=0,$$
$$Y_B=7\ \mathrm{kN}(\uparrow)$$
$$\sum X=0,\quad 4+1\times4-X_A=0,\qquad X_A=8\ \mathrm{kN}(\leftarrow)$$
$$\sum M_B=0,\quad 4\times1-1\times4\times2+8\times4+Y_A\times4=0,$$
$$Y_A=-7\ \mathrm{kN}(\downarrow)$$

② 作 M 图

a. 计算各杆杆端弯矩

根据截面法，由杆端截面弯矩的算式直接计算杆端弯矩值。

CD 杆，自 C 向 D：　$M_{CD}=0$

$M_{DC}=4\times1=4\ \mathrm{kN\cdot m}$(左边受拉)

DB 杆，自 B 向 D：　$M_{BD}=0$

$M_{DB}=7\times4=28\ \mathrm{kN\cdot m}$(下边受拉)

AD 杆，自 A 向 D：　$M_{AD}=0$

$M_{DA}=8\times4-1\times4\times2=24\ \mathrm{kN\cdot m}$(右边受拉)

b. 分别作各杆的 M 图

在杆的受拉边画弯矩图的纵坐标。杆 CD 和 BD，杆上无荷载，将杆的两端杆端弯矩的纵坐标连以直线，即得杆 CD 和 BD 的弯矩图。杆 AD 上有均布荷载作用，将杆 AD 两端杆端弯矩的纵坐标连以虚直线，以此虚直线为基线，叠加以杆 AD 长为跨度的简支梁在跨间均布荷载作用下的弯矩图(杆 AD 简支梁在均布荷载作用下的弯矩图使杆右侧受拉)，即得杆 AD 的弯矩图。叠加后杆 AD 中点截面 E 的弯矩值为：

$$M_E=\frac{1}{2}(0+24)+\frac{1}{8}\times1\times4^2=14\ \mathrm{kN\cdot m}(\text{右边受拉})$$

刚架的 M 图如图 4.12(a)所示。

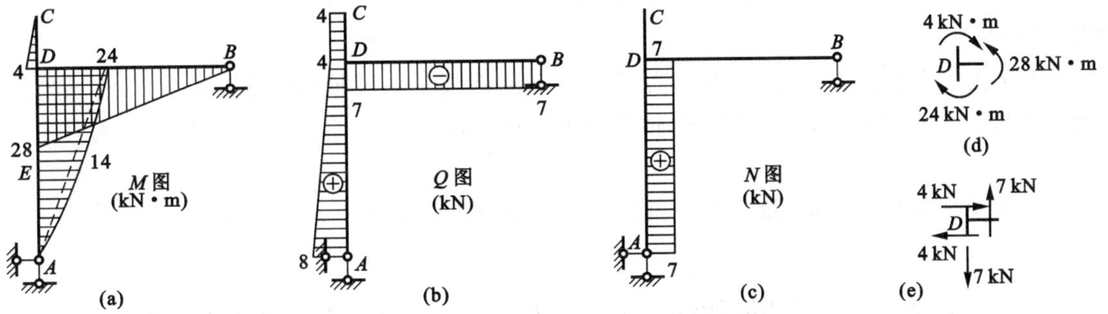

图 4.12 例 4.6 刚架的内力图

③ 作 Q 图

a. 计算各杆杆端剪力

根据截面法，由杆端截面剪力的算式直接计算杆端剪力值。

CD 杆，自 C 向 D： $Q_{CD}=Q_{DC}=4\ \text{kN}$

DB 杆，自 B 向 D： $Q_{DB}=Q_{BD}=-7\ \text{kN}$

AD 杆，自 A 向 D： $Q_{AD}=8\ \text{kN}$

$Q_{DA}=8-1\times4=4\ \text{kN}$

b. 分别作各杆的 Q 图

剪力图的纵坐标可画在杆的任一边，但需标注正负号。将各杆杆端剪力纵坐标连以直线，即得各杆的剪力图。

刚架的 Q 图如图 4.12(b)所示。

④ 作 N 图

a. 计算各杆杆端轴力

由杆端截面的轴力算式直接计算杆端轴力值。

CD 杆，自 C 向 D： $N_{CD}=N_{DC}=0$

DB 杆，自 B 向 D： $N_{DB}=N_{BD}=0$

AD 杆，自 A 向 D： $N_{AD}=N_{DA}=7\ \text{kN}$

b. 分别作各杆的 N 图

轴力图的纵坐标可画在杆的任一边，但需注明正负号。将各杆杆端轴力纵坐标连以直线，即得各杆的轴力图。

刚架的 N 图如图 4.12(c)所示。

⑤ 校核

a. 微分关系的校核。杆 AD 上有均布荷载 q，M 图为抛物线，凸向荷载指向，Q 图为斜直线；杆 CD 和 BD 上无荷载，M 图为斜直线，Q 图是平行于杆轴的平行线。杆 DA 上无轴向荷载，N 图为一平行线。

b. 平衡条件的校核。取结点 D 为隔离体，结点 D 上各杆端弯矩[图 4.12(d)]满足力矩平衡条件。

$$\sum M_D=0,\qquad 4+24-28=0$$

结点 D 上各杆端剪力、轴力[图 4.12(e)]应满足力投影平衡方程。

$$\sum X=0,\qquad 4-4=0$$

$$\sum Y=0,\qquad 7-7=0$$

通过以上例题可以看出，刚架内力图绘制的基本方法是分解和组合的方法，其要点如下：

(1) 用截面法计算各杆杆端截面内力，分别绘制各杆的内力图，将各杆的内力图组合在一起，即得到刚架的内力图。

(2) 刚架内力图的绘制规定：刚架内力图的纵坐标垂直于各杆轴线绘制。弯矩图的纵坐标画在杆件受拉纤维一边，不记正负号；剪力图、轴力图可画在杆件任一边，但应注明正负号。内力图上应标注量纲。

(3) 因刚架杆件都是直杆，每一直杆段均可以利用分段叠加法绘制弯矩图。

4.5　三铰刚架及多层多跨静定刚架的内力图

4.5.1　三铰刚架及多层多跨静定刚架内力图的绘制

三铰刚架及多层多跨静定刚架内力图的绘制步骤仍然是：计算支座反力，计算杆端截面的内力，绘制内力图。应注意的是：计算支座反力时，对三铰刚架要利用中间铰 $M=0$ 的条件；对多层多跨静定刚架，一般应按与几何组成相反的顺序。现以例题说明。

【例 4.7】 绘制图 4.13(a)所示三铰门式刚架的弯矩图，并与图 4.13(b)所示三铰刚架的弯矩图进行比较。

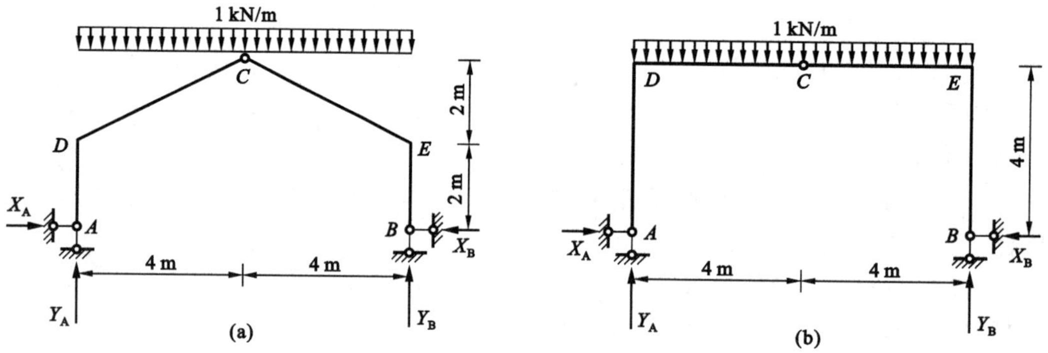

图 4.13　例 4.7 的支座反力

【解】

① 求支座反力[图 4.13(a)]

$$\sum M_A=0,\qquad 1\times 8\times 4-Y_B\times 8=0,\qquad Y_B=4\ \text{kN}(\uparrow)$$

$$\sum M_B=0,\qquad Y_A\times 8-1\times 8\times 4=0,\qquad Y_A=4\ \text{kN}(\uparrow)$$

$$\sum X=0,\qquad X_A=X_B$$

利用中间铰 $M_C=0$，由铰 C 右半边自 B 向 C 求。

$$M_C=0,\quad 1\times 4\times 2-4\times 4+X_B\times 4=0,\quad X_B=2\ \text{kN}(\leftarrow)\text{，故 } X_A=2\ \text{kN}(\rightarrow)$$

校核：　$\sum Y=0,\quad -4+1\times 8-4=0$

② 作 M 图

a. 计算各杆杆端弯矩值

AD 杆：　$M_{AD}=0$，　　$M_{DA}=2\times 2=4\ \text{kN}\cdot\text{m}$(左边受拉)

DC 杆：　$M_{CD}=0$，　　$M_{DC}=2\times 2=4\ \text{kN}\cdot\text{m}$(上边受拉)

BE 杆：　$M_{BE}=0$，　　$M_{EB}=2\times 2=4\ \text{kN}\cdot\text{m}$(右边受拉)

CE 杆：　$M_{CE}=0$，　$M_{EC}=2\times2=4\ \text{kN}\cdot\text{m}$(上边受拉)

b. 分别作各杆的 M 图

在杆 AD、DC、BE、CE 的受拉边杆端画上计算所得的弯矩纵坐标，杆 AD、BE 上无荷载作用，两端弯矩纵坐标连以直线，即得弯矩图；杆 DC、CE 上有均布荷载，两端弯矩纵坐标先连以虚线，再叠加相应简支梁在跨间荷载下的 M^0 图(斜杆 DC、CE 应以水平投影长度为跨度)。杆 DC、CE 中点的弯矩值为：

$$M=-\frac{1}{2}(0+4)+\frac{1}{8}\times1\times4^2=0$$

M 图如图 4.14(a)所示。

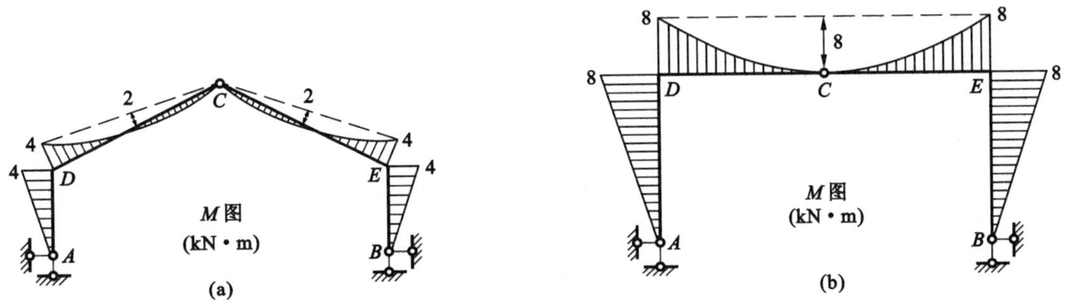

图 4.14　例 4.7 的弯矩图

③ 讨论：图 4.13(b)所示三铰刚架的 M 图如图 4.14(b)所示。图 4.13(a)和图 4.13(b)所示两三铰刚架跨度、中间铰高度及荷载是相同的，因此，支座反力是相同的。但由于图 4.13(a)中梁是斜的，柱的高度减小，因此，图 4.13(a)刚架的梁、柱弯矩值[图 4.14(a)]都比图 4.13(b)刚架的梁、柱弯矩值[图 4.14(b)]小，受力较合理。

【例 4.8】　绘制图 4.15(a)[同图 4.7(a)]所示两跨静定刚架的弯矩图。

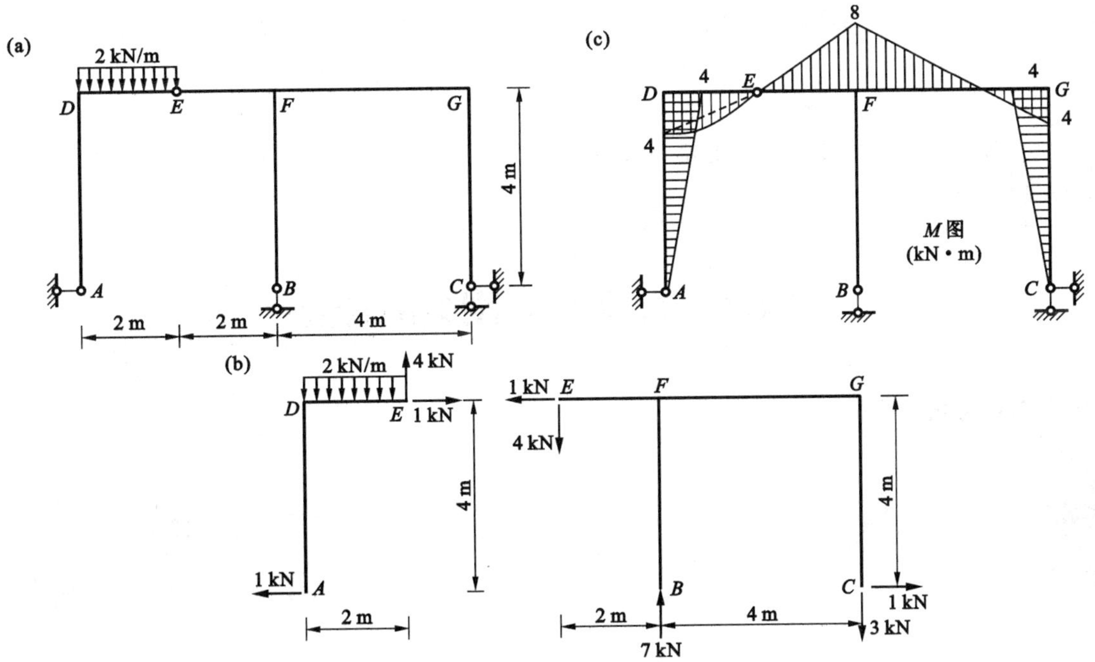

图 4.15　例 4.8 的受力分析及弯矩图

【解】

① 计算支座反力及约束力。已在例 4.3 中求得，重示于图 4.15(b)。

② 作 M 图

分别对附属部分 ADE 及基本部分 $CBEFG$ 每一杆件计算杆端弯矩值如下：

AD 杆：　$M_{AD}=0$，　$M_{DA}=1\times4=4\ \text{kN}\cdot\text{m}$(右边受拉)

DE 杆：　$M_{ED}=0$，　$M_{DE}=1\times4=4\ \text{kN}\cdot\text{m}$(下边受拉)

EF 杆：　$M_{EF}=0$，　$M_{FE}=4\times2=8\ \text{kN}\cdot\text{m}$(上边受拉)

FG 杆：　$M_{FG}=4\times2=8\ \text{kN}\cdot\text{m}$(上边受拉)，　$M_{GF}=1\times4=4\ \text{kN}\cdot\text{m}$(下边受拉)

CG 杆：　$M_{CG}=0$，　$M_{GC}=1\times4=4\ \text{kN}\cdot\text{m}$(左边受拉)

BF 杆：　$M_{BF}=M_{FB}=0$

根据 M 图绘制规定，作 M 图如图 4.15(c)所示。M 图上铰 E 处 $M_E=0$，且铰 E 左边 DE 的曲线在铰 E 处的切线与铰 E 右边直线是连续的。

4.5.2　刚架内力图的校核

(1) 平衡条件的校核

从刚架中任取结点、杆件、刚架的任一部分或刚架的整体，都应该满足平衡条件。在校核时，应尽量利用计算时未用过的平衡条件。

特别应强调的是刚架在刚结点处应满足平衡条件：

$$\sum M=0,\qquad \sum X=0,\qquad \sum Y=0$$

可以用它来校核计算结果，也可以利用它来计算杆端截面的内力。

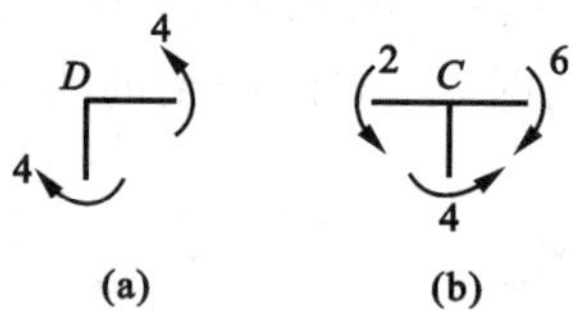

图 4.16　刚结点力矩平衡校核

还应注意刚架弯矩图在刚结点处满足平衡条件的图形特点。即刚架中的两杆刚结点，在无外力偶作用时，结点上两杆的杆端弯矩数值相同，且杆件同侧受拉；多杆刚结点，各杆端弯矩应满足力矩平衡方程。如图 4.15(a)所示刚架刚结点 D 上两杆的弯矩[图 4.16(a)]，数值相同，旋转方向相反，是一对平衡力矩，使刚架内侧受拉。如图 4.9(a)所示刚架在刚结点 C 上三杆的弯矩数值和方向[图 4.16(b)]为：顺时针旋转力矩为 6，逆时针旋转力矩为 $2+4=6$，力矩是平衡的。

(2) 微分关系及内力图特征的校核

直杆荷载、剪力、弯矩间的微分关系，对刚架的梁、柱均适用。对于有铰的刚架，应该注意铰结点上 $M=0$ 的特点。

*4.6　静定空间刚架的计算

本节内容可扫二维码阅读。

4.6 节

本章小结

本章讨论静定刚架的计算，要点如下：

(1) 静定刚架的计算步骤

一般是先计算支座反力或约束力，后计算各杆杆端内力，绘制各杆的内力图，从而得到刚架的内力图。

(2) 支座反力的计算

简支梁及悬臂梁式刚架，有三个支座反力，可利用三个整体平衡方程计算。

三铰刚架，有四个支座反力，除利用三个整体平衡方程外，必须利用中间铰处 $M=0$ 的补充方程，求得一个水平支座反力。

多层多跨静定刚架的支座反力计算，先分析几何组成，根据与组成次序相反的顺序截取隔离体，计算支座反力或约束力。

(3) 刚架杆件截面内力有弯矩、剪力、轴力，注意正负号规定。

(4) 杆端截面内力的计算方法

刚架的刚结点处有交于该刚结点的各杆的不同杆端截面，计算杆端截面的内力时，要注意到这一点。

截面内力的计算方法仍然是截面法。可根据截面一边所有外力对截面形心取矩或分别沿杆轴线的法线和切线方向投影，求得杆端的弯矩、剪力和轴力。

(5) 内力图的绘制

内力图的纵坐标垂直于刚架各杆的轴线画。

弯矩图的纵坐标画在杆件受拉纤维一边，不注明正负号。杆件的无荷载段仍以两杆端截面弯矩纵坐标连以直线求得；有荷载段则以两端弯矩纵坐标所连的虚直线为基线，叠加相应简支梁 M^0 图求得。

剪力图和轴力图的纵坐标可画在杆件任一边，但必须注明正负号。

(6) 内力图的校核除应符合荷载、内力微分关系外，在刚结点处应满足 $\sum M=0$，$\sum X=0$，$\sum Y=0$ 的平衡方程，并注意在刚结点处 $\sum M=0$ 在弯矩图图形上的特点。

思考题

4.1 简述刚架在几何构造方面的特点。

4.2 简述刚结点和铰结点在变形、受力方面的区别。以结点为隔离体建立平衡方程时，两者有何区别？

4.3 简述静定刚架支座反力计算的特点。

4.4 当静定刚架支座反力数多于三个时，怎样简便地计算支座反力？

4.5 刚架杆件截面内力正负号是怎样规定的？为什么刚架杆端截面的内力需用两个下标表示？

4.6 刚架杆件或结点的隔离体受力图上未知弯矩的方向是怎样画的？如何由计算结果判定杆件的受拉边？

4.7 计算杆件截面内力时，你产生过什么错误？怎样才能避免这些错误？

4.8 简述静定刚架杆件截面内力计算的特点与静定梁的截面内力计算有何异同。

4.9 静定刚架内力图的绘制步骤是怎样的？

4.10 静定刚架内力图的绘制有哪些规定？

4.11 怎样用平衡条件校核刚架的内力图？怎样用刚结点 $\sum M=0$ 的平衡条件校核刚架的弯矩图？

4.12 在思考题 4.12 图所示刚架的刚结点 C 处内力图有何特点？试列出所示刚架在结点 C 处各杆端内力应满足的关系式。

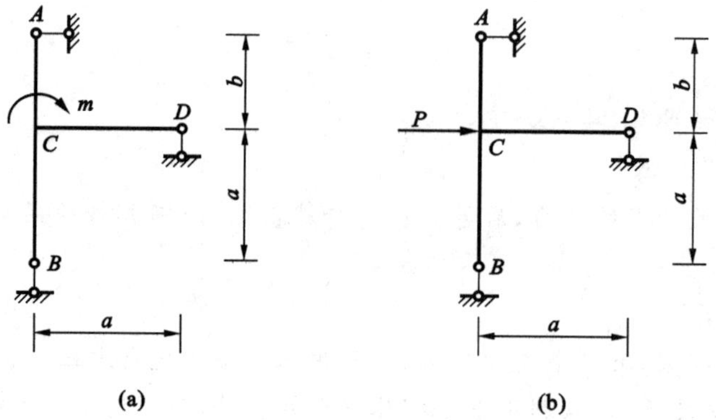

思考题 4.12 图

习　　题

4.1～4.8　计算图示刚架的支座反力。

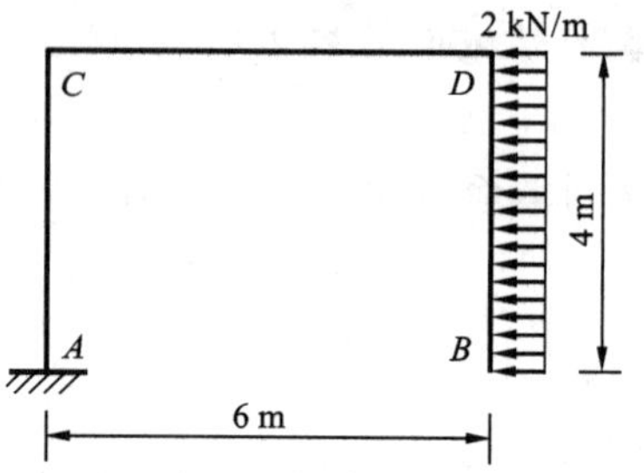

题 4.1 图

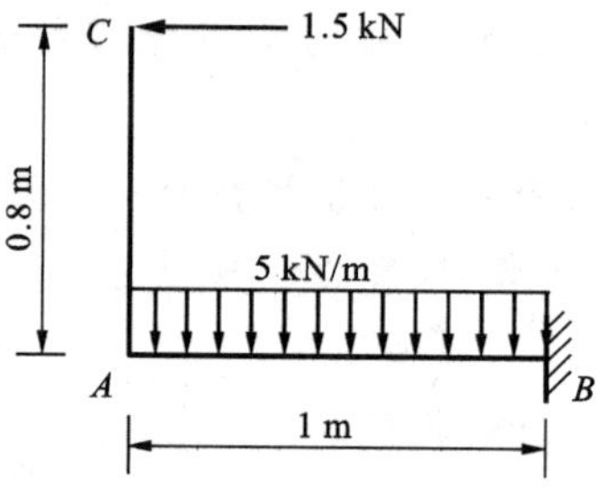

题 4.2 图

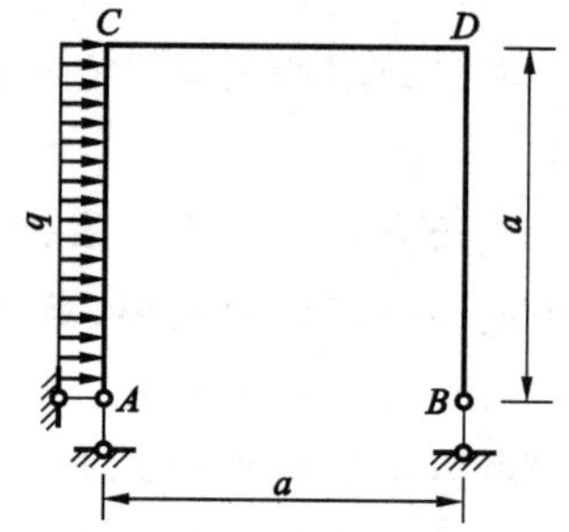

题 4.3 图

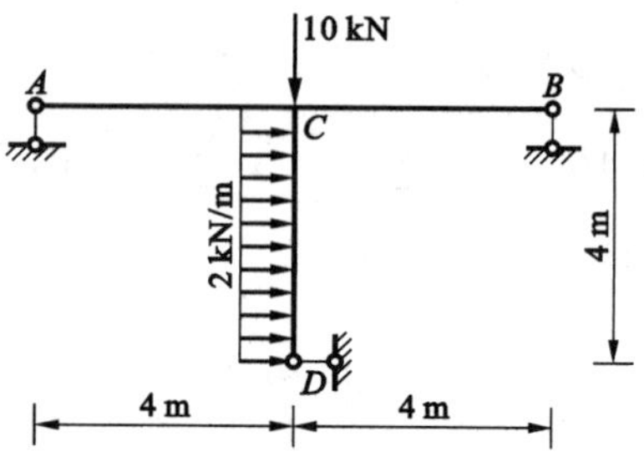

题 4.4 图

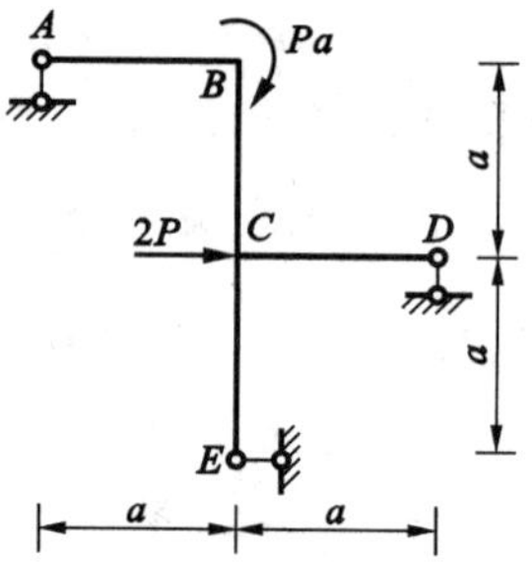

题 4.5 图

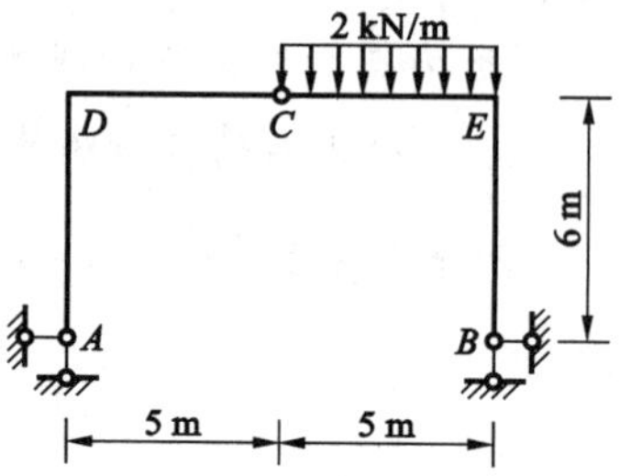

题 4.6 图

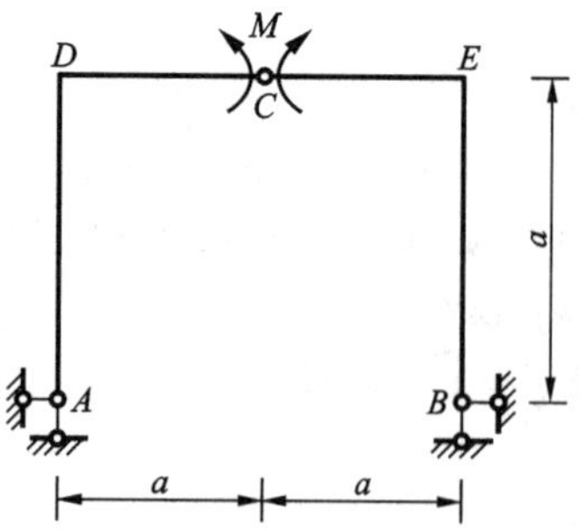

题 4.7 图

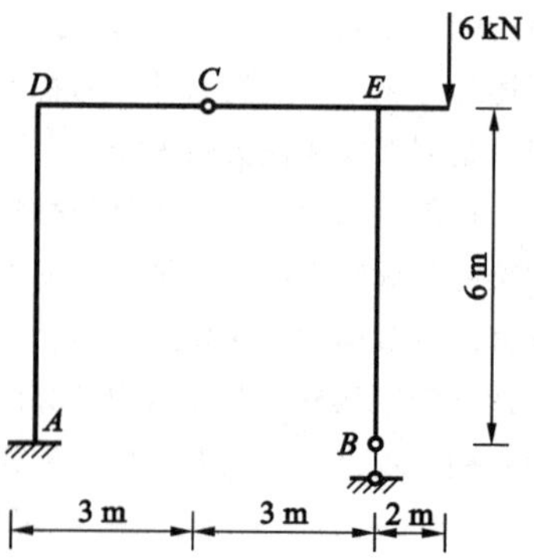

题 4.8 图

4.9～4.14　计算刚架指定截面内力。

4.9　计算题 4.1 图刚架结点 C 上各杆端截面内力。

4.10 计算题 4.3 图刚架结点 C 上各杆端截面内力。

4.11 计算题 4.4 图刚架结点 C 上各杆端截面内力。

4.12 计算题 4.5 图刚架结点 B 及 C 上各杆端截面内力。

4.13 计算题 4.13 图所示刚架结点 D 上各杆端截面内力。

4.14 计算题 4.14 图所示刚架结点 E 上各杆端截面内力。

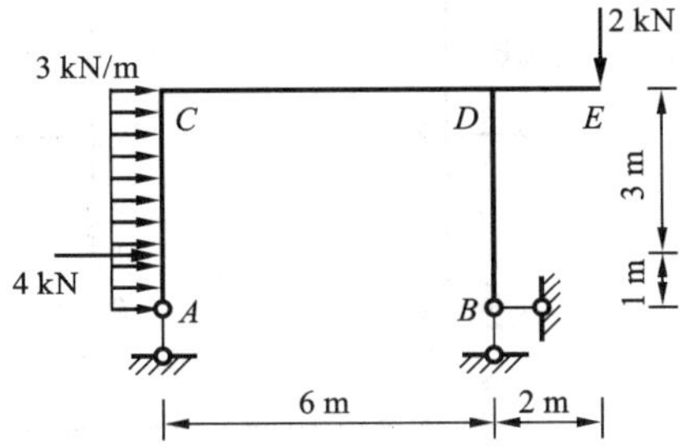

题 4.13 图

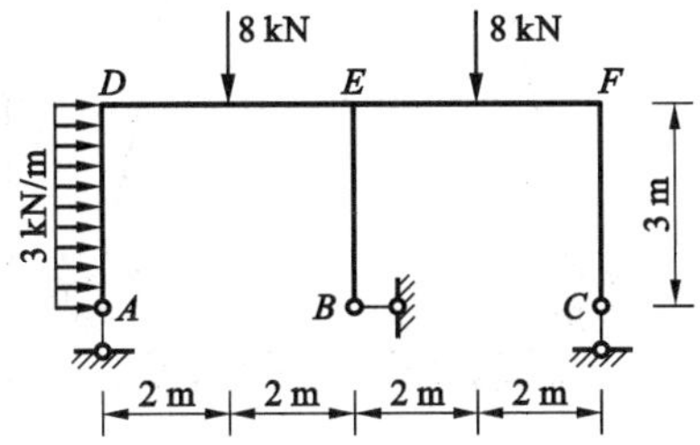

题 4.14 图

4.15～4.16 作题 4.15 图、题 4.16 图所示刚架的内力图。

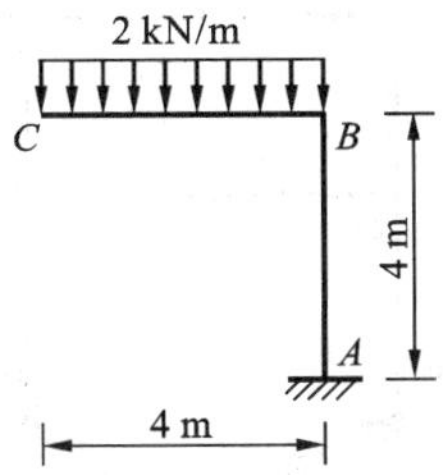

题 4.15 图

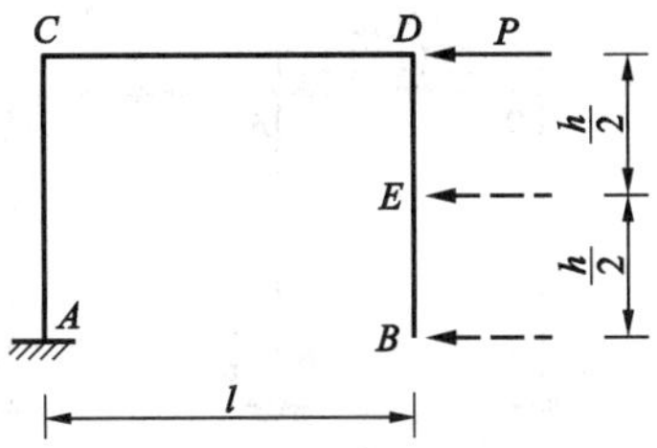

此图表示荷载 P 分别作用在 D、E、B 点

题 4.16 图

4.17 作题 4.2 图所示刚架的内力图。

4.18 作题 4.4 图所示刚架的内力图。

4.19～4.22 作题 4.19 至题 4.22 图所示刚架的弯矩图。

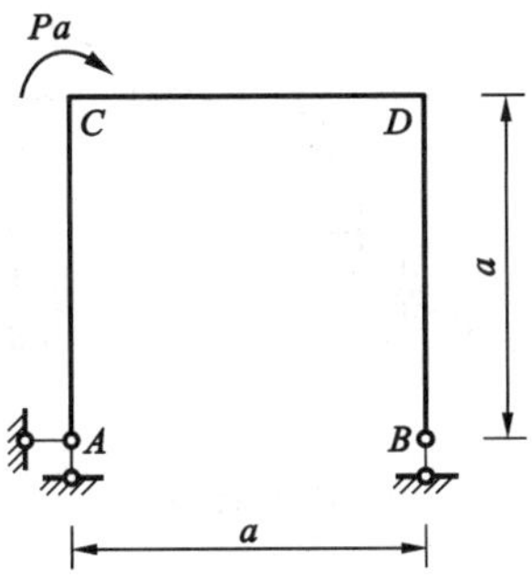

题 4.19 图

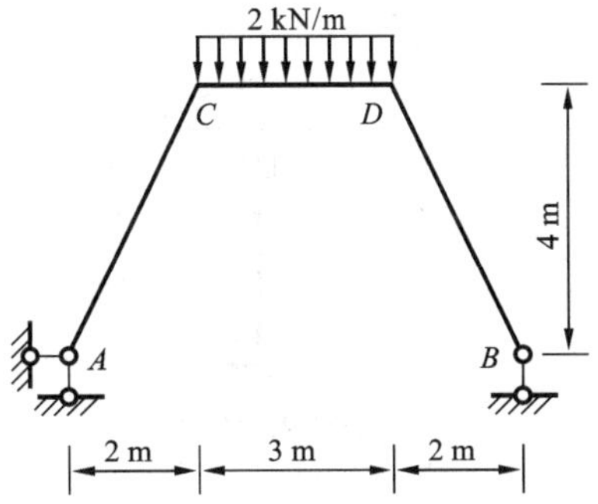

题 4.20 图

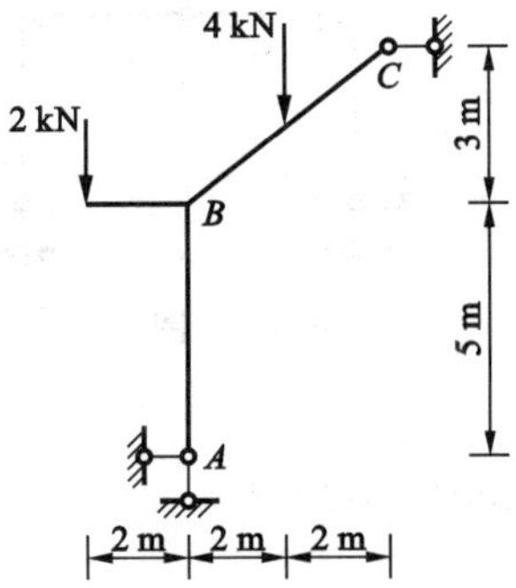

题 4.21 图

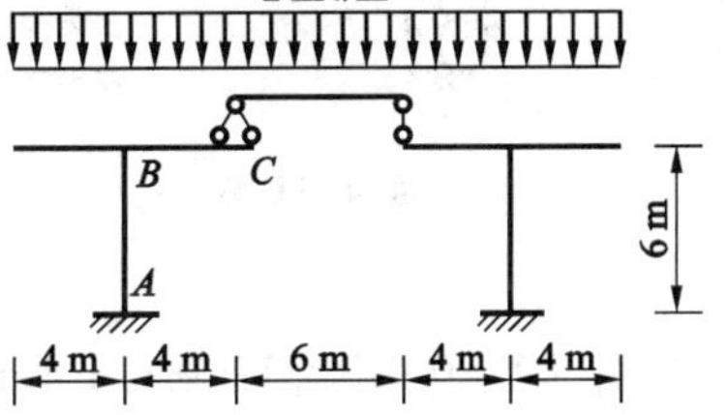

题 4.22 图

4.23　作题 4.6 图所示三铰刚架的内力图。

4.24　作题 4.7 图所示三铰刚架的内力图。

4.25～4.28　作题 4.25 图至题 4.28 图所示三铰刚架及多层、多跨静定刚架的弯矩图。

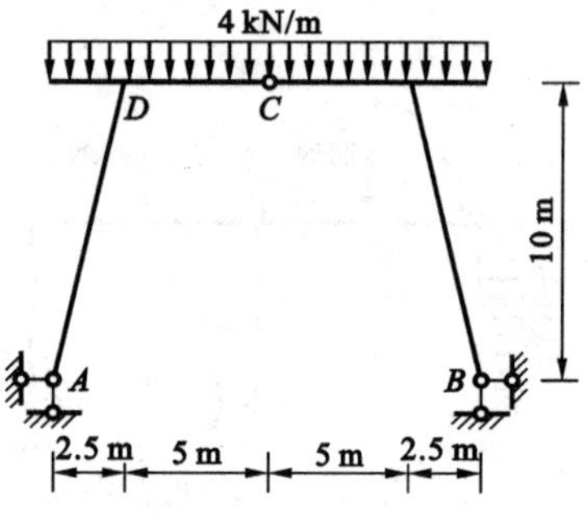

题 4.25 图

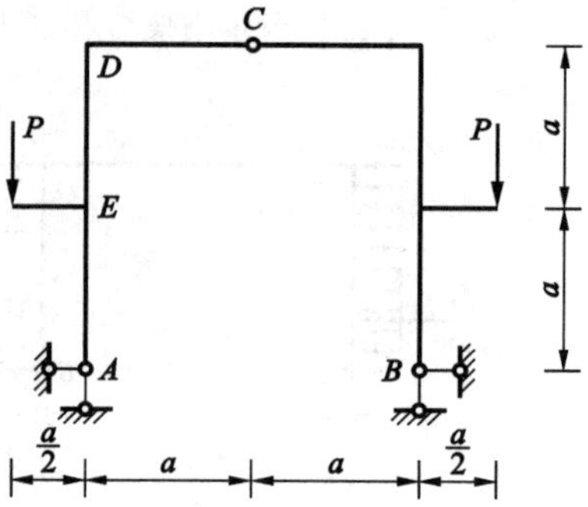

题 4.26 图

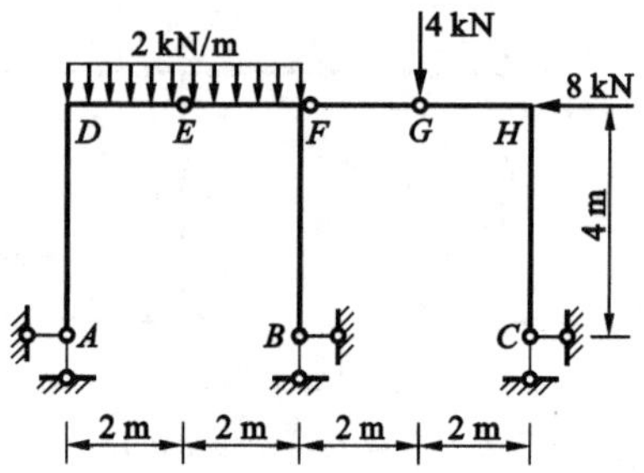

题 4.27 图

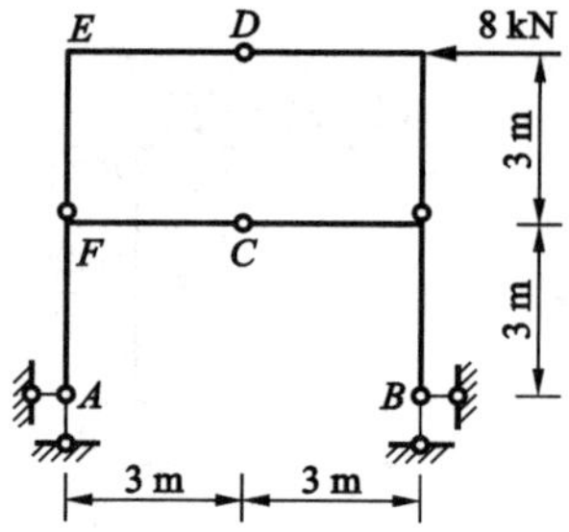

题 4.28 图

4.29～4.32　判断下列 M 图的正误，如有错误，加以改正。

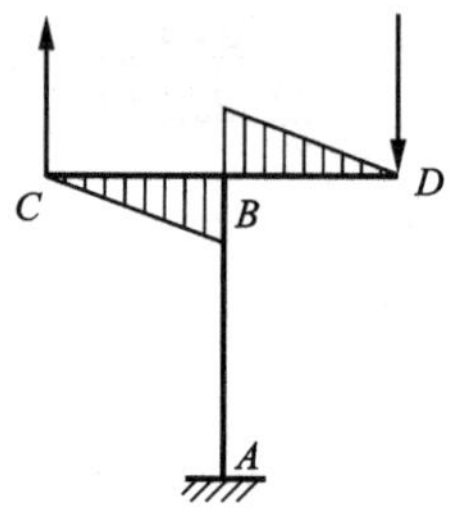

题 4.29 图

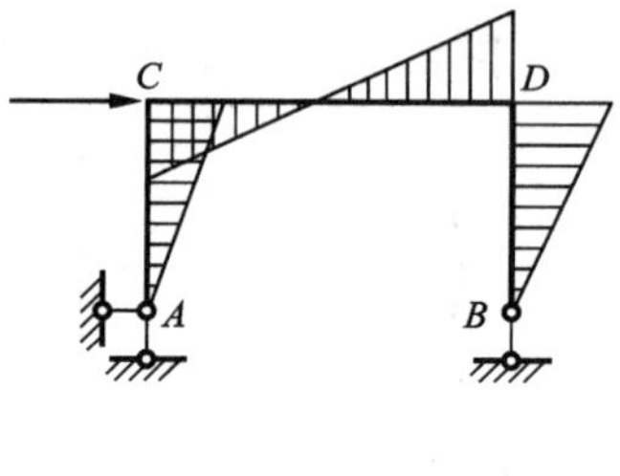

题 4.30 图

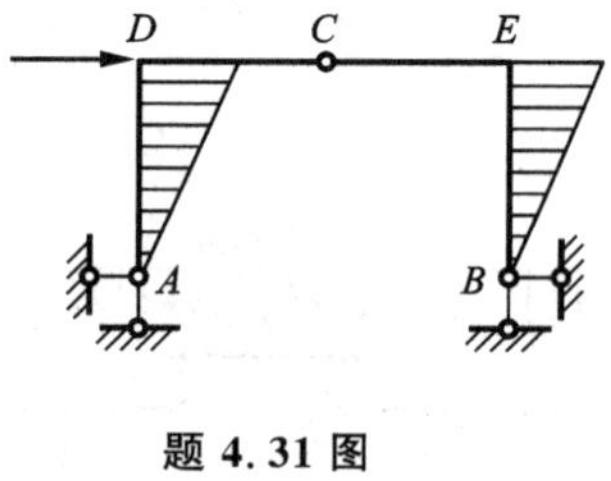

题 4.31 图

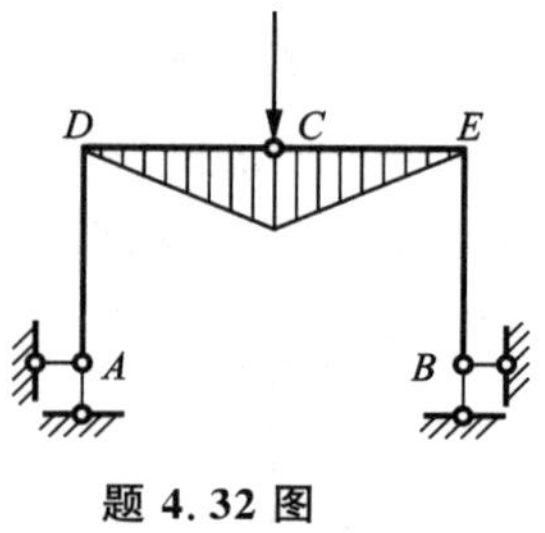

题 4.32 图

*4.33　一水平面内刚架承受垂直于水平面的荷载如题 4.33 图所示，试作其内力图。

*4.34　作题 4.34 图所示梁和刚架在空间受力状态下的内力图。

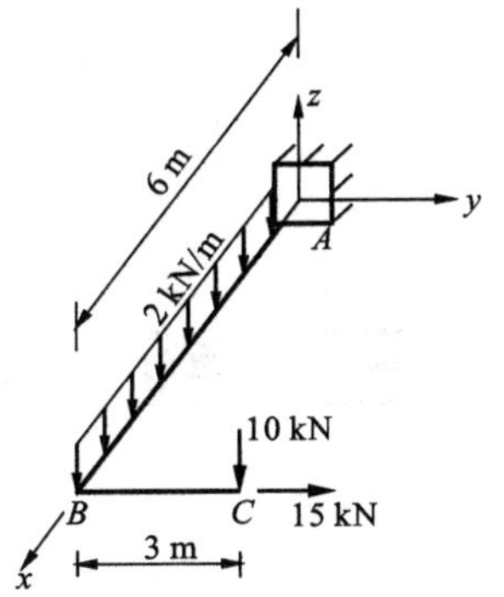
6 m
z
y
A
2 kN/m
10 kN
B
C
15 kN
x
3 m

题 4.33 图

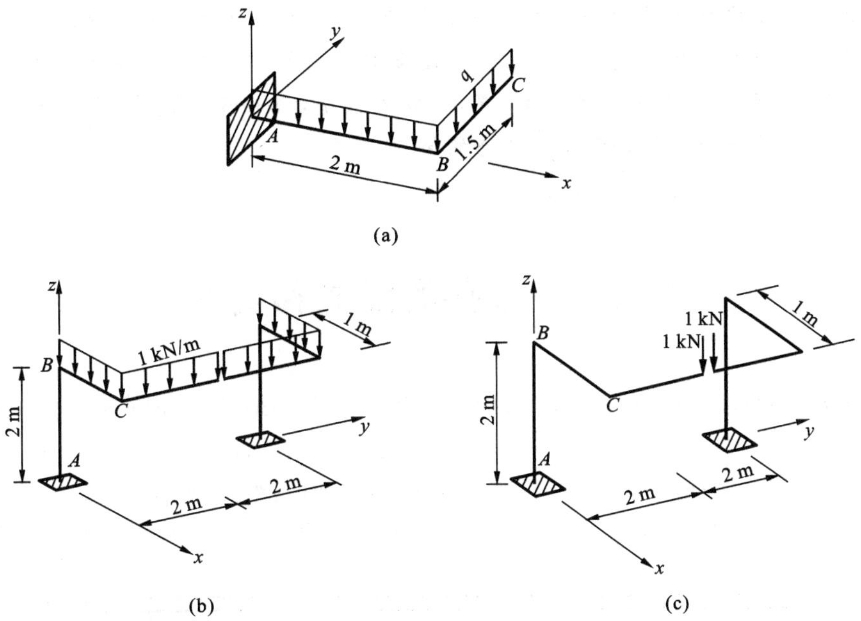
z
y
q
C
A
2 m
B
1.5 m
x
(a)
z
B
2 m
1 kN/m
C
1 m
y
A
2 m
2 m
x
(b)
z
B
1 kN
1 kN
1 m
2 m
C
y
A
2 m
2 m
x
(c)

题 4.34 图

5 三 铰 拱

本章提要

本章主要讨论三铰拱和悬索的计算。三铰拱有两大特点：曲杆；竖向荷载作用下有水平推力。由此产生了三铰拱计算和受力性能方面的诸多特点：须利用中间铰 $M=0$ 的条件求水平推力；须算出许多截面的内力值来作内力图；弯矩、剪力较小，以轴压力为主；合理轴线。悬索是柔性结构，只受拉力，是一个处于合理轴线状态的倒拱。

5.1 三铰拱的组成和类型

三铰拱是一种静定的拱式结构。它在大跨度结构上用料比梁省，因而在桥梁、水工、地下结构以及屋盖中都得到应用。图 5.1(a)所示为一三铰拱桥结构，拱架的计算简图如图 5.1(b)所示。拱的两端支座处称为拱趾，两拱趾间的水平距离称为拱的跨度，拱轴上距起拱线最远处称拱顶，拱顶至起拱线之间的竖直距离称为拱高，拱高 f 与跨度 l 之比称为高跨比。高跨比是控制拱的受力的重要参数。

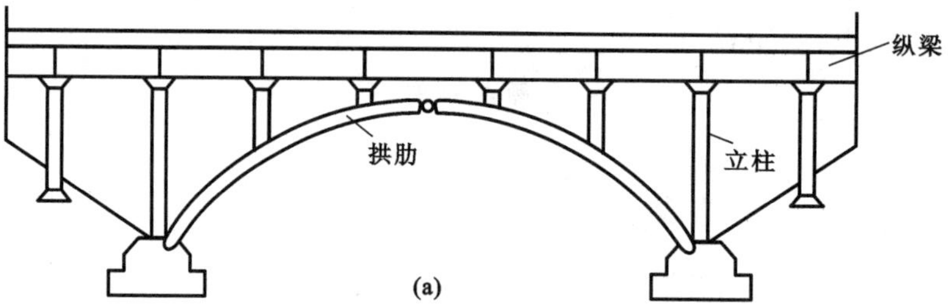

(a)

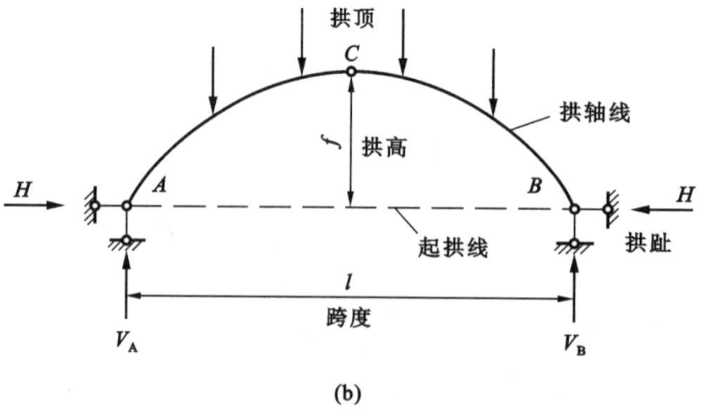

(b)

图 5.1　三铰拱桥及其计算简图

(a) 三铰拱桥；(b) 三铰拱计算简图及各部位名称

拱的基本特点是在竖向荷载作用下会产生水平推力 H。水平推力的存在与否是区别拱与梁的主要标志。由于水平推力的存在，拱结构对拱趾处基础的要求高。在屋架中，为消除水平推力对墙或柱的影响，常在两支座间增加一拉杆，把两支座改为简支的形式，支座上的水平推力由拉杆来承担。如图 5.2(a)所示为一带拉杆的装配式钢筋混凝土三铰拱，图 5.2(b)为其计算简图，吊杆很细不参与计算。

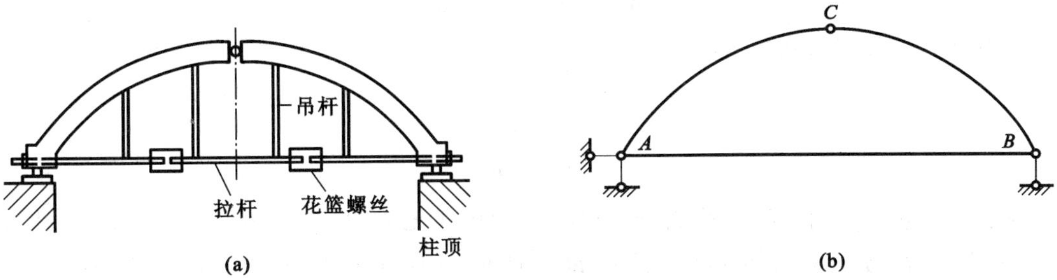

图 5.2 拉杆拱及其计算简图

(a) 拉杆拱各部件示意；(b) 计算简图

5.2 竖向荷载作用下三铰拱的支座反力

图 5.3(a)所示三铰拱，有四个支座反力 V_A、H_A、V_B 和 H_B，求解时需要四个方程。拱的整体平衡有三个方程，此外，铰 C 的弯矩为零，又增加一个方程。四个方程可解出四个未知支座反力，也说明三铰拱是静定结构。

下面讨论支座在同一水平线上的三铰拱受竖向荷载作用时支座反力的计算方法。

为便于理解和比较拱与梁受力的不同，在图 5.3(b)中画出一相应的简支梁，它的跨度和荷载都和三铰拱相同。在竖向荷载作用下，简支梁的水平支座反力 $H^0=0$；竖向支座反力 V_A^0 和 V_B^0 可分别由整体平衡方程 $\sum M_B=0$ 和 $\sum M_A=0$ 求出。分别为：

$$V_A^0=\frac{1}{l}(P_1b_1+P_2b_2),\qquad V_B^0=\frac{1}{l}(P_1a_1+P_2a_2) \tag{5.1}$$

考虑拱的整体平衡，由 $\sum M_B=0$ 和 $\sum M_A=0$，求出拱的竖向支座反力为：

$$\left.\begin{aligned} V_A&=\frac{1}{l}(P_1b_1+P_2b_2)\\ V_B&=\frac{1}{l}(P_1a_1+P_2a_2)\end{aligned}\right\} \tag{5.2}$$

比较式(5.1)和式(5.2)，可得：

$$V_A=V_A^0,\qquad V_B=V_B^0 \tag{5.3}$$

这说明：拱的竖向支座反力与相应的简支梁的竖向支座反力完全相同。

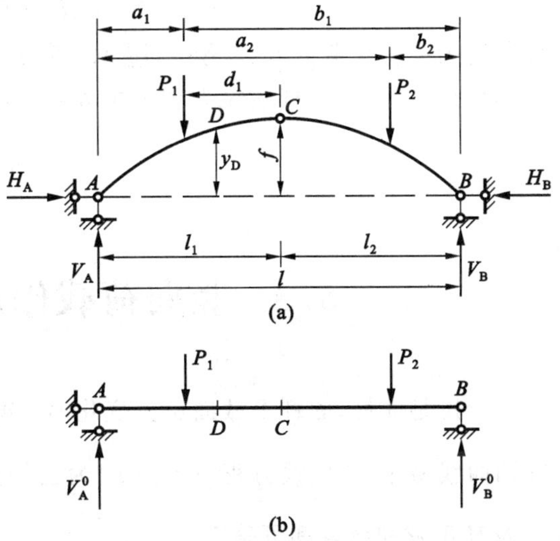

图 5.3 三铰拱与简支梁

由拱整体平衡方程 $\sum X=0$，得：

$$H_A=H_B=H$$

即 A、B 两支座的水平支座反力数量相等，方向相反，以 H 表示推力的数量，图 5.3(a)中所示的 H 方向为正方向。

为了求出推力 H，我们应用铰 C 提供的条件：$M_C=0$。考虑铰 C 左边所有外力对铰 C 的力矩代数和，便可写出：

$$[V_A l_1 - P_1 d_1] - Hf = 0$$

上式中前两项（方括号内的）是铰 C 左边所有竖向力对 C 点力矩的代数和，它等于简支梁相应截面 C 的弯矩值。以 M_C^0 表示简支梁截面 C 的弯矩值，即：

$$M_C^0 = V_A l_1 - P_1 d_1$$

则三铰拱 M_C 的方程可表示为：

$$M_C^0 - Hf = 0$$

$$H = \frac{M_C^0}{f} \tag{5.4a}$$

由此可知：在竖向荷载作用下，推力与拱轴曲线的形式无关，只与三个铰的位置有关；推力与拱高成反比，拱愈扁平，推力愈大。当荷载向下时，H 为正值，方向如图 5.3(a)所示，支座对拱的推力是向内的。如果 f 趋于 0，推力趋于无限大，这时，A、B、C 三个铰在同一直线上，成为瞬变体系。

对于图 5.4(a)所示有拉杆的拱来说，只有三个支座反力，由整体平衡条件 $\sum M_A=0$、$\sum M_B=0$、$\sum X=0$，即可求得这三个支座反力。

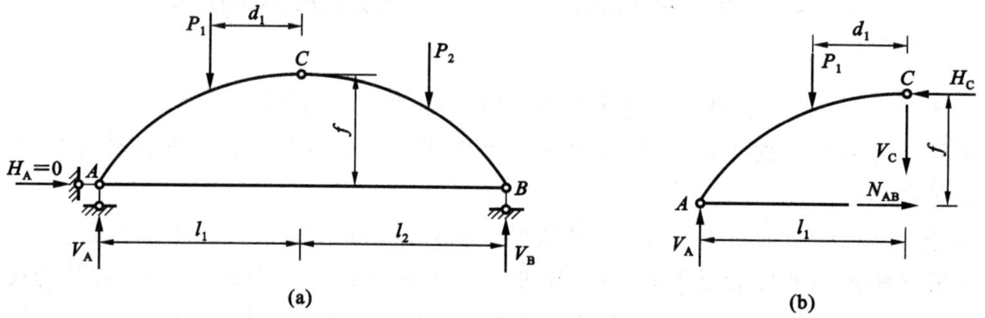

图 5.4　带拉杆拱的受力分析

$H_A=0$，$V_A=V_A^0$ 和 $V_B=V_B^0$ 仍然成立。

水平拉杆拉力 N_{AB}，可以截断拉杆 AB 和铰 C 处截面，利用铰 C 左半边的隔离体建立 $M_C=0$ 的方程求得。

$$[V_A l_1 - P_1 d_1] - N_{AB} f = 0$$

前两项仍为简支梁截面 C 的弯矩，用 M_C^0 表示。

计算结果表明，拉杆的拉力和无拉杆的三铰拱的水平推力 H 相同，仍可以用式(5.4a)计算 N_{AB}。

$$N_{AB} = \frac{M_C^0}{f} \tag{5.4b}$$

5.3　竖向荷载作用下三铰拱的截面内力

三铰拱是曲杆，曲杆上截面位置变化时，截面的倾角 φ（即拱轴切线与水平线的夹角）也在变化。当杆轴曲线确定（即曲线方程 $y=f(x)$ 为已知）时，任一截面倾角的正切（$\tan\varphi=\frac{dy}{dx}$）可以确定，而倾角 φ 及其正弦和余弦都可确定。

三铰拱截面的内力有弯矩、剪力和轴力。

内力正负号规定如下：弯矩使拱曲杆内边缘纤维受拉为正，剪力使拱小段顺时针方向转动为正，轴力以拉力为正。

求指定截面内力的方法，仍然是截面法。现求指定截面 D[图 5.3(a)]在竖向荷载作用下的内力计算公式。

在图 5.3(a)沿 D 作截面，取 D 左边部分 AD 为隔离体，D 截面有 M_D、Q_D、N_D[图 5.5(a)]。

为表示及比较方便，我们将图 5.5(a)中 D 截面剪力和轴力分解为在水平方向的分量 X_D 和在竖直方向的分量 Y_D，如图 5.5(b)所示。同时，借用简支梁相应截面的弯矩 M_D^0 和剪力 Q_D^0，则其分析图如图 5.5(c)所示。

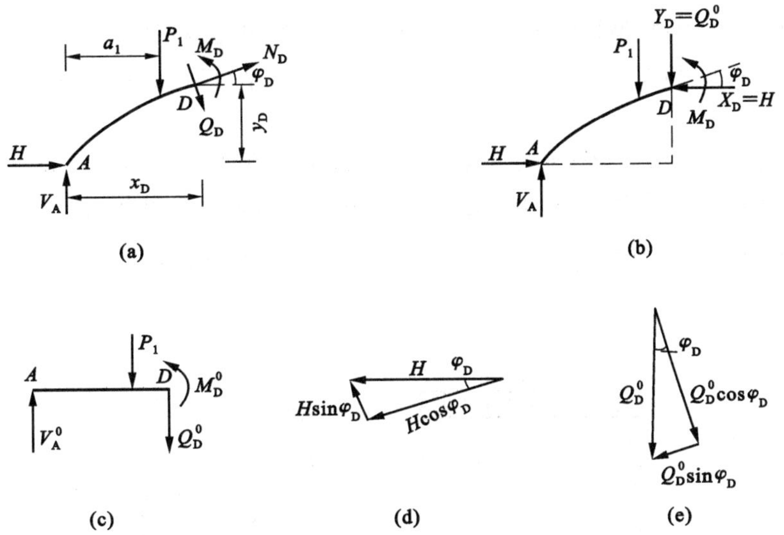

图 5.5 三铰拱的内力分析

比较图 5.5(b)和图 5.5(c)，或分别对图 5.5(b)和图 5.5(c)列 Y 方向的投影平衡方程：

$$\sum Y=0, \qquad Y_D=V_A-P_1=Q_D^0$$

对图 5.5(b)列 X 方向的投影平衡方程：

$$\sum X=0, \qquad X_D=H$$

下面将要用 M_D^0、Q_D^0 和 H 表示 D 截面的内力。

(1) 计算弯矩的公式

以图 5.5(a)或图 5.5(b)为隔离体，对 D 截面的形心列力矩方程：

$$\sum M_D=0, \qquad M_D=[V_A x_D-P_1(x_D-a_1)]-Hy_D$$

因为 $V_A=V_A^0$，方程右边方括弧内两项即为简支梁在 D 截面的弯矩，因此，上式可表示为：

$$M_D=M_D^0-Hy_D$$

任一截面的弯矩计算公式为：

$$M=M^0-Hy \tag{5.5}$$

式中 M^0——简支梁在相应截面的弯矩；

y——拟求截面的形心到 AB 直线的垂直距离。

(2) 计算剪力和轴力的公式

在图 5.5(b)中将 D 截面的水平力 H 和竖向力 Q_D^0 分别沿截面的切线方向和法线方向投影[图 5.5(d)和图 5.5(e)]；显然，D 截面的 Q_D 和 N_D 分别是 H 和 Q_D^0 投影项的叠加，即：

$$Q_D = Q_D^0 \cos\varphi_D - H\sin\varphi_D$$
$$N_D = -Q_D^0 \sin\varphi_D - H\cos\varphi_D$$

任一截面的剪力和轴力的计算公式为：

$$Q = Q^0 \cos\varphi - H\sin\varphi \tag{5.6}$$
$$N = -Q^0 \sin\varphi - H\cos\varphi \tag{5.7}$$

式中　φ——拟求截面的倾角，设 x 轴向右为正，y 轴向上为正，在左半拱，$\frac{dy}{dx}>0$，φ 取正号，右半拱，$\frac{dy}{dx}<0$，φ 取负号；

Q^0——简支梁相应截面的剪力。

由以上公式可知，只要拱轴线的曲线方程已知，截面位置和方向（即 x、y 和 φ）确定，就可以将简支梁相应截面的内力 M^0 和 Q^0 直接代入式(5.5)至式(5.7)，来计算三铰拱各截面的内力。

(3) 内力图的绘制

因拱是曲杆，内力分布图形与拱轴曲线 y 和截面倾角 φ 有关，不能直接用直杆绘制内力图的方法，需逐点求出内力值，将内力图的纵坐标垂直于杆轴线画出，然后连成曲线。

【例 5.1】 三铰拱及其所受荷载如图 5.6 所示，拱的轴线为抛物线：$y=\frac{4f}{l^2}x(l-x)$，求支座反力，并绘制内力图。

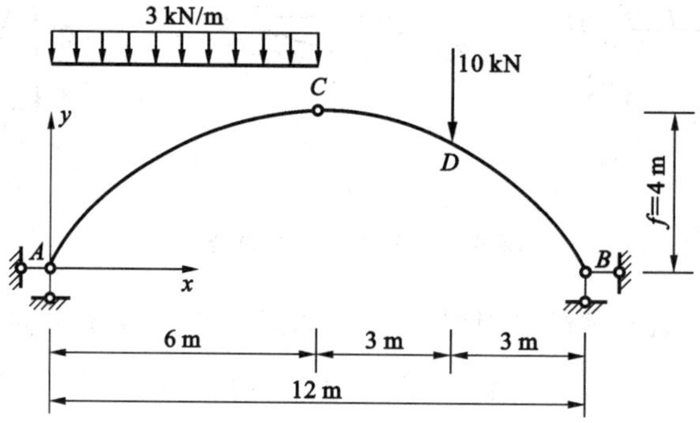

图 5.6　例 5.1 图

【解】

① 支座反力计算

由式(5.3)有：

$$V_A = V_A^0 = \frac{10\times3+3\times6\times9}{12} = 16\ \text{kN}(\uparrow)$$

$$V_B = V_B^0 = \frac{3\times6\times3+10\times9}{12} = 12\ \text{kN}(\uparrow)$$

由式(5.4a)有：

$$H = \frac{M_C^0}{f} = \frac{16\times6-3\times6\times3}{4} = 10.5\ \text{kN}$$

② 内力计算

求出支座反力后，可根据式(5.5)、式(5.6)、式(5.7)计算任意截面的内力。为了绘制内力图，将拱沿跨度方向分成八等份，算出每个截面的弯矩、剪力与轴力值。现以 $x=9$ m 截面 D 的内力为例，说明计算步骤。

a. 截面 D 的几何参数

根据拱轴线方程，当 $x=9$ m 时，有：

$$y=\frac{4f}{l^2}x(l-x)=\frac{4\times 4}{12^2}\times 9\times(12-9)=3\ \text{m}$$

$$\tan\varphi_D=\frac{dy}{dx}=\frac{4f}{l^2}(l-2x)=\frac{4\times 4}{12^2}\times(12-2\times 9)=-0.667$$

因而得出：

$$\sin\varphi_D=-0.555$$
$$\cos\varphi_D=0.832$$

b. 截面 D 的内力

由式(5.5)得：

$$M_D=M_D^0-Hy_D=12\times 3-10.5\times 3=4.5\ \text{kN}\cdot\text{m}$$

根据式(5.6)和式(5.7)计算截面 D 的剪力和轴力，在集中荷载处，Q_D^0 有突变，所以要分别算出 D 截面左、右两边的剪力和轴力。

$$\begin{cases}Q_{D左}=Q_{D左}^0\cos\varphi_D-H\sin\varphi_D=(-2)\times 0.832-10.5\times(-0.555)=4.16\ \text{kN}\\N_{D左}=-Q_{D左}^0\sin\varphi_D-H\cos\varphi_D=-(-2)\times(-0.555)-10.5\times 0.832=-9.85\ \text{kN}\end{cases}$$

$$\begin{cases}Q_{D右}=Q_{D右}^0\cos\varphi_D-H\sin\varphi_D=(-12)\times 0.832-10.5\times(-0.555)=-4.16\ \text{kN}\\N_{D右}=-Q_{D右}^0\sin\varphi_D-H\cos\varphi_D=-(-12)\times(-0.555)-10.5\times 0.832=-15.4\ \text{kN}\end{cases}$$

具体计算时，可列表进行(表 5.1)。根据表 5.1 中的数值，绘出三铰拱的 M、Q、N 图，如图 5.7(a)、图 5.7(b)、图 5.7(c)所示。

表 5.1 三铰拱内力计算

截面号	截面几何参数					弯矩计算(kN·m)			Q^0	剪力计算(kN)			轴力计算(kN)		
	x	y	$\tan\varphi$	$\sin\varphi$	$\cos\varphi$	M^0	$-Hy$	M		$Q^0\cos\varphi$	$-H\sin\varphi$	Q	$-Q^0\sin\varphi$	$-H\cos\varphi$	N
0	0	0	1.333	0.800	0.600	0.00	0.00	0.00	16.00	9.60	−8.40	1.20	−12.8	−6.30	−19.10
1	1.5	1.75	1.000	0.707	0.707	20.63	−18.38	2.25	11.50	8.13	−7.42	0.71	−8.13	−7.42	−15.55
2	3.0	3.0	0.667	0.555	0.832	34.50	−31.50	3.00	7.00	5.82	−5.83	−0.01	−3.89	−8.74	−12.63
3	4.5	3.75	0.333	0.316	0.949	41.63	−39.38	2.25	2.50	2.37	−3.32	−0.95	−0.79	−9.96	−10.75
4	6.0	4.0	0.000	0.000	1.000	42.00	−42.00	0.00	−2.00	−2.00	0	−2.00	0	−10.5	−10.5
5	7.5	3.75	−0.333	−0.316	0.949	39.00	−39.38	−0.38	−2.00	−1.90	3.32	1.42	−0.63	−9.96	−10.59
6	9.0	3.0	−0.667	−0.555	0.832	36.00	−31.50	4.50	−2.00 −12.00	−1.66 −9.98	5.83 5.83	4.17 −4.15	−1.11 −6.66	−8.74 −8.74	−9.85 −15.40
7	10.5	1.75	−1.000	−0.707	0.707	18.00	−18.38	−0.38	−12.00	−8.48	7.42	−1.06	−8.48	−7.42	−15.90
8	12.0	0	−1.333	−0.800	0.600	0.00	0.00	0	−12.00	−7.20	8.40	1.20	−9.60	−6.30	−15.90

为了将拱与梁进行比较，在图 5.7(d)中用实线画出了跨度相同、荷载相同的简支梁的弯矩图(M^0 图)。由图 5.7(a)与图 5.7(d)可以看出，与对应的简支梁相比，三铰拱的弯矩要小得多(简支梁最大弯矩为 42.67 kN·m，而三铰拱的最大弯矩则下降为 4.5 kN·m)。三铰拱弯矩的下降完全是由于水平推力造成的。在竖向荷载作用下存在推力，是拱式结构的基本特点，因此，拱式结构也称为推力结构。

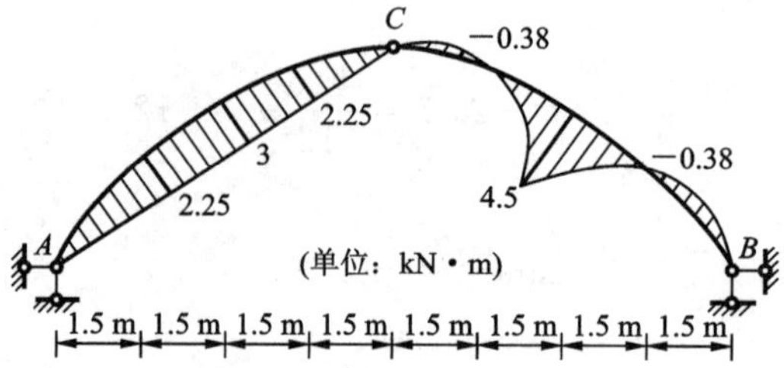

(a)

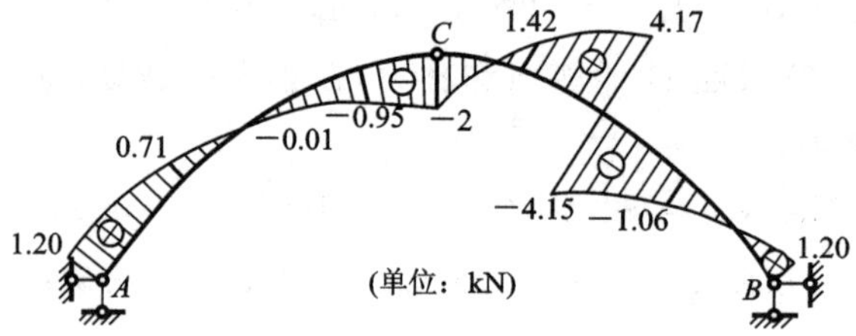

(b)

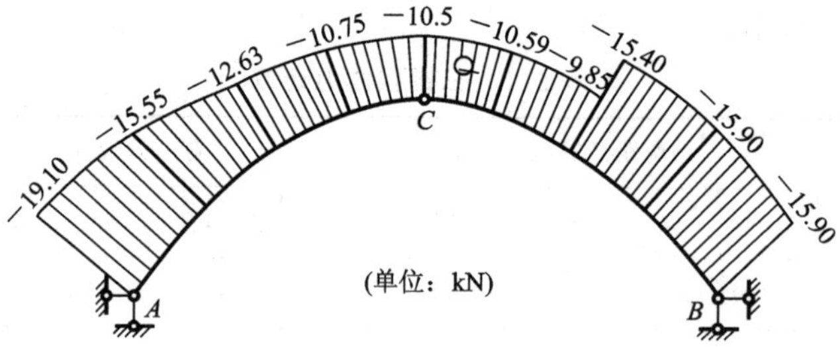

(c)

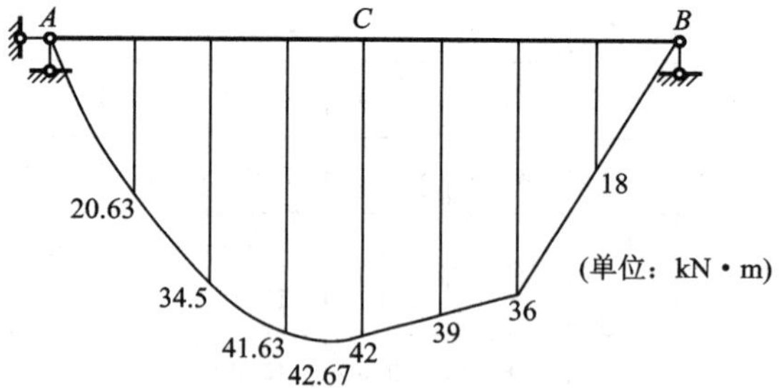

(d)

图 5.7　例 5.1 三铰拱的内力图

(a) M 图；(b) Q 图；(c) N 图；(d) M_0 图

5.4 三铰拱的受力特性

由前面的分析可知：

(1) 在竖向荷载作用下，梁没有水平支座反力，而拱则有水平推力。

(2) 由式(5.5)可知，由于推力的存在，三铰拱截面上的弯矩比跨度、荷载都相同的简支梁的弯矩小。

(3) 在竖向荷载作用下，梁的截面内没有轴力，而拱的截面内轴力较大，且一般为压力[见式(5.7)]，因此，拱主要受压。

(4) 由于拱截面上的应力分布较梁截面上的应力分布均匀，因此，拱比梁能更有效地发挥材料的作用，可适用于较大的跨度和较重的荷载。由于拱主要是受压，便于利用抗压性能好而抗拉性能差的材料，如砖、石、混凝土等。

但是事物都是一分为二的。在三铰拱受到向内的推力作用的同时，三铰拱也给基础施加向外的推力，所以三铰拱的基础比梁的基础要大。因此，用拱作屋盖结构时，都使用有拉杆的三铰拱，以承担拱对墙或柱的推力。

5.5 三铰拱的合理轴线

根据三铰拱截面的内力分析可知，三铰拱各截面的法向应力，有弯矩产生的不均匀分布的正应力和轴力产生的均匀分布的正应力。为发挥材料的作用，应设法尽量减少截面上不均匀分布的正应力。如果使各截面的弯矩为零，只受轴力作用，正应力沿各截面都是均匀分布，拱处于无弯矩状态，则材料的使用最经济。在固定荷载作用下使拱各截面的弯矩恒等于零(即拱处于无弯矩状态)的拱的轴线称为合理轴线，或合理拱轴。

5.5.1 竖向荷载作用下三铰拱的合理拱轴

由式(5.5)可知，在竖向荷载作用下，三铰拱任一截面的弯矩 $M(x)$ 是由简支梁的弯矩 $M^0(x)$ 与 $[-Hy(x)]$ 叠加而得，即：

$$M(x)=M^0(x)-Hy(x)$$

当拱的轴线为合理拱轴时，拱各截面的弯矩应为零，即：

$$M(x)=0,\qquad M^0(x)-Hy(x)=0$$

因此，合理拱轴的方程为：

$$y(x)=\frac{M^0(x)}{H} \tag{5.8}$$

式中 $M^0(x)$ 是与三铰拱跨度、荷载相等的简支梁的弯矩表达式，如用图形表示时，即为相应简支梁的弯矩图。

所以，在竖向荷载作用下，三铰拱的合理拱轴的表达式与相应简支梁弯矩的表达式相比，差一比例常数 H，即合理拱轴的纵坐标与相应简支梁弯矩图的纵坐标成正比。

掌握了合理拱轴的概念，在设计时就可以选择合理的轴线形式，充分发挥材料的作用。

【例 5.2】 设图 5.8(a)所示三铰拱承受沿水平线均匀分布的竖向荷载 q 的作用，求其合理轴线。

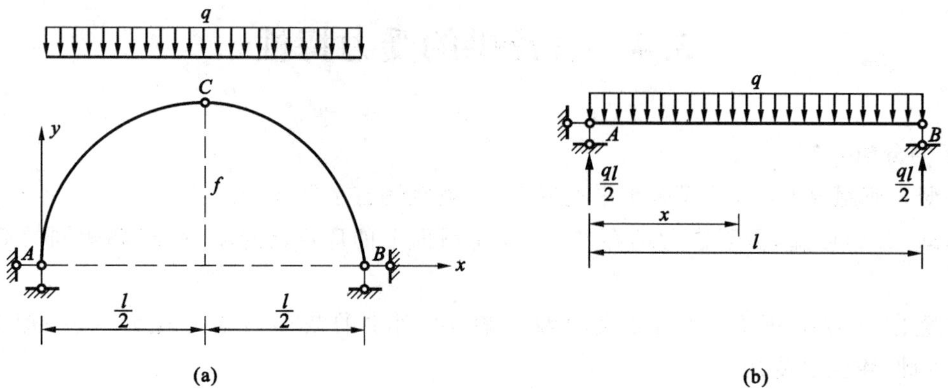

图 5.8　求水平均布荷载的合理轴线

【解】

设坐标原点在 A，跨度、荷载相同的简支梁如图 5.8(b)所示。

简支梁的弯矩方程为：

$$M^0(x)=\frac{ql}{2}x-\frac{1}{2}qx^2=\frac{qx}{2}(l-x)$$

由式(5.4)求得的推力为：

$$H=\frac{M_C^0}{f}=\frac{ql^2}{8f}$$

所以，由式(5.8)可知合理拱轴的方程为：

$$y(x)=\frac{M^0(x)}{H}=\frac{\frac{qx}{2}(l-x)}{\frac{ql^2}{8f}}=\frac{4f}{l^2}x(l-x) \tag{5.9}$$

由式(5.9)可知，三铰拱在沿水平线均匀分布的竖向荷载作用下，合理轴线为一抛物线。因此，房屋建筑中拱的轴线常常用抛物线。

5.5.2　沿径向均匀分布荷载作用下三铰拱的合理拱轴

沿径向均匀分布荷载是在水工建筑、管道、隧道中经常遇到的一种荷载，现通过例题说明合理拱轴的形式。

【例 5.3】　设图 5.9(a)所示三铰拱承受径向均匀分布的水压力作用，验证其合理轴线为圆弧曲线。

【解】

首先假定三铰拱在均匀水压力作用下处于无弯矩状态。

① 在拱中取出一微段 DE 为隔离体[图 5.9(b)]，两端截面的夹角为 $\mathrm{d}\varphi$，D 点和 E 点的曲率半径分别为 r 和 $r+\mathrm{d}r$，微段轴线长度为 $\mathrm{d}s=r\mathrm{d}\varphi$。

② 因设圆拱处于无弯矩状态，因此，截面 D 和 E 上都只有轴力，没有弯矩和剪力。以曲率中心 O 为矩心，写出力矩平衡方程 $\sum M_O=0$，由于 DE 段径向荷载的合力指向曲率中心 O 点，其力矩为零，所以：

$$\sum M_O=0,\qquad N_D r-N_E(r+\mathrm{d}r)=0$$

略去式中的微量，得到：

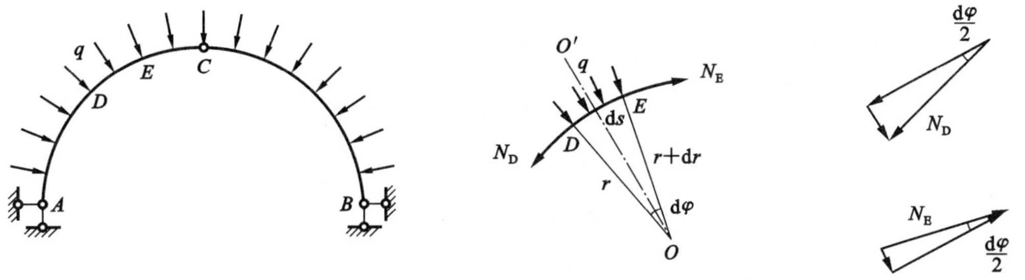

(a) (b) (c)

图 5.9 求均匀水压作用下三铰拱的合理轴线

$$N_D = N_E$$

这就是说，当拱在径向分布荷载作用下处于无弯矩状态时，各截面的轴力应是一个常数，可用 N 表示。

③ 沿微段对称轴 O—O'方向写投影平衡方程[图 5.9(b)、图 5.9(c)]

$$N_D \sin\frac{d\varphi}{2} + N_E \sin\frac{d\varphi}{2} + qr\,d\varphi = 0$$

由于 $N_D = N_E = N$，$d\varphi$ 值很小，$\sin\frac{d\varphi}{2} \approx \frac{d\varphi}{2}$，得：

$$N\,d\varphi + qr\,d\varphi = 0$$

$$N = -qr, \qquad r = -\frac{N}{q} = \text{常数}$$

因各截面轴力 N 和荷载 q 都是常数，所以各截面的曲率半径 r 也是一个常数，而曲率半径 r 为常数的曲线是圆弧线。因此，三铰拱承受径向均布荷载时的合理拱轴是圆弧曲线。

也就是说，在均匀水压力作用下，拱的合理轴线为圆弧，而轴力等于常数。水管、高压隧洞和拱坝常采用圆形截面，就是这个缘故。在不同的荷载作用下，三铰拱的合理轴线是不同的。

*5.6 悬 索

本节内容可扫二维码阅读。

5.6 节

本 章 小 结

本章要点如下：

(1) 曲杆和在竖向荷载作用下有水平推力是拱区别于梁的两大特点，由此，产生了三铰拱计算和受力性能方面的诸多特点。

(2) 三铰拱在竖向荷载作用下的支座反力和内力计算公式为：

$$\left.\begin{aligned} V_A &= V_A^0 \\ V_B &= V_B^0 \\ H &= \frac{M_C^0}{f} \end{aligned}\right\}$$

$$\left.\begin{aligned} M &= M^0 - Hy \\ Q &= Q^0\cos\varphi - H\sin\varphi \\ N &= -Q^0\sin\varphi - H\cos\varphi \end{aligned}\right\}$$

上述公式同时也表明了三铰拱与相应简支梁支座反力和内力之间的关系。

(3) 本章中第一次出现了曲杆内力图的绘制方法——根据分段,逐点计算内力的纵坐标,垂直于拱轴线画出,连成曲线。

(4) 水平推力使拱内各截面的弯矩大大减小(同跨度、荷载都相同的简支梁相比),加上较大的轴向压力,截面应力分布较均匀,能使材料充分发挥作用,可以跨越较大跨度、承受较大荷载,而且可用砖、石等脆性材料做拱。

(5) 在荷载确定后,使拱各截面的弯矩等于零的拱的轴线为合理拱轴。沿水平线均布竖向荷载作用下三铰拱的合理拱轴是抛物线;径向均布荷载作用下三铰拱的合理拱轴是圆弧曲线。

*(6) 悬索也是在竖向荷载下有水平支座反力的结构,水平支座反力方向向外,是拉力。因曲线形式和三铰拱的合理拱轴相同,悬索的内力只有拉力。

思考题

5.1　三铰拱有哪两种基本形式?

5.2　三铰拱屋架中常加拉杆,为什么?

5.3　在竖向荷载作用下三铰拱的支座反力和梁的支座反力有什么区别?

5.4　在跨度和竖向荷载都相同的条件下,三铰拱的矢高 f 变化(增大或减小)时,拱的推力 H 是怎样变化的?

5.5　在竖向荷载作用下三铰拱的内力和梁的内力有什么区别?

5.6　怎样计算式(5.6)和式(5.7)中的 φ、$\sin\varphi$、$\cos\varphi$?

5.7　能否利用三铰拱的支座反力和内力的计算公式计算三铰刚架的支座反力和内力?

5.8　三铰拱的主要受力特点是什么?

5.9　为什么三铰拱比梁更能发挥材料的作用?

5.10　什么是三铰拱的合理拱轴?

5.11　在竖向荷载作用下三铰拱合理拱轴的形式有何特点?如何确定思考题5.11图所示荷载作用下三铰拱的合理轴线?拱高对合理轴线有无影响?

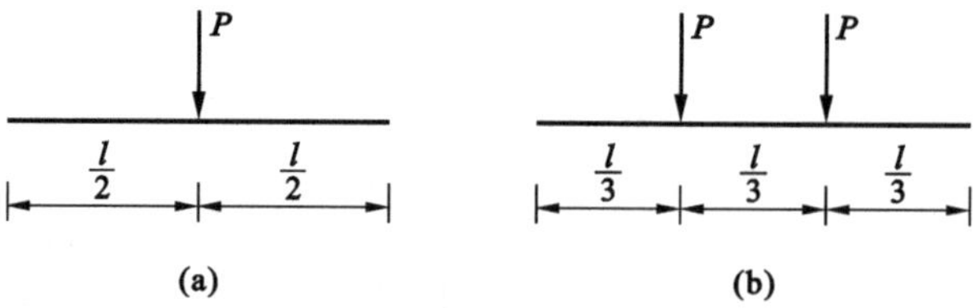

思考题5.11图

5.12　比较三铰拱与悬索结构曲线形式及受力的异同。

习　题

5.1　已知图示抛物线三铰拱的拱轴线方程为 $y=\frac{4f}{l^2}x(l-x)$,$l=16$ m,$f=4$ m。

(1) 求支座反力。

(2) 求截面 D 及 E 的 M、Q、N 值(截面 D 的 Q 和 N 在 $D_{左}$ 和 $D_{右}$ 值不同)。

5.2 图示圆弧三铰拱,求支座反力及截面 D 的 M、Q、N 值。

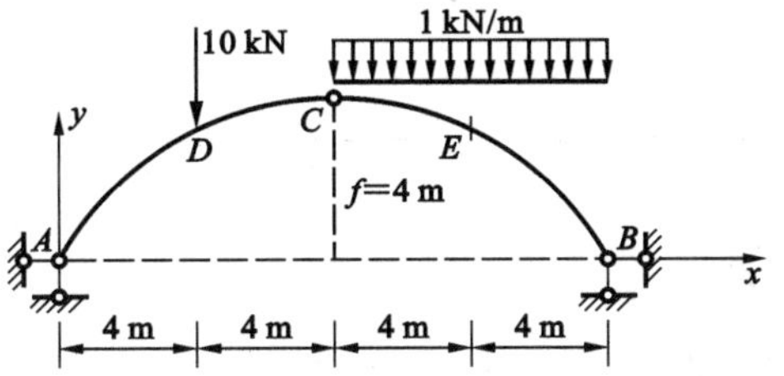

题 5.1 图

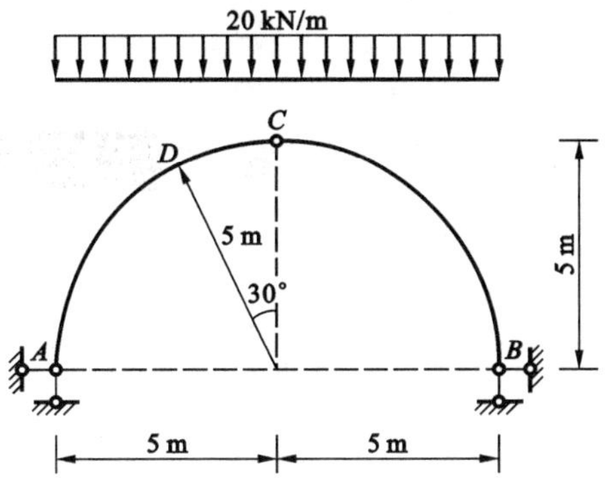

题 5.2 图

5.3 已知图示抛物线三铰拱的拱轴方程为 $y=\frac{4f}{l^2}x(l-x)$。

(1) 求支座反力和各链杆内力。

(2) 求截面 K 的 M、Q、N 值。

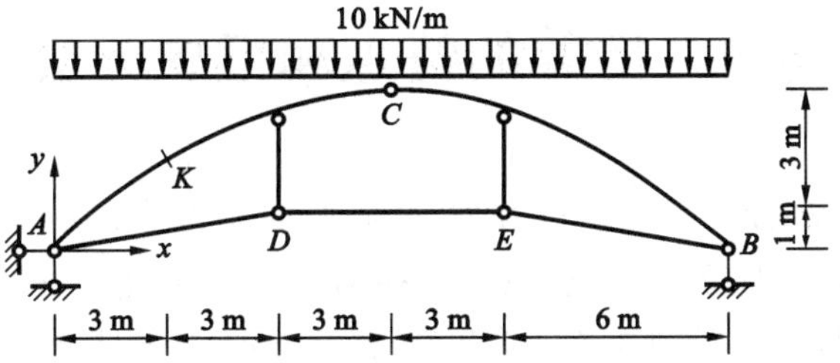

题 5.3 图

5.4 对题 5.1 图所示三铰拱,

(1) 如果改变拱高(设 $f=8$ m),支座反力和弯矩有何变化?

(2) 如果拱高和跨度同时改变($l=32$ m,$f=8$ m),但高跨比 $\frac{f}{l}$ 保持不变,支座反力和弯矩有何变化?

6　静定桁架和组合结构

本章提要

桁架由直杆通过铰连接而成，只受轴力。桁架的计算方法有：结点法，取结点为隔离体，每个结点有两个平衡方程；截面法，取桁架的一部分为隔离体，每次可列三个平衡方程。计算顺序通常按组成相反的次序进行，尽可能避免解联立方程。组合结构由二力杆和梁式杆组成。要正确区分二力杆和梁式杆。一般先计算二力杆的轴力，然后计算梁式杆的弯矩、剪力和轴力。

6.1　桁架的特点和组成分类

在荷载作用下，梁和刚架的内力以弯矩为主，截面上的应力分布是不均匀的[图 6.1(a)]。桁架是由直杆用铰结点组成的链杆体系，当荷载只作用在结点上时，各杆只有轴力，截面上的应力分布均匀[图 6.1(b)]，可以充分发挥材料的作用，可以跨越较大跨度，因此广泛应用于工业及公共建筑工程，以及桥梁结构工程。图 6.2(a)所示是混凝土和型钢制造的组合屋架，图 6.2(b)是它的计算简图。图 6.3 所示是武汉长江大桥所采用的桁架形式。

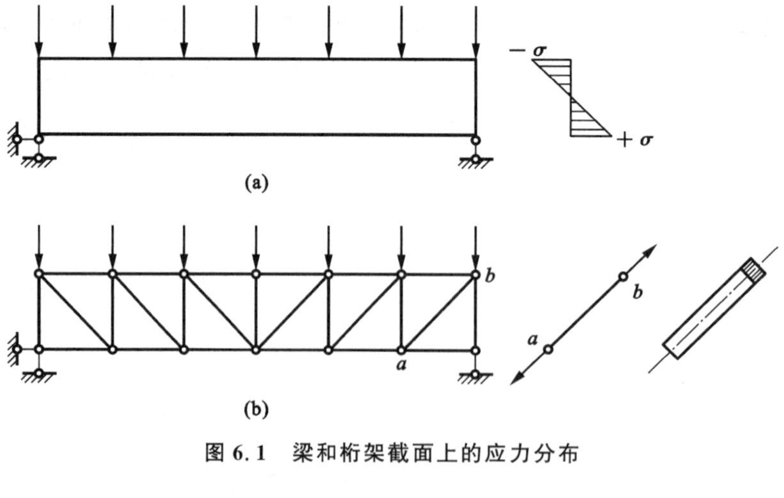

图 6.1　梁和桁架截面上的应力分布

6.1.1　桁架计算简图的假设及内力特点

实际桁架结点的构造并非理想铰结，如钢桁架或混凝土桁架的杆件采用节点板或预埋铁件焊接时，并不是铰结点；木桁架和钢桁架采用螺栓连接时，其结点比较接近于铰结。且各杆的轴线也不一

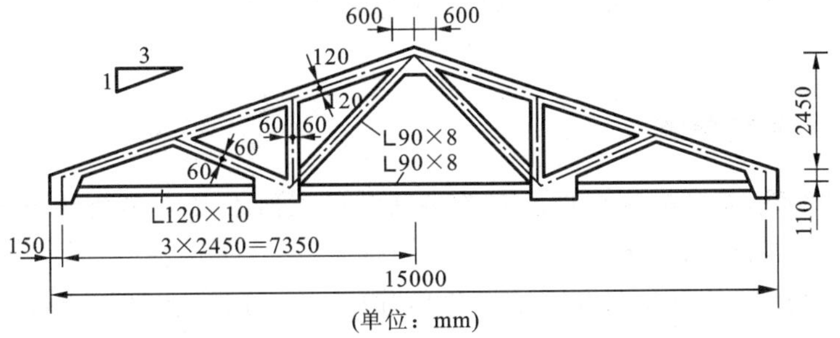

(a)

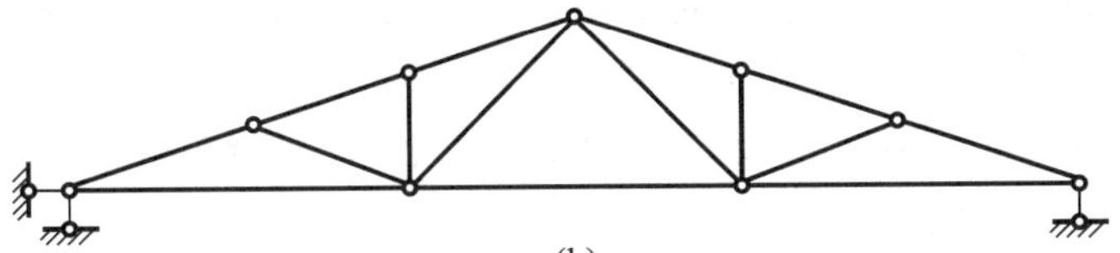

(b)

图 6.2　组合屋架及其计算简图

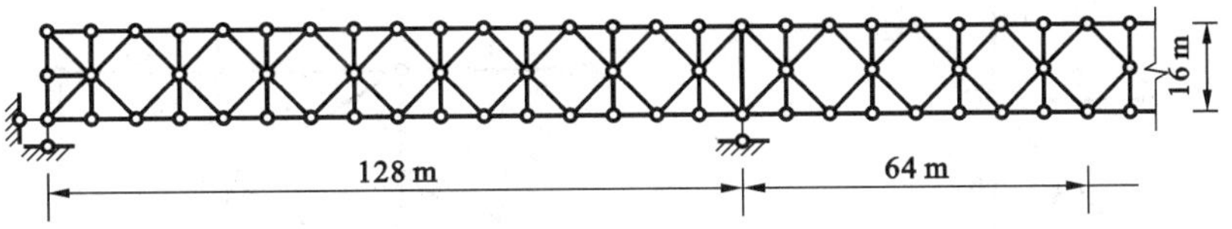

图 6.3　武汉长江大桥的桁架形式

定是理想直线，结点上各杆的轴线也不一定全交于一点。要完全根据实际情形进行内力分析比较困难。因此，在计算中必须忽略细节，反映主要受力特性，对实际桁架采用以下假设：

(1) 桁架的结点都是铰结点；

(2) 各杆的轴线都是直线，且通过铰的中心；

(3) 荷载和支座反力都作用在结点上。

符合上述假定的桁架称为理想桁架。当桁架各杆轴线和外力都作用在一平面内时，称为平面桁架。图 6.4(a)是根据上述假设画出的一个平面桁架的计算简图。各杆均用轴线表示，杆与杆之间连接的结点都是铰结点。荷载 P_1、P_2 和支座反力 Y_A、Y_B 都作用在结点上。图 6.4(b)所示为从这个桁架中任意取出的一根杆件。杆 CD 只在两端受力，此二力自成平衡，必然数值相等、方向相反，二力的作用线必然通过杆轴线 CD，因此，杆 CD 只受轴力作用。桁架的杆件都只在两端受力，常称为二力杆。杆轴为直线的二力杆，只受轴力。因此，按理想桁架计算的杆件内力就是轴力。

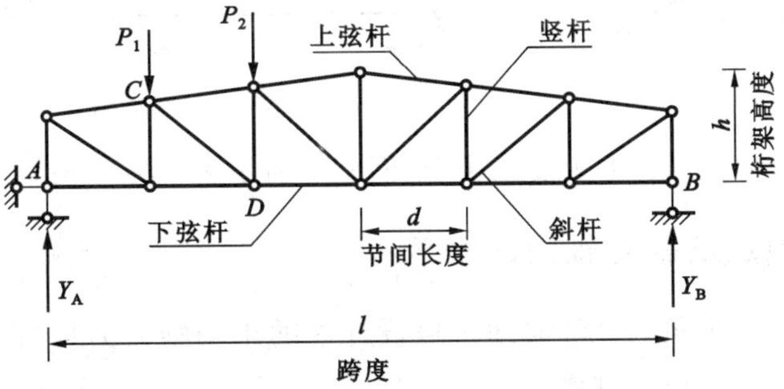

(a)

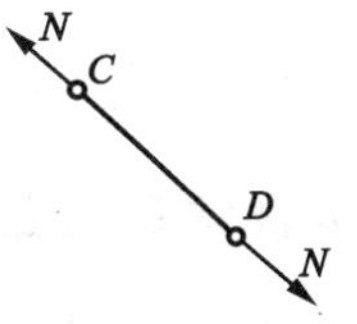

(b)

图 6.4　桁架中各部分的名称

桁架的杆件，按其所在位置的不同，可分为弦杆和腹杆两大类，如图 6.4(a)所示。弦杆是指桁架上、下外围的杆件，可分为上弦杆和下弦杆；腹杆是在上、下弦杆之间的杆件，可分为竖杆和斜杆。弦杆上两相邻结点之间的区间称为节间，其长度 d 称为节间长度。上、下弦杆之间的最大距离 h 称为桁架高度。

6.1.2 桁架按几何组成分类

桁架是铰结杆件体系，静定桁架杆件的布置必须满足几何不变无多余约束体系的组成规则。根据几何组成的特点，桁架可分为以下三类。

(1) 简单桁架　由基础或一个基本铰结三角形开始，每次用不在同一直线上的两个链杆连接一个新结点，或依次增加一个二元体。按这个规则组成的桁架称为简单桁架。

如在图 6.5(a)中，从不动点 O、G 开始，每次用两根杆(1,2)，(3,4)，(5,6)，(7,8)，…，(11,12)依次连接结点 A、B、C、D、E 和 F，组成一个简单桁架。在图 6.5(b)中，则从三角形 ABC 开始，每次用两根杆(1,2)，(3,4)，…，(15,16)依次连接结点 D、E、F、…、J、K，组成一个简单桁架。这两个桁架都是几何不变，并且没有多余约束。

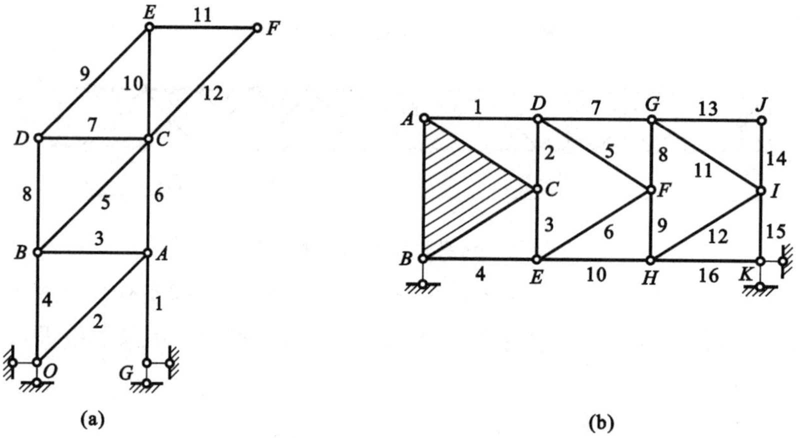

图 6.5　简单桁架

(2) 联合桁架　由几个简单桁架按照几何组成规则Ⅱ或规则Ⅲ组成的桁架，称为联合桁架。

在图 6.6 中，ABE 和 CDE 都是简单桁架，用不在一直线的铰 E 和链杆 BC 组成一联合桁架。这个桁架是几何不变，并且没有多余约束。

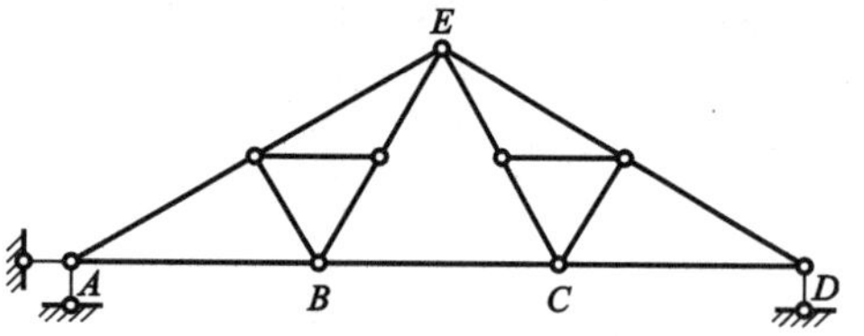

图 6.6　联合桁架

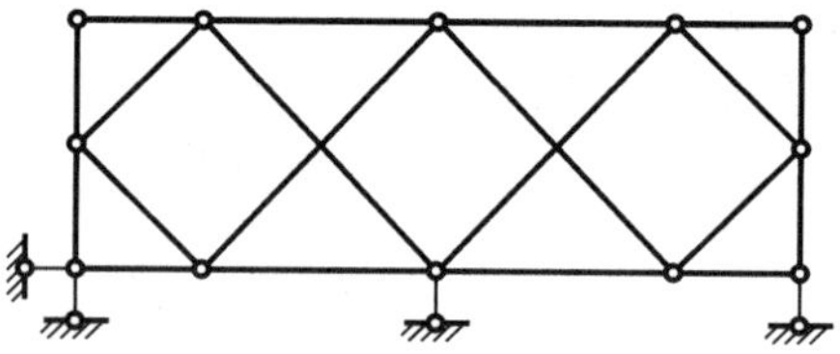

图 6.7　复杂桁架

(3) 复杂桁架　凡不属于前两类的桁架，称为复杂桁架，图 6.7 所示为一复杂桁架。

6.1.3 桁架杆件轴力正负号规定及斜杆轴力的表示

桁架杆件的轴力以拉力为正，压力为负。计算时通常假设杆件的未知轴力为拉力。若计算结果为正，说明杆件受拉；若计算结果为负，说明杆件受压。

截取隔离体建立平衡方程计算杆件轴力时，如用三角函数表示斜杆轴力的投影，计算较烦琐。在计算中通常将斜杆轴力 N 分解为水平分力 X 和竖直分力 Y 建立平衡方程。斜杆 AB 的轴力[图 6.8(a)]及其水平分力 X 和竖直分力 Y 组成一个力三角形[图 6.8(b)]，而杆件 AB 的杆长 l 及其水平投影长度 l_x 和竖向投影长度 l_y 也组成一个三角形[图 6.8(a)]。桁架杆件轴力的方向和杆件的方向是一致的，因此，这两个三角形各边互相平行，是相似的，从而有以下比例关系：

$$\frac{N}{l}=\frac{X}{l_x}=\frac{Y}{l_y} \tag{6.1}$$

因 l_x 和 l_y 一般给出，l 可由几何关系求得。利用这个比例关系，在平衡方程中求出 X 和 Y 中的任一个，就可推算另一个分力和轴力 N。

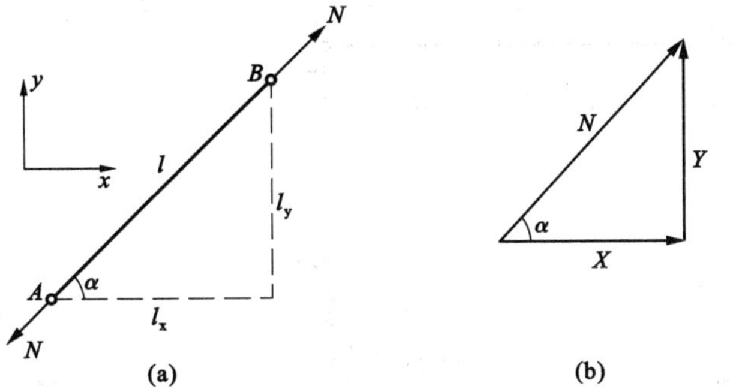

图 6.8　斜杆杆长投影与轴力分力之间的比例关系

6.2　结　点　法

在计算桁架杆件轴力时，截取结点为隔离体，利用结点上的荷载和各杆轴力组成的平面汇交力系的平衡条件计算各杆的未知轴力。这种方法称为结点法。一个结点可以列出两个平衡方程，因此，从一个结点可以求解两个杆件的未知轴力。

在实际应用中，结点法最适合于计算简单桁架全部杆件的轴力。如图 6.9 所示简单桁架，组成时先从基础铰结点 A、B 出发，每次用增加一个二元体来固定一个新结点，次序为 C、D、E、F、G、H。计算时，可从结点 H 开始，先计算杆件 11、12 的未知轴力；然后截取结点 G，计算杆件 9、10 的轴力；继续截取结点 F、E、D、C，计算 7、8、…、1、2 的轴力。每个结点遇到的都是两个未知轴力，每个结点可以建立两个平衡方程 $\sum X=0$、$\sum Y=0$，可解出结点上的两个未知轴力，从而可解出全部杆件轴力。因此，用结点法计算简单桁架时，用与组成次序相反的顺序截取结点，则每个结点上只有两个未知轴力，每个结点有两个平衡方程，即可依次解算出全部杆件轴力。

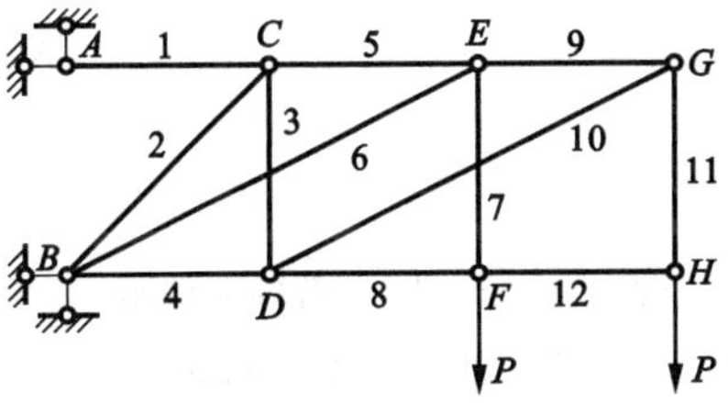

图 6.9　简单桁架的组成规律

【例 6.1】　用结点法计算图 6.10(a)所示桁架各杆的轴力。

【解】

① 计算支座反力

由整体平衡条件：

$$\sum X=0,\qquad X_A=0$$

$$\sum M_A=0,\qquad Y_B=12\ \text{kN}(\uparrow)$$

$$\sum M_B=0,\qquad Y_A=12\ \text{kN}(\uparrow)$$

② 求各杆轴力

图 6.10(a)所示桁架是一个简单桁架，可以认为是从三角形 BEG 开始，每次增加一个二元体连

接一个新结点 D、F、C、A 组成的。如果按照与组成次序相反的顺序截取结点 A、C、F、D、E、G，则每个结点总是只有两个未知轴力，依次可求出全部杆的轴力。

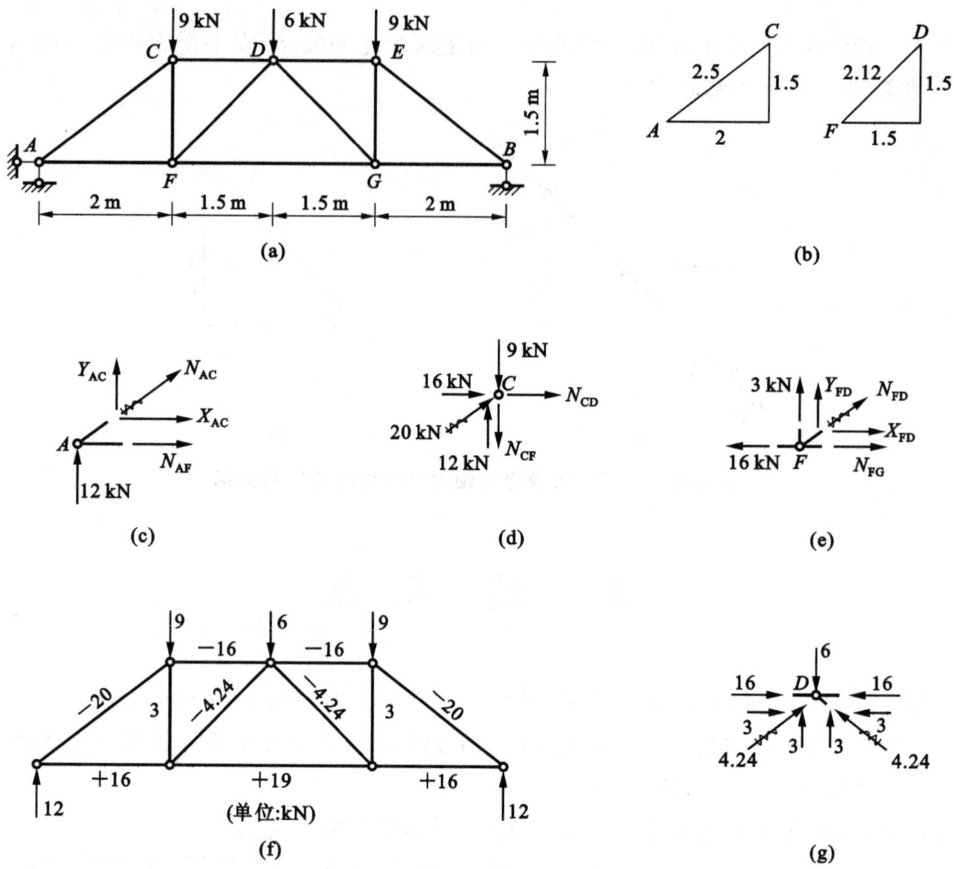

图 6.10　例 6.1 图

a. 结点 A

取结点 A 为隔离体，如图 6.10(c)所示，支座反力 Y_A 用实际数值和方向画出，未知轴力 N_{AC} 和 N_{AF} 设为拉力，并将斜杆轴力 N_{AC} 用其水平分力 X_{AC} 和竖直分力 Y_{AC} 代替，斜杆 AC 的边长如图 6.10(b)所示。

由 $\sum Y=0$，有：

$$Y_{AC}+12=0$$

所以

$$Y_{AC}=-12\ \text{kN}$$

利用比例关系式(6.1)，得：

$$X_{AC}=-\frac{12}{1.5}\times 2=-16\ \text{kN}$$

$$N_{AC}=-12\times\frac{2.5}{1.5}=-20\ \text{kN(压力)}$$

由

$$\sum X=0,\qquad N_{AF}+X_{AC}=0$$

得

$$N_{AF}=-X_{AC}=16\ \text{kN(拉力)}$$

b. 结点 C

结点 C 的隔离体图如图 6.10(d)所示。其中已知力(荷载和杆 AC 的轴力)都按实际数值和方向画出,未知轴力 N_{CD} 和 N_{CF} 都假设为拉力。

$$\sum X=0,\qquad N_{CD}+16=0$$

$$N_{CD}=-16\ \text{kN(压力)}$$

$$\sum Y=0,\qquad 12-9-N_{CF}=0$$

$$N_{CF}=3\ \text{kN(拉力)}$$

c. 结点 F

结点 F 的隔离体图如图 6.10(e)所示。斜杆 FD 的轴力用分力 X_{FD}、Y_{FD} 表示,斜杆 FD 的边长见图 6.10(b)。

由

$$\sum Y=0,\qquad Y_{FD}+3=0$$

得

$$Y_{FD}=-3\ \text{kN}$$

由式(6.1)得:

$$N_{FD}=-3\times\frac{2.12}{1.5}=-4.24\text{(压力)}$$

$$X_{FD}=-3\times\frac{1.5}{1.5}=-3\ \text{kN}$$

由

$$\sum X=0,\qquad X_{FD}+N_{FG}-16=0$$

得

$$N_{FG}=19\ \text{kN(拉力)}$$

d. 利用对称性

因桁架和荷载都是对称的,桁架杆件轴力的分布也是对称的,处于对称位置的两根杆具有相同的轴力。因此,另半个桁架杆件轴力可根据对称条件算出。整个桁架的轴力如图 6.10(f)所示。

e. 校核

利用未曾用过的结点 D 的平衡条件来校核。图 6.10(g)为结点 D 的隔离体图,由于利用了对称,$\sum X=0$ 的平衡条件自然满足,只需校核另一平衡方程:

$$\sum Y=0,\qquad -6+3+3=0$$

图 6.10(a)所示桁架,也可以认为是从三角形 ACF 开始,依次用二元体连接结点 D、G、E、B 组成,则截取结点的次序为 B、E、G、D、C、F。

结点法的特殊情形——零杆的判别

桁架中轴力为零的杆件称为零杆,零杆可以通过计算确定。但在以下三种特殊情形下,零杆可用结点法直接判别。

(1) 无外力作用的不共线的两杆结点,如图 6.11(a)所示,两杆轴力都是零。如取 N_1 杆轴线为 x 轴,由 $\sum Y=0$,则可得 $N_2=0$,反之亦然。

(2) 不共线的两杆结点,外力沿一杆作用,如图 6.11(b)所示,则另一杆轴力为零。取 P 和 N_1 的作用线为 x 轴,由 $\sum Y=0$,得 $N_2=0$。

(3) 无外力作用的三杆结点，有两杆在同一条直线上，如图 6.11(c)所示，则第三杆轴力为零。如取两杆所在直线为 x 轴，由 $\sum Y=0$，得 $N_3=0$。

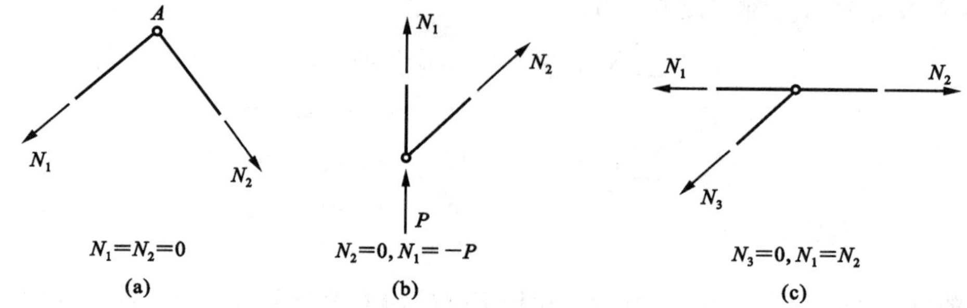

图 6.11　零杆的判断

【例 6.2】　判断图 6.12 所示桁架的零杆。

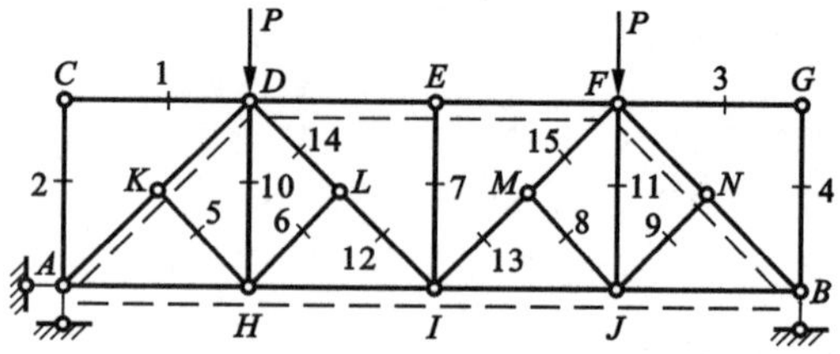

图 6.12　例 6.2 图

【解】

① 从结点 C、G 判断

$$N_1=N_2=N_3=N_4=0$$

② 从结点 K、L、E、M、N 判断

$$N_5=N_6=N_7=N_8=N_9=0$$

③ 从结点 H 和 J 判断

$$N_{10}=N_{11}=0$$

④ 从结点 I 分析

结点 I 处于对称轴上，处于对称位置的 N_{12} 和 N_{13} 应相等，$N_{12}=N_{13}$；又因 $N_7=0$，由 $\sum Y=0$，$Y_{12}+Y_{13}=0$，$Y_{12}=Y_{13}$，与 $N_{12}=N_{13}$ 矛盾；所以，$N_{12}=N_{13}=0$。

⑤ 再在结点 L 和 M 上判断

$$N_{14}=N_{15}=0$$

最后可见，在 P 作用下，只有用附加虚线表示的 AH、HI、IJ、JB、AK、KD、DE、EF、FN、NB 各杆轴力不等于零(图 6.12)。

6.3　截 面 法

截面法是用截面切断拟求杆件，从截断桁架中取截出的一部分作为隔离体(隔离体包含两个以上的结点)，隔离体上所作用的荷载和桁架杆件轴力为平面一般力系，利用平面一般力系的三个独立的平衡方程，计算所切各杆的未知轴力。如果所切各杆的未知轴力只有三个，它们既不相交于同一点，也不彼此平行，则用一个截面即可直接求出这三个未知轴力。如图 6.13 所示平行弦桁架，任一节间都只有三根杆件(上、下两根弦杆和一根斜杆)。在节间可用一个截面把这三根杆件截断，即可求解这三根杆件的轴力。如在节间 BC 作截面 Ⅰ—Ⅰ，建立平面力系的三个平衡方程式：$\sum M_b=0$，$\sum M_C=0$，$\sum Y=0$，则可解出杆件 1、2、3 的轴力。

在计算中，为避免解联立方程，应注意对平衡方程加以选择。现以例题说明截面法计算的步骤。

【例 6.3】　用截面法计算图 6.14(a)所示桁架 1、2、3 杆的轴力。

【解】

① 先求支座反力，利用整体平衡条件：

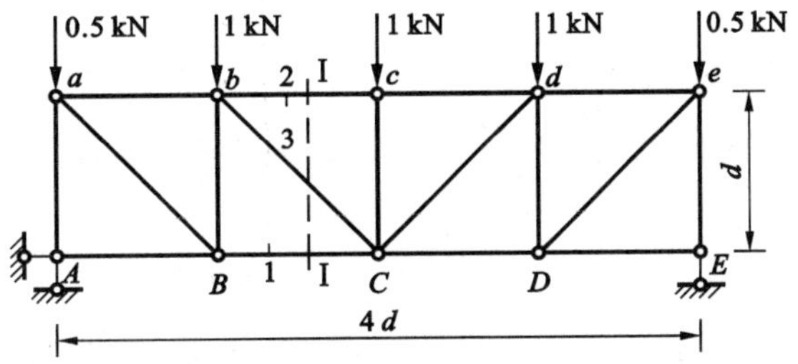

图 6.13 截面法中平衡方程的选取

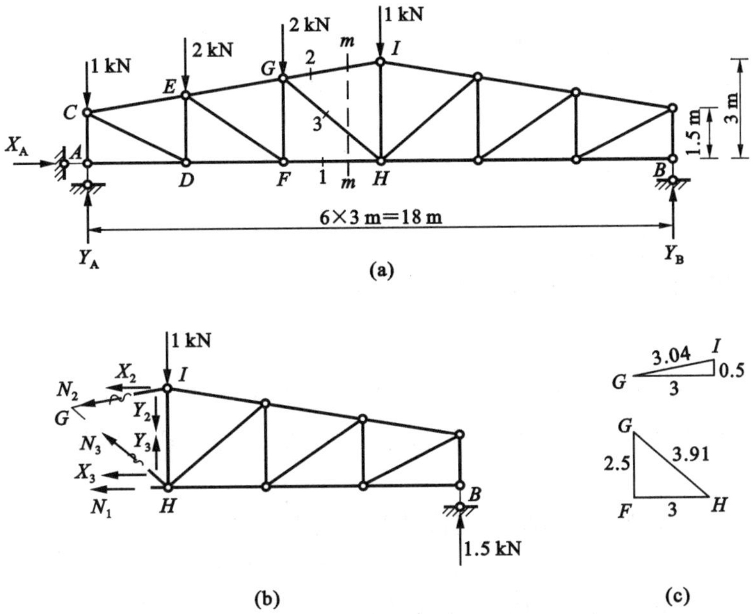

图 6.14 例 6.3 图

$$\sum M_A = 0, \qquad Y_B = \frac{1}{18} \times (2 \times 3 + 2 \times 6 + 1 \times 9) = 1.5\ \text{kN}(\uparrow)$$

$$\sum M_B = 0, \qquad Y_A = \frac{1}{18} \times (1 \times 9 + 2 \times 12 + 2 \times 15 + 1 \times 18) = 4.5\ \text{kN}(\uparrow)$$

校核： $\sum Y = 0, \qquad 1 + 2 + 2 + 1 - 4.5 - 1.5 = 0$

② 求 1、2、3 杆轴力

作截面 $m—m$，切断 1、2、3 杆。为计算简单，取截面右边部分为隔离体，如图 6.14(b)所示。其中三个未知轴力 N_1、N_2、N_3 都设为拉力，可以利用隔离体的三个平衡方程求出。为避免求解联立方程，应注意平衡方程的选择。可以先取两杆的交点为力矩中心，求出另一杆的轴力，后列力的投影方程。

a. 取 N_2 和 N_3 的交点 G 为力矩中心，列出力矩平衡方程。这时，不通过 G 的轴力 N_1 就是方程中唯一的未知数，可直接求出 N_1。

$$\sum M_G = 0, \qquad N_1 \times 2.5 + 1 \times 3 - 1.5 \times 12 = 0$$

得

$$N_1 = 6\ \text{kN}(拉力)$$

b. 取 N_1 和 N_3 的交点 H 为力矩中心，计算 N_2。为便于计算斜杆轴力 N_2 的力矩，可将 N_2 在结点 I 分解为 X_2 和 Y_2[2 杆边长如图 6.14(c)]所示，建立力矩方程。

$$\sum M_H = 0, \qquad -X_2 \times 3 - 1.5 \times 9 = 0$$

$$X_2 = -4.5 \text{ kN}$$

由式(6.1)比例关系有：

$$N_2 = -4.5 \times \frac{3.04}{3} = -4.56 \text{ kN(压力)}$$

$$Y_2 = -4.5 \times \frac{0.5}{3} = -0.75 \text{ kN}$$

c. 因 N_1 和 N_2 的交点在桁架外，且 N_1 和 N_2 已经求出，故可利用投影平衡方程计算 N_3，N_3 也分解为 X_3 和 Y_3[3 杆边长如图 6.14(c)]所示。

$$\sum X = 0, \qquad -X_2 - N_1 - X_3 = 0$$

$$X_3 = -N_1 - X_2 = -6 + 4.5 = -1.5 \text{ kN}$$

由式(6.1)比例关系有：

$$N_3 = -1.5 \times \frac{3.91}{3} = -1.96 \text{ kN(压力)}$$

$$Y_3 = -1.5 \times \frac{2.5}{3} = -1.25 \text{ kN}$$

d. 校核，用尚未用过的投影平衡方程 $\sum Y = 0$ 校核。

$$\sum Y = 0, \qquad 1.5 - 1 + 0.75 - 1.25 = 0, \qquad \text{满足}$$

此桁架是简单桁架，虽然可以用结点法计算，但从端部 A 结点开始计算，要逐步截取结点 A、C、D、E、F 和 G，才能求出 1、2、3 杆的轴力。因此，对于这种简单桁架只求少数杆件轴力的问题，直接采用截面法计算较为方便。

截面法更适合于计算两刚片按规则Ⅱ组成的联合桁架中连接杆的轴力。如图 6.15(a)、(b)所示联合桁架，用结点法计算时会遇到困难，如用截面法计算出连接杆 1、2、3 杆轴力后，则其他杆件轴力的计算将能顺利进行。因此，对于按规则Ⅱ组成的联合桁架，一般可用截面法先截断连接杆，用平面一般力系的平衡方程，计算连接杆的轴力；然后再用结点法或截面法计算其他杆件的轴力。

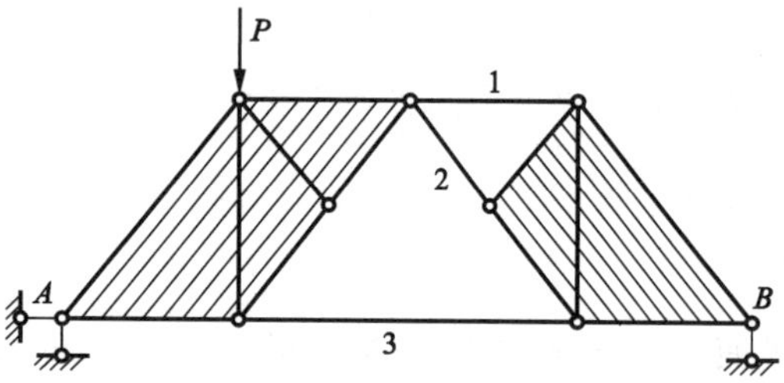

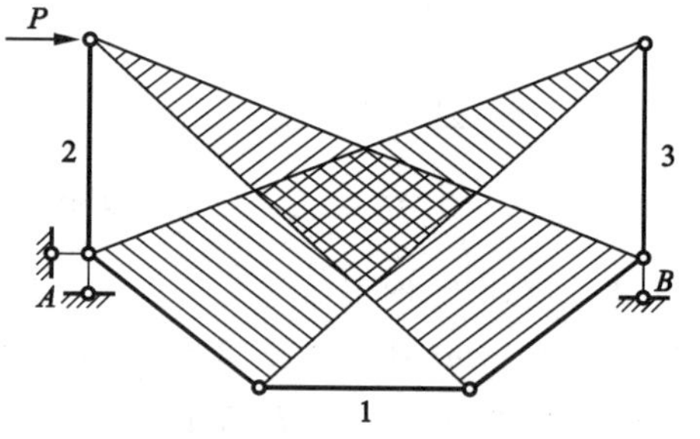

图 6.15　截面法解联合桁架

一般来说，用截面法截断不超过三根不交于一点也不互相平行的杆件时，可以直接利用三个平衡方程求出三根杆件的轴力。但在某些特殊情形下，截断杆数大于三根，但除一根以外，其余各杆都交于一点(或都互相平行)，则这一根不与其他杆件相交(或与其他杆件平行)的杆件的轴力，仍可用截面法利用力矩平衡方程(或投影平衡方程)求得。如图 6.16(a)所示桁架中 1 杆的轴力，在过 1 杆作 m—m 截面后，虽然截断了五根杆，但其他四根都交于 C 点，利用 $\sum M_C = 0$，可以方便地求得 N_1。如图 6.16(b)所示桁架中 1 杆的轴力，作 m—m 截面，截断杆数是四根，但其他三根都互相平行，利用与平行杆正交方向的投影方程，可直接求得 N_1。

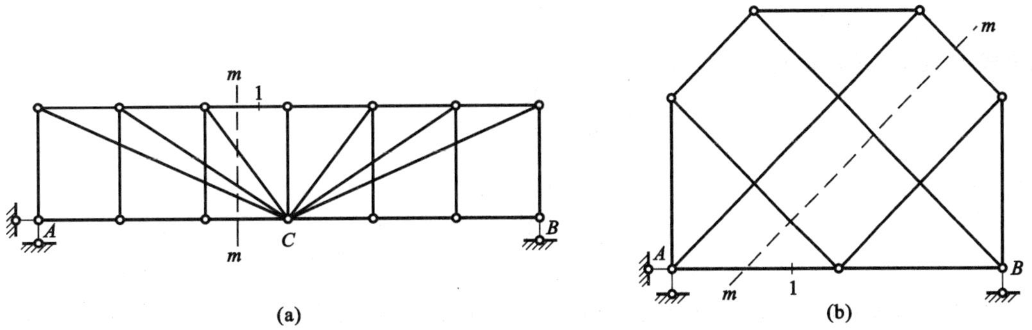

图 6.16　截面法用于某些特殊情况

6.4　结点法和截面法的联合应用

在桁架计算中，有时联合应用结点法和截面法更为有利。如前述的联合桁架，先利用截面法计算连接杆轴力，然后用结点法（或截面法）计算其他杆件轴力。

【例 6.4】 计算图 6.17(a)所示桁架 1、2、3 杆轴力。

【解】

① 先求支座反力，结果为：$Y_A=12$ kN(↑)，$Y_B=4$ kN(↑)，$X_A=0$。

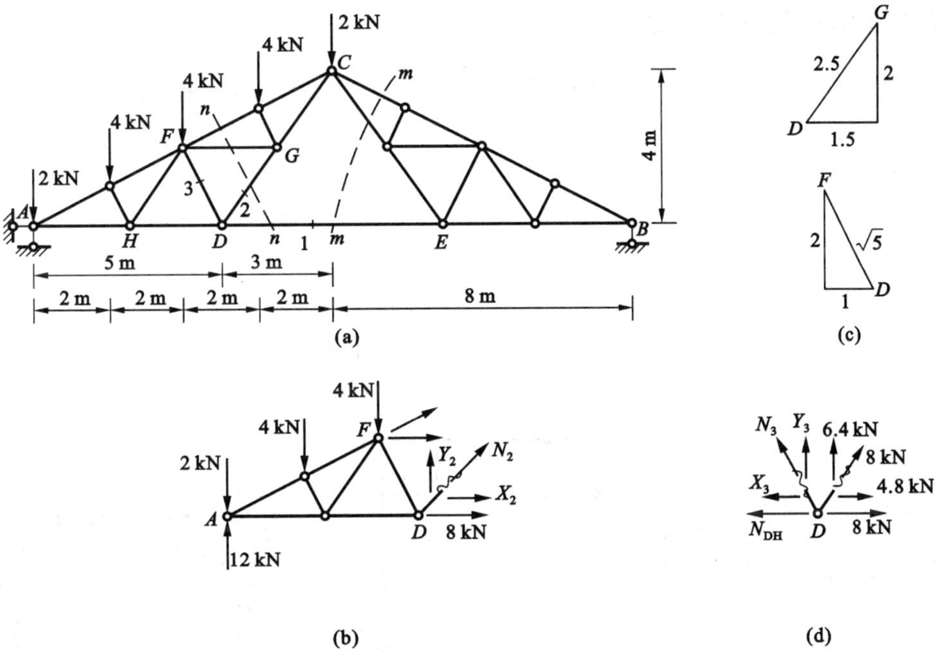

图 6.17　例 6.4 图

② 计算 1、2、3 杆轴力

a. 作截面 m—m，截断联合桁架的连接杆，取截面右边部分为隔离体（隔离体图省去），并以 C 为力矩中心，得：

$$\sum M_C=0,\qquad N_1\times 4-4\times 8=0,\qquad N_1=8\ \text{kN}(拉力)$$

b. 再作截面 n—n，取截面左边部分为隔离体[图 6.17(b)]，以 F 点为力矩中心，并将 N_2 在 D 点分解为 X_2 和 Y_2，2 杆的边长如图 6.17(c)所示。

$$\sum M_F = 0,\qquad (12-2)\times 4-4\times 2-Y_2\times 1-X_2\times 2-8\times 2=0$$

利用式(6.1)比例关系有：

$$X_2=\frac{Y_2}{2}\times 1.5$$

代入上式，得：

$$Y_2=6.4\ \text{kN}$$

所以

$$N_2=\frac{Y_2}{2}\times 2.5=8\ \text{kN(拉力)}$$

c. 取结点 D 为隔离体[图 6.17(d)]，并将 N_3 在 D 点分解为 X_3 和 Y_3，3 杆的边长如图 6.17(c)所示。用投影方程：

$$\sum Y=0,\qquad Y_3+6.4=0$$

$$Y_3=-6.4\ \text{kN}$$

所以

$$N_3=-\frac{6.4}{2}\sqrt{5}=-7.16\ \text{kN(压力)}$$

上例说明，在结点法和截面法的联合应用中，应根据待求杆件所在位置，选择最简捷的方法。

6.5 组合结构

6.5.1 组合结构的组成与形式

组合结构是由两类受力性质不同的杆件所组成的结构。一类是仅承受轴力的二力杆，另一类是承受弯矩、剪力和轴力的梁式杆。组合结构多应用于工业与民用建筑中的屋架结构、吊车梁及桥梁建筑中的承重结构。

图 6.18(a)所示为下撑式五角形屋架的计算简图，上弦为梁式杆，由钢筋混凝土制成；下弦和腹杆为链杆，由型钢制成。

图 6.18(b)所示为一三铰刚架式的组合结构，柱子是梁式杆，屋架则由链杆组成。

图 6.18(c)所示为拱桥的计算简图，是加劲梁与用链杆组成的链杆拱以链杆连接组成的组合结构。

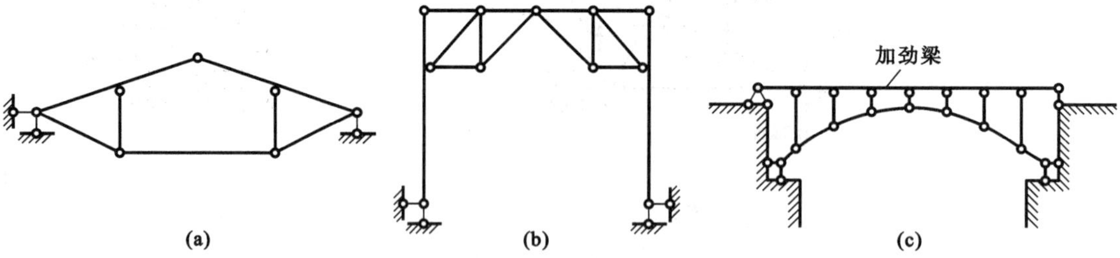

图 6.18 组合结构

6.5.2 组合结构的计算

用截面法计算组合结构内力时，应注意区分被截杆件是梁式杆还是链杆。链杆截面上只作用有轴力，而梁式杆截面上一般作用有三个内力分量：弯矩、剪力和轴力。因此，作截面时，被截杆件的未知内力分量必须符合杆件受力性质。

同时，取结点为隔离体时，应注意区分全是二力杆组成的完全铰结点还是二力杆和梁式杆组成的非完全铰结点。桁架结点法的结论是建立在全是二力杆组成的完全铰结点的基础上的。组合结构中梁式杆和链杆的结点并非完全的铰结点，梁式杆中除轴力外，还有剪力和弯矩，因此不能直接采用简单的桁架结点法的结论。图 6.19(a)所示 BDA 杆是梁式杆，结点 B［图 6.19(b)］上 BD 杆和 BC 杆并非零杆，除 N_{BD}、N_{BC} 外，还有 Q_{BD} 作用；而结点 D［图 6.19(c)］上 DC 也非零杆，结点 D 上除有 N_{DC} 外，还有 N_{DB}、N_{DA}、Q_{DB}、Q_{DA} 和 M_{DB}、M_{DA} 的作用。

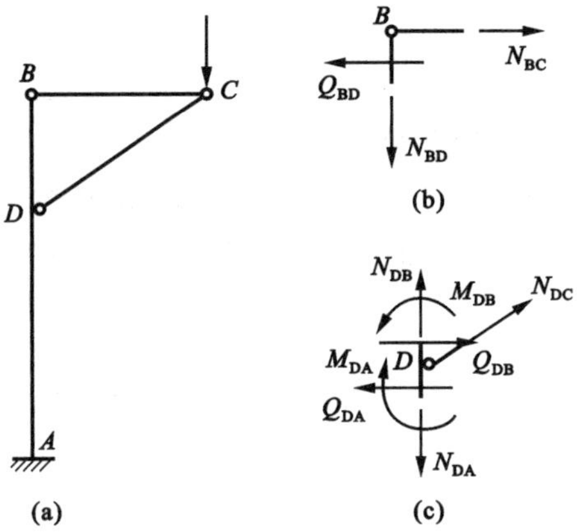

图 6.19 组合结构中梁式杆和链杆的内力

因梁式杆内力分量较多，因此，用截面法计算内力的步骤，一般是先计算链杆轴力，后根据荷载、支座反力以及链杆轴力计算梁式杆控制截面的弯矩、剪力和轴力，最后绘制梁式杆的 M、Q、N 图。现以例题说明其计算。

【例 6.5】 作图 6.20(a)所示组合屋架的内力图。

【解】

① 求支座反力

$$\sum X=0,\qquad X_A=0$$

利用对称性

$$Y_A=Y_B=\frac{1}{2}ql=\frac{1}{2}\times1\times12=6\ \text{kN}(\uparrow)$$

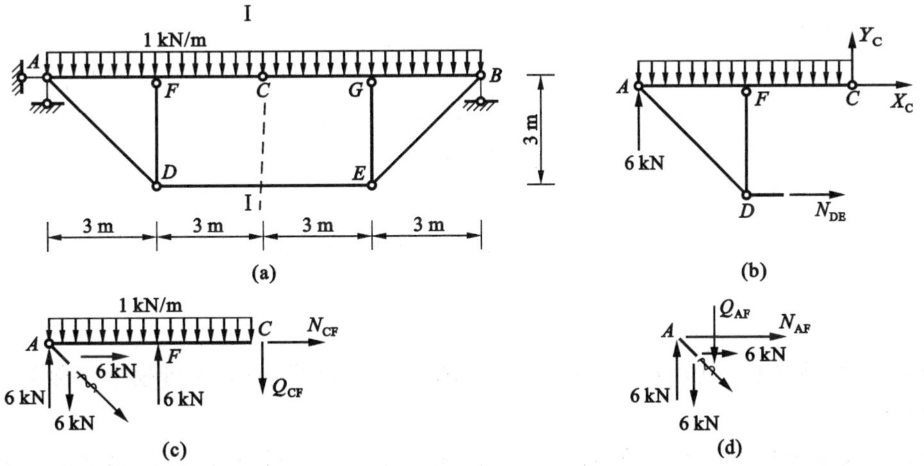

图 6.20 例 6.5 图

② 计算链杆轴力

几何组成分析：本结构是由 ADC 和 BCE 两个刚片用铰 C 和链杆 DE 连接而成的几何不变无多余约束的组合结构。计算内力时，先作截面Ⅰ—Ⅰ，截断铰 C 和链杆 DE，隔离体图如图 6.20(b)所示，由力矩平衡方程：

$$\sum M_C=0,\qquad 6\times6-1\times6\times3-N_{DE}\times3=0$$

得

$$N_{DE}=6\ \text{kN}(\text{拉力})$$

再由结点 D 平衡（隔离体图略去）

$$\sum X=0,\qquad X_{DA}=6\ \text{kN}$$

$$Y_{DA}=6\ \text{kN}$$

$$N_{DA}=6\times\sqrt{2}=8.48\ \text{kN(拉力)}$$

$$\sum Y=0,\qquad N_{DF}=-6\ \text{kN(压力)}$$

③ 计算梁式杆内力

取梁式杆 AFC 为隔离体，隔离体受力图如图 6.20(c)所示，控制截面为 A、F、C。

结点 A 的隔离体图如图 6.20(d)所示。

由

$$\sum X=0,\qquad N_{AF}+6=0$$

得

$$N_{AF}=-6\ \text{kN(压力)}$$

由

$$\sum Y=0,\qquad Q_{AF}+6-6=0$$

得

$$Q_{AF}=0$$

梁式杆 AFC[图 6.20(c)]

由

$$\sum X=0,\qquad N_{CF}+6=0$$

得

$$N_{CF}=-6\ \text{kN(压力)}$$

由

$$\sum Y=0,\qquad 1\times6+6-6-6+Q_{CF}=0$$

得

$$Q_{CF}=0$$

由 A 向 F 计算，得：

$$M_{FA}=-1\times3\times1.5=-4.5\ \text{kN·m(上部受拉)}$$

$$Q_{FA}=-6+6-1\times3=-3\ \text{kN}$$

$$N_{FA}=-6\ \text{kN(压力)}$$

由 C 向 F 计算，得：

$$M_{FC}=-4.5\ \text{kN·m(上部受拉)}$$

$$Q_{FC}=1\times3=3\ \text{kN}$$

$$N_{FC}=-6\ \text{kN(压力)}$$

因结构对称、荷载对称、内力分布对称，计算 AFC 后，右半部分 CGB 可根据对称关系求出。

④ 作 M、Q、N 图

作 M 图时，因梁式杆上有均布荷载 q，在控制截面连虚直线后，还应叠加简支梁弯矩图。M、Q、N 图如图 6.21(a)、图 6.21(b)、图 6.21(c)所示。

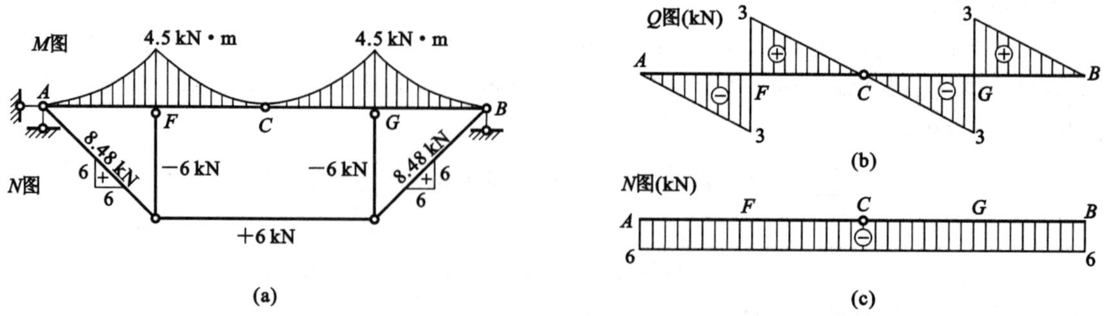

图 6.21　例 6.5 的内力图

*6.6　静定空间桁架

本节内容可扫二维码阅读。

6.6 节

本章小结

本章主要内容是静定平面桁架的内力计算。要点如下：

(1) 在满足理想桁架的假设下，桁架杆件只有轴力。因此，应当了解理想桁架的实现条件。

(2) 桁架轴力计算和几何组成有密切关系。应会根据桁架的几何组成，选择桁架轴力计算的方法。桁架按几何组成可分为简单桁架、联合桁架和复杂桁架。对于简单桁架，计算全部杆件轴力时，宜用结点法，截取结点的次序和构造次序相反。对于联合桁架，宜先用截面法计算连接杆内力，然后用结点法或截面法计算其他杆件轴力。

结点法和截面法是计算桁架轴力的基本方法，应当熟练掌握。当只要求计算桁架某些杆件轴力时，应善于选择最简捷的途径，灵活应用结点法和截面法来计算。

为使计算简化，计算前应会判断零杆。因桁架设计中，各杆长度 l 及其投影长度 l_x、l_y 常先给定。计算轴力时，利用轴力 N 及其分力 X、Y 的比例关系，比较方便。

(3) 桁架的外形对杆件轴力有影响。第 7.3.2 节中通过与同样跨度、同样荷载简支梁内力的比较，介绍了几种基本梁式桁架弦杆、腹杆轴力的变化规律及它们的应用范围。

(4)组合结构是由二力杆和梁式杆组成的，应能正确区分两类杆件。分清全由二力杆组成的完全铰结点和两类杆组成的非完全铰结点。计算时，一般先计算二力杆的轴力，后计算梁式杆的弯矩、剪力和轴力。

思　考　题

6.1　理想桁架的基本假设是什么？为什么在这三条假设下桁架杆件只有轴力？

6.2　桁架的几何组成分类有几种？是怎样分类的？

6.3　试由桁架斜杆轴力 N 及其分力 X 和 Y 之间的三角函数关系推出式(6.1)。

6.4　怎样利用简单桁架的组成特点来计算桁架轴力？

6.5　怎样判断零杆？你在计算桁架轴力前，能否迅速判断零杆，使计算简化？

6.6　用截面法计算桁架时，怎样建立平衡方程可避免解联立方程？

6.7　怎样利用联合桁架几何组成的特点来计算桁架轴力？

6.8　怎样判断组合结构的二力杆和非二力杆？它们在受力上有什么特点？分析时应注意什么问题？思考题 6.8 图中 a、b 杆是否为零杆，为什么？

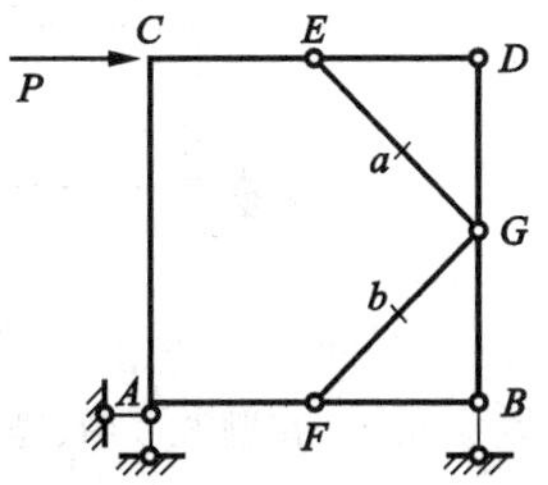

思考题 6.8 图

6.9　计算组合结构的步骤是怎样的？

习　　题

6.1～6.8　分析桁架的组成规则，判断其类型。

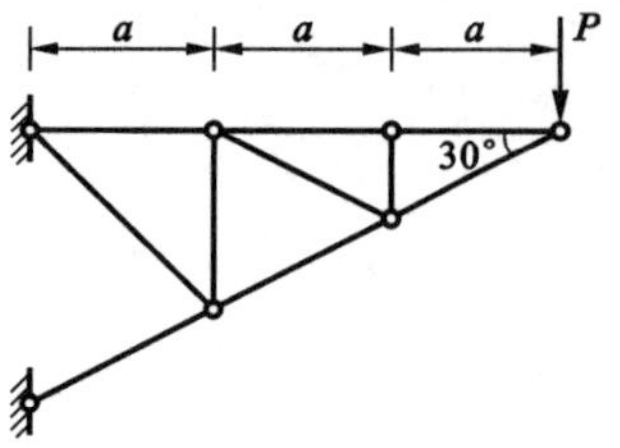

题 6.1 图

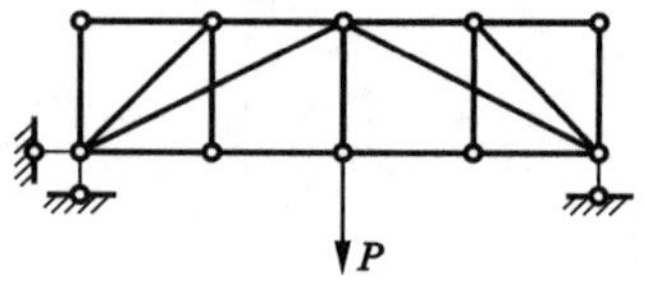

题 6.2 图

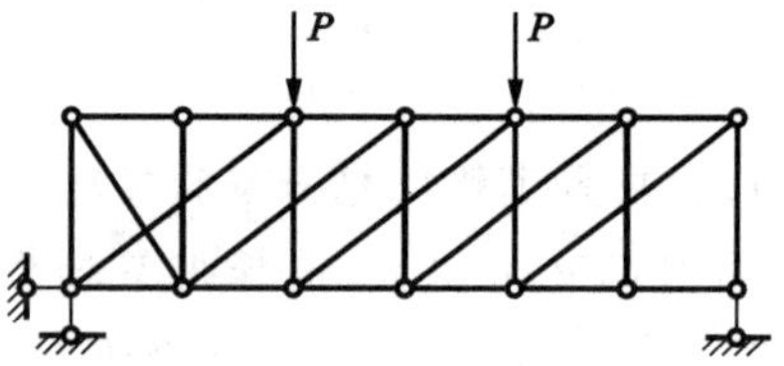

题 6.3 图

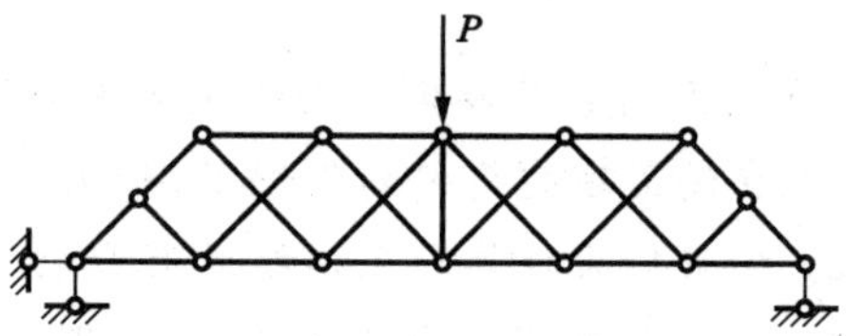

题 6.4 图

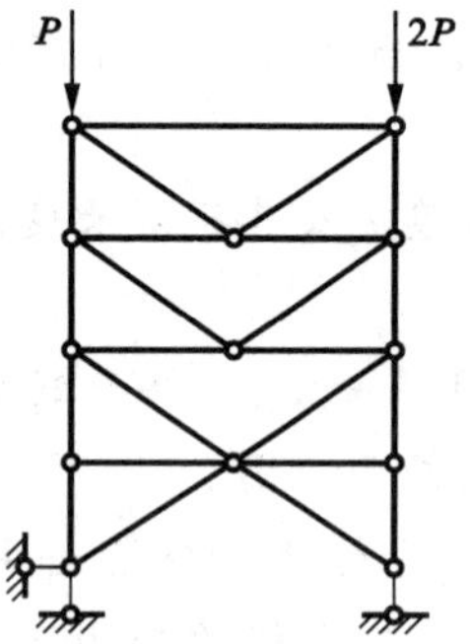

题 6.5 图

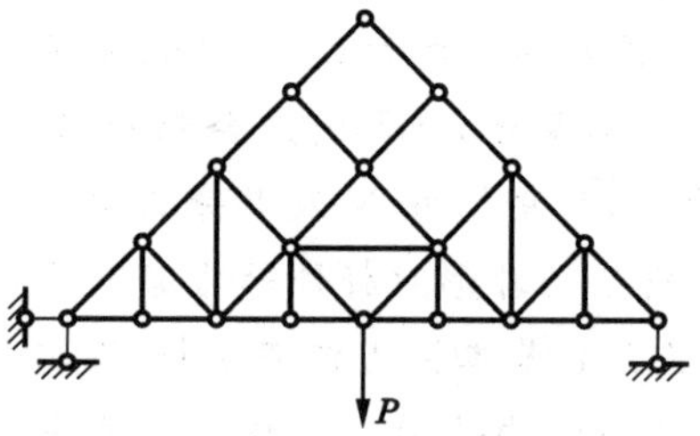

题 6.6 图

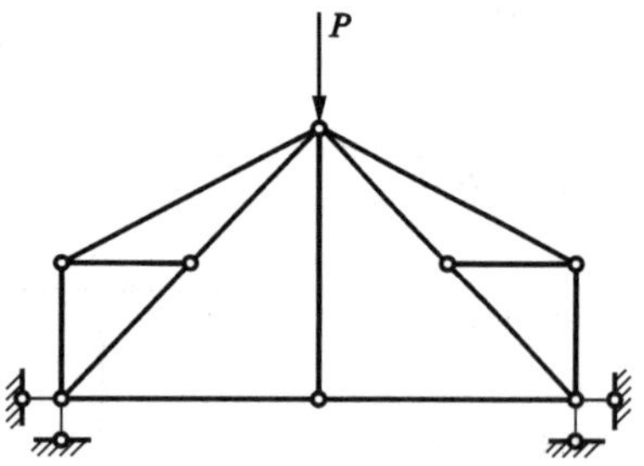

题 6.7 图

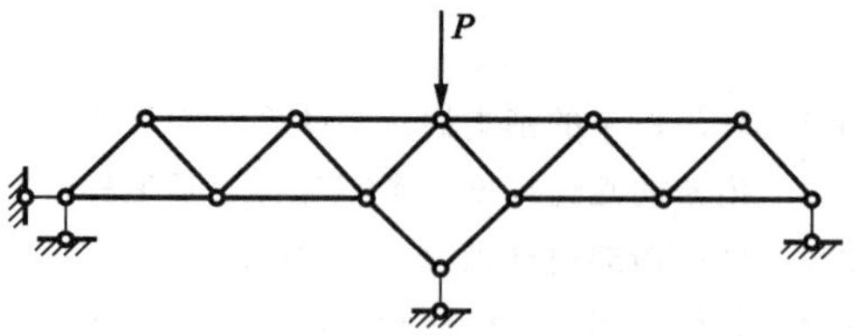

题 6.8 图

6.9　在题 6.3 图、题 6.4 图、题 6.5 图和题 6.6 图中：

(1) 指出零杆。

(2) 根据结点平衡，指出桁架内力不为零的杆件的轴力是拉力或压力，并画出力的传递路线。

6.10～6.15　用结点法求图示桁架各杆轴力。

6.16～6.21　用截面法求图示桁架指定杆轴力。

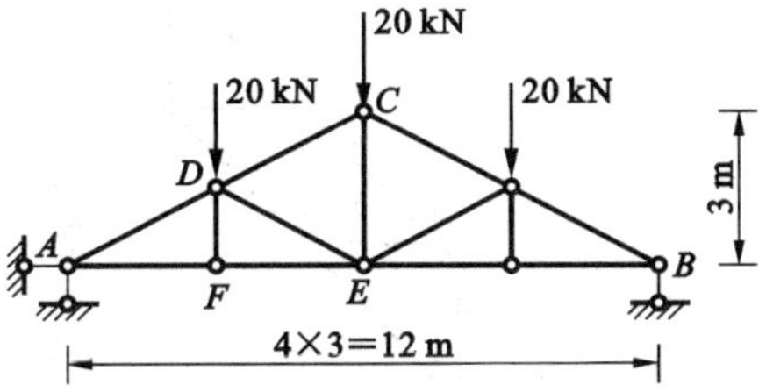

题 6.10 图

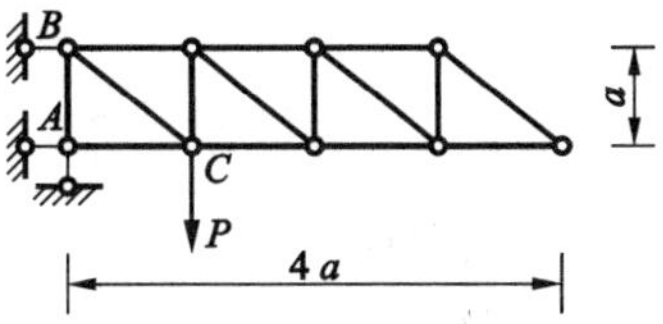

题 6.11 图

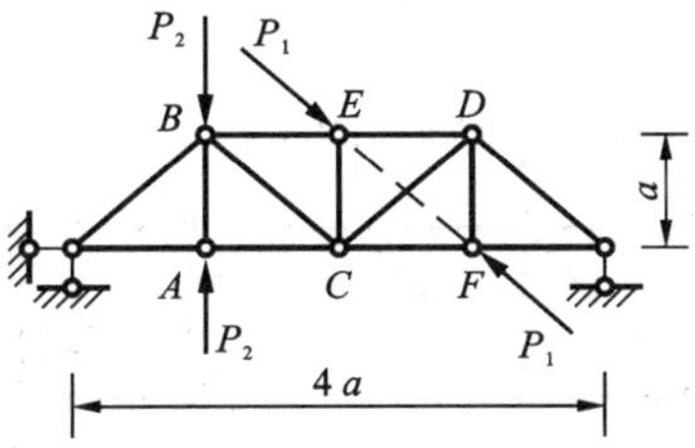

题 6.12 图

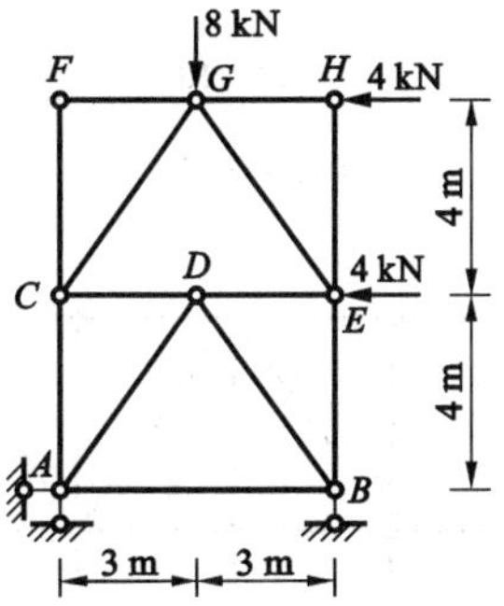

题 6.13 图

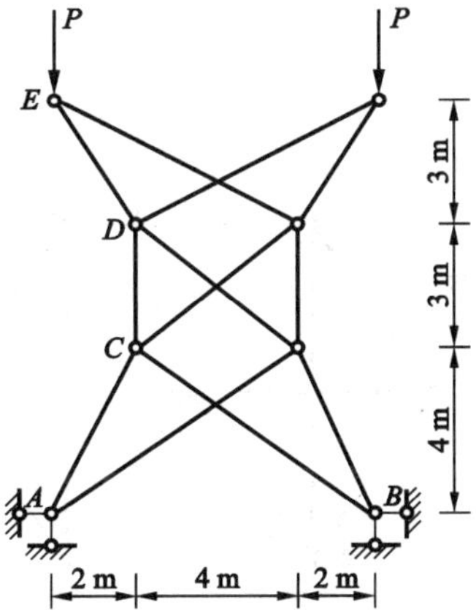

题 6.14 图

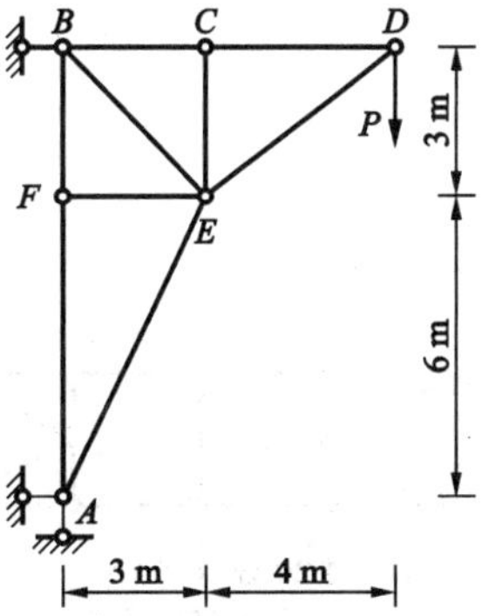

题 6.15 图

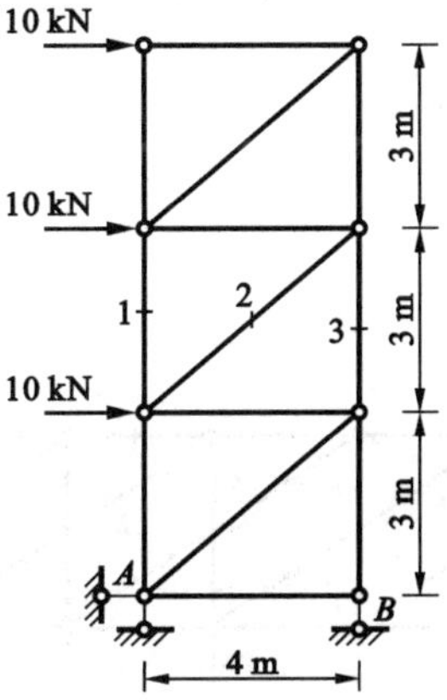

题 6.16 图

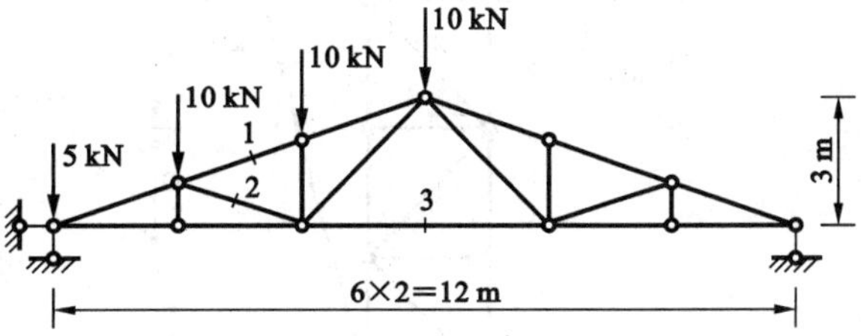

题 6.17 图

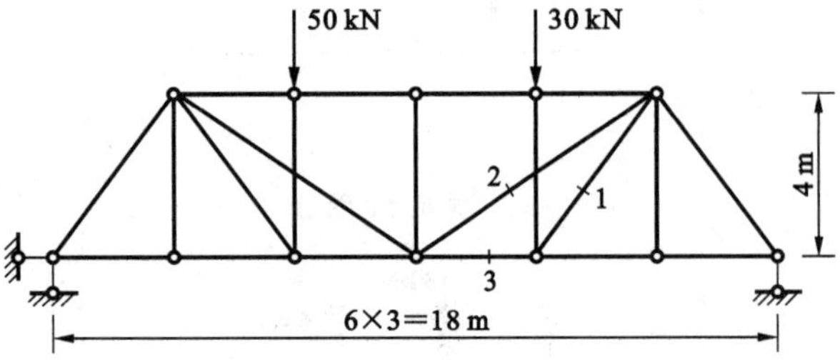

题 6.18 图

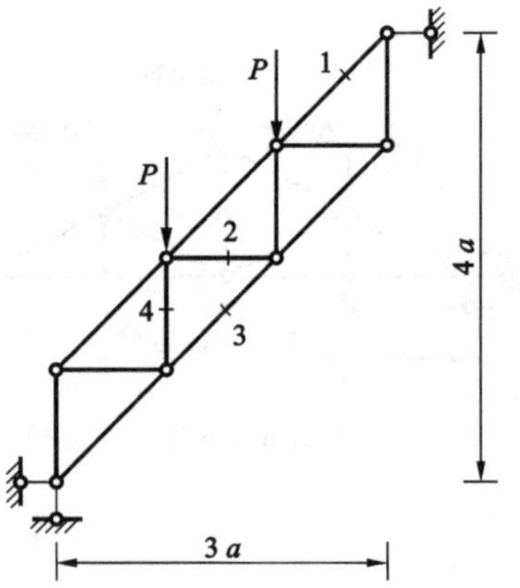

题 6.19 图

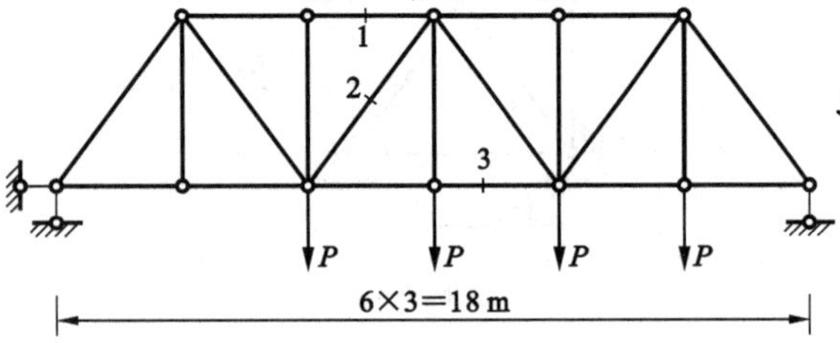

题 6.20 图

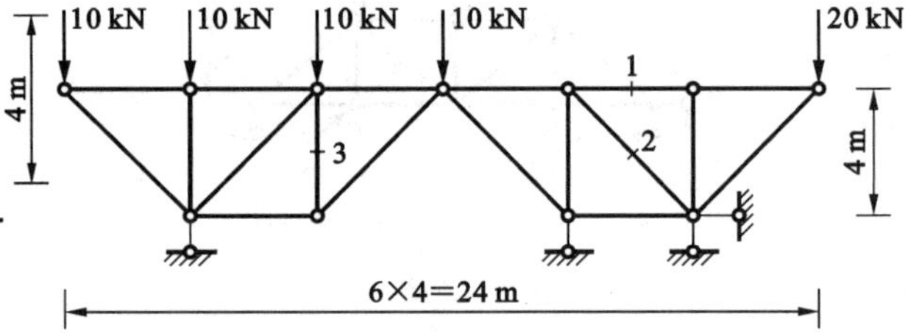

题 6.21 图

6.22～6.25　选用较简捷的方法计算图示桁架中指定杆的轴力。

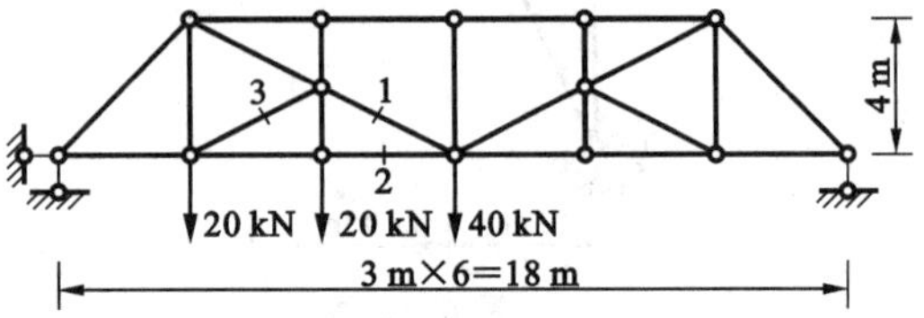

题 6.22 图

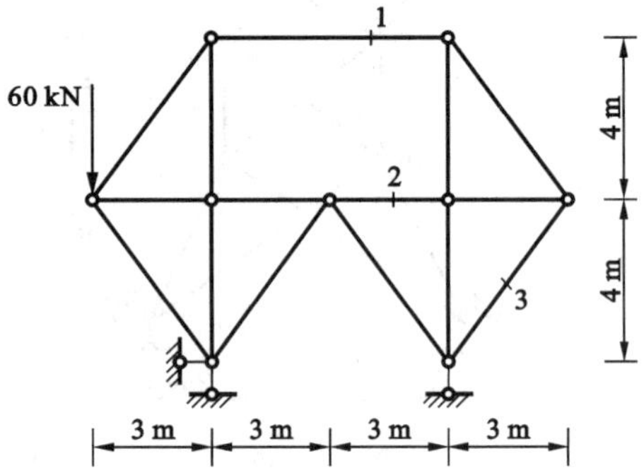

题 6.23 图

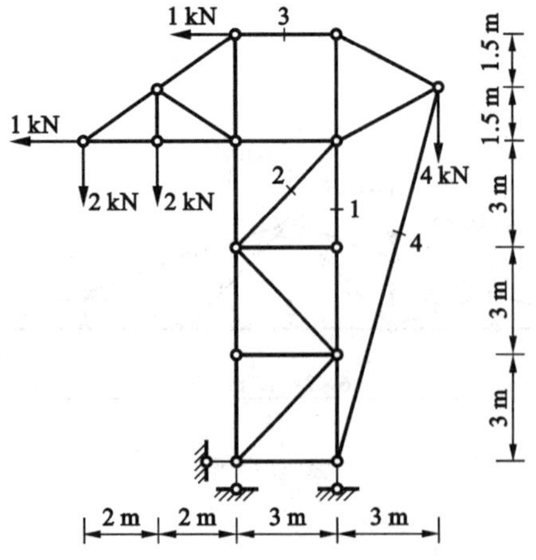

题 6.24 图

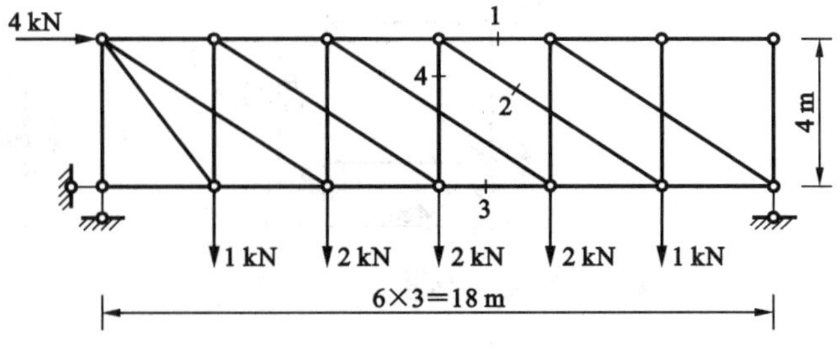

题 6.25 图

6.26～6.27 试判断图示桁架中各弦杆、腹杆轴力的正负号及弦、腹杆中最大轴力的杆件。

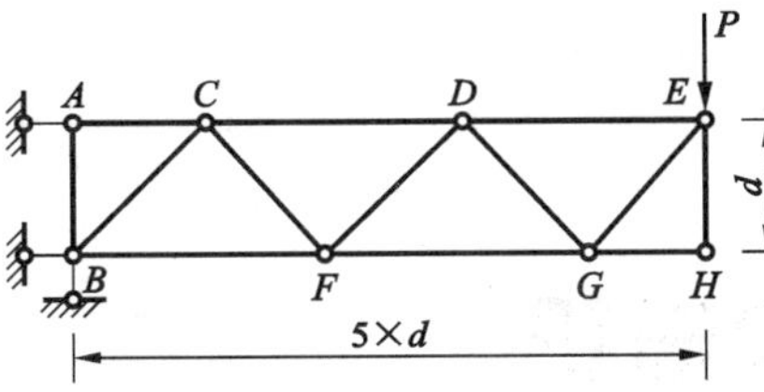

题 6.26 图

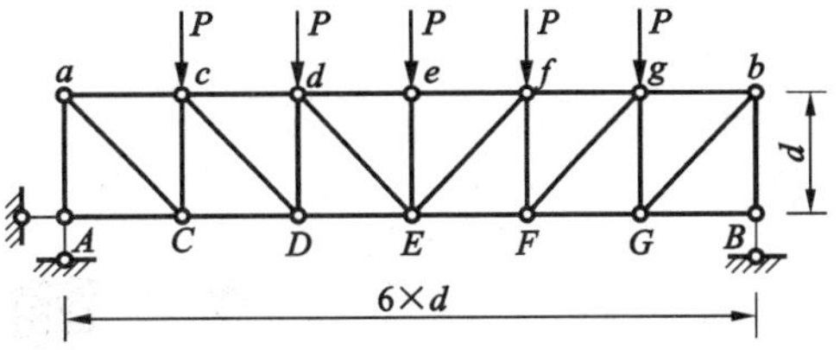

题 6.27 图

6.28～6.29 计算图示组合结构二力杆的轴力，并绘制梁式杆的 M、Q、N 图。

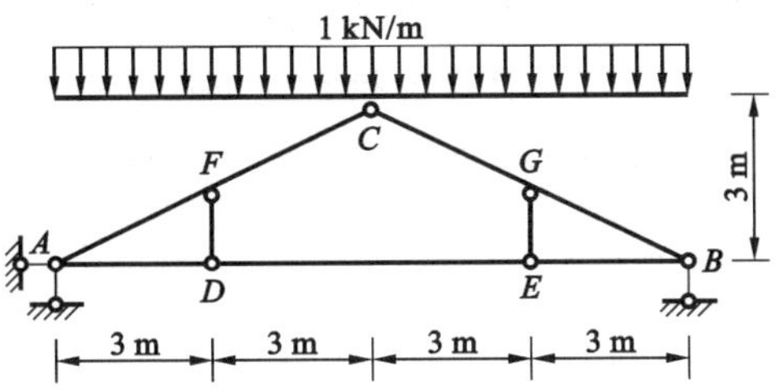

题 6.28 图

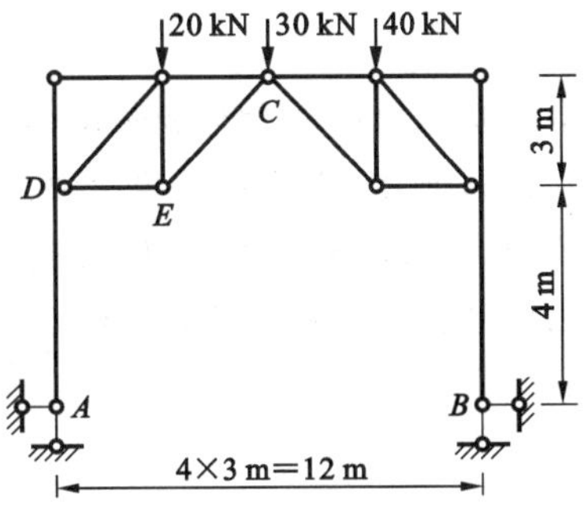

题 6.29 图

*6.30 求图示空间桁架各杆的轴力。

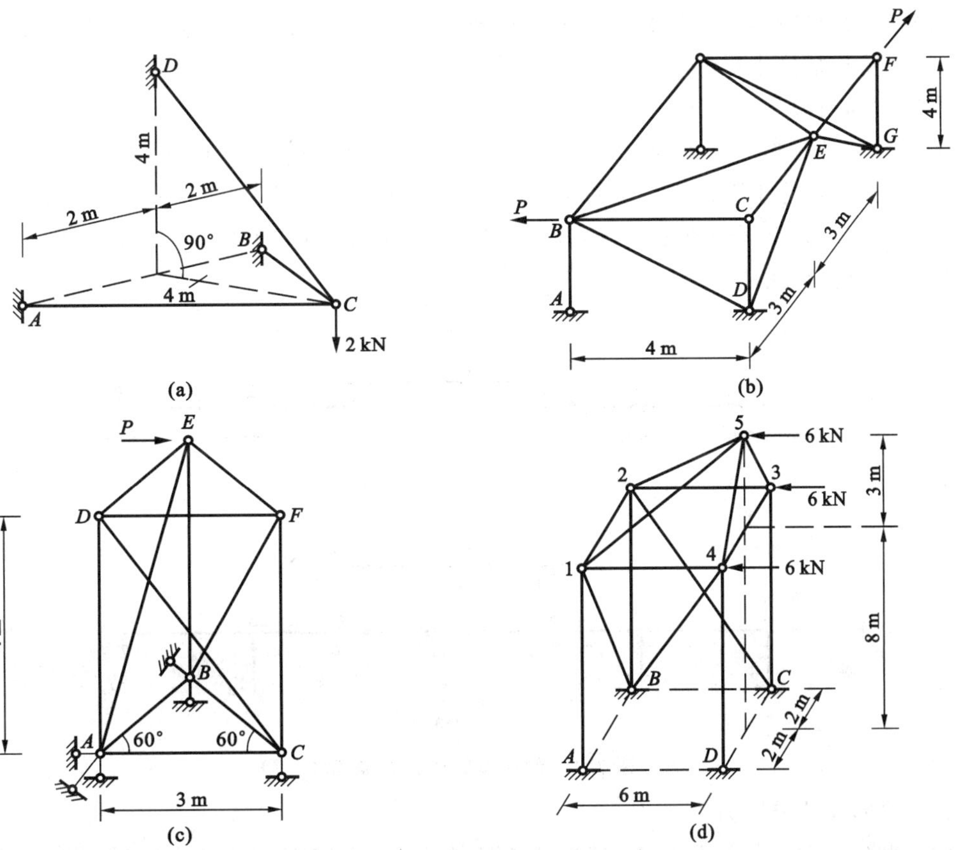

题 6.30 图

7　静定结构总论

本 章 提 要

本章是结构的组成分析和静定结构内力分析的总结。不再按结构形式分类，而是将所有的静定结构合在一起，从静定结构受力分析的方法、静定结构的一般性质和各种结构形式的受力特点三个方面进行综合的讨论，从而提高、深化对静定结构及其分析方法的了解。零载法是分析复杂体系几何可变性的一种方法，为提高选学内容。

7.1　静定结构受力分析的方法

静定结构的受力分析，主要是利用平衡方程确定支座反力和内力，作出结构的内力图。作为受力分析的基础，必须从结构中截取单元(隔离体)，把反力和内力暴露出来，成为单元的外力，才能应用平衡方程计算反力和内力。

图 7.1(a)所示为一静定多跨梁，共有 9 个未知力[图 7.1(b)]，三根杆件，共有 9 个独立的平衡方程，约束力的总数正好等于平衡方程的总数。但是，用解联立方程的方法同时求出所有的约束力是不方便的。所以在实际计算时通常是按恰当的次序截取单元，对每个单元应用平衡方程，逐个求出约束力。下面是实用分析方法的一些要点。

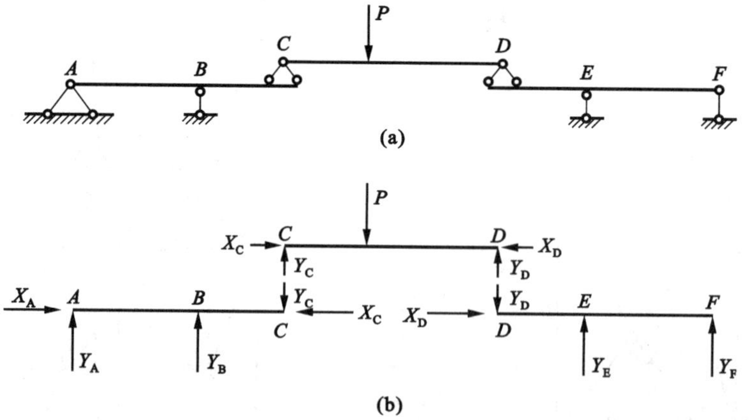

图 7.1　静定多跨梁及其隔离体

(1) 单元的形式及未知力

从结构中截取的单元可以是结点、杆件或者杆件体系。桁架的结点法即以结点为单元；多跨静定梁的计算则以杆件为单元；在刚架分析中，常取杆件为单元计算杆端剪力，以结点为单元计算杆端轴力；在桁架的截面法中，截取的单元则是一组杆件，即一个杆件体系。

在截取的单元中作用有已知力及未知力，未知力的数目由所截断的约束的性质决定。

图 7.2 为一简单例子。图 7.2(a)中 AC、BC 为链杆，只受轴力作用，取结点 C 为单元，用结点法求轴力 N_1、N_2 最为简便。

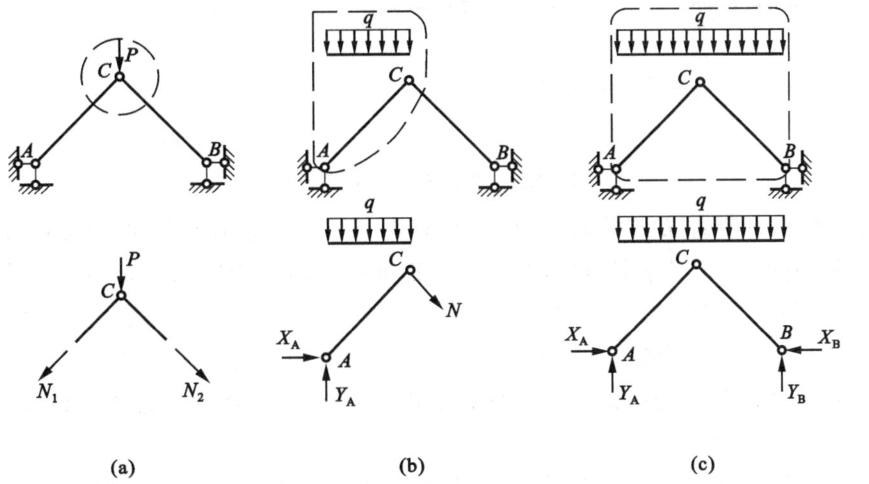

图 7.2　隔离体单元的形式

(a) 结点单元；(b) 杆件单元；(c) 杆件体系单元

在图 7.2(b)中，AC 是梁式杆，BC 是链杆，取杆 AC 为单元，计算反力 X_A、Y_A 和轴力 N 是合适的。在图 7.2(c)中，AC 和 BC 都是梁式杆，我们可以切断支杆，将 AC 和 BC 的整体作为单元，用求三铰拱的方法计算反力 X_A、Y_A、X_B、Y_B。

(2) 平衡方程的数目

单元的平衡方程数与单元的几何构造有关。在图 7.2(a)中，结点 C 有两个自由度，同时有两个平衡方程。图 7.2(b)中，杆件 AC 有三个自由度，同时有三个平衡方程。图 7.2(c)中，单元 ACB 是一个几何可变体系，共有四个自由度，所以有四个平衡方程（$\sum X=0$，$\sum Y=0$，$\sum M=0$，$M_C=0$）。一般来说，单元的平衡方程数等于单元的自由度数。

单元的平衡方程数，不一定与单元上作用的未知力数相等。例如图 7.1(b)中，CD 单元上有四个未知力，却只有三个平衡方程，仅考虑 CD 单元，可以计算出 Y_C 和 Y_D，但对 X_C 和 X_D 只能建立一个方程，只有取 DF 单元，才能求出 X_D。

(3) 计算的简化与截取单元的次序

就每一个单元来说，常有几个平衡方程，计算未知力时，要注意选择平衡方程并考虑计算的简化。如在桁架的结点法中，常使用投影方程，但也可以选用力矩方程。在桁架的截面法中，力矩中心和投影轴的选择就很重要。简化的目的在于避免解联立方程，尽可能用一个方程求出一个未知力。

掌握了结构的内力分布特性，就可以简化计算。例如图 7.2(a)中，如认识到 AC 和 BC 为链杆，就可以用结点 C 这个单元求解。如果不将 AC 和 BC 视为链杆，就必须用三铰拱的方法计算反力。

利用结构的对称性，即对称结构在对称荷载作用下，反力和内力也是对称的。利用这一特性只计算半边结构就可以了。如图 7.3(a)所示的结构，结构和荷载都是左右对称，故反力也是对称的，只需计算 A 点的反力 H 和 V。如果取杆 AC 为单元[图 7.3(b)]，在铰 C 处只有水平未知力 X_C，没有竖向未知力。

简化静定结构受力分析的最重要手段，是合理选择截取单元的次序。对于多跨梁，应先计算附属部分，然后计算基本部分。

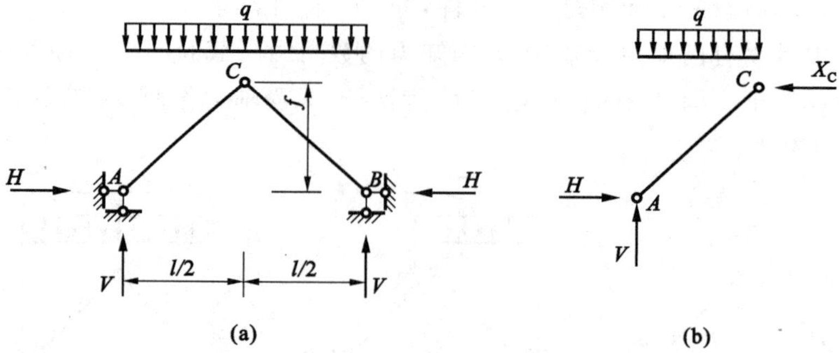

图 7.3　对称三铰结构的分析

在桁架的计算中，如果能找出零杆，可使计算简化。对于简单桁架，截取结点的次序应与桁架组成时添加结点的次序相反。对于联合桁架，应先用截面法求出连接杆的轴力，然后计算其他杆件的内力。由此可见，为了选择合理的计算次序，必须分析结构的几何构造。在受力分析中，要解决结构如何分解为单元，即"如何拆"的问题；几何构造分析，要解决结构如何组成，即"如何搭"的问题。拆和搭是互相联系的，如果拆的次序与搭的次序正好相反，即截取单元的次序与结构组成时添加单元的次序相反，分析起来就比较简便。

图 7.4(a)所示为一静定刚架，是按Ⅰ、Ⅱ次序组成的。受力分析应按照相反的次序截取单元，如图 7.4(b)所示。

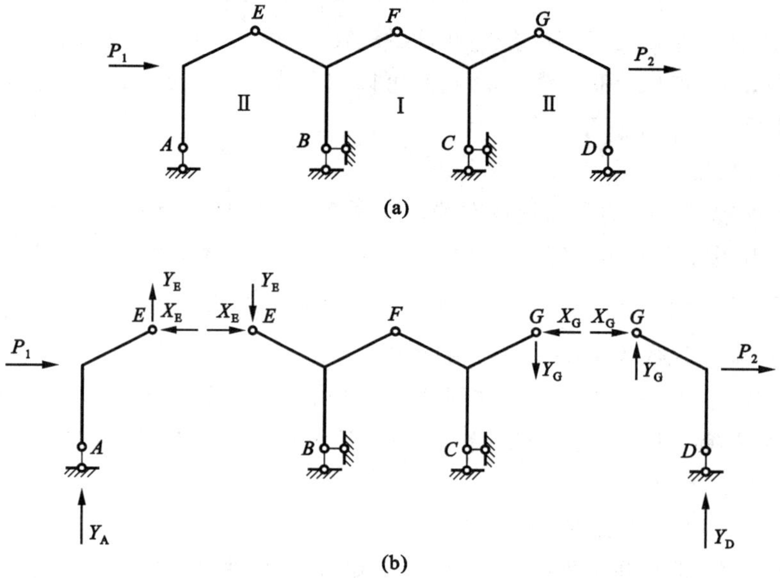

图 7.4　多跨静定刚架的受力分析

7.2　静定结构的一般性质

静定结构与超静定结构都是几何不变体系，两者之间的差别为：

在几何构造方面，静定结构无多余约束，超静定结构有多余约束。

在静力平衡方面，静定结构的内力可以由平衡条件完全确定，得到的解答只有一种；超静定结构的内力不能完全由平衡条件确定，而需要同时考虑变形条件后才能得到唯一的解答。

由此可知，满足平衡条件的内力解答的唯一性，是静定结构的基本静力特性。下面提到的一些特性，都是在此基础上派生出来的。

(1) 温度改变、支座移动和制造误差等因素在静定结构中不引起内力。

例如在图 7.5(a)中,简支梁由于支座 B 下沉只会引起刚体位移[如图 7.5(a)中虚线所示],而在梁中并不引起内力。为了说明这个结论,我们可以假想先把 B 端的支杆去掉,这时,梁就成为几何可变的。然后使梁绕 A 点转动,等 B 端移至 B' 后,再把支杆重新加上。在这个过程中,梁内不会产生内力。

图 7.5(b)中,设三铰拱的杆 AC 因施工误差稍有缩短,拼装后结构形状略有改变[如图 7.5(b)中虚线所示],但三铰拱内不会产生内力。

图 7.5(c)中,设简支梁的上方和下方温度分别改变了 $\mp t$ ℃,因为简支梁可以自由地产生弯曲变形[如图 7.5(c)中虚线所示],所以梁内不会产生内力。

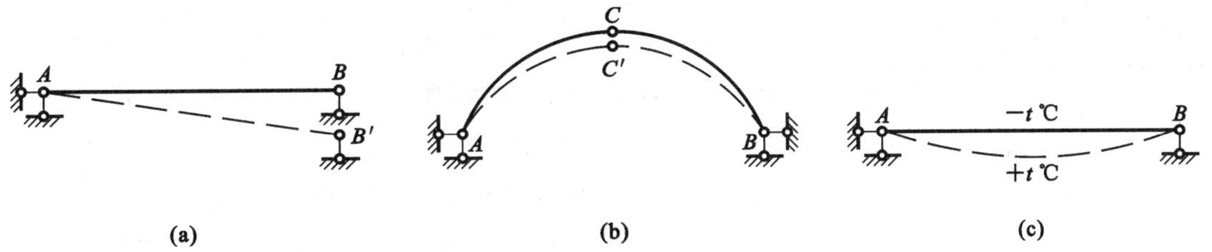

图 7.5　支座移动、制造误差、温度改变不产生内力

(a) 支座移动;(b) 制造误差;(c) 温度改变

(2) 静定结构的局部平衡特性

在荷载作用下,如果静定结构中的某一局部可以与荷载维持平衡,则其余部分的内力必为零。

如图 7.6(a)所示的静定多跨梁,梁 AB 是几何不变部分,当梁 AB 承受荷载时,它自身可与荷载维持平衡,因而梁 BC 无内力。又如图 7.6(b)所示静定桁架,当杆 AB 承受任意平衡力系时,除杆 AB 产生内力外,其余各杆都是零杆。

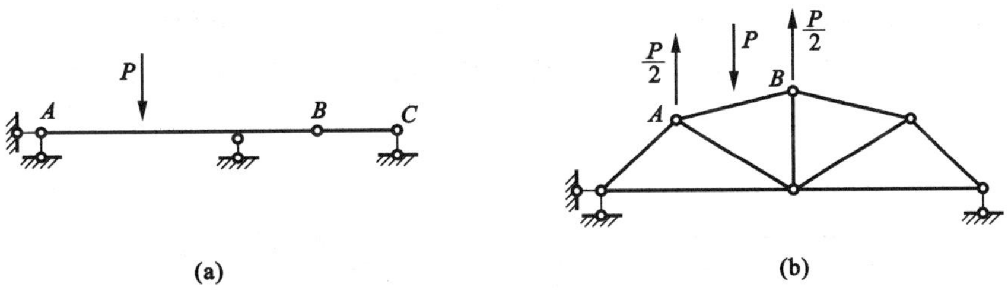

图 7.6　局部平衡特性

实际上,上述内力状态已满足结构各部分的所有平衡条件。对于静定结构来说,这就是内力的唯一解答。

还应指出,局部平衡部分不一定是几何不变的,也可以是几何可变的,只要在特定荷载作用下可以维持平衡即可。如图 7.7(a)所示静定桁架,在下弦杆两端承受一对等值反向的压力,这时,单靠下弦杆承受压力,已经能够维持局部平衡[图 7.7(b)],因此,其余各杆都为零杆。

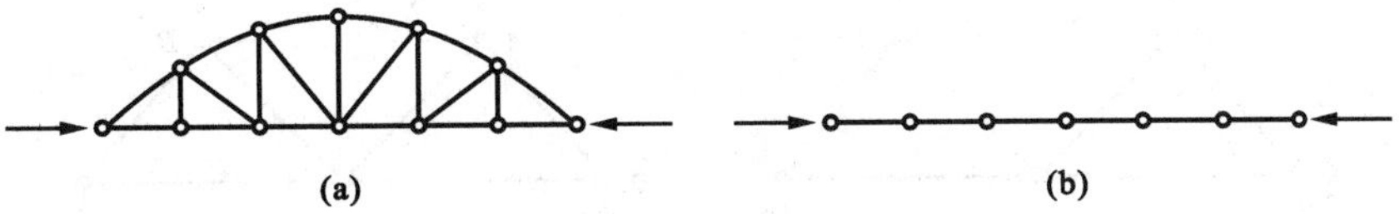

图 7.7　下弦杆局部平衡

(3) 静定结构的荷载等效特性

当静定结构的一个内部几何不变部分上的荷载作等效变换时,其余部分的内力不变。这里,等效荷载是指荷载分布虽不同,但其合力彼此相等的荷载。

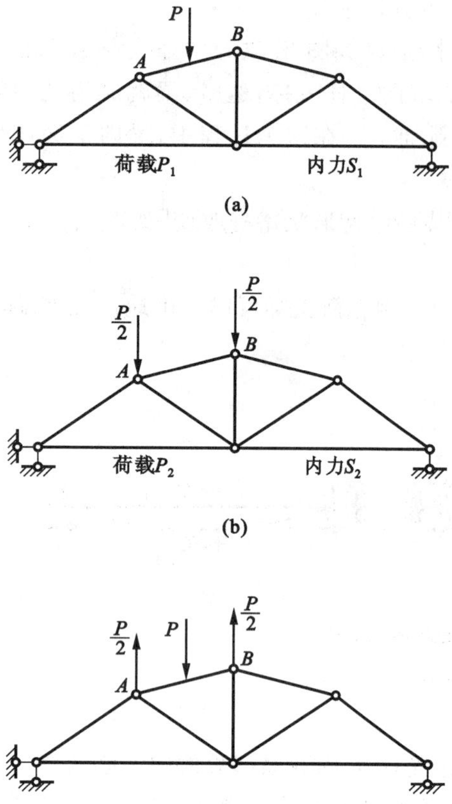

图 7.8　荷载等效特性

图 7.8(a)中的荷载 P，与结点 A、B 上的两个荷载$\frac{P}{2}$是等效荷载。将图 7.8(a)改为图 7.8(b)时，只有杆 AB 的内力改变，其余各杆的内力都不变。

静定结构在等效荷载作用下的这一特性，可用局部平衡特性来说明。设在静定结构的某一几何不变的部分上作用有两种等效荷载 P_1、P_2，其相应的内力状态分别为 S_1 和 S_2[图 7.8(a)、图 7.8(b)]。根据叠加原理，在荷载 P_1 和荷载$-P_2$ 共同作用下相应的内力状态应为 S_1-S_2，由于 P_1 和$-P_2$ 组成平衡力系[图 7.8(c)]，根据局部平衡特性，可知除杆 AB 外，其余部分的内力 S_1-S_2 应为零，即 $S_1=S_2$。由此可知，在两种等效荷载 P_1 和 P_2 分别作用时，除杆 AB 外，其余部分相应的内力 S_1 和 S_2 必相等。

(4) 静定结构的构造变换特性

当静定结构的一个内部几何不变部分作构造变换时，其余部分的内力不变。

图 7.9(a)所示桁架中，设将上弦杆 AB 改为一个小桁架，如图 7.9(b)所示，则只是杆 AB 的内力有改变，其余部分的内力没有改变。为了说明这一点，可将杆 AB 与其余部分分开[图 7.9(c)]，这两个隔离体分别在各自的荷载和约束力作用下维持平衡。现将杆 AB 变换成小桁架 AB[图 7.9(d)]。假设其余部分的内力以及两者间的约束力保持不变，则其余部分原来满足的平衡条件仍然成立，而小桁架在原来的荷载和约束力所组成的平衡力系作用下，自然也能维持平衡。因此，这种内力状态就是构造变换后结构的真实内力状态。

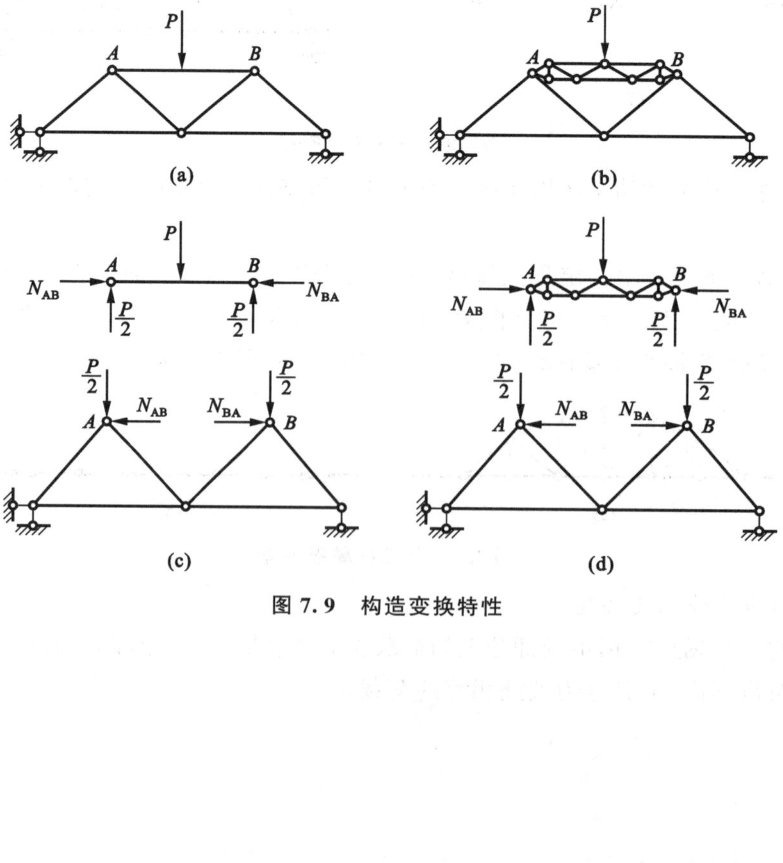

图 7.9　构造变换特性

7.3　各种结构形式的受力特点

7.3.1　梁、拱、刚架和桁架的受力特点

前几章讨论了静定结构几种典型的结构形式：梁、刚架、拱、桁架和组合结构。这些结构形式还可以从不同角度加以分类。现举出常用的两种分类方法。

第一，将结构分为无推力结构和有推力结构。梁和梁式桁架属于前者；三铰拱、三铰刚架、拱式桁架和某些组合结构属于后者。

第二，将杆件分为链杆和梁式杆。桁架中的各杆都是链杆；多跨梁和刚架中的各杆都是梁式杆；组合结构中的杆件有的是链杆，有的是梁式杆。

链杆中只有轴力作用，没有弯矩，处于无弯矩状态。在无弯矩状态下，杆件截面上的正应力为均匀分布，能够充分利用材料的强度。梁式杆处于有弯矩状态，弯矩产生的弹性正应力在截面上为三角形分布，在中性轴附近的应力很小，没有充分利用材料的强度。因此，为了做到物尽其用，我们总是希望尽量减小杆件中的弯矩，最好是完全消除杆件中的弯矩，使之处于无弯矩状态。现在从这个角度讨论各种结构形式的特点。

(1) 在静定多跨梁和伸臂梁中，利用杆端的负弯矩可以减小跨中的正弯矩，参看第 3 章图 3.15。

(2) 在有推力结构中，利用水平推力的作用可以减少弯矩峰值。例 5.1 的三铰拱，例 4.7 的三铰刚架，例 6.5 的组合结构(该例中下弦拉杆中的拉力代替了推力的作用)都可以说明这个结论。

(3) 在桁架中，利用杆件的铰结和合理布置以及荷载的结点传递方式，可使桁架中的各杆处于无弯矩状态。在三铰拱中，采用合理轴线可以使拱处于无弯矩状态。从力学角度来看，无弯矩状态是一种合理的受力状态，上述结构形式都是合理的结构形式。在组合结构中也有一部分杆件处于无弯矩状态。

为了对各种结构形式的力学特点进行综合比较，在图 7.10 中我们给出了几种结构形式在相同跨度和相同荷载(全跨受均布荷载 q)作用下的主要内力的数值。

图 7.10(a)所示为简支梁。跨中截面 C 的弯矩为 $M_C^0=\frac{ql^2}{8}$。如果截面为矩形(截面高度为 h)，截面上正应力为三角形分布，则在截面 C 上压应力的总和与拉应力的总和都是 $H=\frac{M_C^0}{\frac{2}{3}h}$。

图 7.10(b)所示为伸臂梁。为了使弯矩减小，我们设法使支座负弯矩与跨中正弯矩正好相等。根据这个条件可以求出伸臂长度应为 $0.207l$。这时弯矩峰值下降为 $\frac{1}{6}M_C^0$。

图 7.10(c)所示为带拉杆的三角形三铰拱，推力为 $H=\frac{M_C^0}{f}$。由于推力的作用，上弦杆的弯矩峰值下降为 $\frac{1}{4}M_C^0$。在图 7.10(d)中，我们还使拉杆与上弦杆端部之间有一个偏心距 $e=\frac{f}{6}$。这样，上弦杆端部负弯矩与杆中部截面正弯矩数值正好相等，均进一步下降为 $\frac{1}{6}M_C^0$。

图 7.10(e)所示为抛物线三铰拱。由于拱轴是合理轴线，故处于无弯矩状态。推力仍为 $\frac{M_C^0}{f}$。

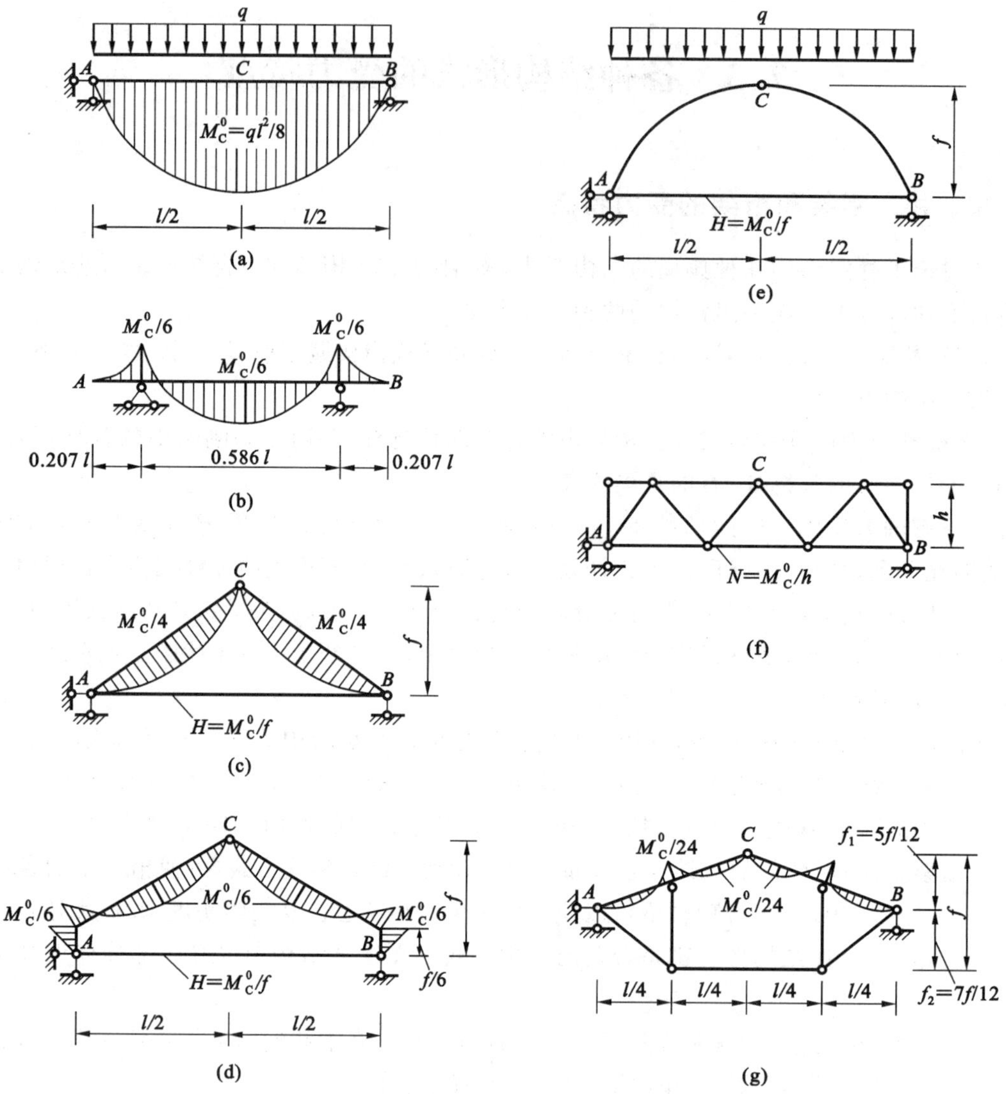

图 7.10　各种结构形式的受力比较

(a) 简支梁；(b) 伸臂梁；(c) 带拉杆的三角形三铰拱；(d) 上弦有偏心的三角形三铰拱；(e) 三铰拱；(f) 梁式桁架；(g) 下撑式组合结构

图 7.10(f)所示为梁式桁架。在结点荷载作用下各杆处于无弯矩状态。中间下弦杆的轴力为$\frac{M_C^0}{h}$。

图 7.10(g)所示为组合结构。为了使上弦杆的结点负弯矩与杆中部截面正弯矩正好相等，故取$f_1=\frac{5}{12}f$，$f_2=\frac{7}{12}f$。这时上弦杆的弯矩峰值下降为$\frac{1}{24}M_C^0$，中间下弦杆的轴力为$\frac{M_C^0}{f}$。

从以上的分析和比较中可以看出，在相同跨度和相同荷载下，简支梁的弯矩最大，伸臂梁、静定多跨梁、三铰刚架、组合结构的弯矩次之，而桁架以及具有合理轴线的三铰拱的弯矩为零。基于这些受力特点，在工程实际中，简支梁多用于小跨度结构；伸臂梁、静定多跨梁、三铰刚架和组合结构可用于跨度较大的结构；当跨度更大时，则多采用桁架和具有合理轴线的拱。所以不同的结构形式都有各自适应的跨度范围，这是在选择结构形式时要注意的一个问题。

另一方面，各种结构形式都有它的优点和缺点。简支梁虽然具有上述缺点，但也有许多优点，如施工简单，使用方便。所以在工程实际中简支梁仍然是广泛使用的一种结构形式。其他结构形式虽然具有某些优点，但也有其缺点，例如：桁架的杆件很多，结点构造比较复杂；三铰拱要求基础能承受推力(或者需要设置拉杆承受推力),曲线形式也增加了施工上的不便。所以选择结构形式时,不能只从受力状态这一方面去看,而必须进行全面的分析和比较。

7.3.2 梁式桁架的形式与受力特性

在一般工程中用得较多的是梁式桁架,桁架外形不同,其受力特点也不同。现对三种最常用的梁式桁架——平行弦桁架、三角形桁架和抛物线桁架在上弦结点竖向集中力(由均布荷载简化得到)作用下的受力特性进行分析。为便于比较,采用一跨度相等、荷载相同的简支梁的内力 M^0 和 Q^0 [图 7.11(b)]表示桁架中杆件轴力。

(1) 平行弦桁架[图 7.11(a)]

① 弦杆轴力

计算弦杆轴力,可用截面法写出力矩平衡方程,力矩中心取在桁架结点处。求下弦杆 1 的轴力时,力矩中心在上弦结点 f 处;求上弦杆 2 的轴力时,力矩中心在下弦结点 E 处。力臂等于桁架的高度 h。

弦杆轴力可表示为:

$$N=\pm\frac{M^0}{h} \qquad \text{(a)}$$

式中 M^0——相应简支梁对应力矩中心(即结点)位置的弯矩数值;

h——力臂。

下弦受拉,式中取正号;上弦受压,式中取负号。因为 h 为常数,所以弦杆轴力变化与 M^0 图成正比,即端部弦杆轴力小,中间弦杆轴力大。

② 腹杆轴力

计算腹杆轴力,可用截面法写出投影平衡方程。斜杆的竖向分力和竖杆的轴力可表示为:

$$Y=\pm Q^0 \qquad \text{(b)}$$

式中 Q^0 是相应简支梁中对应于桁架节间的剪力数值。图 7.11(a)所示桁架中斜杆受拉,取正号;竖杆受压,取负号。如果斜杆设置方向与图 7.11(a)所示桁架相反,则竖杆受拉,斜杆受压。腹杆轴力变化与 Q^0 图成正比,即端部腹杆轴力大,中间腹杆轴力小。

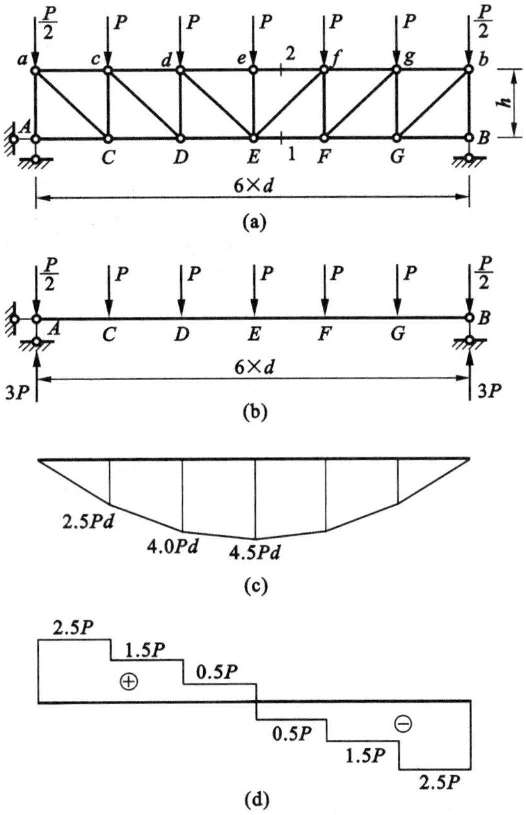

图 7.11 平行弦桁架受力特点分析

(a) 平行弦桁架;(b) 简支梁;(c) M^0 图;(d) Q^0 图

(2) 三角形桁架[图 7.12(b)]

① 弦杆轴力

仍可表示为:

$$N=\pm\frac{M^0}{r} \qquad \text{(c)}$$

式中 M^0 分布仍如图 7.11(c)所示,是抛物线规律变化;r 为弦杆至力矩中心的力臂,自跨中向两端按直线规律变化。由于力臂由中间向两端减少要比 M^0 减少得快,因此,弦杆的轴力由中间向两端递增,即端部弦杆轴力大,而中间弦杆轴力小。

② 腹杆轴力

由截面法应用力矩方程可以看出,两端腹杆轴力小,中间腹杆轴力大,且斜杆是压杆,竖杆是拉杆。

(3) 抛物线形桁架[图 7.12(c)]

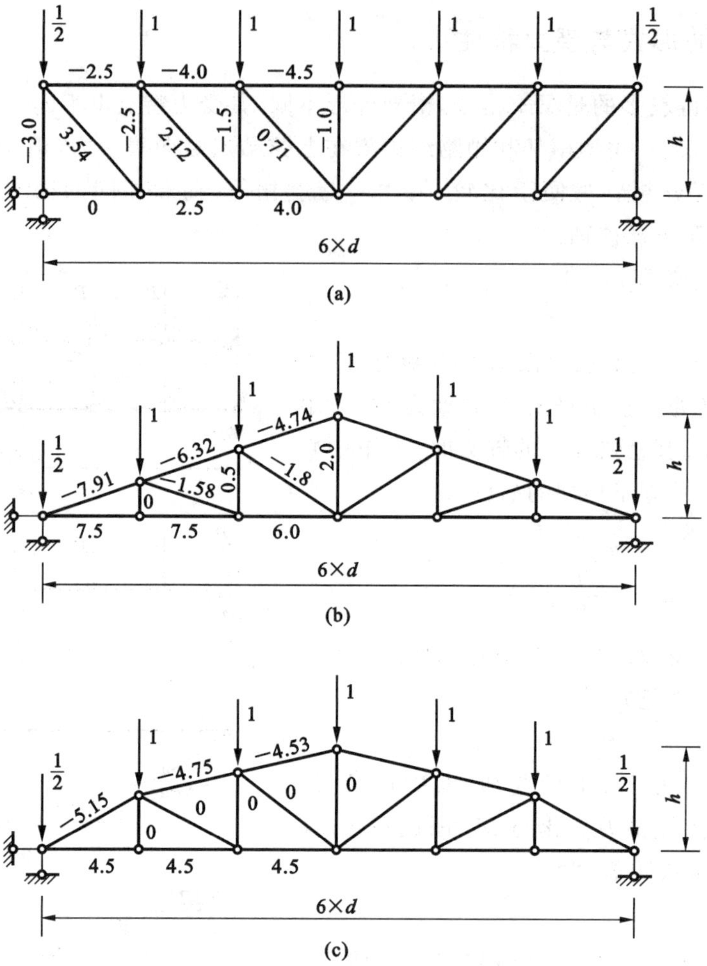

图 7.12　梁式桁架的受力比较

(a) 平行弦桁架;(b) 三角形桁架;(c) 抛物线形桁架

抛物线形桁架,因上弦结点均落在一抛物线上,竖杆的长度和相应简支梁的 M^0 图的纵坐标都是按抛物线规律变化。上弦杆水平分力和下弦杆轴力的表达式为 $N=\pm\dfrac{M^0}{r}$,因 M^0 和 r(竖杆长度)的变化规律相同,因此各节间的上弦杆水平分力和下弦杆轴力都相等。因上弦杆倾斜坡度变化不大,上弦杆的轴力也接近相等。至于腹杆,因上弦杆的水平分力与下弦杆轴力大小相等,但性质相反,故其内力全为零。

在图 7.12 中给出了三种不同梁式桁架形式在结点力作用下各杆轴力数值(取 $h=d$),可以比较其受力特点,结论如下:

(1) 平行弦桁架　轴力分布是不均匀的,因而各结间弦杆截面不统一,且增加拼接的困难。如采用相同的截面,则浪费材料。但由于平行弦桁架在构造上有许多优点,如结点构造划一、弦杆长度相等、腹杆标准化等,所以仍得到了广泛的应用。一般多用于轻型桁架,采用相同截面的弦杆而不致引起太大浪费。厂房中跨度较大的吊车梁、支撑体系和铁路桥梁等常用这种桁架。

(2) 三角形桁架　轴力分布也是不均匀的,端结点处弦杆轴力最大,且夹角很小,制作困难。但由于斜坡外形符合排水要求,因此,在跨度较小、坡度较大的屋盖中常用这种桁架,如木屋架、轻型钢屋架、钢筋混凝土斜梁和钢拉杆组成的组合屋架等。

(3) 抛物线形桁架 各杆轴力分布比较均匀,材料使用上最为经济。但上弦杆在每一结间的倾角都不同,结点构造较为复杂,施工也不方便。大跨度的屋架(18～30 m)和桥梁(100～150 m)常采用这种桁架。

*7.4 用零载法分析体系的几何可变性

本节内容可扫二维码阅读。

7.4 节

本 章 小 结

本章是第 2～6 章结构的几何组成分析和静定结构内力分析的总结,因此,下面只讨论各部分内容之间的几点关系。

(1) 几何组成分析与受力分析之间的关系

分别学完结构几何组成分析方法和受力分析方法之后,重要的是要把两部分内容融会贯通起来,掌握二者之间的对应关系,能够灵活地交叉应用。如:

① 隔离体截取顺序的优选——借助几何组成分析的知识,如指导受力分析方法的优选,也就是按照"后搭的先拆"这个原则,确定截取顺序。

*② 零载法——借用受力分析的方法解决几何组成分析问题。

像这种几何问题与静力问题交叉应用的例子在结构力学中是很多的,值得注意。

(2) 静定结构的基本特性与一般特性

在 7.2 节中列举了静定结构的四条普遍性质。它们都是由一条基本特性派生出来的。这个基本特性就是:在静定结构中,满足平衡条件的内力解答是存在的,而且是唯一的。

通常在学习中对解的存在性和唯一性,以及静定结构的局部平衡特性、荷载等效特性、构造变换特性等,总觉得有点抽象,不易理解。学习时应将基本特性和一般特性、理论和实际结合。

(3) 评判各种结构形式受力特性的一个基本观点

在 7.3 节中比较了梁、拱、桁架、组合结构等结构形式的受力特点,以及各种梁式桁架的受力特性。只从受力特性角度来看,一个基本观点就是要设法"材尽所用",尽量减少弯矩峰值,尽量接近无弯矩状态。至于如何全面评价结构形式的合理性,则要从受力特性、施工、经济等多方面综合考虑才能判定。

思 考 题

7.1 思考题 7.1 图所示为三种腹杆方向不同的桁架,比较腹杆受力的异同。当图中所示桁架的结点荷载移到下弦结点时,轴力有何变化?

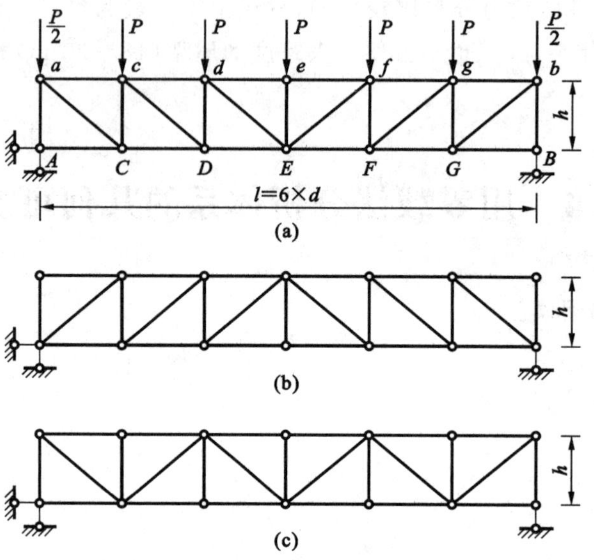

思考题 7.1 图

习　　题

*7.1　用零载法检验所示体系是否几何不变。

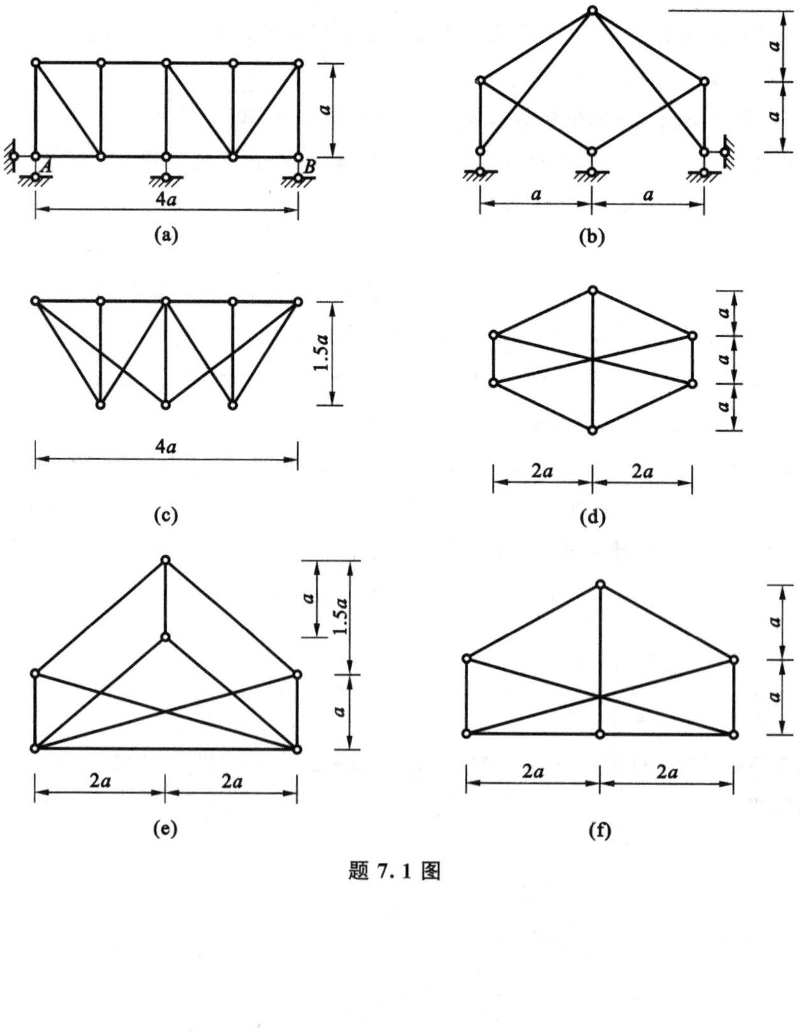

题 7.1 图

7.2 讨论图示桁架的组成及受力特点，并求指定杆 a、b 的内力。

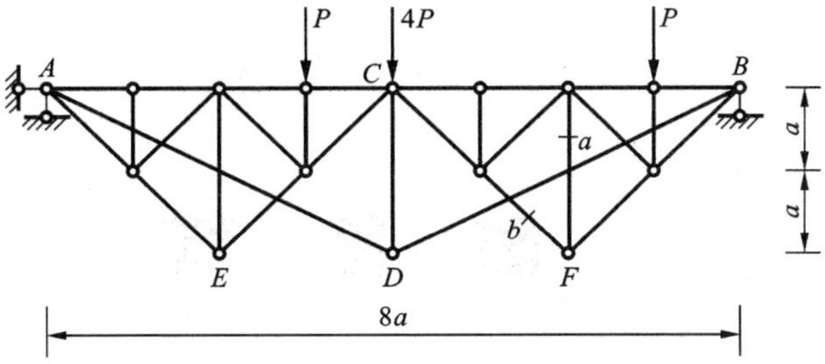

题 7.2 图

7.3 图示两种结构在同样荷载作用下，内力有哪些不同？

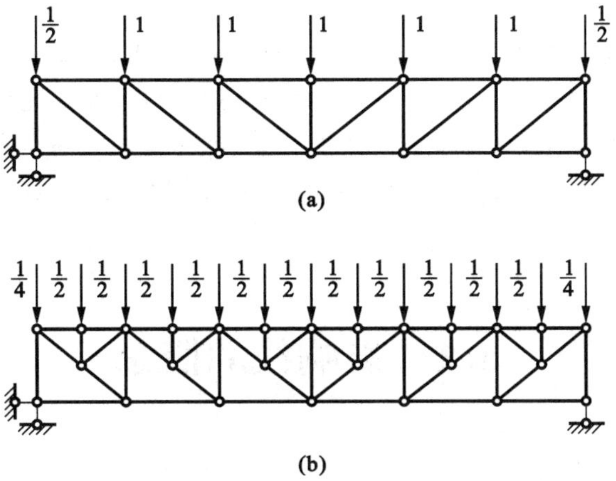

题 7.3 图

8 影 响 线

本 章 提 要

前面几章讨论了静定结构在固定荷载作用下的内力(反力)计算问题。本章主要讨论静定结构在可动或移动荷载作用下的内力(反力)计算问题。影响线是解决此问题的工具和手段。

本章先讨论影响线的概念;再讨论它的两种作法:静力法和机动法;最后讨论影响线的应用,即解决上面提出的静定结构在可动或移动荷载作用下的内力(反力)计算问题。

8.1 影响线的概念

前面各章所讨论的各种静定结构计算,都是在恒载作用下的计算。由于恒载的位置是固定不变的,结构的支座反力和任一截面的内力也是固定不变的。但在实际结构所承受的荷载中,还有移动荷载和可动荷载。如工业厂房中在吊车梁上行驶的吊车轮压[图 8.1(a)、图 8.1(b)],公路和桥梁上行驶的汽车(图 8.2)和列车的轮压等都是移动荷载。又如房屋建筑中的人群、风荷载和雪荷载等则是可动荷载。

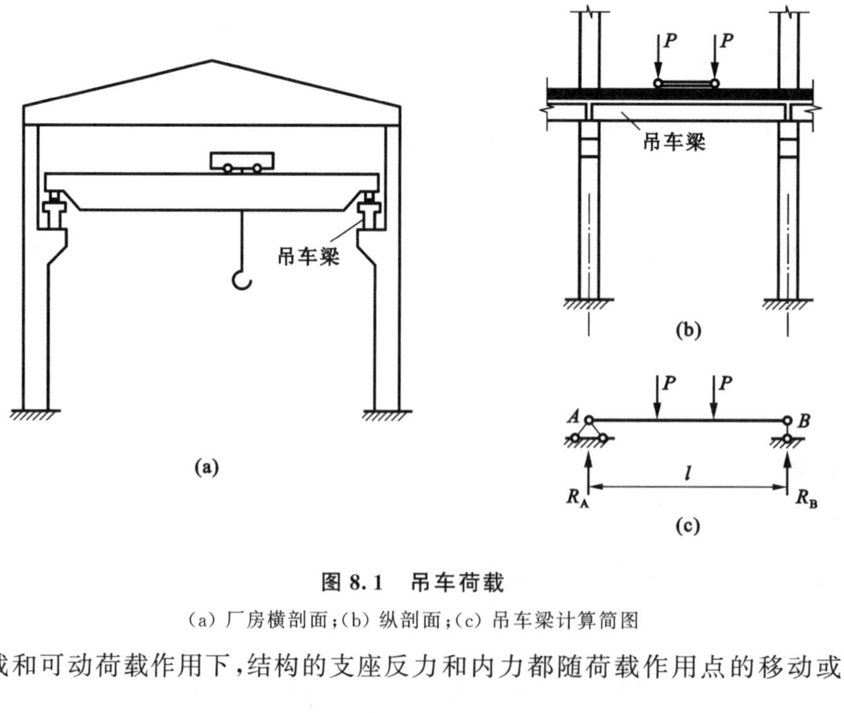

图 8.1 吊车荷载

(a) 厂房横剖面;(b) 纵剖面;(c) 吊车梁计算简图

在移动荷载和可动荷载作用下,结构的支座反力和内力都随荷载作用点的移动或荷载分布的变化而发生变化。如吊车轮压在吊车梁 AB 上自 A 向 B 移动时[图 8.1(b)、图 8.1(c)],吊车梁 AB 的支座反力 R_A 将逐渐减小,而支座反力 R_B 将逐渐增大。因此,需研究荷载位置变化时结构的支座反力和内力变化的规律,才能求出其最大值以作为设计的依据。为此,需确定移动荷载和可动荷载的最不利位置,即使结构的某一支座反力或某截面的某个内力达到最大值时的荷载位置。

移动荷载的类型和可动荷载的分布形式很多,如逐个讨论其最不利位置,将需作繁杂的计算。我们仍采用较常用的分解和叠加的方法计算,即将多个移动荷载视为单位移动荷载的组合,只要把单位移动荷载 $P=1$ 作用下的支座反力和内力变化的规律分析清楚了,再根据叠加原理,就可以顺利地解决多个移动荷载和可动荷载作用下支座反力和内力的计算及最不利荷载位置的确定问题。因此,我们讨论的问题是单位移动荷载 $P=1$ 作用的计算问题,即影响线问题。下面先用简单的例子来说明影响线的概念。

图 8.3(a)所示为一简支梁 AB,当单位竖向荷载 $P=1$ 在梁上移动时,研究支座反力 R_B 的变化规律。

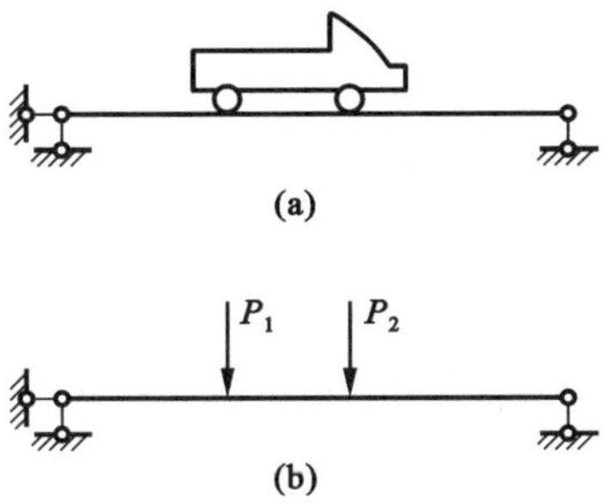

图 8.2 汽车荷载

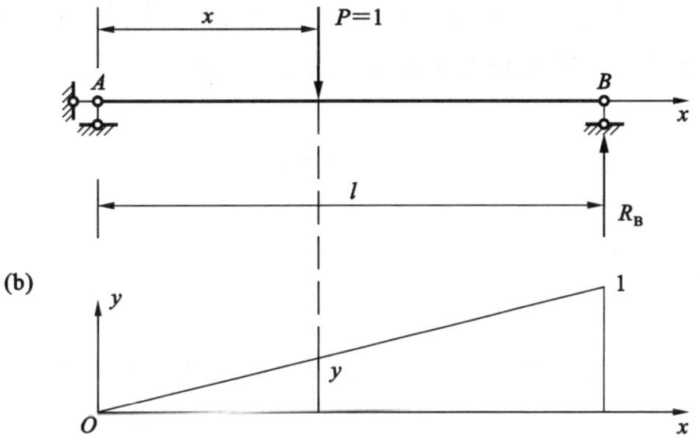

图 8.3 R_B 的影响线

取 A 点为坐标原点,用 x 表示荷载 $P=1$ 作用点的横坐标,注意这里荷载作用点位置 x 是变量,则 $P=1$ 就成为移动荷载。y 表示影响线的纵坐标。

当荷载 $P=1$ 在梁上任意位置 x 时($0\leqslant x\leqslant l$),利用平衡方程,可求出支座反力 R_B。

$$\sum M_A=0,\quad 1\cdot x-R_B\cdot l=0$$

$$R_B=\frac{x}{l}\quad (0\leqslant x\leqslant l)$$

上式是 R_B 的影响线方程,其中$\frac{x}{l}$在数值上等于当 $P=1$ 作用时引起的支座反力 R_B,表示这个方程的图形称为影响线。因为$\frac{x}{l}$是一次式,所以 R_B 的影响线是直线。只要定出直线上两点的纵坐标,即可定出该直线。可设 $x=0$,得 $R_B=0$;再设 $x=l$,得 $R_B=1$。由此定出两点的纵坐标,将两个纵坐标连成直线,便得到 R_B 的影响线,如图 8.3(b)所示。

图 8.3(b)中的影响线清晰地表明了支座反力 R_B 随荷载 $P=1$ 的移动而变化的规律:当荷载 $P=1$ 从 A 点开始,逐渐向 B 点移动时,支座反力 R_B 则相应地从零开始,逐渐增大,最后达到最大值 $R_B=1$。

以上是以简支梁支座反力 R_B 的影响线说明影响线的概念。一般来说,当一个单位集中荷载 $P=1$ 沿结构移动时,表示结构上某量 Z(如支座反力,某一指定截面的弯矩、剪力或轴力等)变化规律的曲线,称为 Z 的影响线。影响线上任一点的横坐标 x 表示荷载位置参数,相应的纵坐标 y 表示单

位荷载 $P=1$ 作用于此点时某量 Z 的数值。影响线是研究移动荷载和可动荷载作用效应的基本工具。

绘制影响线图形时，正值画在基线上面，负值画在基线下面。由于 $P=1$ 无单位，因此，某量 Z 影响线纵坐标的单位等于 Z 值的单位除以力的单位，如 R_B 的影响线的纵坐标无单位，即纯数。

8.2 静力法作静定单跨梁影响线

静定结构的支座反力和内力影响线有两种基本作法，即静力法和机动法。本节通过求单跨梁的支座反力和内力影响线说明静力法。

8.2.1 简支梁的影响线

(1) 支座反力影响线

简支梁支座反力 R_B 的影响线已在上一节讨论过(图 8.3)。现在讨论支座反力 R_A 的影响线。

将 $P=1$ 放在任意位置，距 A 为 x[图 8.4(a)]。

由

$$\sum M_B=0,\quad R_A\cdot l-1\cdot(l-x)=0$$

得

$$R_A=\frac{l-x}{l}\qquad(0\leqslant x\leqslant l)$$

这就是 R_A 的影响线方程，是 x 的一次方程，因此，影响线是一条直线，由两个纵坐标可以确定。

$$P=1\text{ 在 }A\text{ 点},x=0,R_A=1$$

$$P=1\text{ 在 }B\text{ 点},x=l,R_A=0$$

利用这两点的纵坐标便可以画出 R_A 的影响线，如图 8.4(c)所示。支座反力向上为正。

支座反力影响线的纵坐标无单位。

(2) 剪力影响线

现在绘制图 8.4(a)所示简支梁指定截面 C 的剪力 Q_C 的影响线。当 $P=1$ 作用在 C 点以左或以右时，剪力 Q_C 的影响线方程具有不同的表示式，应当分别考虑。

当 $P=1$ 作用在 C 点以右的 CB 段时，取截面 C 左边的 AC 为隔离体[图 8.4(d)]，由 $\sum Y=0$，求得：

$$Q_C=R_A\quad(P=1\text{ 在 }CB\text{ 段})$$

也可以不画隔离体图 8.4(d)，而直接由图 8.4(a)中，从截面 C 左边 AC 部分上所受外力，自 A 向 C 求 Q_C，得：

$$Q_C=R_A\quad(P=1\text{ 在 }CB\text{ 段})$$

由此看出，在 CB 段内，Q_C 的影响线与 R_A 的影响线相同，可利用 R_A 的影响线作 Q_C 在 CB 段的影响线。为此，先作 R_A 的影响线，然后保留其中的 CB 段(AC 段则画以虚线)，C 点的纵坐标可由比例关系求得为 $\frac{b}{l}$，如图 8.4(f)所示。

当 $P=1$ 作用在 C 点以左的 AC 段时，取截面 C 右边的 BC 为隔离体[图 8.4(e)]，由 $\sum Y=0$，求得：

$$Q_C=-R_B\quad(P=1\text{ 在 }AC\text{ 段})$$

也可以不画隔离体图 8.4(e),而直接由图 8.4(a)中从截面 C 右边 BC 部分上所受外力,自 B 向 C 求 Q_C,得:

$$Q_C = -R_B \quad (P=1\text{ 在 }AC\text{ 段})$$

由此看出,在 AC 段内,Q_C 的影响线与 R_B 的影响线相同,但正负号相反;可利用 R_B 的影响线作 Q_C 在 AC 段的影响线。为此,可先把 R_B 的影响线反过来画在基线下面,然后保留其中的 AC 段(BC 段则画以虚线),C 点的纵坐标可按比例关系求得为 $-\dfrac{a}{l}$,如图 8.4(f)所示。

由图 8.4(f)可见,Q_C 的影响线分成 AC 和 CB 两段,由两段平行线所组成,在 C 点形成台阶。当 $P=1$ 作用在 AC 段内任一点时,截面 C 为负号剪力。当 $P=1$ 作用在 CB 段内任一点时,截面 C 为正号剪力。当 $P=1$ 作用在 C 点左侧时,$Q_C=-\dfrac{a}{l}$;当 $P=1$ 作用在 C 点右侧时,$Q_C=\dfrac{b}{l}$。即 $P=1$ 由 C 左侧越过 C 点移到 C 右侧时,截面 C 的剪力发生突变,突变值为 1。

剪力影响线的纵坐标无单位。

(3) 弯矩影响线

现在绘制图 8.4(a)所示简支梁指定截面 C 的弯矩 M_C 的影响线。仍分成两段($P=1$ 在 C 点以左和以右)分别考虑。与求 Q_C 时一样,可以利用图 8.4(d)、图 8.4(e)的隔离体图来求 M_C;也可以不画隔离体图,而直接从图 8.4(a)中来求 M_C。下面将采用后一种方法。

当 $P=1$ 作用在 CB 段时,从截面 C 左边 AC 部分上所受外力,自 A 向 C 求 M_C,得:

$$M_C = R_A \times a = \frac{l-x}{l}a \quad (P=1\text{ 在 }CB\text{ 段})$$

由此看出,在 CB 段内,M_C 的影响线形状与 R_A 的影响线形状相同,影响线纵坐标的值应为 R_A 影响线纵坐标值乘以 a。为此,可先把 R_A 的影响线的纵坐标乘以 a,然后保留其中的 CB 段,就得到 M_C 在 CB 段的影响线。这里 C 点的纵坐标按比例关系求得为 $\dfrac{ab}{l}$,如图 8.4(g)所示。

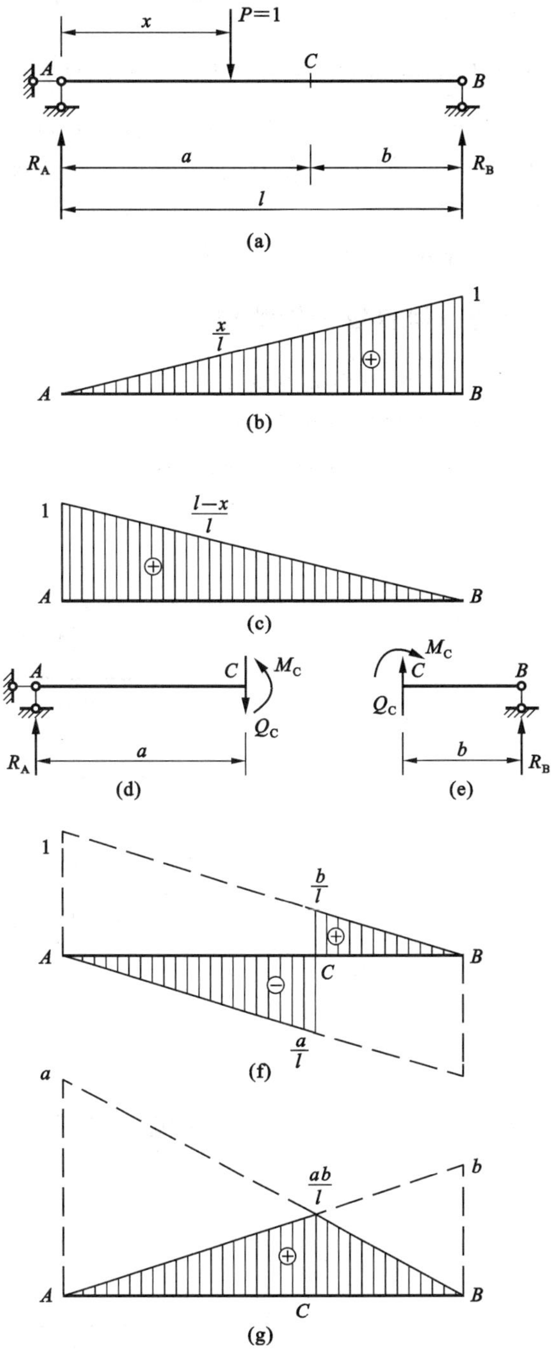

图 8.4 简支梁的影响线

(a) 简支梁;(b) R_B 影响线;(c) R_A 影响线;
(d) $P=1$ 在 C 点以右时的隔离体图;
(e) $P=1$ 在 C 点以左时的隔离体图;
(f) Q_C 影响线;(g) M_C 影响线

当 $P=1$ 作用在 AC 段时,从截面 C 右边 BC 部分上所受外力,自 B 向 C 求 M_C,得:

$$M_C = R_B \times b = \frac{x}{l}b \quad (P=1\text{ 在 }AC\text{ 段})$$

因此，可以把 R_B 的影响线的纵坐标乘以 b，然后保留其中的 AC 段，就得到 M_C 在 AC 段的影响线。这里，C 点的纵坐标按比例关系求得仍为$\frac{ab}{l}$，如图 8.4(g)所示。正的弯矩影响线画在基线的上边。

由图 8.4(g)可见，M_C 的影响线分成 AC 和 CB 两段，每一段都是直线，形成一个在 C 点为尖点的三角形。当 $P=1$ 在 C 点时，弯矩 M_C 为极大值。当 $P=1$ 由 C 点向梁的两端移动时，弯矩 M_C 逐渐减小到零。

弯矩影响线纵坐标的单位为长度单位。

8.2.2 伸臂梁的影响线

(1) 支座反力的影响线

现在绘制伸臂梁[图 8.5(a)]支座反力 R_A、R_B 的影响线。取 A 点为坐标原点，横坐标 x 以 A 点向右为正。当荷载 $P=1$ 作用于梁上任一点 x 时，由平衡方程分别求得支座反力 R_A 和 R_B 为：

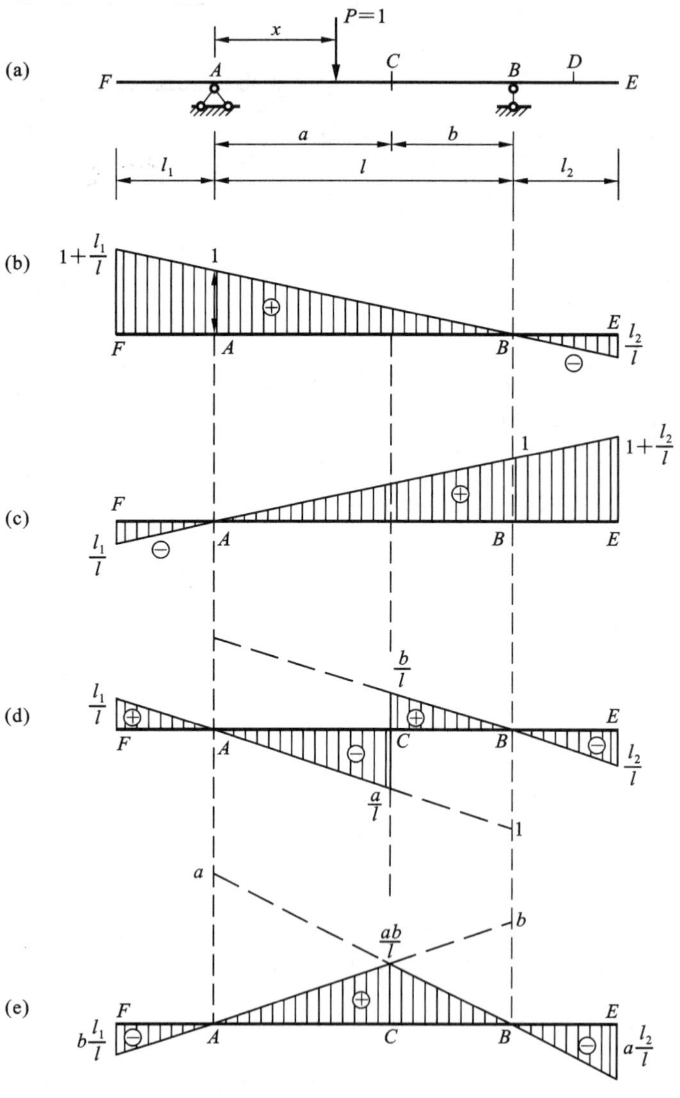

图 8.5　伸臂梁的影响线之一

(a) 伸臂梁；(b) R_A 影响线；(c) R_B 影响线；(d) Q_C 影响线；(e) M_C 影响线

$$\left.\begin{aligned}\sum M_B=0,R_A=\frac{l-x}{l}\\ \sum M_A=0,R_B=\frac{x}{l}\end{aligned}\right\}\quad(-l_1\leqslant x\leqslant l+l_2)$$

这两个支座反力影响线方程与简支梁支座反力影响线方程完全相同，只是荷载 $P=1$ 作用范围——x 的变化范围有所扩大。在简支梁中，x 的变化范围为 $0\leqslant x\leqslant l$，这里则为 $-l_1\leqslant x\leqslant l+l_2$。在 AB 跨内的影响线与简支梁的影响线完全相同，仍是直线；在悬伸部分（注意当 $P=1$ 位于支座 A 以左时，x 取负值），只需将直线向两个伸臂部分延长，即得到支座反力的整个影响线，如图 8.5(b)、图 8.5(c)所示。

(2) AB 跨内剪力和弯矩的影响线

现在绘制图 8.5(a)所示伸臂梁 AB 跨内指定截面 C 的剪力 Q_C 和弯矩 M_C 的影响线。

当 $P=1$ 在截面 C 以左时，从截面 C 右边部分上所受外力，自 B 向 C 求 Q_C 和 M_C，得：

$$\left.\begin{aligned}Q_C=-R_B\\ M_C=R_B\cdot b\end{aligned}\right\}\quad(P=1\text{ 在 }FC\text{ 段})$$

当 $P=1$ 在截面 C 以右时，从截面 C 左边部分上所受外力，自 A 向 C 求 Q_C 和 M_C，得：

$$\left.\begin{aligned}Q_C=R_A\\ M_C=R_A\cdot a\end{aligned}\right\}\quad(P=1\text{ 在 }CE\text{ 段})$$

由此可知：Q_C 和 M_C 的影响线方程和简支梁的相应影响线方程相同。因而只需将相应简支梁截面 C 的剪力和弯矩影响线向伸臂部分延长即得到 Q_C 和 M_C 的影响线，如图 8.5(d)和图 8.5(e)所示。

(3) 伸臂部分剪力和弯矩的影响线

现在绘制图 8.5(a)所示伸臂梁在伸臂部分 D 截面剪力 Q_D 和弯矩 M_D 的影响线。

当 $P=1$ 在截面 D 以左时，因截面 D 的右边部分无外力作用，所以：

$$\left.\begin{aligned}Q_D=0\\ M_D=0\end{aligned}\right\}\quad(P=1\text{ 在 }FD\text{ 段})$$

当 $P=1$ 在截面 D 以右时，以 D 为坐标原点，x 在 D 以右时取正值，如图 8.6(a)所示。仍从截面 D 的右边部分上所受的外力求 Q_D 和 M_D，得：

$$\left.\begin{aligned}Q_D=+1\\ M_D=-x\end{aligned}\right\}\quad(P=1\text{ 在 }DE\text{ 段})$$

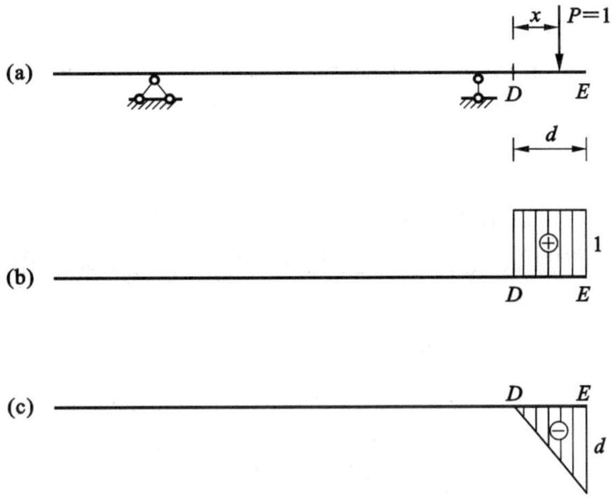

图 8.6 伸臂梁影响线之二

(a) 伸臂梁；(b) Q_D 影响线；(c) M_D 影响线

由此，可作 Q_D 和 M_D 的影响线如图 8.6(b)、图 8.6(c)所示。这里，只有 DE 段影响线的纵坐标值不为零，也就是说，只有当荷载作用于 DE 段时，才对截面 D 的剪力和弯矩产生影响。

通过以上简支梁和伸臂梁影响线的绘制，我们得到用静力法作静定结构某量影响线的步骤为：

① 将单位荷载 $P=1$ 放在结构上的任意位置，适当选择坐标原点，以 $P=1$ 作用位置 x 为变量；

② 用截面法截取隔离体，通过平衡方程，或用截面法直接按内力算式，求出所求量值的影响线方程；

③ 根据影响线方程作影响线。

8.3　结点荷载作用下梁的影响线

在上节讨论的荷载 $P=1$ 都是直接作用于梁上。对图 8.7(a)所示的桥梁结构体系，荷载直接加于纵梁，纵梁两端简支于横梁上，横梁则用主梁支承；荷载通过纵梁下面的横梁传给主梁，即主梁只在横梁处(即 A、C、E、F、B 等结点处)承受集中力，因此主梁承受的是结点荷载。

现在通过主梁 M_D 的影响线说明在结点荷载下影响线的特点和作法。

当 $P=1$ 直接作用于主梁时 M_D 的影响线，如图 8.7(c)所示。

先看当 $P=1$ 沿纵梁移动作用于各结点 C、E、F 时影响线的特点。此时，相当于 $P=1$ 直接作用于主梁的结点，即结点荷载与直接荷载的影响线纵坐标完全相同。所以，直接荷载作用下 M_D 影响线中 y_C、y_E 和 y_F 即为结点荷载作用下 M_D 影响线的纵坐标[图 8.7(c)]。

再来看当 $P=1$ 作用于纵梁的任一节间时影响线的特点。

如 $P=1$ 作用在 C 和 E 之间，$P=1$ 到 C 点的距离以 x 表示，则纵梁的反力，即作用在主梁上的力[图 8.7(b)]为：

$$Y_C=\frac{d-x}{d}$$

$$Y_E=\frac{x}{d}$$

当 $P=1$ 作用在 C 点时，引起的 D 截面的弯矩为：

$$M_D=y_C$$

当 $P=1$ 作用在 E 点时，引起的 D 截面的弯矩为：

$$M_D=y_E$$

当 $P=1$ 距 C 点为 x 时，主梁在 C 点的荷载为$\frac{d-x}{d}$，在 E 点的荷载为$\frac{x}{d}$，由叠加原理有：

$$M_D=Y_C y_C+Y_E y_E=\frac{d-x}{d}y_C+\frac{x}{d}y_E$$

上式为 x 的一次式。由此可知，在结点荷载作用下，M_D 影响线在 CE 段为一直线。因此，将直接荷载作用下 M_D 影响线在结点处的纵坐标连以直线，即得到结点荷载作用下 M_D 的影响线，如图 8.7(d)所示。

y_C 和 y_E 的纵坐标值可由直接荷载影响线顶点纵坐标的比例关系求得。直接荷载作用在 M_D 影响线顶点的纵坐标为：

$$\frac{ab}{l}=\frac{\frac{3}{2}d\times\frac{5}{2}d}{4d}=\frac{15}{16}d$$

所以

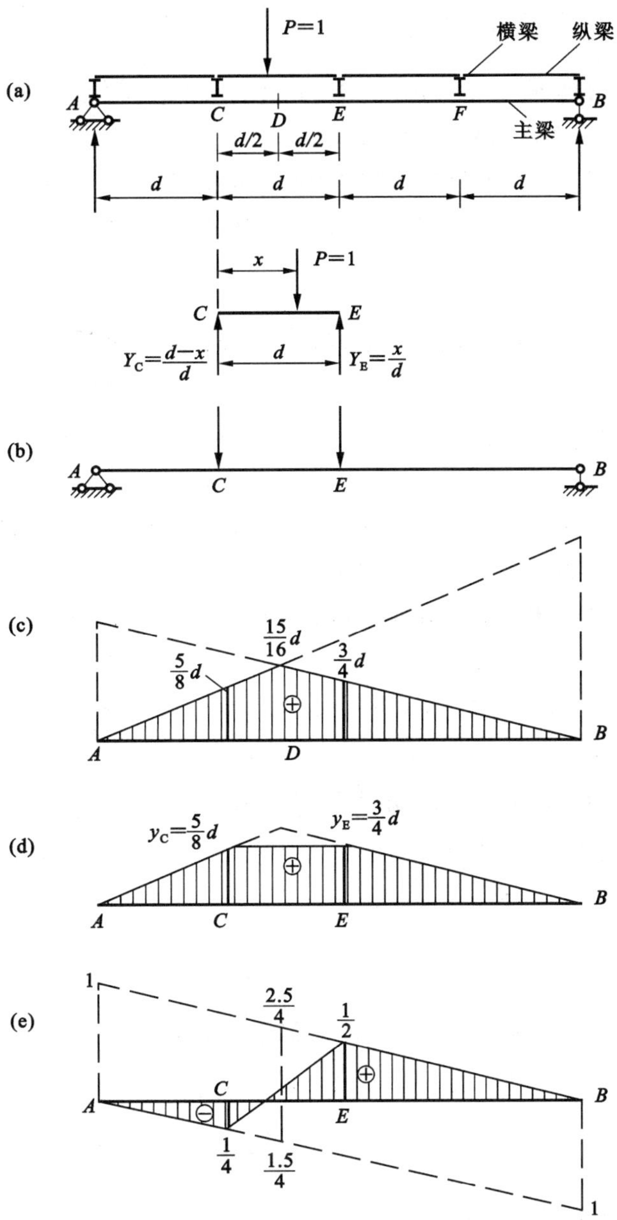

图 8.7 结点荷载影响线

(a) 纵横梁布置；(b) 横梁力传递过程；(c) 直接荷载 M_D 影响线；(d) 结点荷载 M_D 影响线；(e) Q_D 影响线

$$y_C=\frac{15}{16}d\times\frac{2}{3}=\frac{5}{8}d$$

$$y_E=\frac{15}{16}d\times\frac{4}{5}=\frac{3}{4}d$$

由以上分析可知，在结点荷载作用下，结构支座反力(或内力)的影响线有以下两个特点：在结点处，结点荷载与直接荷载的影响线纵坐标相同；在相邻两结点之间，影响线为一直线。

据此，得到在结点荷载作用下作影响线的一般步骤如下：

(1) 先作在直接荷载作用下有关量值的影响线，并用虚线表示；

(2) 用直线(以实线表示)连接相邻结点处的纵坐标，就得到结点荷载作用下相应量值的影响线。

根据上述步骤可作 Q_D 的影响线如下：

(1) 先作直接荷载作用下 Q_D 的影响线，如图 8.7(e)虚线所示；

(2) 在各相邻结点的纵坐标之间连以直线，即得结点荷载作用下 Q_D 的影响线，如图 8.7(e)实线所示。

由图 8.7(a)可以看出，当 $P=1$ 作用在节间 CE 时，主梁在 CE 之间没有直接作用的外力，因而 CE 段各截面剪力都相等，通常称为节间剪力，以 Q_{CE} 表示。再由图 8.7(e)Q_D 的影响线可以看出，如果截面 D 的位置在 CE 之间变化，尽管直接荷载的 Q_D 的影响线[图 8.7(e)中虚线所示]有所变化，但结点荷载的 Q_D 的影响线(实线所示)一直是不变的。与直接从图 8.7(a)观察所得结果是一样的。

8.4 静力法作桁架的影响线

图 8.8(a)所示为一平行弦桁架，设单位荷载 $P=1$ 沿桁架下弦 AB 移动，试作各杆轴力的影响线。桁架通常承受结点荷载，荷载的传递方式与图 8.8(b)所示的梁相同，后者称为前者的等代梁。因此，可以利用结点荷载作用下梁的影响线的性质绘制静定桁架各杆内力的影响线。如任一杆的轴力(例如 N_{de})的影响线在相邻结点之间为一直线。

现以图 8.8(a)所示桁架为例，说明桁架影响线的静力作法的基础仍然是截面法和结点法。

(1) 支座反力 R_A 和 R_B 的影响线

桁架支座反力 R_A 和 R_B 的影响线与简支梁支座反力 R_A、R_B 的影响线相同，图中没有画出。

(2) 上弦杆轴力 N_{de} 的影响线

作截面Ⅰ—Ⅰ，以 E 为力矩中心，用力矩方程 $\sum M_E=0$ 求 N_{de}。

如单位荷载在 D 点的左边，取截面Ⅰ—Ⅰ右边部分为隔离体，由平衡方程有：

$$\sum M_E=0, R_B\times 3d+N_{de}\times h=0$$

$$N_{de}=-\frac{3d}{h}R_B \tag{a}$$

如单位荷载在 E 点的右边，取截面Ⅰ—Ⅰ左边部分为隔离体，由平衡方程有：

$$\sum M_E=0, R_A\times 3d+N_{de}\times h=0$$

$$N_{de}=-\frac{3d}{h}R_A \tag{b}$$

单位荷载在 D、E 之间，影响线为直线。

利用式(a)作 R_B 影响线，并将 R_B 影响线的纵坐标乘以 $\frac{3d}{h}$，因为是负值，画于基线以下，取 D 以左一段；又利用式(b)作 R_A 的影响线，将它的纵坐标乘以 $\frac{3d}{h}$，画于基线以下，取 E 以右一段。DE 两点纵坐标再连以直线，得到一个三角形的影响线，如图 8.8(c)所示。

式(a)和式(b)也可以合并为一个式子，用相应的简支梁在结点 E 的弯矩 M_E^0 表示，得：

$$N_{de}=-\frac{M_E^0}{h} \tag{c}$$

M_E^0 影响线是以 E 点为顶点的三角形，而 N_{de} 影响线顶点的纵坐标为：

$$-\frac{ab}{lh}=-\frac{3d\times 3d}{6d\times h}=-\frac{3d}{2h}$$

(3) 下弦杆轴力 N_{DE} 的影响线

仍用截面Ⅰ—Ⅰ，以结点 d 为力矩中心，由力矩方程 $\sum M_d=0$，得：

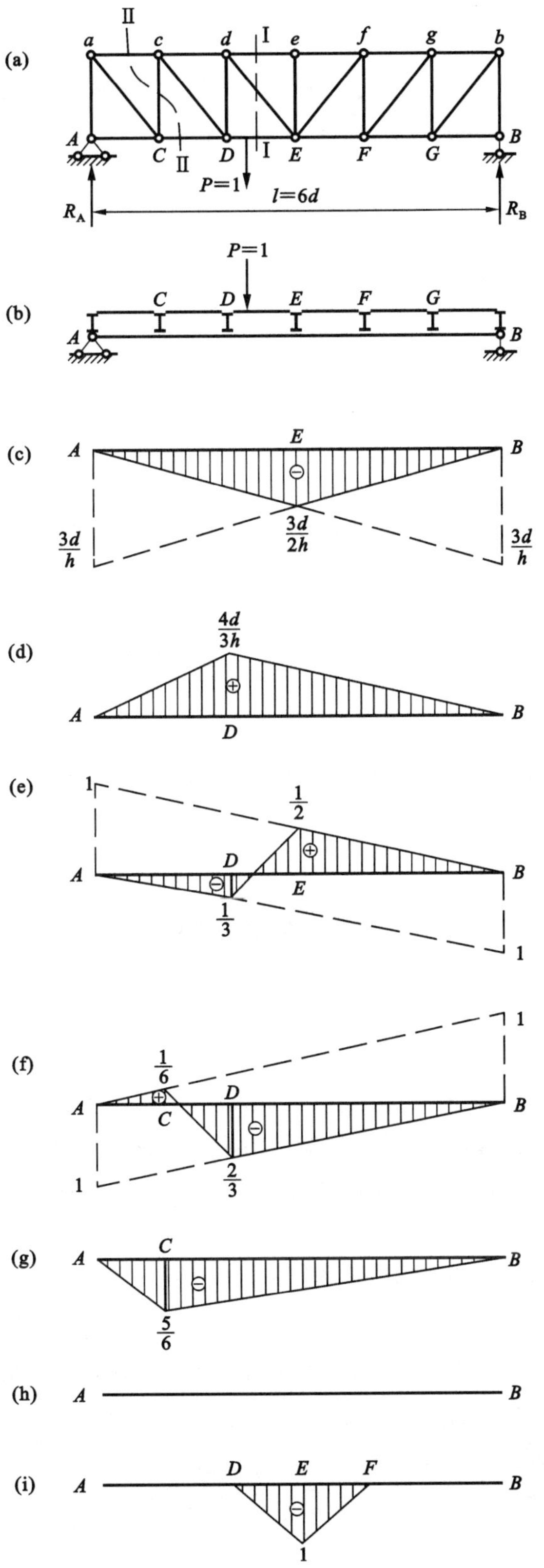

图 8.8　桁架的影响线

(a) 桁架；(b) 等代梁；(c) N_{de} 影响线；(d) N_{DE} 影响线；(e) Y_{dE} 影响线；(f) N_{cC} 影响线(下承)；(g) N_{cC} 影响线(上承)；(h) N_{eE} 影响线(下承)；(i) N_{eE} 影响线(上承)

$$N_{DE}=\frac{M_D^0}{h} \tag{d}$$

即 N_{DE} 的影响线可由相应简支梁在结点 D 的弯矩影响线求得，N_{DE} 影响线的形状仍是一个三角形，顶点纵坐标是 M_D^0 的纵坐标除以 h，如图 8.8(d)所示。

(4) 斜杆 dE 轴力的竖向分力 Y_{dE} 的影响线

仍用截面Ⅰ—Ⅰ，用投影方程 $\sum Y=0$ 求 Y_{dE}。

单位荷载在 D 点以左时，取截面Ⅰ－Ⅰ右部平衡，有：

$$\sum Y=0,Y_{dE}=-R_B \tag{e}$$

单位荷载在 E 点以右时，取截面Ⅰ—Ⅰ左部平衡，有：

$$\sum Y=0,Y_{dE}=+R_A \tag{f}$$

单位荷载在结点 D、E 之间，影响线为直线。

由以上分析，作 Y_{dE} 的影响线如图 8.8(e)所示。也可以利用相应简支梁在结点荷载下节间 DE 的剪力 Q_{DE}^0 表示

$$Y_{dE}=+Q_{DE}^0 \tag{g}$$

而图 8.8(e)所示 Y_{dE} 影响线也就是节间剪力 Q_{DE}^0 的影响线。

(5) 竖杆轴力 N_{cC} 的影响线

作截面Ⅱ—Ⅱ，利用投影方程 $\sum Y=0$ 求 N_{cC}。可利用相应简支梁节间剪力 Q_{CD}^0 列出下列表达式：

$$\sum Y=0,N_{cC}=-Q_{CD}^0 \tag{h}$$

根据节间剪力影响线，符号相反，作出 N_{cC} 影响线，如图 8.8(f)所示。

(6) 竖杆轴力 N_{eE} 的影响线

因 $P=1$ 在下弦移动，由上弦结点 e 的平衡，可得：

$$N_{eE}=0$$

即 $P=1$ 在下弦任意位置，eE 杆均是零杆，因此，N_{eE} 的影响线与基线重合，如图 8.8(h)所示。

对于图 8.8(a)所示的平行弦桁架，如单位荷载沿桁架上弦移动，则上弦杆、下弦杆和斜杆竖向分力的影响线不变，即 N_{de}、N_{DE} 及 Y_{dE} 的影响线仍如图 8.8(c)、(d)及(e)所示，但竖杆的影响线则有变化。

当 $P=1$ 在上弦移动时，N_{cC} 的影响线方程[图 8.8(a)截面Ⅱ—Ⅱ]为：

$$N_{cC}=-Q_{ac}^0$$

即 N_{cC} 的影响线应按相应简支梁节间剪力 Q_{ac}^0 的影响线作出，但正负号相反，如图 8.8(g)所示。

当 $P=1$ 在上弦移动时，N_{eE} 的影响线方程由结点 e 的平衡为：

当 $P=1$ 在结点 e 时，有：

$$N_{eE}=-1$$

当 $P=1$ 在其他结点时，有：

$$N_{eE}=0$$

因结点之间是直线，因此 N_{eE} 的影响线如图 8.8(i)所示，是一个三角形。

由以上分析可知，作桁架影响线时，应注意区分桁架是下弦承载(简称下承)还是上弦承载(简称上承)。

8.5 机动法作静定梁的影响线

作静定结构支座反力和内力的影响线，除可采用静力法外，还可采用机动法。机动法作静定结构的影响线是以刚体体系的虚功原理(虚位移原理)为基础，把作支座反力或内力影响线的静力问题转化为作刚体位移图的几何问题。

机动法有一个优点是可以不经过计算就能得到影响线的轮廓，从而可很快地确定荷载的最不利位置。此外，可以用它来校核静力法的影响线。

8.5.1 刚体体系的虚功原理

刚体体系的虚功原理在第9章中还要详细讨论。这里作为机动法作静定结构的影响线的基础，先作简要的介绍。

刚体体系的虚功原理可表述如下：刚体体系在任意平衡力系作用下，体系上所有主动力在任一与约束条件相符合的无限小刚体位移上所做的虚功总和恒等于零，即：

$$W_e = 0$$

注意，这里所说体系上作用的任意平衡力系(简称为平衡力系)，与约束条件相符合的无限小刚体位移(简称为几何可能位移)，是两种独立的状态，即位移状态中的位移不是力状态中的力产生的。

如图8.9(a)表示简支梁上作用的一组平衡力系，这里，体系上的主动力除荷载外，还包括撤除约束(包括支座)处与约束相应的约束力(包括支座反力)。图8.9(b)表示了简支梁由于支座沉陷而产生的刚体位移。图8.9(a)和图8.9(b)是两个彼此无关的状态。则有：

$$W_e = P_1\Delta_1 + P_2\Delta_2 + R_1c_1 + R_2c_2 = 0$$

对一般情况，虚功原理的具体表达式为：

$$\sum P_i\Delta_i + \sum R_K c_K = 0$$

式中 P_i——体系所受荷载；

R_K——体系的约束力；

Δ_i——与 P_i 相应的位移，与力 P_i 方向一致时，乘积 $P_i\Delta_i$ 为正；

c_K——与 R_K 相应的位移，与力 R_K 方向一致时，乘积 R_Kc_K 为正。

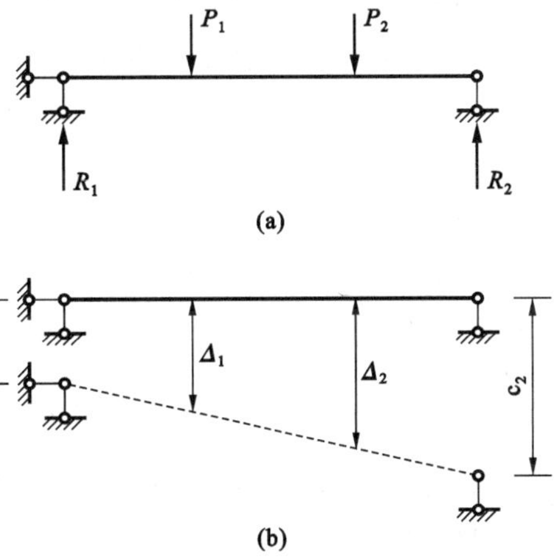

图8.9 虚功原理

(a) 平衡力系；(b) 刚体位移

8.5.2 机动法作影响线的原理和步骤

现以简支梁支座反力为例，运用虚功原理说明机动法作影响线的原理和步骤。

现在要求图8.10(a)所示简支梁支座反力 $Z(R_B)$ 的影响线。为此，将与 Z 相应的约束——支杆 B 撤去，代以未知力 Z[图8.10(b)]，这时体系有一个自由度。然后给体系以虚位移，使梁绕 A 点作微小转动。并以 δ_Z 表示与未知力 Z 相应的位移，以与 Z 正方向一致者为正；以 δ_P 表示与单位荷载 $P=1$ 相应的位移，以与 $P=1$ 方向一致为正，由于 $P=1$ 以向下为正，故 δ_P 也以向下为正。列出虚功方程如下：

$$Z\delta_Z + P\delta_P = 0 \tag{8.1}$$

由于 $P=1$，所以：

$$Z=-\frac{\delta_P}{\delta_Z} \tag{8.2}$$

当 $P=1$ 移动时，位移 δ_P 也随 $P=1$ 的位置变化，是荷载位置参数 x 的函数，而 δ_Z 则与 x 无关，是一常数。因此，式(8.2)可表示为：

$$Z(x)=-\frac{\delta_P(x)}{\delta_Z} \tag{8.3}$$

这里，$Z(x)$表示 Z 随 $P=1$ 位置 x 变化的 Z 的变化规律，即是 Z 的影响线；$\delta_P(x)$是单位荷载作用点的竖向位移图[图 8.10(b)]。由式(8.3)可知，Z 的影响线纵坐标与荷载作用点的竖向位移成正比，或者说，由 δ_P 图可得出 Z 的影响线的形状。

由式(8.3)还可知，Z 的影响线纵坐标的数值，由 δ_P 图除以常数 δ_Z 得到，为简便，可在 δ_P 图中令 $\delta_Z=1$，则得到如图 8.10(c)所示形状和数值上完全确定的 Z 的影响线。

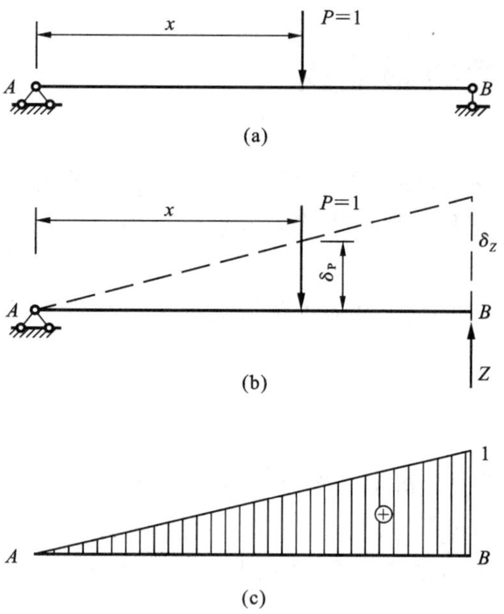

图 8.10　虚功原理作影响线

(a) 简支梁；(b) 与 Z 相应的虚位移；(c) R_B 影响线

影响线的纵坐标的正负号可规定如下：当 δ_Z 为正值时，由式(8.3)可见，Z 与 δ_P 的正负号正好相反。因 δ_P 以向下为正，即在横坐标轴的下方 δ_P 值为正，Z 值为负；在横坐标轴的上方 δ_P 值为负，Z 值为正。

因此，机动法作静定结构支座反力或内力 Z 的影响线的步骤归纳如下：

(1) 撤去与 Z 相应的约束，代之以未知力 Z。

(2) 使体系沿 Z 的正方向发生位移；作出荷载作用点的竖向虚位移图(即 δ_P 图)，可定出影响线的形状。

(3) 再令 $\delta_Z=1$，可进一步定出影响线各纵坐标的数值。

(4) 横坐标轴以上的图形，影响线纵坐标取正号；横坐标轴以下的图形，则取负号。

8.5.3　机动法作简支梁的影响线

现以例题说明用机动法绘制简支梁某截面弯矩和剪力的影响线。

【例 8.1】　用机动法作图 8.11(a)所示简支梁 C 点的弯矩和剪力的影响线。

【解】

① 弯矩 M_C 的影响线

撤去截面 C 处与弯矩 M_C 相应的约束(即在截面 C 处改为铰结)，代以一对大小相等、方向相反的、使下边受拉的力偶 M_C。这时铰 C 两侧的刚体可以相对转动。

给体系沿 M_C 的方向以虚位移，如图 8.11(b)所示。写出虚功方程如下：

$$M_C\delta_Z+P\delta_P=0$$

这里，δ_Z 就是与 M_C 相应的铰 C 左右两侧截面的相对转角。利用 δ_Z 可以确定位移图中的纵坐标。因 δ_Z 是微小转角，可求得 $BB_1=\delta_Z b$。由几何关系得 C 点竖向位移为$\frac{ab}{l}\delta_Z$。图 8.11(b)所示的位移图即代表 M_C 影响线的形状。

将图 8.11(b)中的位移图除以 δ_Z，或令位移图纵坐标中的 $\delta_Z=1$，可求得 M_C 影响线纵坐标的数值。M_C 的影响线如图 8.11(c)所示，C 点的纵坐标为$\frac{ab}{l}$。

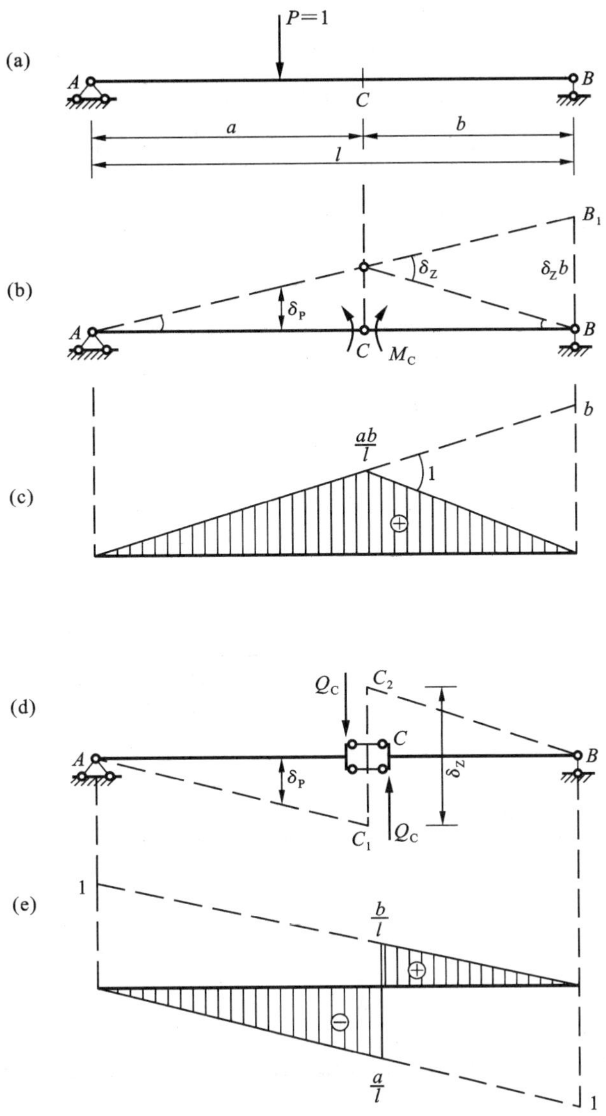

图 8.11 机动法作简支梁影响线

(a) 简支梁;(b) M_C 相应的虚位移;(c) M_C 影响线;(d) Q_C 相应的虚位移;(e) Q_C 影响线

② 剪力 Q_C 的影响线

在截面 C 处撤去与剪力 Q_C 相应的约束(即将截面 C 左、右改为用两个平行于杆轴的平行链杆连接),代以一对大小相等、方向相反的正剪力 Q_C,得图 8.11(d)所示具有一个自由度的机构。这时在截面 C 处可以发生相对的竖向位移,而不能发生相对转动和水平移动。

给体系沿 Q_C 方向以虚位移。由于 AC 和 BC 两刚片是用两根水平的平行链杆相连,因此 AC 和 BC 只能在竖直方向作相对平行移动。如先给 AC 段虚位移移到 AC_1,则 BC 段虚位移后必到 BC_2,且 $BC_2 /\!/ AC_1$,位移图如图 8.11(d)所示。切口处相对竖向位移即 δ_Z。图 8.11(d)所示即为 Q_C 影响线的形状。

令 $\delta_Z=1$,即得 Q_C 的影响线,如图 8.11(e)所示。显然,Q_C 影响线由左、右两平行直线组成。由几何关系可得各控制点的纵坐标值。Q_C 影响线在坐标轴以上取正号,在坐标轴以下取负号。

8.5.4 机动法作静定多跨梁的影响线

用机动法作静定多跨梁的支座反力和内力的影响线十分简便。原理与步骤均同前,只是应注意撤去约束后虚位移图形的特点。静定多跨梁是由基本部分和附属部分组成,撤去约束后给虚位移时,应搞清哪些部分可以发生虚位移,哪些部分则不能发生虚位移。属于附属部分的某量,撤去相应的约束后,体系只能在附属部分发生虚位移,基本部分则不能动,因此,位移图只限于附属部分。属于基本部分的某量,撤去相应约束后,在基本部分和其所支承的附属部分都能发生虚位移,位移图在基本部分和其所支承的附属部分都有。现以例题说明。

【例 8.2】 用机动法作图 8.12(a)所示静定多跨梁 M_B、Q_F、R_B、Q_C 及 M_G 的影响线。

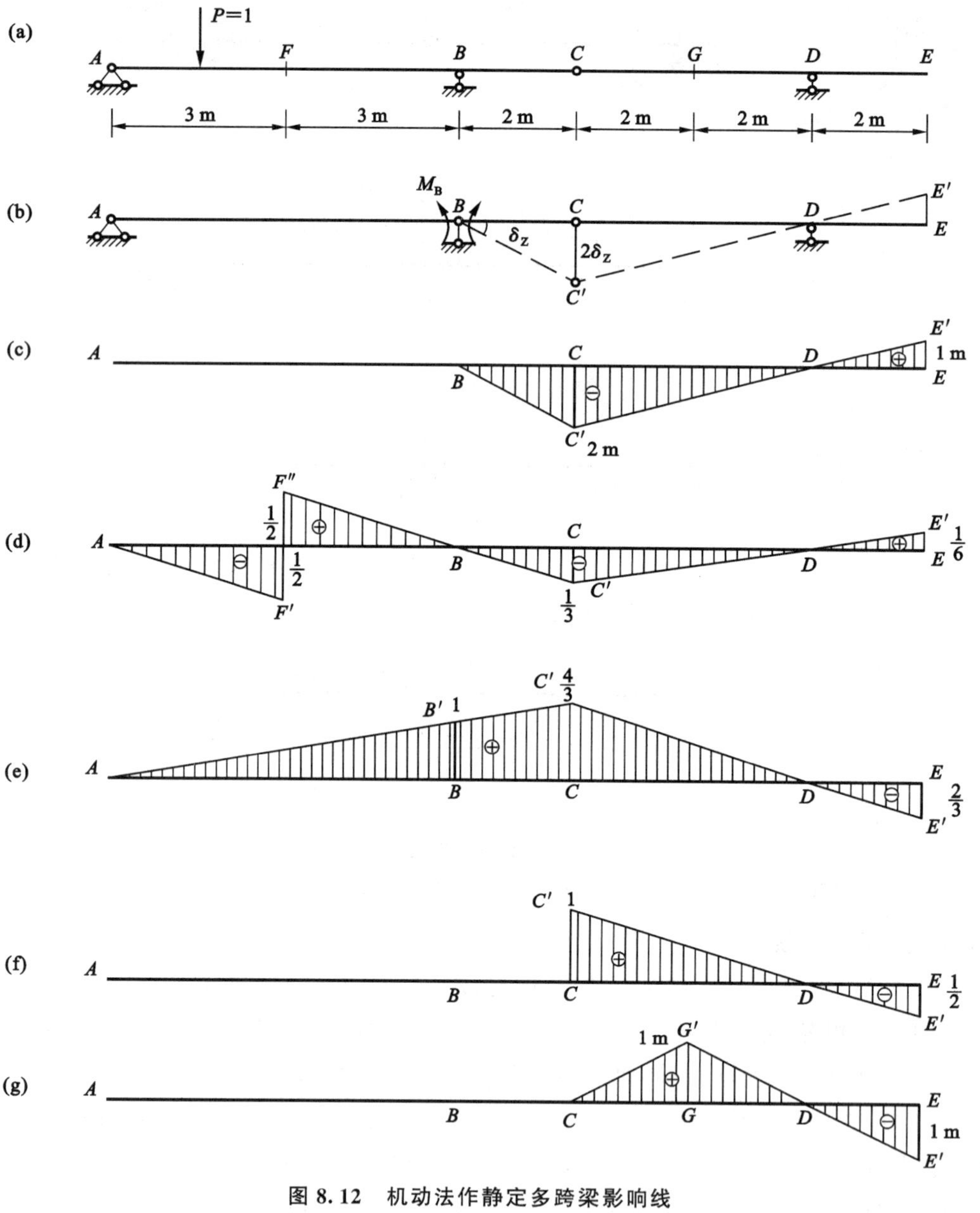

图 8.12　机动法作静定多跨梁影响线

(a) 静定多跨梁;(b) 与 M_B 相应的虚位移;(c) M_B 影响线;(d) Q_F 影响线;(e) R_B 影响线;(f) Q_C 影响线;(g) M_G 影响线

【解】

① M_B 影响线

撤去与 M_B 相应的约束,即将梁在支杆 B 上的刚结改为铰结,代以一对力偶 M_B。这时刚片 AB 与基础有一铰和一支杆相连,几何不变,不能发生虚位移;刚片 BC 可绕铰 B 相对转动 δ_Z;D 点处有支杆，不能发生竖向位移，但刚片 CDE 可绕 D 转动，得到位移图 δ_P 如图 8.12(b)中虚线所示。转动后铰 C 竖向位移至 C'，CC' 的纵坐标为 $2\delta_Z$，将 δ_Z 图除以 δ_Z，或令 δ_P 图中纵坐标中的 $\delta_Z=1$，即得到 M_B 影响线如图 8.12(c)所示。由比例关系，可得影响线图中 C 点的纵坐标为 2 m，E 点的纵坐标为 1 m。在横坐标轴以上图形为正号，在横坐标轴以下为负号。

② Q_F 影响线

在截面 F 处撤除抗剪力约束，使 F 左、右两侧截面发生与剪力正方向一致的相对竖向错动，而产生 δ_P 图(为简略，不再画 δ_P 图)，影响线和 δ_P 图成比例。作 δ_P 图时，先令各支座位移为零，即 A 点、B 点和 D 点位移为零，然后在 F 左、右作两平行线，得到 AF' 和 $F''B$，令 $\delta_Z=1$，即 $F'F''=1$。因 FBC 是一个刚片，因此，将 $F''B$ 延长得到 C'；将 C' 与 D 点相连，并延长，得到 E'。由比例关系，可得各点纵坐标。Q_F 影响线如图 8.12(d)所示。

③ R_B 影响线

在多跨梁中撤去与支座反力 R_B 相应的约束(即支杆 B)，使沿支座反力 R_B 的正方向(向上)发生位移。支座 A 点、D 点位移为零；ABC 是一刚片，绕 A 点转动；CDE 是一刚片，绕 D 点转动，C 点位移到 C'，得到 δ_P 图。在 δ_P 图中，令 B 点的位移 $\delta_Z=1$(即 $BB'=1$)，便得到影响线。由比例关系，可得各点的纵坐标。R_B 影响线如图 8.12(e)所示。

④ Q_C 影响线

在铰 C 截面撤除抗剪力约束，令 C 左、右两侧截面沿截面 C 剪力正方向发生竖向错动，此时 C 的左边属于基本部分，ABC 不能动，只有 C 的右边刚片有位移，CDE 将绕支点 D 作顺时针转动，得到 δ_P 图。令 δ_P 图中 C 点的相对竖向位移的纵坐标 $\delta_Z=1$，即 $CC'=1$，由比例关系，可得各点纵坐标。Q_C 影响线如图 8.12(f)所示。Q_C 影响线在基本部分 ABC 为零。

⑤ M_G 影响线

在截面 G 处将刚结改为铰结，令 G 左、右两侧截面的刚片 GC 和 GDE 发生沿截面正弯矩方向的相对转动，得到 δ_P 图。此时，铰 C 左边为基本部分，不能动。在 δ_P 图中，GC 和 GDE 的相对转角为 δ_Z，GG' 的纵坐标为 $1\cdot\delta_Z$；令 $\delta_Z=1$，得影响线中 G 点的纵坐标为 1 m。由比例关系，可得各点的纵坐标，M_G 影响线如图 8.12(g)所示。M_G 影响线在 ABC 部分为零。

8.6 影响线的应用

8.6.1 计算影响量值

虽然作影响线时，考虑的是单位荷载 $P=1$ 的作用，但根据叠加原理，可利用影响线求一般荷载作用下的影响量值。

(1) 一组集中力

设有一组位置固定的集中力 P_1、P_2、P_3 作用于简支梁[图 8.13(a)]，现要利用图 8.13(b)所示 Q_C 影响线求 P_1、P_2、P_3 作用下 Q_C 的数值。

在 Q_C 影响线中，相应于各荷载作用点的纵坐标为 y_1、y_2、y_3，它们分别是 $P=1$ 在相应位置产生的 Q_C。因此，由 P_1 产生的 Q_C 等于 P_1y_1，P_2 产生的 Q_C 等于 P_2y_2，P_3 产生的 Q_C 等于 P_3y_3。根据叠加原理，可得到 P_1、P_2、P_3 共同作用下 Q_C 的数值为：

$$Q_C=P_1y_1+P_2y_2+P_3y_3$$

一般来说，设有一组位置固定的集中荷载 P_1、P_2、…、P_n 作用于结构，结构某量 Z 的影响线在各荷载作用点的纵坐标为 y_1、y_2、…、y_n，则某量 Z 的影响量的值为：

$$Z=P_1y_1+P_2y_2+\cdots+P_ny_n=\sum_{i=1}^{n}P_iy_i \tag{8.4}$$

应用式(8.4)时，P_i 向下为正，应注意影响线纵坐标 y_i 的正负号。

(2) 均布荷载

设简支梁上有给定位置(DE 段)的均布荷载 q 作用[图 8.14(a)]，现要利用图 8.14(b)所示 Q_C 影响线求在给定均布荷载 q 作用下 Q_C 的数值。

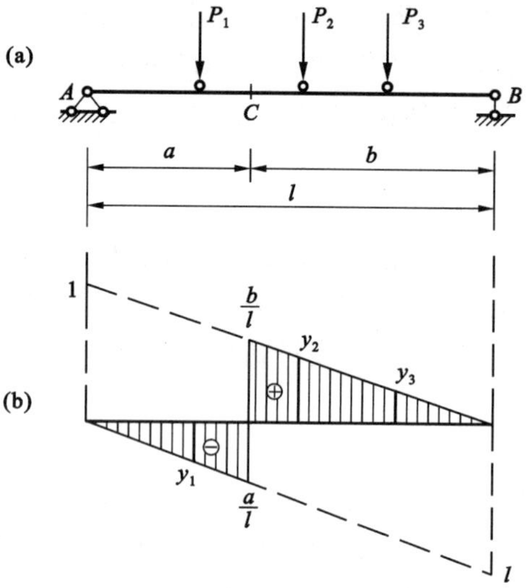

图 8.13 集中力的影响

(a) 集中力；(b) Q_C 影响线

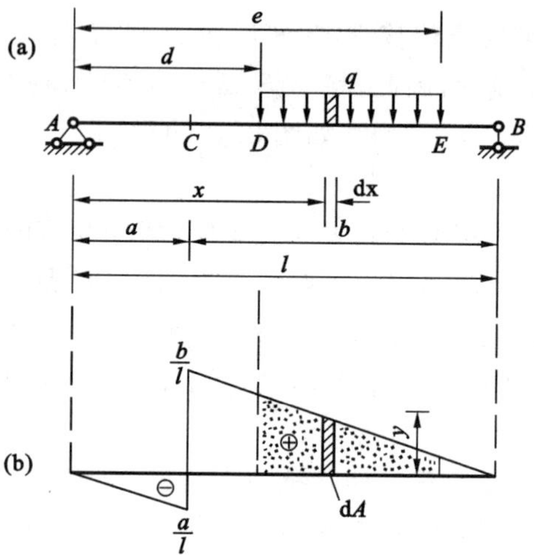

图 8.14 均布荷载的影响

(a) 均布荷载；(b) Q_C 影响线

在均布荷载作用段上，将微段 dx 上的荷载 qdx 看做一个集中荷载，则它引起的 Q_C 的量值为 $qdx\cdot y$；则在 DE 段均布荷载产生的 Q_C 值为：

$$Q_C=\int_d^e qdx\cdot y=q\int_d^e ydx=q\int_d^e dA=qA$$

这里，A 表示 Q_C 影响线图形在均布荷载作用范围内的面积。

在一般情形下，利用某量 Z 的影响线求均布荷载 q 作用下 Z 的影响量值的计算公式为：

$$Z=qA \tag{8.5}$$

式(8.5)表示在给定均布荷载 q 作用下，Z 的数值等于均布荷载的集度 q 乘以该量影响线在荷载作用范围的面积。应用此公式时，q 向下为正，要注意面积的正负号。

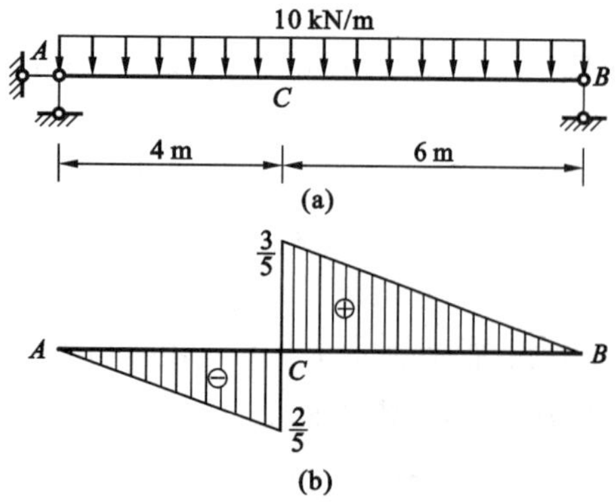

图 8.15 求 Q_C

(a) 均布荷载；(b) Q_C 影响线

【例 8.3】 图 8.15(a)所示简支梁，全跨受均布荷载作用，已作出截面 C 剪力影响线如图 8.15(b)所示。试利用 Q_C 影响线计算在上述荷载作用下 Q_C 的数值。

【解】

Q_C 影响线正号部分的面积以 A_1 表示，负号部分的面积以 A_2 表示，则：

$$A_1=\frac{1}{2}\times 6\times\frac{3}{5}=1.8\ \text{m}$$

$$A_2=\frac{1}{2}\times 4\times\left(-\frac{2}{5}\right)=-0.8\ \text{m}$$

由式(8.5)得：

$$Q_C=q(A_1+A_2)=10\times(1.8-0.8)=10\ \text{kN}$$

8.6.2 可动均布荷载的最不利布置

可动均布荷载的最不利布置是指荷载可按任意位置分布时，使某量 Z 达到最大值的荷载分布位置。

对于可以任意分布的均布荷载，由式(8.5)可知，对图 8.16(a)所示的 Z 影响线，最不利布置为：求最大正号值 Z_{max} 时，应在影响线正号部分布满荷载，如图 8.16(b)所示；求最大负号值 Z_{min} 时，应在负号部分布满荷载，如图 8.16(c)所示。

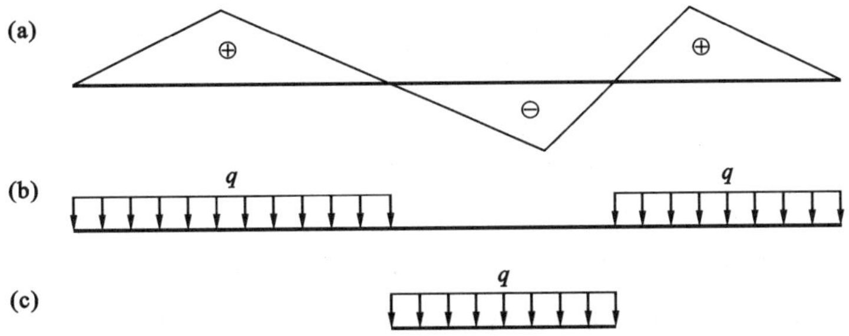

图 8.16 可动均布荷载的最不利布置

(a) Z 影响线；(b) Z_{max} 的最不利布置；(c) Z_{min} 的最不利布置

【例 8.4】 图 8.15(a)中简支梁承受均布荷载 $q=10$ kN/m 的作用，荷载在梁上可任意布置，求 Q_C 的最大正号值和最大负号值。

【解】

由式(8.5)及图 8.15(b)所示影响线可知：

当荷载布满影响线正号部分(即 CB 段)时，可得最大正剪力：

$$Q_{Cmax}=qA^{+}=10\times 1.8=18\ \text{kN}$$

当荷载布满影响线负号部分(即 AC 段)时，可得最大负剪力：

$$Q_{Cmin}=qA^{-}=10\times(-0.8)=-8\ \text{kN}$$

8.6.3 移动荷载的最不利位置

移动荷载移到某个位置，使某量 Z 达到最大值时，则此荷载位置称为最不利位置。

对于一些简单情况，只需根据影响线和荷载的特性加以判断，就可确定荷载的最不利位置。判断的一般原则是：应当把数值大、间距密的荷载放在影响线纵坐标较大部位。如：影响线为三角形[图 8.17(a)]，移动荷载是一个集中荷载时，它的最不利位置是这个集中荷载作用在影响线纵坐标最大处，如图 8.17(b)所示；移动荷载是一组间距不变的集中荷载时，当处于最不利位置时，必有一个集中荷载作用在影响线顶点处，如图 8.17(c)所示。

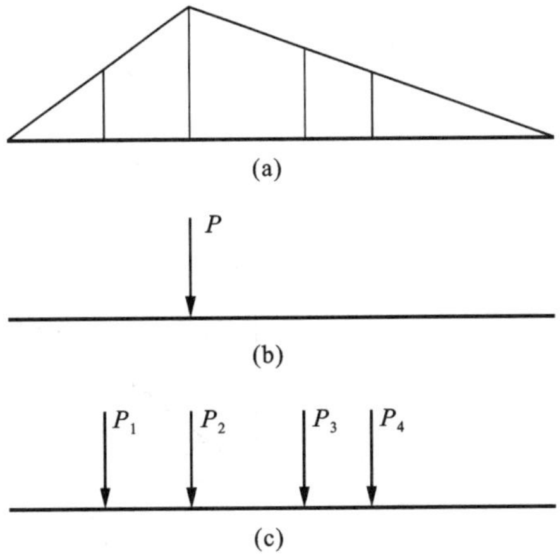

图 8.17 移动荷载的最不利位置

(a) 影响线；(b) 一个集中荷载；(c) 一组集中荷载

【例 8.5】 图 8.18(b)所示为一吊车梁，有两台吊车行驶，轮压及轮距如图 8.18(a)所示，求梁 AB 截面 C 的最大正剪力。

【解】

① 作 Q_C 影响线，如图 8.18(c)所示。

② 据判断，影响线有正号部分和负号部分，要使 Q_C 为最

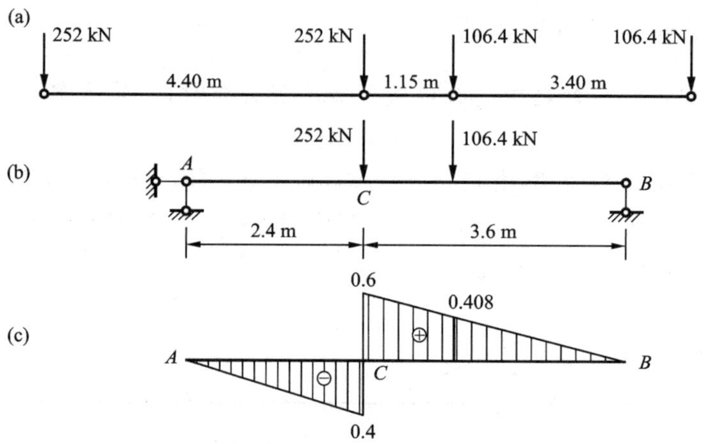

图 8.18　求吊车轮压产生的 Q_{Cmax}

(a) 吊车轮压及轮距；(b) 吊车梁；(c) Q_C 影响线

大正号剪力，首先，荷载应尽量放在影响线的正号部分。其次，应将间距较密的荷载(中间两个轮压)放在影响线纵坐标较大的部位。现将最大的荷载(252 kN)放在影响线纵坐标最大的 C 截面右侧，图 8.18(a)所示为荷载的最不利位置。

③ 计算 Q_{Cmax}

$$Q_{Cmax}=P_1y_1+P_2y_2=252\times 0.6+106.4\times 0.408=194.61\text{ kN}$$

而当移动荷载是一组排列和间距不变的集中荷载时，确定某量 Z 的最不利位置，通常分两步进行。

第一步，求出使 Z 达到极值的荷载位置，通常称为荷载的临界位置。

第二步，从各个 Z 的极值中选出最大、最小值，即从 Z 的极大值中选出最大值，或从极小值中选出最小值，从而选出荷载的最不利位置。

下面以多边形影响线为例，说明荷载临界位置的特点及其判定原则。

图 8.19(a)所示为一组集中荷载，荷载行动时其排列、间距和数值保持不变。图 8.19(b)所示为某量 Z 的影响线，为一多边形。各区段直线和 x 轴的倾角以 α_1、α_2、α_3 表示(其中 α_1 和 α_2 是正的，α_3 是负的)。各区段内的合力分别用 R_1、R_2、R_3 表示，$\bar{y}_1$、$\bar{y}_2$、$\bar{y}_3$ 分别表示 R_1、R_2、R_3 对应的影响线纵坐标。

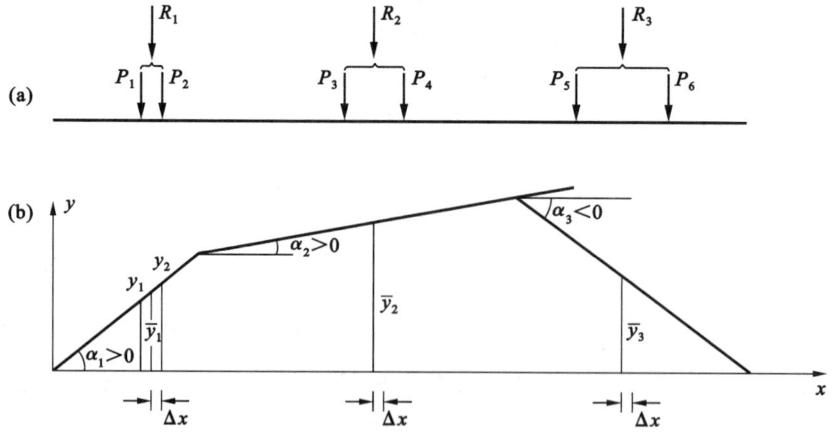

图 8.19　多边形影响线荷载临界位置的特点和判定

(a) 荷载；(b) Z 影响线

首先，在各区段内的影响线是一根直线，各荷载的影响量可由这些荷载的合力 R_i 的影响量来代替。如第一区段：

$$P_1 y_1 + P_2 y_2 = R_1 \bar{y}_1$$

根据叠加原理，并用各区段的合力计算影响量值，则：

$$Z = R_1 \bar{y}_1 + R_2 \bar{y}_2 + R_3 \bar{y}_3 = \sum_{i=1}^{3} R_i \bar{y}_i \tag{8.6}$$

应当说明的是，对于由直线组成的多边形影响线，受移动荷载作用时的影响量 Z[即式(8.6)]是由 x 的一次函数式所组成。使 Z 达极大值时荷载的临界位置为：荷载自临界位置向左稍微移动或向右稍微移动时，Z 量值均应减少或等于零，如图 8.20 所示，即：

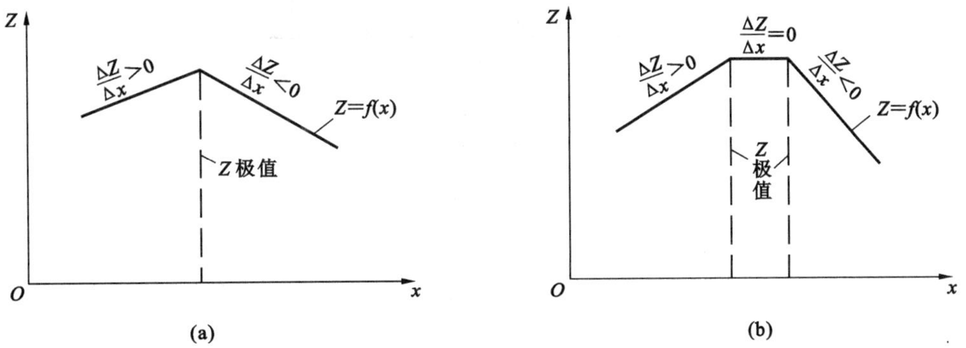

图 8.20 荷载临界位置的特点

(a) 极值点；(b) 极值区

Z 的增量应满足：

$$\Delta Z \leqslant 0$$

由式(8.6)有：

$$\Delta Z = \sum R_i \Delta \bar{y}_i$$

设各荷载都移动 Δx(向右移动时，Δx 为正)，R_i 作用线也移动 Δx，则根据几何关系，纵坐标 $\bar{y}_i$ 的增量为：

$$\Delta \bar{y}_i = \Delta x \tan\alpha_i$$

因此，Z 的增量为：

$$\Delta Z = \Delta x \sum R_i \tan\alpha_i$$

使 Z 达 Z_{max} 值时荷载的临界位置应满足的条件即为：

$$\Delta x \sum R_i \tan\alpha_i \leqslant 0$$

上式可以分为两种情况：

$$\left.\begin{array}{l}\text{当荷载稍向右移时，}\Delta x > 0, \sum R_i \tan\alpha_i \leqslant 0 \\ \text{当荷载稍向左移时，}\Delta x < 0, \sum R_i \tan\alpha_i \geqslant 0\end{array}\right\} \tag{8.7a}$$

同理，使 Z 达 Z_{min} 值时荷载的临界位置必须满足如下条件：

$$\left.\begin{array}{l}\text{荷载稍向右移，}\sum R_i \tan\alpha_i \geqslant 0 \\ \text{荷载稍向左移，}\sum R_i \tan\alpha_i \leqslant 0\end{array}\right\} \tag{8.7b}$$

式(8.7)说明：如果 Z 为极值，荷载稍向左、向右移动时，$\sum R_i \tan\alpha_i$ 必须变号。

下面分析在什么情况下 $\sum R_i \tan\alpha_i$ 才有可能变号。首先，由于影响线的形状已给定，影响线各段的斜率 $\tan\alpha_i$ 是给定的常数，因此，只有使荷载移动时，各段的合力 R_i 改变，才有可能改变 $\sum R_i \tan\alpha_i$ 的符号。其次，为使整个荷载稍向左、向右移动时，合力 R_i 改变数值，则在临界位置中必须有一个集中荷载正好作用在影响线顶点上。当整个荷载稍向左移，此集中荷载移到左段；当整个荷载稍向右移，此集中荷载移到右段。只有这时，合力 R_i 才可能改变数值，才可能使 $\sum R_i \tan\alpha_i$ 改变符号。而使 $\sum R_i \tan\alpha_i$ 改变符号作用于影响线顶点的这个集中荷载称为临界荷载，用 P_{cr} 表示。

当某量 Z 的影响线为两段直线组成的三角形[图 8.21(b)]时，临界位置的特点可以更简单地表达。现讨论 Z 达极大值的荷载临界位置的情形。

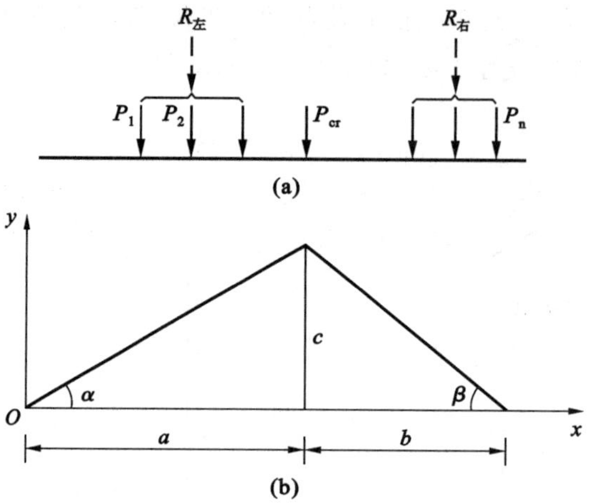

图 8.21 三角形影响线荷载的临界位置

(a) 荷载临界位置；(b) 三角形影响线

这时，利用式(8.7a)，$i=1、2$，$\alpha_1=\alpha$，$\alpha_2=-\beta$；设影响线左段合力为 R_1，右段合力为 R_2。为满足 $\sum R_i \tan\alpha_i$ 变号，必有一荷载 P_{cr} 作用于影响线顶点上。以 $R_左$ 表示 P_{cr} 以左的各荷载的合力，$R_右$ 表示 P_{cr} 以右的各荷载的合力。由式(8.7a)得：

荷载稍向右移时，有：

$$R_1 \tan\alpha - R_2 \tan\beta \leqslant 0$$

$$R_左 \tan\alpha - (P_{cr} + R_右)\tan\beta \leqslant 0$$

$$R_左 \frac{c}{a} - (P_{cr} + R_右)\frac{c}{b} \leqslant 0$$

得

$$\frac{R_左}{a} \leqslant \frac{P_{cr} + R_右}{b}$$

荷载稍向左移时，有：

$$R_1 \tan\alpha - R_2 \tan\beta \geqslant 0$$

$$(R_左 + P_{cr})\tan\alpha - R_右 \tan\beta \geqslant 0$$

$$(R_左 + P_{cr})\frac{c}{a} - R_右 \frac{c}{b} \geqslant 0$$

得

$$\frac{R_左 + P_{cr}}{a} \geqslant \frac{R_右}{b}$$

因此，三角形影响线表达一组移动荷载临界位置的必要条件为：

$$\left.\begin{aligned} \frac{R_左}{a} \leqslant \frac{P_{cr} + R_右}{b} \\ \frac{R_左 + P_{cr}}{a} \geqslant \frac{R_右}{b} \end{aligned}\right\} \tag{8.8}$$

式(8.8)表明，三角形影响线荷载临界位置的特点为：有一个集中荷载 P_{cr} 在影响线的顶点，将 P_{cr} 计入哪一边(左边或右边)，则哪一边的荷载平均集度就大。

【例 8.6】 图 8.22(a)所示为一简支吊车梁，跨度为 12 m。两台吊车传来的最大轮压为 82 kN ($P_1=P_2=P_3=P_4=82$ kN)，轮距为 3.5 m，两台吊车并行的最小间距为 1.5 m。求截面 C 弯矩最大时的荷载最不利位置及 M_C 的最大值。

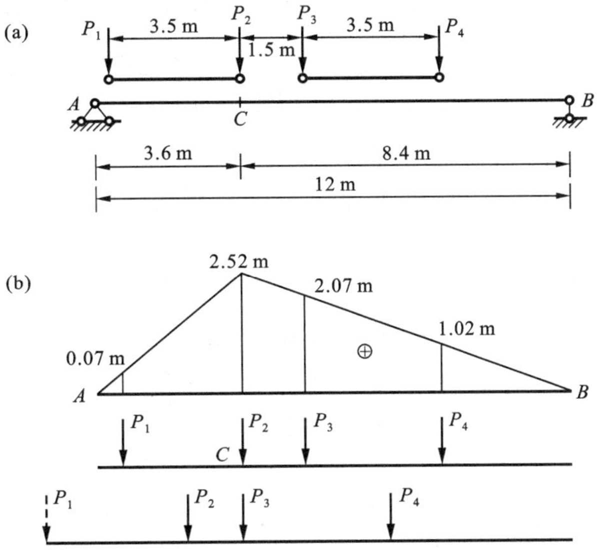

图 8.22 求吊车轮压产生的 M_{Cmax}

(a) 吊车梁及轮压、轮距；(b) M_C 影响线及荷载最不利位置

【解】

① 作 M_C 的影响线如图 8.22(b)所示。

② 临界荷载 P_{cr} 可能是 P_2 或 P_3，先把 P_2 视作 P_{cr}，用式(8.8)验算：

$$荷载稍向左移，\frac{82+82}{3.6}>\frac{82+82}{8.4}$$

$$荷载稍向右移，\frac{82}{3.6}<\frac{82+82+82}{8.4}$$

故 P_2 是一临界荷载。

再把 P_3 视作 P_{cr}，用式(8.8)验算，此时，荷载 P_1 已跑出梁外。

$$荷载稍向左移，\frac{82+82}{3.6}>\frac{82}{8.4}$$

$$荷载稍向右移，\frac{82}{3.6}>\frac{82+82}{8.4}$$

故 P_3 不是临界荷载。

③ 将 P_2 置于 C 点为 M_C 的荷载的最不利位置[图 8.22(b)]，相应的最大弯矩为：

$$M_{Cmax}=82\times(0.07+2.52+2.07+1.02)=465.76\ \text{kN}\cdot\text{m}$$

【例 8.7】 图 8.23(a)所示为一梁式桁架，跨度为 45 m。承受汽车车队荷载，公路-Ⅱ级(见下节)，求桁架杆 1 轴力最大时的荷载最不利位置以及 N_1 的最大值。

【解】

① 作 N_1 的影响线[图 8.23(b)]。

② 先设汽车车队向左行。将图 8.23 中的公路-Ⅱ级汽车活载左行上桥，此时只有五个集中力在桥上，将左起第三个力作为 P_{cr}，置于 C 点(图 8.23)，用式(8.8)验算。

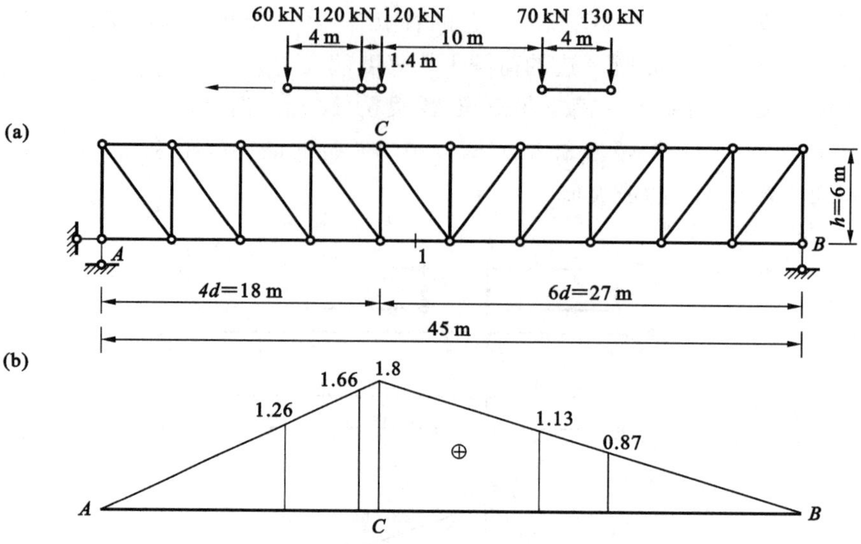

图 8.23　左行车队产生的 N_1

(a) 桁架及左行车队；(b) N_1 影响线

$$荷载稍向右移,\frac{60+120}{18}<\frac{120+70+130}{27}$$

$$荷载稍向左移,\frac{60+120+120}{18}>\frac{70+130}{27}$$

由此可知，所示荷载位置是一临界位置，相应的 N_1 值为：

$$N_1=60\times1.26+120\times1.66+120\times1.80+70\times1.13+130\times0.87=682.8\text{kN}$$

③ 假设汽车车队向右行。将图 8.23 中汽车改为右行，此时将有七个集中力在桥上，将右起第四个力作为 P_{cr}，置于 C 点(图 8.24)，用式(8.8)验算。

$$荷载稍向右移,\frac{130+70+120}{18}>\frac{120+60+130+70}{27}$$

$$荷载稍向左移,\frac{130+70+120+120}{18}>\frac{60+130+70}{27}$$

可见，此位置不是临界位置。

④ 比较以上计算，可知图 8.23 所示荷载位置为最不利位置，N_1 的最大值为 682.8 kN。

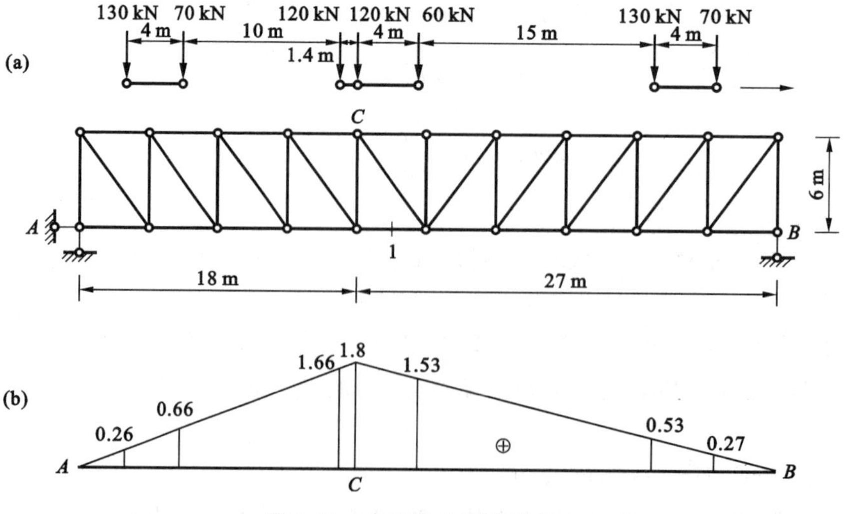

图 8.24　右行车队产生的 N_1

(a) 桁架及右行车队；(b) N_1 影响线

*8.7 公路、铁路的标准荷载制

本节内容可扫二维码阅读。

8.7 节

*8.8 简支梁的包络图和绝对最大弯矩

在设计承受移动荷载的结构时,必须求出每一截面内力的最大值(最大正值和最大负值)。连接各截面内力最大值的曲线称为内力的包络图。包络图是结构设计中重要的工具,在吊车梁、楼盖的连续梁和桥梁的设计中应用很多。**本节内容可扫二维码阅读。**

8.8 节

本 章 小 结

本章主要讨论静定梁和静定桁架的支座反力和内力影响线的作法及其应用,要点如下:

(1) 应搞清内力影响线和内力图的区别。内力影响线是单位集中荷载 $P=1$ 移动时,结构上固定截面内力随荷载位置的变化图形;内力图是荷载位置固定时,内力沿各截面的变化图形。

(2) 影响线的绘制方法有静力法和机动法。静力法是绘制静定结构影响线的最基本的方法,应正确和熟练地掌握。静力法作影响线的方法,是取隔离体建立平衡方程式来求,但应将荷载 $P=1$ 的位置 x 看做变量。取隔离体时,应注意 $P=1$ 的移动范围,并注意影响线的适用范围和 $P=1$ 的移动范围是一致的。

静定结构内力影响线都是由直线组成。

(3) 结点荷载作用下影响线的特点是,在相邻结点之间为直线,利用这个特点,可以方便地绘制结点荷载作用下静定梁和桁架内力的影响线。

(4) 机动法作静定结构某量影响线时,先在结构中撤去与 Z 相应的约束,代以相应的约束力 Z;再沿 Z 的正方向给虚位移,得到的与 $P=1$ 作用点及方向对应的位移图 δ_P 即为影响线的形状。在位移图的纵坐标中,令 $\delta_Z=1$,即得到影响线的纵坐标值。

静定结构撤去一个约束后就变为具有一个自由度的刚片系机构,刚片位移图的特点是直线,也说明了静定结构影响线是直线组成。

(5) 影响线的应用有两个方面:一为计算影响量值,一为确定荷载的最不利位置。

在影响线概念的基础上,利用叠加原理,就可求出一组集中荷载或均布荷载作用时的影响量值。

确定荷载的最不利位置时应先根据荷载和影响线图形的特点判定荷载的临界位置和临界荷载,

计算相应的影响量值，与最大影响量值对应的才是荷载的最不利位置。

以上为本章的主要内容。

(6) 公路、铁路的标准荷载制为供道桥专业选用的内容。

思考题

8.1　影响线的定义是什么？为什么取 $P=1$ 单位集中荷载作用作为绘制影响线的基础？影响线的横坐标 x 和纵坐标 y 各代表什么物理意义？与内力图有什么区别？

8.2　如果图 8.3(a)中的梁在跨中承受一个集中荷载 P，能否利用图 8.3(b)所示 R_B 影响线计算此荷载作用下的支座反力？

8.3　试比较静力法作某量 Z 的影响线的两种作法(取隔离体建立平衡方程和直接按内力算式)的异同。

8.4　在写影响线方程时，为什么有时全梁写一段，有时必须分段写出？

8.5　试说明简支梁截面 C 弯矩影响线在 C 点纵坐标的意义以及它和 $P=1$ 作用在 C 点时 M 图的区别。

8.6　试说明简支梁截面 C 剪力影响线在截面 C 左、右为两平行线的理由，以及在 C 点有突变和突变处两纵坐标所代表的意义。

8.7　简述在结点荷载作用时，绘制某量 Z 的影响线的步骤。

8.8　结点荷载作用时，影响线的特点是什么？

8.9　用静力法绘制桁架杆件内力影响线有什么特点？

8.10　在作桁架影响线时，为什么要区分桁架是下弦承载还是上弦承载？两种承载方式，在什么情况下影响线彼此相同？什么情况下影响线有区别？

8.11　机动法作影响线的步骤如何？

8.12　从静定多跨梁的几何组成特点说明：用机动法作静定多跨梁的影响线时，附属部分某量影响线在基本部分上与基线重合。

8.13　如何确定一组间距不变的移动荷载的临界位置和最不利位置？两者有何区别？

8.14　简述荷载临界位置的判别式 $\sum R_i \tan\alpha_i$ 变号的意义。

*8.15　内力包络图与内力图、内力影响线有何区别？

8.16　简支梁的绝对最大弯矩与跨中截面最大弯矩是否相等？在什么情况下将相等？

习题

8.1～8.4　用静力法作静定单跨梁的支座反力及指定截面内力的影响线。

8.1　支座反力 R_A、M_A，截面 C 的内力 M_C、Q_C。

8.2　支座反力 R_A、R_B，截面 C 和 A 的内力 M_C、Q_C、M_A、$Q_{A左}$、$Q_{A右}$。

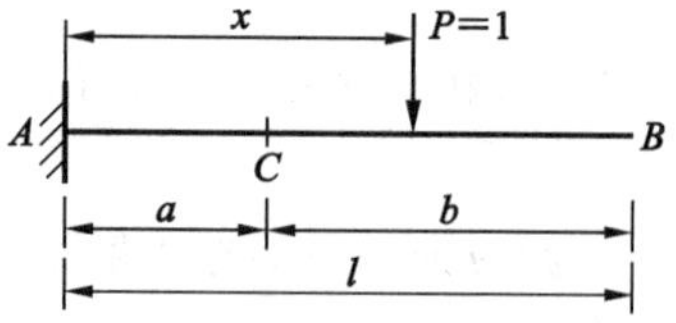

题 8.1 图

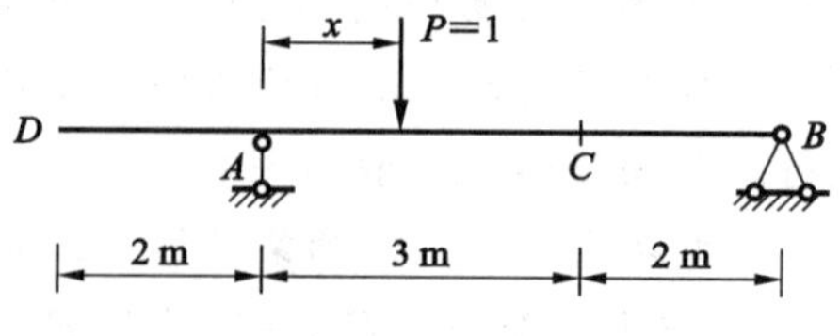

题 8.2 图

8.3　支座反力 R_A、R_B，截面 C 的内力 M_C、Q_C、N_C。

8.4　支座反力 R_{Ax}、R_{Ay}、R_{By}，截面 C 的内力 M_C、Q_C、N_C。

8.5～8.6　用静力法作静定梁在结点荷载作用下指定量的影响线。

8.5　截面 C 的内力 M_C、Q_C。

8.6　支座反力 R_A，截面 C 的内力 M_C、Q_C，截面 D 的剪力 $Q_{D左}$、$Q_{D右}$。

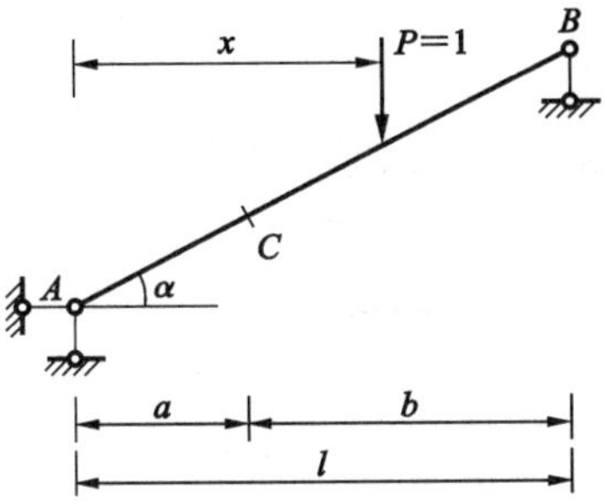

题 8.3 图

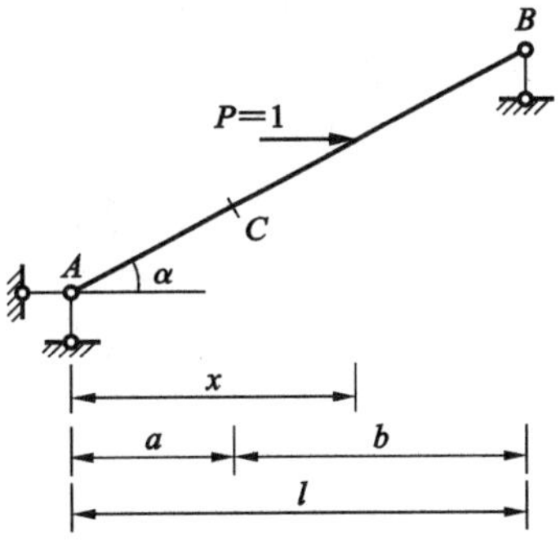

题 8.4 图

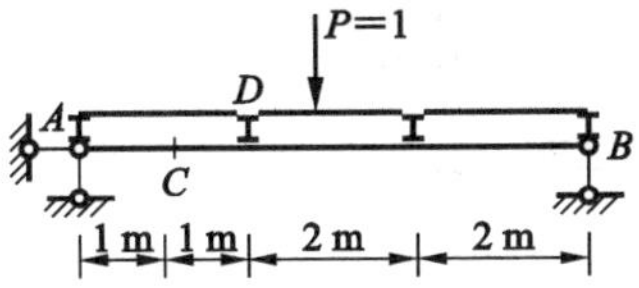

题 8.5 图

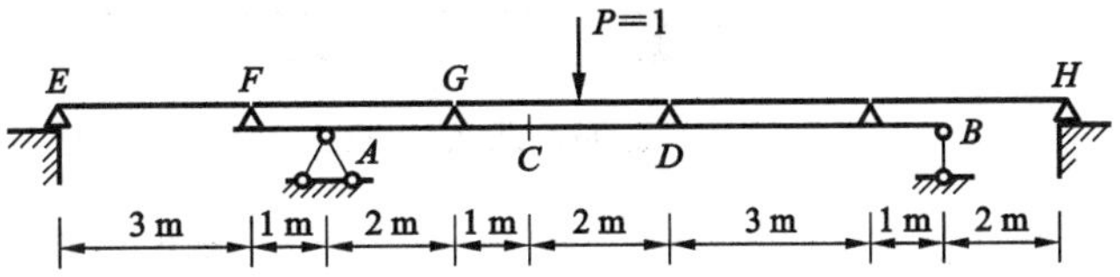

题 8.6 图

8.7～8.10 用静力法作静定桁架指定杆件轴力的影响线。

8.7 N_1、N_2、N_3(P=1 上承、下承)。

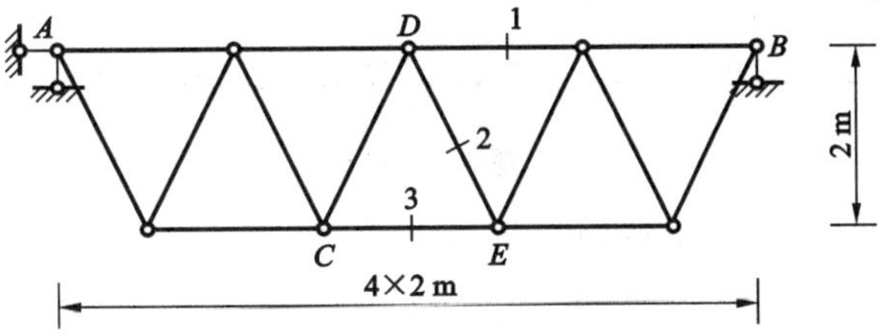

题 8.7 图

8.8 N_1、N_2、N_3、N_4(P=1 上承)。

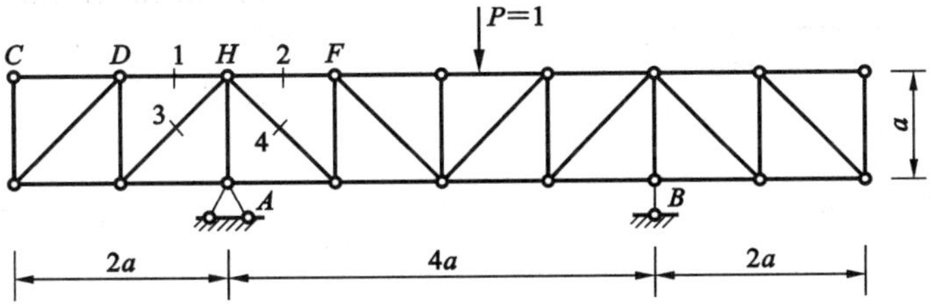

题 8.8 图

8.9 N_1、N_2、N_3(P=1 上承)。

8.10 N_1、N_2、N_3、N_4(P=1 下承)。

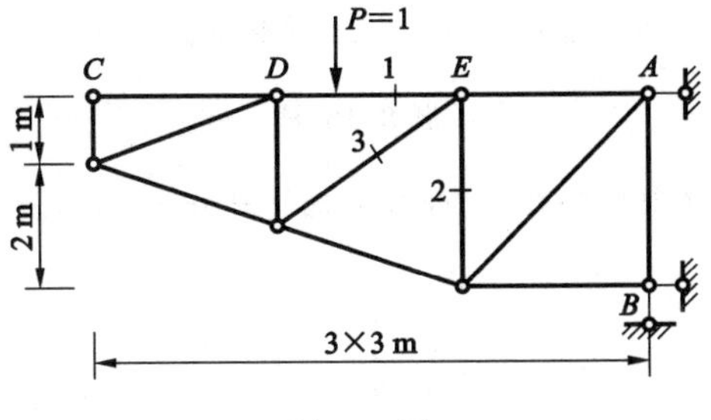

题 8.9 图

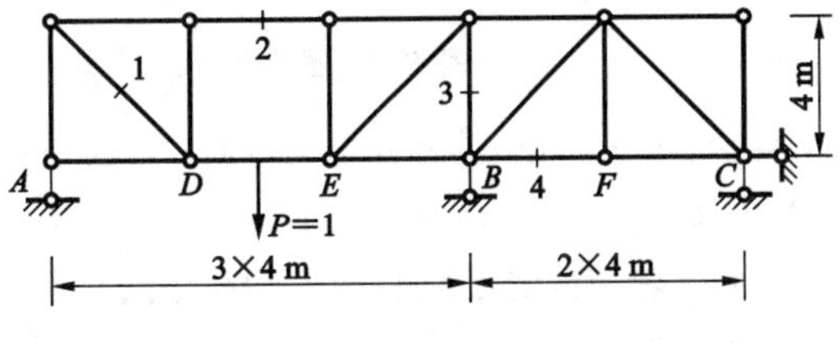

题 8.10 图

8.11～8.14 用机动法作指定量的影响线。

8.11　题 8.3 各量(见题 8.3 图)。

8.12　M_E、$Q_{B左}$、$Q_{B右}$。

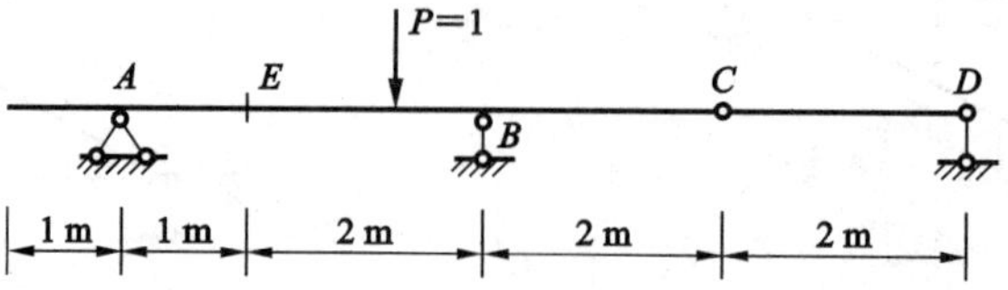

题 8.12 图

8.13　R_C、M_H、Q_H、Q_G。

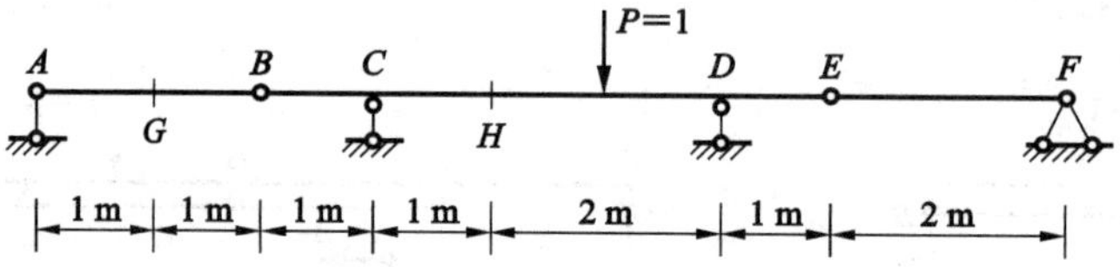

题 8.13 图

8.14　R_A、R_B、M_E、$Q_{E左}$、$Q_{E右}$。

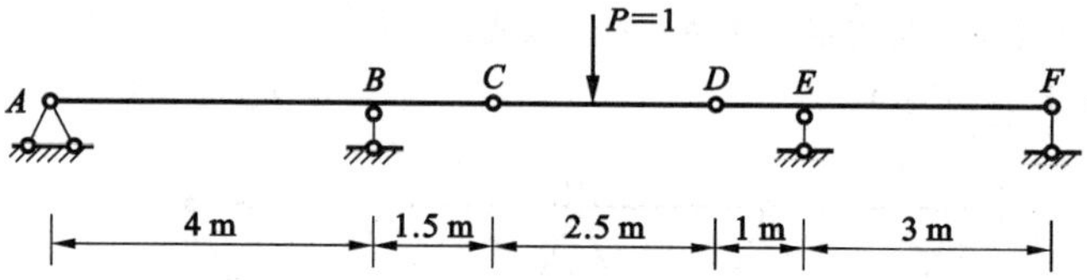

题 8.14 图

8.15～8.18　利用影响线计算在图示荷载作用下指定量的数值。

8.15　计算 $Q_{D左}$、M_E 值。

8.16　计算 Q_D、M_E 值。

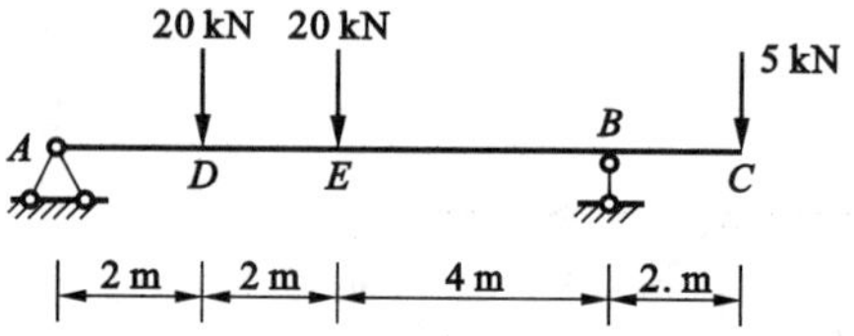

题 8.15 图

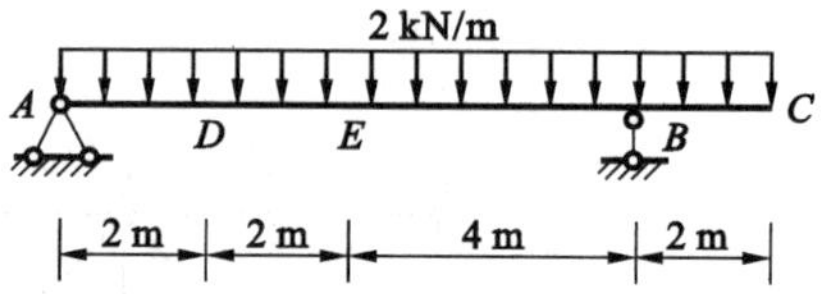

题 8.16 图

8.17　计算 M_C、Q_C 值。

8.18　计算 R_B、M_E、$Q_{B左}$ 值。

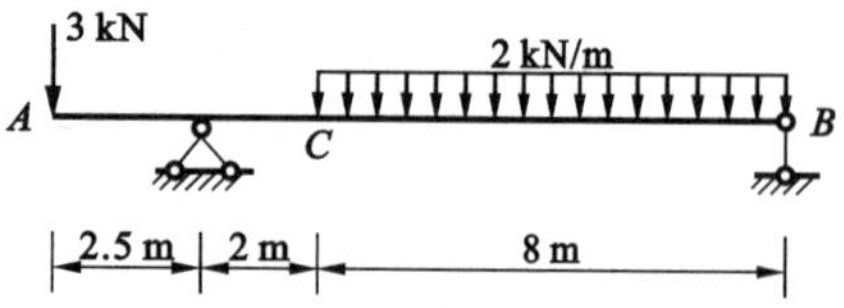

题 8.17 图

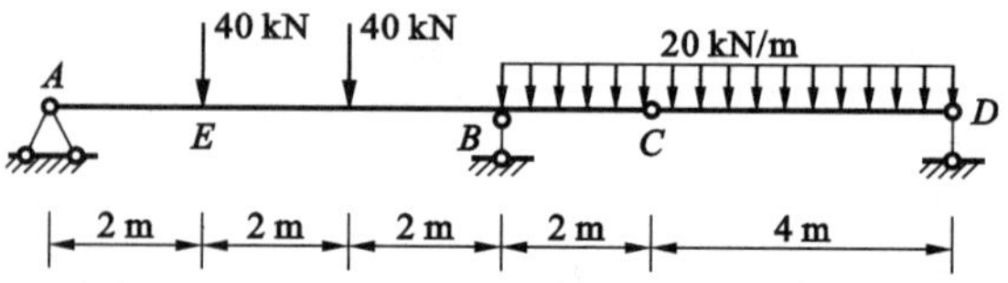

题 8.18 图

8.19～8.20　设梁上作用可以任意分布的均布荷载 q，利用 Z 的影响线，求荷载的最不利分布；并计算当 $q=20kN/m$ 时，Z_{max}、Z_{min} 的值。

8.19　题 8.2(题 8.2 图)M_{Cmax}、M_{Cmin}、Q_{Cmax}、Q_{Cmin}。

8.20　题 8.13(题 8.13 图)M_{Hmax}、M_{Hmin}、Q_{Hmax}、Q_{Hmin}。

8.21～8.23　利用影响线，求图示吊车荷载作用下指定量的荷载最不利位置及其相应的最大值(或最小值)。

8.21　求 M_C、Q_C 的最大值(和 Q_C 的最小值)。

8.22 荷载同 8.21,求支座 B 的最大反力。

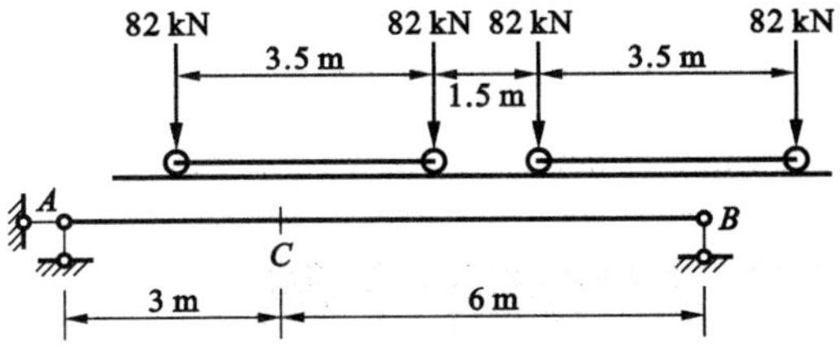

题 8.21 图

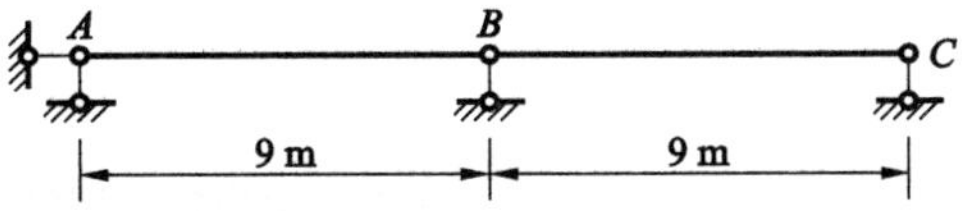

题 8.22 图

8.23 求截面 C 的最大弯矩 M_{Cmax}、最大正剪力 Q_{Cmax} 和最大负剪力 Q_{Cmin}。

*8.24 试求在“公路—Ⅱ级”汽车荷载作用下,简支梁 AB 跨中截面 C 最大弯矩 M_{Cmax} 和最大正剪力 Q_{Cmax}。

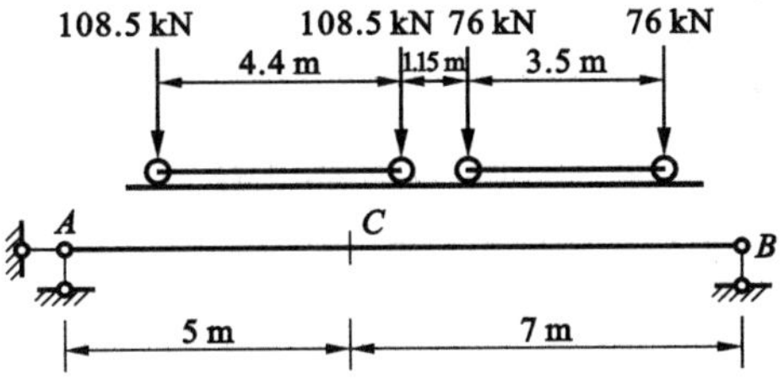

题 8.23 图

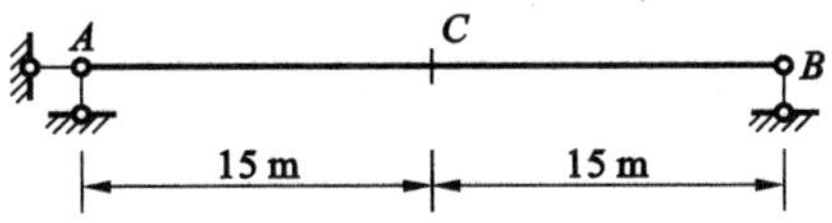

题 8.24 图

*8.25 求图示简支梁的绝对最大弯矩,并与跨中截面的最大弯矩相比较。

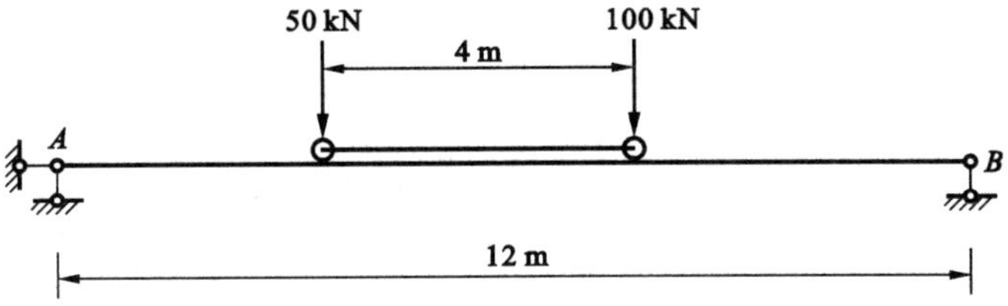

题 8.25 图

9 虚功原理和结构的位移计算

本章提要

本章主要讨论应用虚功原理计算静定结构的位移。

在静定结构与超静定结构分析中，本章内容起着承上启下的作用：它既是静定部分的结尾，又是超静定部分的先导。

首先，讨论刚体体系的虚功原理及其两种应用：求约束力；求位移。

然后，讨论变形体体系的虚功原理，位移计算的一般公式，荷载、温度和支座移动等作用下的位移计算，及方便手算的图乘法等内容。这部分内容为本章的重点。

最后，介绍了线性变形体系的互等定理和空间刚架位移计算的公式。

9.1 位移计算概述

静定结构的位移计算是结构力学分析的一个重要内容，也是超静定结构内力分析的基础。

结构位移计算的目的有两个。一个是验算结构的刚度。在结构设计中，除了应该满足结构的强度要求外，还应该满足结构的刚度要求，即结构的变形不得超过规范规定的容许值（如屋盖和楼盖梁的挠度容许值为梁跨度的$\frac{1}{400}$～$\frac{1}{200}$，而吊车梁的挠度容许值规定为梁跨度的$\frac{1}{600}$）。另一个是为超静定结构的内力计算做准备。因为在超静定结构计算中，不仅要考虑结构的平衡条件，还必须满足结构的变形协调条件。

产生位移的主要因素有下列三种：① 荷载作用；② 温度变化和材料胀缩；③ 支座沉降和制造误差。

在上述因素作用下，结构杆件的形状会发生改变，称为结构的变形。结构变形时，结构上某个点产生的移动或某个截面产生的移动或转动，称为结构的位移。

结构的位移有两大类。一类是线位移，指结构上某点沿直线方向移动的距离。另一类是角位移，指结构上某截面转动的角度。

图 9.1(a)所示简支梁，在均布荷载作用下，梁的变形曲线如图中虚线所示；跨中 C 点变到 C' 点，CC' 是中点 C 的竖向位移；支座截面产生转角 θ_B，是截面 B 的角位移。

图 9.1(b)所示悬臂刚架，在竖向力 P 作用下，刚架变形曲线如图中虚线所示。梁端 C 点变到 C'，CC' 是 C 点沿 CC' 方向的线位移，用 Δ_C 表示，它在水平方向和竖直方向有两个分量，分别以 Δ_{Cx} 和 Δ_{Cy} 表示，几何关系如图 9.1(b)所示。图中的 θ_C 为截面 C 的转角，也就是截面 C 的角位移。

本章只讨论线性变形体系的位移计算，计算的理论基础是虚功原理，计算的方法是单位荷载法。

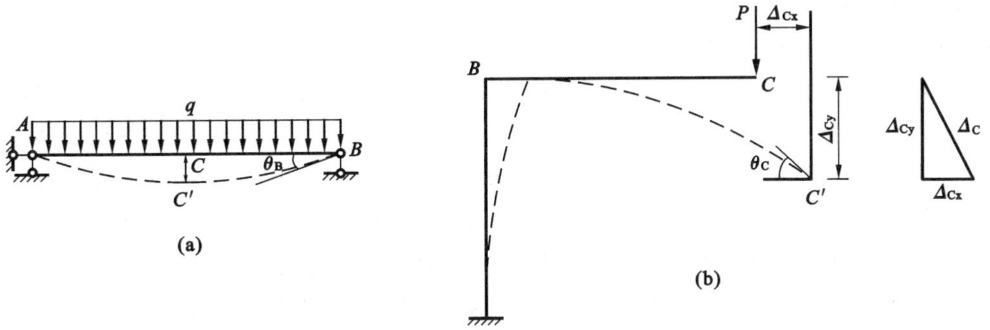

图 9.1　结构的位移

(a) 梁的位移;(b) 刚架的位移

线性变形体系是指位移与荷载成线性关系的体系,当荷载全部撤除后,位移将完全消失。线性变形体系的应用条件是:

(1) 材料处于弹性阶段,应力与应变成正比;

(2) 结构变形微小,不影响力的作用。

线性变形体系也称为线性弹性体系,它的应用条件也是叠加原理的应用条件,所以,对线性变形体系的计算,可以应用叠加原理。

9.2　虚功和虚功原理

9.2.1　虚功

我们知道,一个不变的力所做的功是以该力的大小与其作用点沿力方向相应位移的乘积来衡量的,即

$$W = P\Delta \tag{9.1}$$

现在,我们要将此式的定义扩大。

式中　W——虚功;

P——广义力;

Δ——与 P 相应的广义位移。

这里,功的定义仍是力 P 与相应的位移 Δ 的乘积。功的单位是 N·m。

(1) 广义力和相应的广义位移

如果 P 是一个力,相应的 Δ 为沿这个力作用线方向的线位移。如图 9.2(a)所示简支梁在 C 点作用一个竖向力 P,让它经历图 9.2(c)所示的位移做功,相应的位移 Δ 则是在 C 点沿 P 力作用方向的线位移,如图 9.2(c)所示。

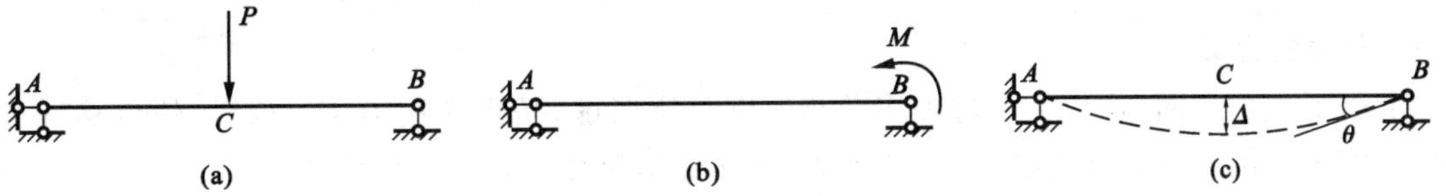

图 9.2　力和相应的位移

(a) 竖向力 P;(b) 力偶 M;(c) 与 P、M 相应的位移 Δ、θ

如果 P 是一个力偶,相应的 Δ 为沿力偶作用方向的角位移。如图 9.2(b)所示简支梁在 B 端作用一个力偶 M,让它经历图 9.2(c)所示的位移做功,相应的位移 Δ 则是沿 M 作用方向的 B 端截面的

转角 θ，如图 9.2(c)所示。

如果一组力经历相应的位移做功，结果可表示为式(9.1)的形式。即一组力可以用一个符号 P 表示，相应的位移也可用一个符号 Δ 表示，这种扩大了的力和位移分别称为广义力和广义位移。如图 9.3(a)左图中一对方向相反的水平力 P_1 和 P_2($P_1=P_2=P$)，是广义力 P，则相应的广义位移 Δ 为刚架在 A 点和 B 点沿力方向的水平位移之和，即 A、B 两点的相对水平位移 Δ($\Delta=\Delta_1+\Delta_2$)，如图 9.3(a)右图所示。这时，$P\Delta=P(\Delta_1+\Delta_2)=P_1\Delta_1+P_2\Delta_2$，正好是一对力所做的功。又如图 9.3(b)左图中一对方向相反的竖向力 P_1 和 P_2($P_1=P_2=P$)，是广义力 P，则相应的广义位移 Δ 为刚架在 A 点和 B 点沿力方向的竖向位移之和，即 A、B 两点的相对竖向位移 Δ($\Delta=\Delta_1+\Delta_2$)，如图 9.3(b)右图所示。这时，$P\Delta=P(\Delta_1+\Delta_2)=P_1\Delta_1+P_2\Delta_2$，正好是这一对力所做的功。类似地，如果广义力 P 是一对力偶，则相应的广义位移 Δ 为沿这一对力偶作用方向的角位移之和。如图 9.3(c)左图中，刚架在铰 C 左、右两侧作用一对方向相反的力偶 M_1 和 M_2($M_1=M_2=M$)，是广义力，则相应的广义位移为刚架铰 C 左、右两侧截面沿力偶方向的转角 θ_1 和 θ_2 之和，即铰 C 左、右两侧截面的相对转角。

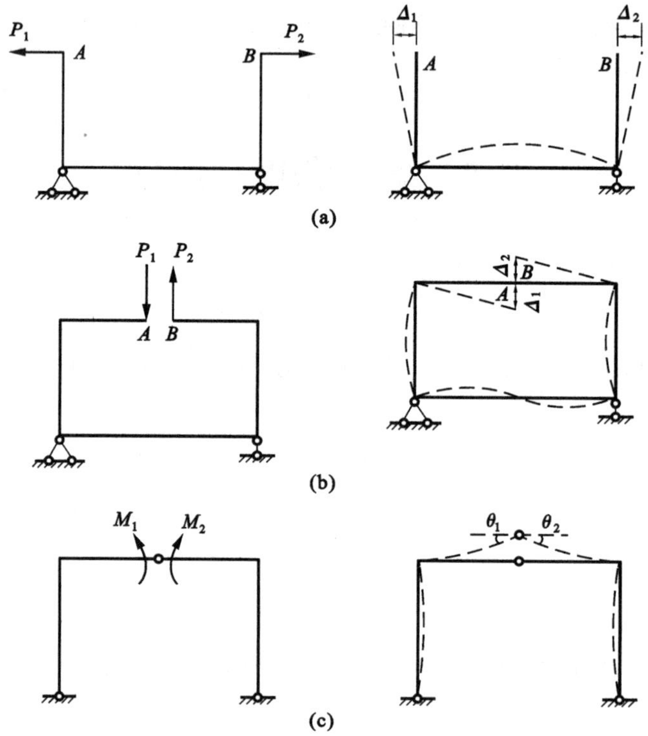

图 9.3 广义力和广义位移

(a) A、B 两点一对方向相反的水平力，A、B 两点的水平相对位移；
(b) A、B 两点处一对方向相反的竖向力，A、B 两点的竖向相对位移；
(c) A、B 两截面处一对方向相反的力偶，A、B 两截面的相对转角

(2) 虚功的含义

这里用了虚功一词，是为了与过去实功相区别。所谓虚，是指作用力 P 与经历的位移 Δ 是独立无关的。即经历的位移 Δ 不必是 P 所产生的；或在经历位移 Δ 时，作用力 P 为一常值。图 9.2(a)和(b)所示的力系与图 9.2(c)所示的位移是互相无关的，无因果关系。

9.2.2 刚体体系虚功原理的两种应用

当体系在位移过程中，不考虑材料应变，各杆只发生刚体运动时，体系属于刚体体系。刚体体系

的虚功原理已在8.5.1中叙述，这里说明它的两种应用。

虚功原理中所讨论的力系和位移是两个彼此无关的状态，因此，对于一给定的平衡力系状态，可以利用虚设的可能位移状态求未知力；而对于一给定的位移状态，则可以利用虚设的平衡力系求未知位移。现分别讨论如下。

(1) 求静定结构的未知约束力

图9.4(a)所示的伸臂梁，在 P 作用下，拟求 A 支座反力 X。

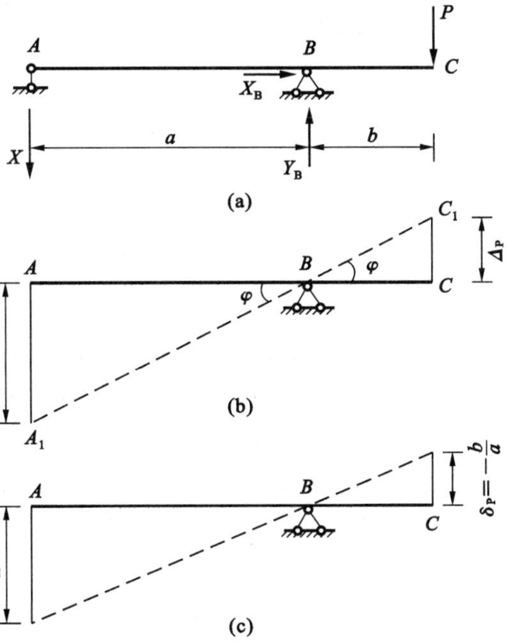

图9.4 用虚功原理求静定结构支座反力

(a) 平衡力系；(b) 虚位移状态；(c) 虚位移状态的简化表示

为使梁能发生刚体位移，将与拟求支座反力 X 相应的约束撤除，代以相应的力 X（这时的 X 已是主动力），则原结构变成具有一个自由度的几何可变体系。ABC 刚片可以绕铰支座 B 作自由转动，A 位移到 A_1，C 位移到 C_1，得到一虚设的可能位移状态，如图9.4(b)所示。

图9.4(a)所示的力系，在外力 P 作用下，与支座反力 X、Y_B、X_B 维持平衡，即图9.4(a)给出了一组平衡力系状态。

令图9.4(a)给定的平衡力系状态在图9.4(b)的虚位移状态做虚功，建立体系的虚功方程。可得：

$$X\Delta_X + P\Delta_P = 0 \tag{9.2}$$

式中 Δ_P、Δ_X——分别是沿 P 和 X 作用方向的虚位移。

由几何关系，知：

$$\Delta_X = a\varphi, \quad \Delta_P = -b\varphi$$

这里，Δ_X 与 X 方向一致，取正号；Δ_P 与 P 方向相反，取负号。

所以

$$\frac{\Delta_P}{\Delta_X} = -\frac{b}{a} \tag{a}$$

将式(a)代入式(9.2)，得：

$$X\Delta_X - P\,\frac{b}{a}\Delta_X = 0$$

即

$$X-P\frac{b}{a}=0 \qquad (b)$$

所以

$$X=P\frac{b}{a} \qquad (c)$$

由式(a)可以看出，$\frac{\Delta_P}{\Delta_X}$的比值不随$\Delta_X$的大小而改变。因此，为计算便利，可虚设$X$方向的位移为单位位移[图 9.4(c)]，这时，沿P方向的位移为δ_P。在图 9.4(c)中，令$\delta_X=1$。

由几何关系，可得：

$$\delta_P=-\frac{b}{a}$$

这时，虚功方程为：

$$X\cdot 1+P\cdot\delta_P=0,X=-P\delta_P=P\frac{b}{a}$$

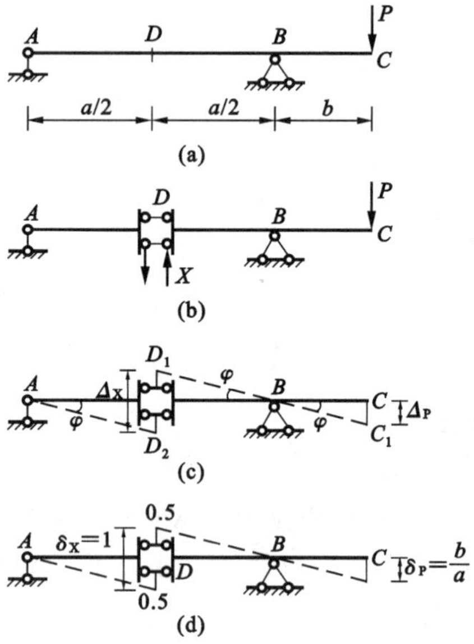

图 9.5　用虚功原理求静定结构内力

(a) 伸臂梁；(b) 求 X 的机构；(c) 虚位移状态；(d) 虚位移的简化表示

所得结果为正，表明力X与所设方向相同，即向下。

当拟求图 9.5(a)所示伸臂梁跨中截面D的剪力$X=Q_D$时，将与$X=Q_D$相应的约束撤除，即将截面D左、右改为用两个平行于杆轴的平行链杆连接；在截面D处代之以一对大小相等、方向相反的剪力$X=Q_D$，这里X是一对广义力，原结构变为具有一个自由度的几何可变体系，如图 9.5(b)所示。刚片DBC可以绕铰支座B作自由转动，D位移到D_1，C位移到C_1。因为刚片AD与刚片DBC是用两个平行于杆轴的链杆相连的，位移后AD_2仍应与D_1BC_1平行，A点因有竖向支杆，所以竖向位移为零，故得到一虚设的可能位移状态，如图 9.5(c)所示。令图 9.5(b)所示的平衡力系在图 9.5(c)所示的虚位移上做虚功，得虚功方程如下：

$$X\Delta_X+P\Delta_P=0$$

这时，Δ_X是$X=Q_D$作用方向的虚位移(即截面D左、右的相对错动)，是广义位移。在图 9.5(d)中，令$\delta_X=1$，则由几何关系可得：

$$\delta_P=\frac{b}{a}$$

这时，虚功方程变为：

$$X\cdot 1+P\delta_P=0$$

得

$$X=Q_D=-P\frac{b}{a}$$

所得结果为负，表明$X=Q_D$与所设方向相反，即剪力为负。

以上这种求约束力和内力的方法，也称为单位位移法。

由此，可得应用虚功原理计算静定结构某一约束力X(包括支座反力或任一截面的内力)的步骤如下：

① 撤除与X相应的约束，代以相应的约束力X，使原来的静定结构变为具有一个自由度的机构，约束力X变为主动力X，X与原来的力系维持平衡。

② 令机构发生一刚体体系的可能位移，沿 X 正方向相应的位移为单位位移，即 $\delta_X=1$，这时，与荷载 P 相应的位移为 δ_P，得到一虚位移状态。

③ 在平衡力系和虚位移之间建立虚功方程：

$$X\cdot 1+\sum P\delta_P=0$$

④ 求出单位位移 $\delta_X=1$ 与 δ_P 之间的几何关系，代入虚功方程，得：

$$X=-\sum P\delta_P$$

这里，关键的步骤是撤去与拟求约束力相应的约束，并在拟求约束力正方向虚设单位位移，正确地画出虚位移图，用几何关系求出 δ_P。

【例 9.1】 利用虚功原理求图 9.6(a)所示静定多跨梁的支座反力 R_C 和截面 G 处的弯矩 M_G。

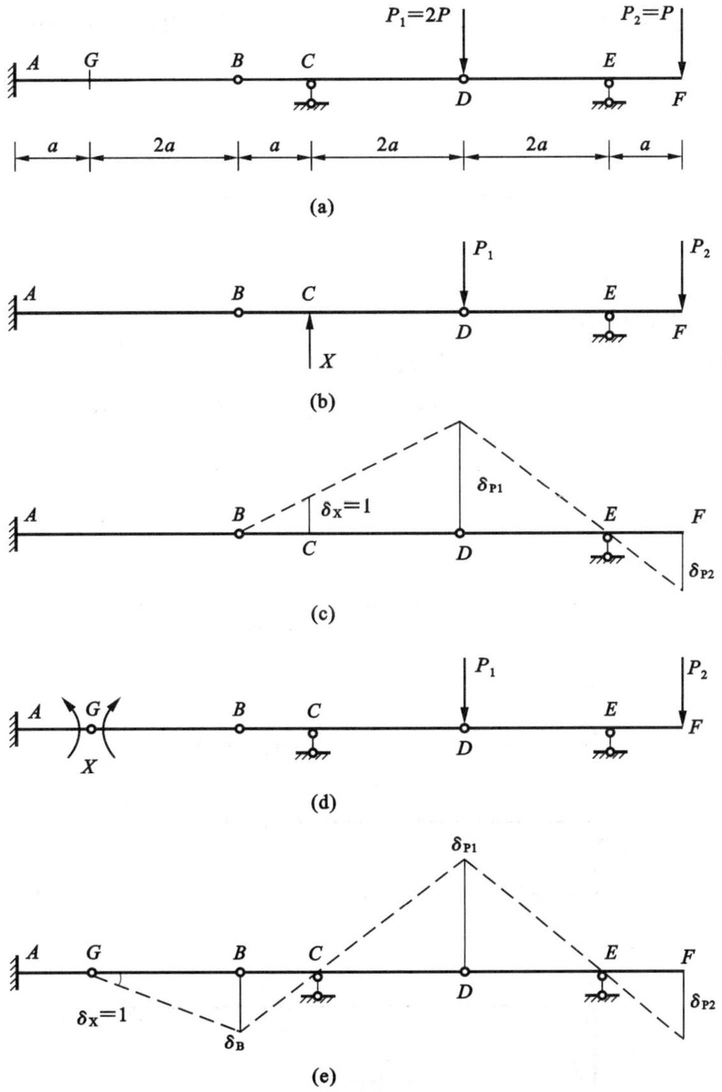

图 9.6 用虚功原理求静定多跨梁反力和内力

(a) 静定多跨梁；(b) 求 R_C 的机构；(c) 求 R_C 的虚位移；(d) 求 M_G 的机构；(e) 求 M_G 的虚位移

【解】

① 求支座反力 R_C

a. 撤去支座 C 的竖直支杆，代以相应的支座反力 X，得到图 9.6(b)所示的机构。

b. 令此机构沿 X 正方向发生单位位移，即 $\delta_X=1$，得到刚体体系的虚位移图，如图 9.6(c)所示。

根据刚体体系的虚位移图，可得到几何关系如下：

$$\delta_{P1}=-3,\delta_{P2}=1.5$$

这里，δ_{P1} 方向与 P_1 方向相反，为负值；δ_{P2} 方向与 P_2 方向相同，为正值。

c. 建立虚功方程：

$$X\cdot 1+P_1\delta_{P1}+P_2\delta_{P2}=0$$

d. 将几何关系代入，得：

$$X=-2P(-3)-P\times 1.5=4.5P$$

② 求截面 G 的弯矩 M_G

a. 撤除与弯矩 M_G 相应的约束，即将截面 G 由刚结改为铰结，并代之以一对大小相等、方向相反的力偶 X。此时，$X=M_G$ 由内力变为主动力，所得机构如图 9.6(d)所示。

b. 令此机构在 X 正方向发生相对单位转角，即 $\delta_X=1$，得到刚体体系的虚位移图如图 9.6(e)所示。由几何关系可得：

$$\delta_{P1}=-4a,\delta_{P2}=2a$$

c. 虚功方程为：

$$X\cdot 1+P_1\delta_{P1}+P_2\delta_{P2}=0$$

d. 将几何关系代入，得：

$$X\cdot 1+2P\times(-4a)+P\times 2a=0,X=6Pa$$

(2) 求静定结构的未知位移

图 9.7(a)所示的伸臂梁，支座 A 向下移动距离为 c_1，现拟求 C 点竖向位移 Δ。

图 9.7(a)所示位移状态是给定的，为了应用虚功原理，应虚设一平衡力系。为了能在 C 点竖向位移上做虚功，即与拟求的 C 点竖向位移相应，在 C 点加一竖向力 P，支座 A 的反力为 $P\dfrac{b}{a}$。P 与相应的支座反力组成一平衡力系，如图 9.7(b)所示，这是一个虚设的力系状态。

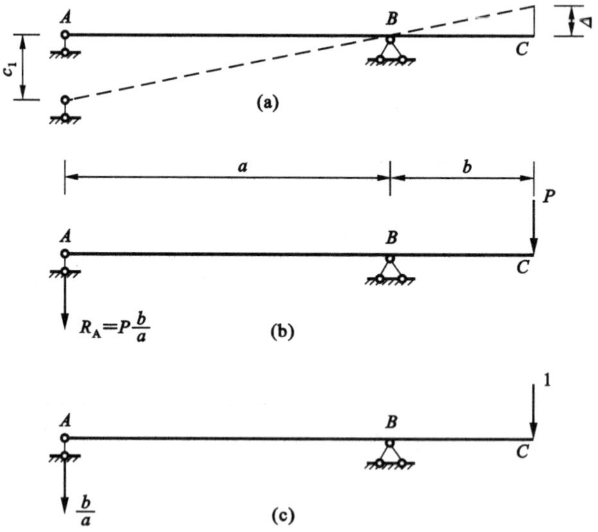

图 9.7　用虚功原理求静定结构位移

(a) 给定位移状态；(b) 虚设力系；(c) 虚设单位力系

令图 9.7(b)的虚设平衡力系在图 9.7(a)所示的刚体位移上做虚功，可得：

$$P\Delta+R_Ac_1=0$$

$$P\Delta+P\frac{b}{a}c_1=0,\quad \Delta=-\frac{b}{a}c_1$$

由上式可以看出，Δ 与 P 无关。为计算简便，可在虚设力系中令 $P=1$[图 9.7(c)]。令这个虚设的平衡力系在图 9.7(a)所示的刚体位移上做虚功，可直接得到：

$$\Delta+\frac{b}{a}c_1=0$$

$$\Delta=-\frac{b}{a}c_1$$

Δ 是负号，说明 Δ 的方向与 P 方向相反，应该方向向上，如图 9.7(a)虚线所示。

因此，在虚设力系[图 9.7(b)、(c)]与给定位移[图 9.7(a)]之间应用虚功原理，可以求得位移。这里，关键步骤是在拟求位移方向加单位力 $P=1$，用这样一个虚设的单位平衡力系与给定位移建立虚功方程，求得位移。所以，这个方法也称为单位荷载法。

9.2.3 变形体体系的虚功原理

当体系在变形过程中，不但各杆发生刚体运动，内部材料同时也产生应变，则该体系属于变形体体系。对于变形体体系，虚功原理可表述如下：体系在任意平衡力系作用下，给体系以几何可能的位移和变形，体系上所有外力所做的虚功总和恒等于体系各截面所有内力在微段变形上所做的虚功总和，即：

$$W_e=W_i \tag{9.3}$$

式中 W_e——体系的外力虚功；

W_i——体系的内力虚功。

这里，几何可能的位移和变形的含义为：位移和变形是微小量，位移与约束条件相符合，变形是协调的(即体系变形后仍是一个连续体，既不出现裂缝或断开，也不出现重叠或搭接)。后两条常合在一起称为变形连续条件。

现讨论在杆件体系中怎样得到内力虚功 W_i 的表达式。

图 9.8(a)所示是简支梁 AB 在荷载作用下的一组平衡力系，图 9.8(b)所示是简支梁 AB 在其他因素作用下的位移和变形状态。

从梁中取出微段 ds 进行讨论。图 9.8(a)中微段 ds 的内力如图 9.8(c)所示。图 9.8(b)中相应微段 ds 的变形用相对变形表示，如图 9.8(d)所示。

图 9.8(c)所示微段的内力在图 9.8(d)所示微段变形上所做的内力虚功定义为：

$$dW_i=N\,d\lambda+Q\,d\eta+M\,d\theta$$

式中 N、Q、M——广义力；

$d\lambda$、$d\eta$、$d\theta$——分别是与广义力相应的广义位移。

因此，梁 AB 内力虚功表达式为：

$$W_i=\int_A^B(N\,d\lambda+Q\,d\eta+M\,d\theta)$$

对于杆件体系有：

$$W_i=\sum\int(N\,d\lambda+Q\,d\eta+M\,d\theta)$$

引入 W_e 的表达式(见 8.5.1 节)，则式(9.3)可写为：

$$\sum P_i\Delta_i+\sum R_K c_K=\sum\int(N\,d\lambda+Q\,d\eta+M\,d\theta) \tag{9.4}$$

因为

$$d\lambda=\varepsilon\,ds,\ d\eta=\gamma_0\,ds,\ d\theta=\kappa\,ds \tag{9.5}$$

所以

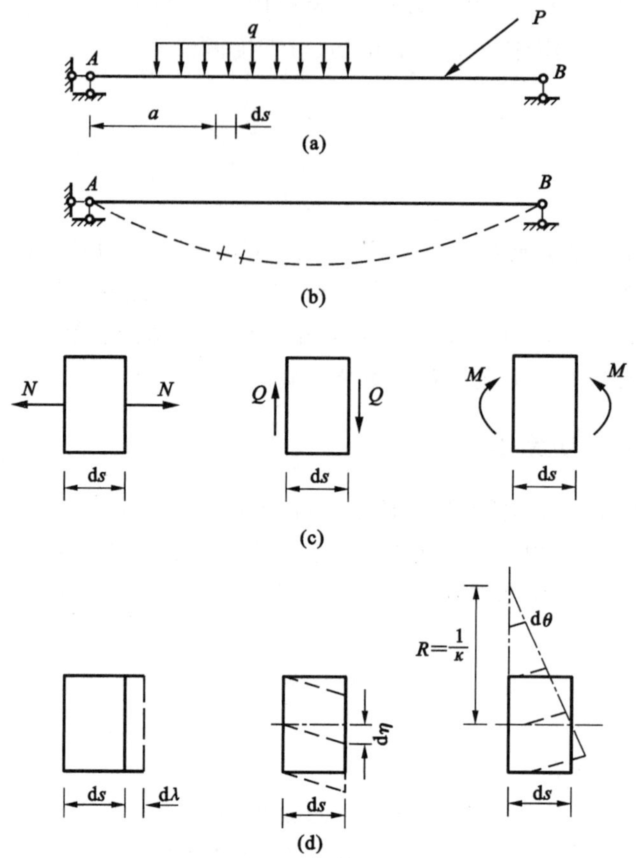

图 9.8　梁的受力和变形状态

(a) 给定的受力状态；(b) 给定的位移和变形状态；(c) 图(a)中微段的受力；(d) 图(b)中微段的变形

$$\sum P_i\Delta_i + \sum R_K c_K = \sum\int(N\varepsilon + Q\gamma_0 + M\kappa)\mathrm{d}s \tag{9.6}$$

式中　N、Q、M——结构杆件 $\mathrm{d}s$ 微段截面的内力，即轴力、剪力和弯矩；

$\mathrm{d}\lambda$、$\mathrm{d}\eta$、$\mathrm{d}\theta$——$\mathrm{d}s$ 微段截面相应的相对变形，即相对轴向变形、相对剪切变形和相对转角；

ε、γ_0、κ——微段相应的轴向应变、切应变和弯曲应变；

$\int$——对杆长积分；

$\sum$——对各个杆件求和。

式(9.6)就是变形体体系虚功原理的表达式，称为变形体体系的虚功方程式。变形体体系的虚功原理的应用也是很普遍的，本章只讨论如何用它来计算变形体体系的位移。

9.3　单位荷载法计算位移和位移计算的一般公式

刚体体系的单位荷载法，很容易推广到变形体体系。

设结构已有一实际给定的变形状态，要用虚功方程式(9.6)求其位移 Δ。为在虚功方程中只包含拟求位移 Δ，不再含有其他未知位移，只需在拟求位移 Δ 的方向虚设一个相应的单位荷载 $P=1$，以此荷载及其支座反力、内力作为虚设的平衡力系，用式(9.6)就可直接得到拟求位移 Δ。

因此，将 $P=1$ 及与它相平衡的支座反力 $\overline{R}_K$ 和内力($\overline{N}$、$\overline{Q}$、$\overline{M}$)等代入式(9.6)，得到用单位荷载法计算位移 Δ 的一般公式如下：

$$1\times\Delta=\sum\int(\overline{N}\varepsilon+\overline{Q}\gamma_0+\overline{M}\kappa)\mathrm{d}s-\sum\overline{R}_{\mathrm{K}}c_{\mathrm{K}} \tag{9.7}$$

注意，这里的位移和变形状态 Δ、c_{K}、$\varepsilon\mathrm{d}s$、$\gamma_0\mathrm{d}s$、$\kappa\mathrm{d}s$ 等是实际给定的，是几何可能的位移和变形状态。而这里的力系 $P=1$ 及 $P=1$ 作用下的支座反力 $\overline{R}_{\mathrm{K}}$ 及结构内力 $\overline{N}$、$\overline{Q}$、$\overline{M}$ 等是虚设的平衡力系。

已知结构各微段的应变 ε、γ_0、κ 和支座位移 c_{K}，拟求结构某点沿某方向的位移 Δ，计算步骤如下：

(1)在某点沿拟求位移 Δ 的方向加一个虚设的单位荷载 $P=1$；

(2)在单位荷载作用下，根据结构的平衡条件，计算结构的内力 $\overline{N}$、$\overline{Q}$、$\overline{M}$ 和支座反力 $\overline{R}_{\mathrm{K}}$；

(3)用式(9.7)计算位移 Δ。

式(9.7)的正负号规定如下：等号右边的四个乘积中，当虚设状态中的 $\overline{N}$、$\overline{Q}$、$\overline{M}$ 及 $\overline{R}_{\mathrm{K}}$ 与实际状态中的 ε、γ_0、κ、c_{K} 的方向一致时，力与变形的乘积为正(例如当 $\overline{M}$ 与 κ 使微段同侧纤维受拉时，$\overline{M}\kappa$ 乘积为正)；反之为负。

由式(9.7)求得的 Δ 如果是正值，说明位移 Δ 的方向与所设单位荷载方向一致；反之，则相反。

式(9.7)是位移计算的一般公式，可应用于计算不同的材料、不同的变形类型、产生变形的不同原因，以及不同结构类型的位移。

9.4　荷载作用下的位移计算

9.4.1　荷载作用下位移的计算公式及计算位移的步骤

本节讨论静定结构在荷载作用下的位移计算，且假设材料是弹性的。

在荷载作用下应用式(9.7)计算位移时，应根据材料是弹性的特点计算荷载作用下各截面的应变 ε、γ_0、κ。由虎克定律，可求得直杆在荷载作用下与轴力(N_{P})、剪力(Q_{P})、弯矩(M_{P})相应的弹性应变。

轴向应变
$$\varepsilon=\frac{N_{\mathrm{P}}}{EA} \tag{9.8a}$$

平均切应变
$$\gamma_0=k\frac{Q_{\mathrm{P}}}{GA} \tag{9.8b}$$

弯曲应变
$$\kappa=\frac{M_{\mathrm{P}}}{EI} \tag{9.8c}$$

式中　E、G——材料的弹性模量和剪切弹性模量；

A、I——杆件截面的面积和惯性矩；

EA、GA、EI——杆件截面的抗拉刚度、抗剪刚度和抗弯刚度；

k——因为切应力在截面上分布不均匀而加的改正系数，与截面形状有关，矩形截面 $k=1.2$，圆形截面 $k=\frac{10}{9}$，工字形或箱形截面 $k=\frac{A}{A_1}$(A_1 为腹板面积)。

将式(9.8)代入式(9.7)，得到直杆在荷载作用下计算弹性位移的一般公式为：

$$\Delta=\sum\int\frac{\overline{N}N_{\mathrm{P}}}{EA}\mathrm{d}s+\sum\int\frac{k\overline{Q}Q_{\mathrm{P}}}{GA}\mathrm{d}s+\sum\int\frac{\overline{M}M_{\mathrm{P}}}{EI}\mathrm{d}s \tag{9.9}$$

注意，在式(9.9)中有两套内力：

$\overline{N}$、$\overline{Q}$、$\overline{M}$——虚设单位荷载引起的内力；

N_{P}、Q_{P}、M_{P}——实际荷载引起的内力。

关于内力的正负号，可规定如下：

轴力 $\overline{N}$、N_{P}——以拉力为正；

剪力 $\overline{Q}$、Q_P——以使微段顺时针转动为正；

弯矩 $\overline{M}$、M_P——只规定乘积 $\overline{M}M_P$ 的正负号。当 $\overline{M}$ 与 M_P 使杆件同侧纤维受拉时，乘积取正。

荷载作用下位移计算的步骤为：

(1) 沿拟求位移 Δ 的位置和方向虚设相应的单位荷载；

(2) 根据静力平衡条件，求出在单位荷载下结构的内力 $\overline{N}$、$\overline{Q}$、$\overline{M}$；

(3) 根据静力平衡条件，计算在荷载作用下结构的内力 N_P、Q_P、M_P；

(4) 代入式(9.9)，计算 Δ。

9.4.2 各类结构的位移计算公式

式(9.9)是静定结构在荷载作用下弹性位移计算的一般公式。公式右边有三项：第一项表示轴向变形的影响，第二项表示剪切变形的影响，第三项则表示弯曲变形的影响。不同的结构形式其受力特点不同，这三种影响在位移中所占的比重也不同。根据不同结构的受力特点，保留主要影响，忽略次要影响，可得到不同结构的简化公式。

(1) 梁和刚架

在梁和刚架中，位移主要是弯矩引起的，轴力和剪力的影响很小(参看例 9.2 和例 9.8)，因此，式(9.9)可简化为：

$$\Delta = \sum\int \frac{\overline{M}M_P}{EI}\mathrm{d}s \tag{9.10}$$

(2) 桁架

在桁架中，各杆只受轴力，而且一般情况下，每根杆件的截面面积 A 和轴力 $\overline{N}$、N_P，以及弹性模量 E 沿杆长都是常数。所以，式(9.9)可简化为：

$$\Delta = \sum\int \frac{\overline{N}N_P}{EA}\mathrm{d}s = \sum \frac{\overline{N}N_P}{EA}l \tag{9.11}$$

(3) 组合结构

在组合结构中，梁式杆主要受弯矩，链杆只受轴力。因此，式(9.9)可简化为：

$$\Delta = \underset{(\text{梁式杆})}{\sum\int \frac{\overline{M}M_P}{EI}\mathrm{d}s} + \underset{(\text{链杆})}{\sum \frac{\overline{N}N_P}{EA}l} \tag{9.12}$$

(4) 拱

一般的实体拱，计算位移时可忽略曲率对位移的影响，只考虑弯矩的影响，即式(9.10)，但在扁平拱中需考虑弯矩和轴力的影响。

$$\Delta = \sum\int \frac{\overline{M}M_P}{EI}\mathrm{d}s + \sum\int \frac{\overline{N}N_P}{EA}\mathrm{d}s \tag{9.13}$$

9.4.3 荷载作用下位移计算举例

【例 9.2】 试求图 9.9(a)所示简支梁在中点 C 的竖向位移 Δ，并比较弯曲变形与剪切变形对位移的影响(梁的截面为矩形：$b\times h$)。

【解】

① 在 C 点加相应于竖向位移的单位力 $P=1$，如图 9.9(b)所示。

② 由平衡条件求实际荷载作用下的内力[图 9.9(a)]，再求虚设单位荷载作用下的内力[图 9.9(b)]。取 A 点为坐标原点，当 $0\leqslant x\leqslant\frac{l}{2}$ 时，任意截面 x 的内力表达式为：

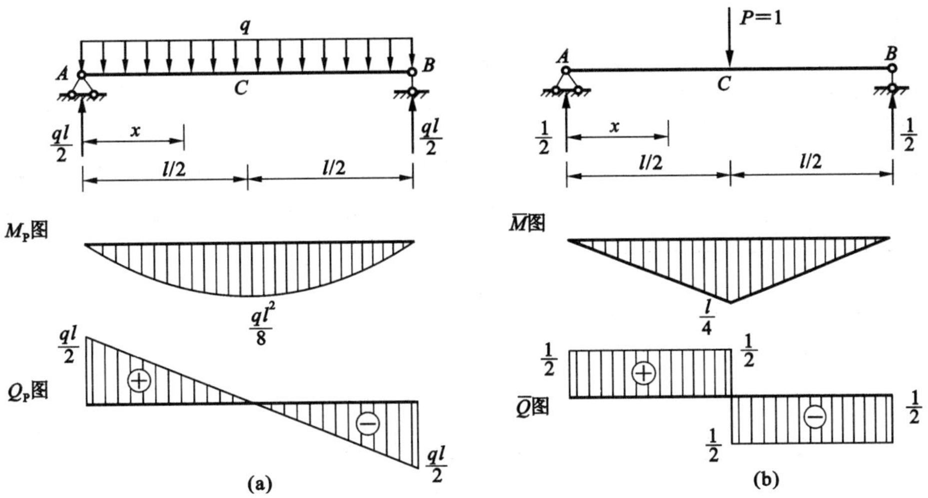

图 9.9　求简支梁中点的竖向位移

(a) 简支梁的荷载和内力；(b) 虚设力系及内力

实际荷载	虚设荷载
$M_P=\dfrac{q}{2}(lx-x^2)$	$\overline{M}=\dfrac{1}{2}x$
$Q_P=\dfrac{q}{2}(l-2x)$	$\overline{Q}=\dfrac{1}{2}$
$N_P=0$	$\overline{N}=0$

③ 计算 Δ

将以上内力表达式代入式(9.9)，分别计算各项变形引起的位移。因对称，积分限取长度的一半，然后乘以 2。

弯曲变形引起的位移为：

$$\Delta_M=\int\frac{\overline{M}M_P}{EI}\mathrm{d}s=2\int_0^{l/2}\frac{\left(\dfrac{1}{2}x\right)\dfrac{q}{2}(lx-x^2)}{EI}\mathrm{d}x=\frac{5ql^4}{384EI}(\downarrow)$$

Δ_M 为正值，说明 C 点挠度与虚设力方向一致。

剪切变形引起的位移为(对于矩形截面，$k=1.2$)：

$$\Delta_Q=k\int\frac{\overline{Q}Q_P}{GA}\mathrm{d}s=2\times1.2\int_0^{l/2}\frac{\left(\dfrac{1}{2}\right)\dfrac{q}{2}(l-2x)}{GA}\mathrm{d}x=0.15\frac{ql^2}{GA}(\downarrow)$$

轴向变形引起的位移为零(因梁的轴力为零)。

所以，总位移为：

$$\Delta=\Delta_M+\Delta_Q=\frac{5ql^4}{384EI}+0.15\frac{ql^2}{GA}(\downarrow)$$

④ 比较剪切变形与弯曲变形对位移的影响。两者的比值为：

$$\frac{\Delta_Q}{\Delta_M}=\frac{0.15\dfrac{ql^2}{GA}}{\dfrac{5ql^4}{384EI}}=11.52\frac{EI}{GAl^2}$$

对矩形截面，$\dfrac{I}{A}=\dfrac{h^2}{12}$，设横向变形系数 $\mu=\dfrac{1}{3}$，$\dfrac{E}{G}=2(1+\mu)=\dfrac{8}{3}$，代入上式，得：

$$\frac{\Delta_Q}{\Delta_M}=2.56\left(\frac{h}{l}\right)^2$$

当梁的高跨比$\frac{h}{l}$是$\frac{1}{10}$时，则$\frac{\Delta_Q}{\Delta_M}=2.56\%$，剪力的影响不到弯矩影响的3%。故对于较长的梁可以忽略剪切变形对位移的影响，直接用式(9.10)计算位移。但是当梁的高跨比增大为$\frac{1}{5}$时，则$\frac{\Delta_Q}{\Delta_M}$增大为10%。因此，对于高跨比较大的梁，剪切变形对位移的影响不可忽略。

【例 9.3】 图 9.10(a)所示桁架，计算下弦中点 C 的挠度。已知各杆弹性模量 $E=2.1\times10^8$ kPa，截面面积 $A=12\ \text{cm}^2$。

【解】

① 在 C 点加 $P=1$，如图 9.10(c)所示。

② 求 N_P

计算在荷载作用下各杆的轴力 N_P，如图 9.10(b)所示。

③ 求 $\overline{N}$

计算在 $P=1$ 作用下各杆的轴力 $\overline{N}$，如图 9.10(c)所示。

④ 求 Δ_C

根据桁架位移公式(9.11)，即：

$$\Delta=\sum\frac{\overline{N}N_P}{EA}l$$

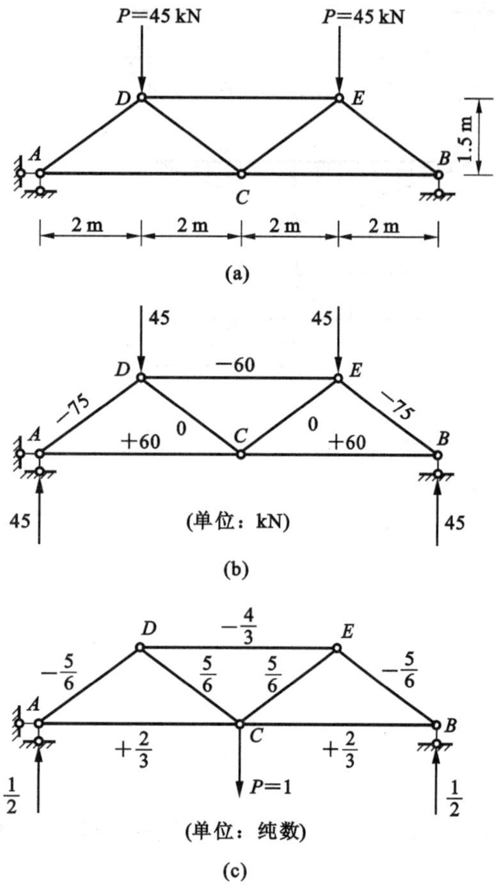

图 9.10　求桁架下弦中点挠度

(a) 桁架；(b) 荷载及轴力 N_P；(c) 单位荷载及 $\overline{N}$

具体计算过程列表进行，见表 9.1。由于桁架及荷载的对称性，计算总和时，在表 9.1 中只计算了半个桁架。杆 DE 的长度只取一半。最后求位移时乘以 2。

$$\Delta_C=2\times0.188=0.376\ \text{cm}(\downarrow)$$

表 9.1　Δ_C 的计算

杆　件	$\overline{N}$	N_P(kN)	l(cm)	A(cm^2)	E(kN/cm^2)	$\frac{\overline{N}N_P}{EA}l$(cm)
AC	2/3	60	400	12	2.1×10^4	0.063
AD	−5/6	−75	250	12	2.1×10^4	0.062
DE	−4/3	−60	$\frac{1}{2}\times400$	12	2.1×10^4	0.063
DC	5/6	0	250	12	2.1×10^4	0
						$\sum=0.188$ cm

【例 9.4】 图 9.11(a)所示为一等截面圆弧形曲杆 AB，截面为矩形，圆弧 AB 的圆心角为 α，半径为 R。设沿水平线作用均布竖向荷载 q，求 B 点的竖向位移。并比较剪切变形和轴向变形对位移的影响。

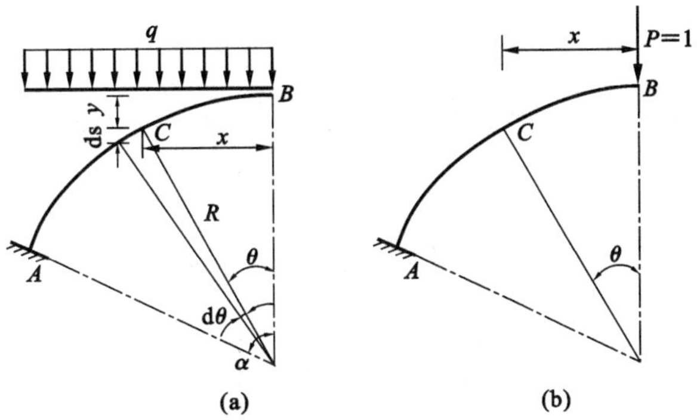

图 9.11　求圆弧形曲杆的位移

(a) 结构及荷载;(b) 单位荷载

【解】

① 在 B 点加单位竖向荷载 $P=1$[图 9.11(b)]。

② 分别求在实际荷载和虚设单位荷载作用下的内力。取 B 点为坐标原点,任一点 C 的坐标为 x、y,圆心角为 θ。任意截面 x 的内力为:

实际荷载	虚设荷载
$M_{\mathrm{P}}=-\frac{1}{2}qx^2$	$\overline{M}=-x$
$N_{\mathrm{P}}=-qx\sin\theta$	$\overline{N}=-\sin\theta$
$Q_{\mathrm{P}}=qx\cos\theta$	$\overline{Q}=\cos\theta$

③ 计算 Δ。位移公式为(忽略了曲率的影响):

$$\Delta=\int\frac{\overline{M}M_{\mathrm{P}}}{EI}\mathrm{d}s+\int\frac{\overline{N}N_{\mathrm{P}}}{EA}\mathrm{d}s+\int\frac{k\overline{Q}Q_{\mathrm{P}}}{GA}\mathrm{d}s$$

为比较,分别计算 M、N、Q 引起的位移,并用 Δ_{M}、Δ_{N}、Δ_{Q} 表示。

$$\Delta_{\mathrm{M}}=\int_B^A\frac{\overline{M}M_{\mathrm{P}}}{EI}\mathrm{d}s=\frac{q}{2EI}\int_B^A x^3\mathrm{d}s$$

$$\Delta_{\mathrm{N}}=\int_B^A\frac{\overline{N}N_{\mathrm{P}}}{EA}\mathrm{d}s=\frac{q}{EA}\int_B^A x\sin^2\theta\mathrm{d}s$$

$$\Delta_{\mathrm{Q}}=\int_B^A\frac{k\overline{Q}Q_{\mathrm{P}}}{GA}\mathrm{d}s=\frac{kq}{GA}\int_B^A x\cos^2\theta\mathrm{d}s$$

为统一变量,取 θ 为变量,则:

$$x=R\sin\theta,y=R(1-\cos\theta),\mathrm{d}s=R\mathrm{d}\theta$$

代入上式,得到:

$$\Delta_{\mathrm{M}}=\frac{qR^4}{2EI}\int_0^\alpha\sin^3\theta\mathrm{d}\theta$$

$$\Delta_{\mathrm{N}}=\frac{qR^2}{EA}\int_0^\alpha\sin^3\theta\mathrm{d}\theta$$

$$\Delta_{\mathrm{Q}}=\frac{kqR^2}{GA}\int_0^\alpha\cos^2\theta\sin\theta\mathrm{d}\theta$$

由于

$$\int_0^\alpha\sin^3\theta\mathrm{d}\theta=\int_0^\alpha(1-\cos^2\theta)\sin\theta\mathrm{d}\theta=\left[-\cos\theta+\frac{1}{3}\cos^3\theta\right]\Big|_0^\alpha$$

$$=\frac{2}{3}-\cos\alpha+\frac{1}{3}\cos^3\alpha$$

$$\int_0^\alpha \cos^2\theta\sin\theta\mathrm{d}\theta=\left(-\frac{1}{3}\cos^3\theta\right)\Big|_0^\alpha=\frac{1}{3}(1-\cos^3\alpha)$$

所以

$$\Delta_{\mathrm{M}}=\frac{qR^4}{2EI}\left(\frac{2}{3}-\cos\alpha+\frac{1}{3}\cos^3\alpha\right)$$

$$\Delta_{\mathrm{N}}=\frac{qR^2}{EA}\left(\frac{2}{3}-\cos\alpha+\frac{1}{3}\cos^3\alpha\right)$$

$$\Delta_{\mathrm{Q}}=\frac{kqR^2}{GA}\times\frac{1}{3}\times(1-\cos^3\alpha)$$

如果 $\alpha=90°$,则:

$$\Delta_{\mathrm{M}}=\frac{qR^4}{3EI}$$

$$\Delta_{\mathrm{N}}=\frac{2qR^2}{3EA}$$

$$\Delta_{\mathrm{Q}}=\frac{kqR^2}{3GA}$$

④ 比较各项内力因素对位移的影响

为了进行比较,求出$\frac{\Delta_{\mathrm{N}}}{\Delta_{\mathrm{M}}}$和$\frac{\Delta_{\mathrm{Q}}}{\Delta_{\mathrm{M}}}$这两个比值。

若 $\alpha=90°$,$h/R=1/10$,$E/G=8/3$,截面为矩形,$I/A=h^2/12$(h 为截面高度),$k=1.2$,则:

$$\frac{\Delta_{\mathrm{N}}}{\Delta_{\mathrm{M}}}=\frac{2I}{R^2A}=\frac{1}{6}\left(\frac{h}{R}\right)^2=\frac{1}{600}$$

$$\frac{\Delta_{\mathrm{Q}}}{\Delta_{\mathrm{M}}}=\frac{kEI}{R^2GA}=\frac{k}{12}\frac{E}{G}\left(\frac{h}{R}\right)^2=\frac{1}{375}$$

计算结果表明,在给定的条件下,轴力和剪力所引起的位移可以忽略不计。

9.5 图 乘 法

由上节知道,计算在荷载作用下梁、刚架的位移时,要计算下列积分值:

$$\int\frac{\overline{M}M_{\mathrm{P}}}{EI}\mathrm{d}s=\int\frac{M_i(x)M_{\mathrm{K}}(x)}{EI}\mathrm{d}x$$

对于直杆或直杆的一段,当 EI 沿杆长度不变,且积分号内两个弯矩图形中有一个是直线图形时,用图乘法计算积分,较为方便。

9.5.1 图乘法的计算公式

图 9.12 是直杆 AB 的两个弯矩图,其中 M_i 图为一直线。当截面抗弯刚度是常数时,EI 可提到积分号外,则:

$$\int_A^B\frac{M_iM_{\mathrm{K}}}{EI}\mathrm{d}x=\frac{1}{EI}\int_A^B M_iM_{\mathrm{K}}\mathrm{d}x \tag{a}$$

因 M_i 图是直线,以 M_i 图的直线延长线与基线(x 轴)的交点为原点,其倾角为 α,则 M_i 图坐标为 x 的任一点的纵坐标为:

$$M_i = x\tan\alpha \tag{b}$$

将式(b)代入式(a)，$\tan\alpha$ 是常数，可提到积分号外，即：

$$\int_A^B M_i M_K \mathrm{d}x = \int_A^B x\tan\alpha M_K \mathrm{d}x = \tan\alpha\int_A^B x M_K \mathrm{d}x \tag{c}$$

式(c)等号右边积分项的几何意义为：$M_K \mathrm{d}x$ 是 M_K 图中在 x 处的微分面积，即图 9.12 中画阴影线的部分；$xM_K\mathrm{d}x$ 是这个微分面积对 y 轴的面积矩；积分式 $\int_A^B xM_K\mathrm{d}x$ 则表示 AB 杆上所有微分面积对 y 轴面积矩之和。由面积矩定理，它等于 M_K 图形的整个面积 A 对 y 轴的面积矩。以 x_0 表示 M_K 图的形心 C 到 y 轴的距离，则：

$$\int_A^B xM_K\mathrm{d}x = Ax_0 \tag{d}$$

把式(d)代入式(c)，再由 M_i 图的几何关系，可得：

$$\int_A^B M_i M_K\mathrm{d}x = \tan\alpha(Ax_0) = Ay_0 \tag{e}$$

将式(e)代入式(a)，得：

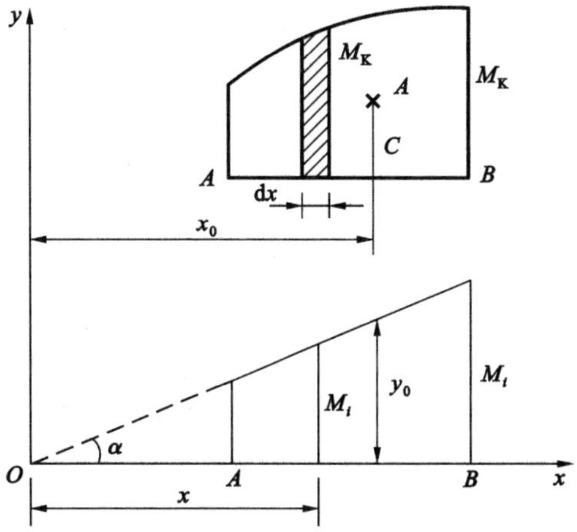

图 9.12　图乘法

$$\int_A^B \frac{M_i M_K}{EI}\mathrm{d}x = \frac{1}{EI}Ay_0 \tag{f}$$

式中　A——AB 杆 M_K 图形的面积；

y_0——M_K 图的形心对应的 M_i 图的纵坐标。

因此，用图乘法计算结构位移的公式为：

$$\Delta = \sum\int\frac{1}{EI}\overline{M}M_P\mathrm{d}s = \sum\frac{1}{EI}Ay_0 \tag{9.14}$$

式(9.14)就是用图乘法计算位移的公式，它将上述类型的积分运算简化为求图形的面积、形心位置及纵坐标运算的问题。应用图乘法计算时要注意几点：

(1) 应用条件：杆必须是直杆，EI 为常数，两个图形中至少有一个是直线图形，纵坐标 y_0 应取自直线图中。

(2) 正负号规则：面积 A 与纵坐标 y_0 在杆的同一边时，乘积 Ay_0 取正号；A 与 y_0 在杆的不同边时，Ay_0 取负号。

图 9.13 给出了位移计算中几种常见图形的面积和形心的位置。在应用图示抛物线图形的公式时，必须注意在顶点处的切线应与基线平行，即在顶点处 $Q=0$。

9.5.2　图乘的分段和叠加

应用图乘法时，如果一个图形是曲线，另一个图形是直线，则纵坐标 y_0 应在直线图形中量取。如果两个图形都是直线，则纵坐标 y_0 可以取自其中任一图形。如果遇到下列情形，则应分段、叠加计算。

(1) 分段

① 一个图形是曲线，另一个图形是由几段直线组成的折线，则应分段计算。对于图 9.14 所示情形，有：

$$\int M_i M_K\mathrm{d}x = A_1y_1 + A_2y_2 + A_3y_3$$

② 杆件各段有不同的 EI，则应在 EI 变化处分段，分段进行图乘。如图 9.15 所示情形，有：

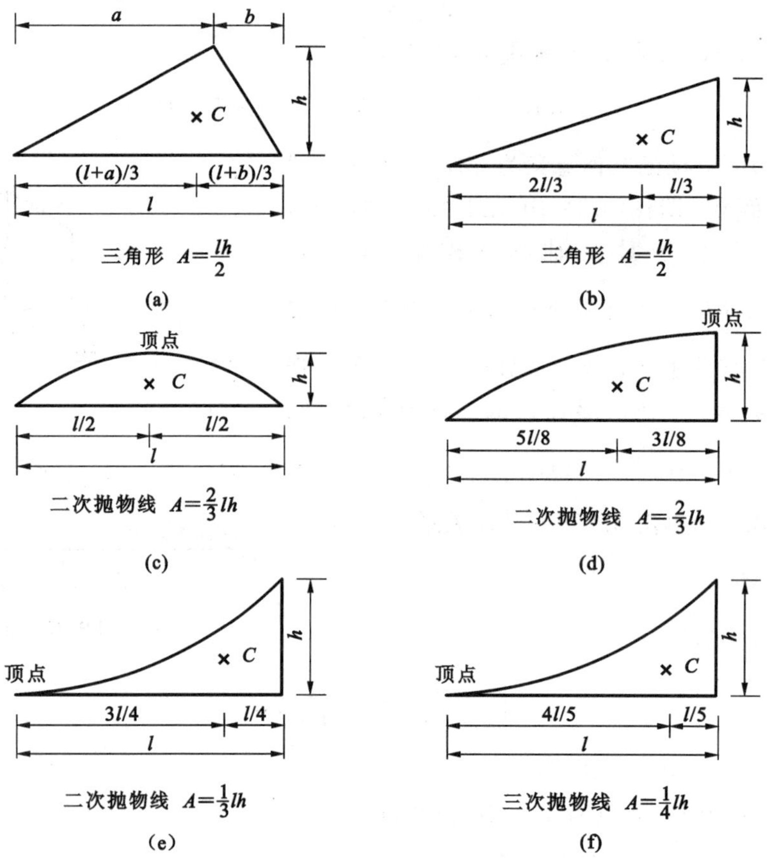

图 9.13　图形的面积和形心

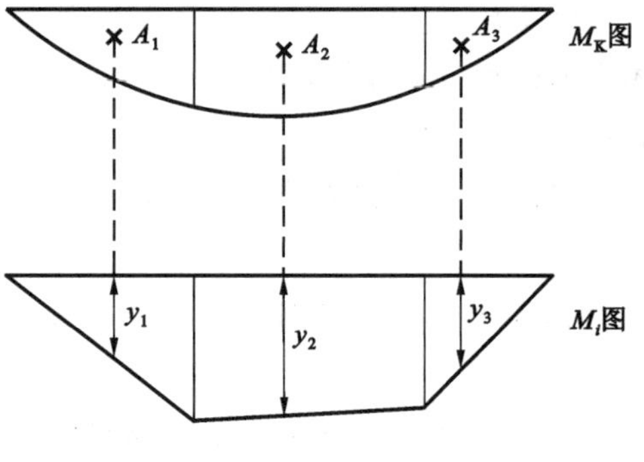

图 9.14　折线分段图乘

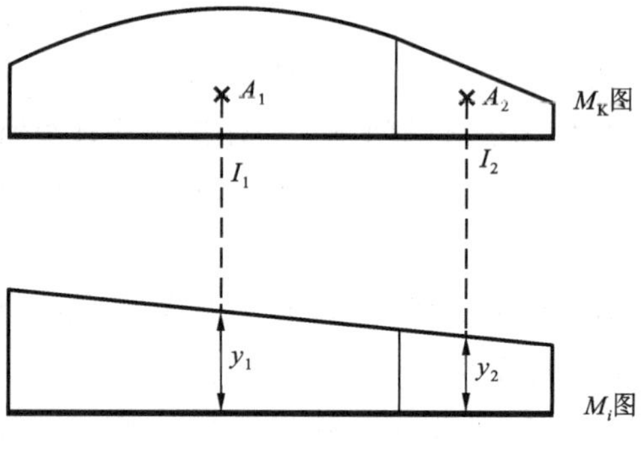

图 9.15　变截面分段图乘

$$\int \frac{M_i M_K}{EI} dx = \frac{1}{EI_1} A_1 y_1 + \frac{1}{EI_2} A_2 y_2$$

(2) 叠加

当 M_K 图形的面积的计算或形心位置的确定比较复杂时，可将复杂的图形分解为计算简单的图形，再叠加计算。

① 两个图形都是梯形(图 9.16)，可以不求梯形面积的形心，而把一个梯形分解为两个三角形(或分为一个矩形和一个三角形)，分别应用图乘法，然后叠加，即：

$$\int M_i M_K dx = A_1 y_1 + A_2 y_2 \tag{9.15}$$

其中纵坐标 y_1 和 y_2 可用下式计算：

$$\left.\begin{aligned} y_1 &= \frac{2}{3}c + \frac{1}{3}d \\ y_2 &= \frac{1}{3}c + \frac{2}{3}d \end{aligned}\right\} \tag{9.16}$$

如果两个直线图具有正号和负号部分，如图 9.17 所示，M_K 图可以看做两个三角形：一个三角形 ADB 在上边，高度为 a；一个三角形 ABC 在下边，高度为 b。式(9.15)仍可应用，但其中纵坐标 y_1 和 y_2 要用下式计算：

$$\left.\begin{aligned} y_1 &= -\frac{2}{3}c + \frac{1}{3}d \ (\text{对应的 } A_1 = \frac{la}{2}) \\ y_2 &= \frac{1}{3}c - \frac{2}{3}d \ (\text{对应的 } A_2 = \frac{lb}{2}) \end{aligned}\right\} \tag{9.17}$$

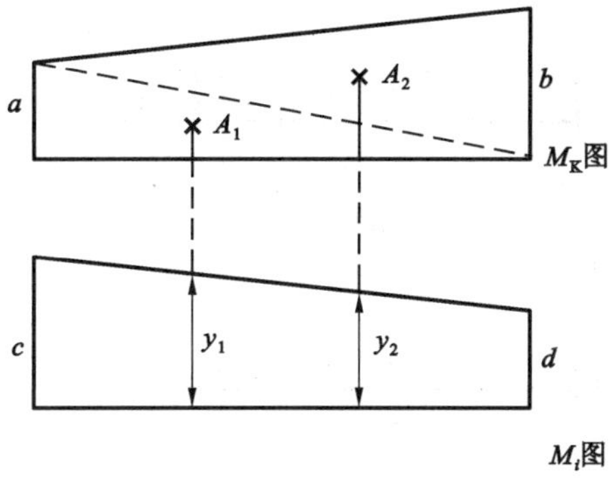

图 9.16　同侧叠加图乘

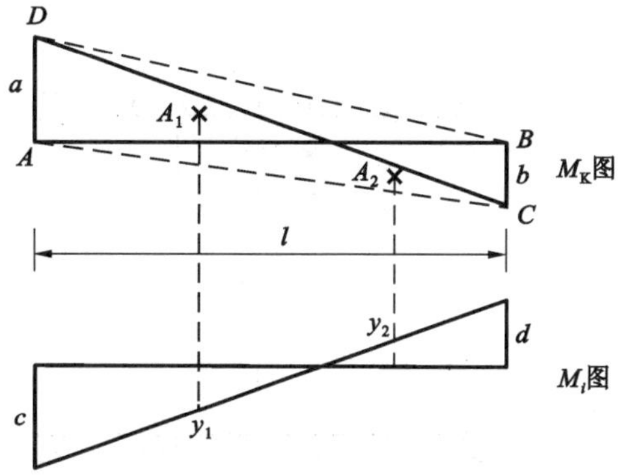

图 9.17　异侧叠加图乘

② M_K 图为一段直杆在均布荷载作用下的 M_P 图，由绘制直杆弯矩图的叠加法知道，它们是由简单图形叠加而成。如图 9.18(a)所示直杆 AB 在均布荷载 q 作用下的 M_P 图，是由两端弯矩 M_A、M_B 的直线弯矩图和简支梁在均布荷载 q 作用下的抛物线弯矩图叠加而成。因此，可将图 9.18(a)的 M_P 图分解为图 9.18(b)所示的 M'图(M'图再分解为两个三角形 A_1 和 A_2)和图 9.18(c)所示的 M^0 图(即 A_3)，然后分别应用图乘法，相加而得。

注意：弯矩图的叠加，是纵坐标的叠加。因此，在同一横坐标 x 处，在图 9.18(a)中以 CD 连线为基线叠加 M^0 图的纵坐标与图 9.18(c)中以水平线为基线作出的 M^0 图的纵坐标是相等的，因此图 9.18(a)和图 9.18(c)中微段 dx 的微小面积(图中带阴影的面积)彼此相同，因而两图的面积及形心的横坐标也是相同的。

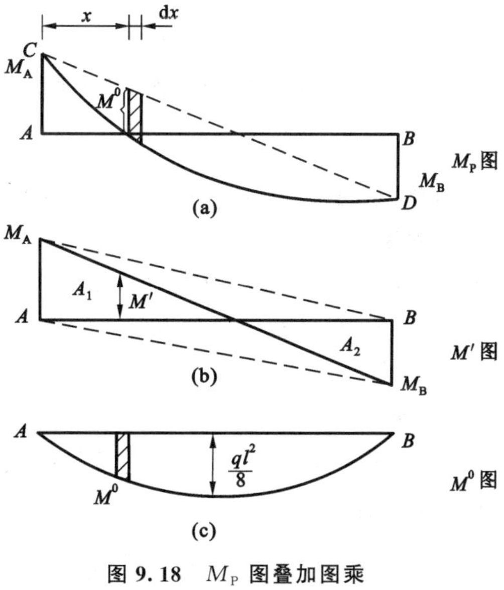

图 9.18　M_P 图叠加图乘

9.5.3　图乘法位移计算举例

【例 9.5】　用图乘法计算图 9.19(a)所示简支梁在均布荷载 q 作用下中点 C 的挠度，EI=常数。

【解】

① 在简支梁中点 C 加单位竖向力 $P=1$，如图 9.19(b)所示。

② 分别作荷载 q 所产生的弯矩图 M_P[图 9.19(a)]和单位力 $P=1$ 所产生的弯矩图 $\overline{M}$[图 9.19(b)]。

③ 计算 Δ。

用图乘法公式(9.14)进行计算。因 M_P 图是曲线，应以 M_P 图作为面积 A，而 $\overline{M}$ 图是由两直线组成，应分两段进行。但因图形对称，可计算一半再乘以 2。

$$A=\frac{2}{3}\cdot\frac{l}{2}\cdot\frac{ql^2}{8}=\frac{ql^3}{24}$$

$$y_0=\frac{5}{8}\cdot\frac{l}{4}=\frac{5l}{32}$$

所以

$$\Delta=\sum\int\frac{\overline{M}M_P}{EI}\mathrm{d}x=2\frac{1}{EI}Ay_0=2\cdot\frac{1}{EI}\cdot\frac{ql^3}{24}\cdot\frac{5l}{32}=\frac{5ql^4}{384EI}(\downarrow)$$

此结果与例 9.2 计算结果相同。

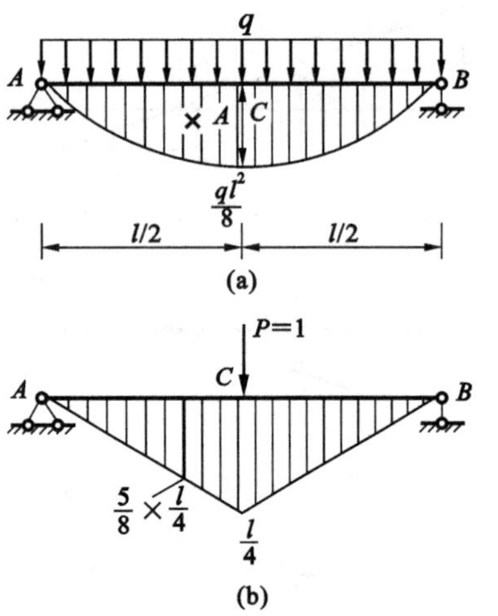

图 9.19 求简支梁跨中挠度

(a) 荷载及 M_P 图；(b) 单位力及 $\overline{M}$ 图

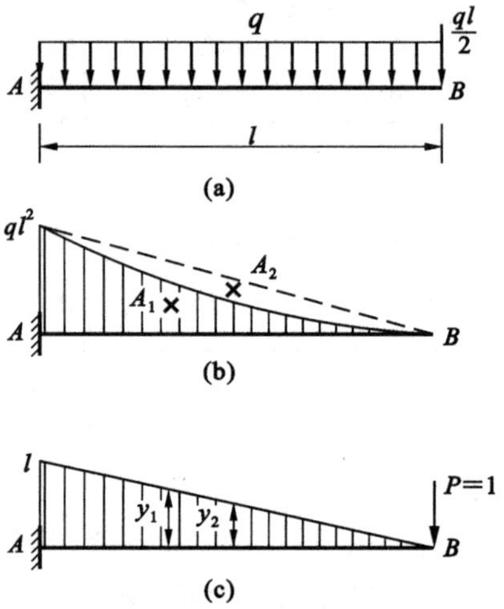

图 9.20 求悬臂梁端点位移

(a) 悬臂梁及荷载；(b) M_P 图；(c) $\overline{M}$ 图

【例 9.6】 计算图 9.20(a)所示悬臂梁在 B 点的挠度，EI＝常数。

【解】

① 在 B 点加竖向单位力，如图 9.20(c)所示。

② 分别作荷载及单位力所产生的 M_P 图[图 9.20(b)]和 $\overline{M}$ 图[图 9.20(c)]。

③ 计算 Δ。

图乘时，要注意此 M_P 图的 B 点不是抛物线的顶点，因而面积和形心不能直接用图 9.13 的公式。M_P 图可分解为一个在上边受拉的三角形 A_1 和一个在下边受拉的抛物线 A_2。图形的面积和纵坐标计算如下：

$$A_1=\frac{1}{2}\cdot l\cdot ql^2=\frac{1}{2}ql^3,\ y_1=\frac{2}{3}l(y_1 与 A_1 同侧)$$

$$A_2=\frac{2}{3}l\cdot\frac{1}{8}ql^2=\frac{1}{12}ql^3,\ y_2=\frac{1}{2}l(y_2 与 A_2 反侧)$$

所以

$$\Delta_B=\int\frac{\overline{M}M_P}{EI}\mathrm{d}x=\frac{1}{EI}(A_1y_1-A_2y_2)=\frac{1}{EI}\left(\frac{1}{2}ql^3\times\frac{2}{3}l-\frac{1}{12}ql^3\times\frac{1}{2}l\right)=\frac{7ql^4}{24EI}(\downarrow)$$

【例 9.7】 计算图 9.21(a)所示伸臂梁在 C 端截面的转角，EI 为常数(EI＝45 kN·m²)。

【解】

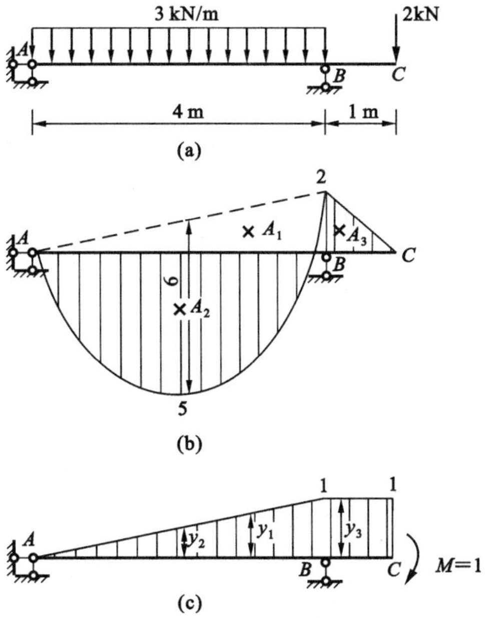

图 9.21　求伸臂梁端截面转角

(a) 伸臂梁及荷载；(b) M_P 图；(c) $\overline{M}$ 图

① 在 C 端加一单位力偶，如图 9.21(c)所示。

② 分别作荷载作用下的弯矩图 M_P[图 9.21(b)]和单位力偶作用下的弯矩图 $\overline{M}$[图 9.21(c)]。

③ 计算 Δ。

$\overline{M}$ 图包括两段直线，所以，整个梁应分为 AB 和 BC 两段分别应用图乘法。AB 段的 M_P 图，可分解为在基线上边的三角形 A_1 和在基线下边的抛物线 A_2。A 和 y 分别计算如下：

$$A_1=\frac{1}{2}\times4\times2=4,\ y_1=\frac{2}{3}\ (y_1 \text{ 与 } A_1 \text{ 同侧})$$

$$A_2=\frac{2}{3}\times4\times6=16,\ y_2=\frac{1}{2}\ (y_2 \text{ 与 } A_2 \text{ 反侧})$$

$$A_3=\frac{1}{2}\times1\times2=1,\ y_3=1\ (y_3 \text{ 与 } A_3 \text{ 同侧})$$

所以

$$\Delta=\frac{1}{EI}\sum Ay_0=\frac{1}{EI}(A_1y_1-A_2y_2+A_3y_3)$$

$$=\frac{1}{EI}\left(4\times\frac{2}{3}-16\times\frac{1}{2}+1\right)$$

$$=-\frac{13}{3EI}=-\frac{13}{3\times45}=-0.096(\text{rad})(\curvearrowleft)$$

负号表示 C 端截面转角的方向是逆时针旋转。

【例 9.8】 计算图 9.22(a)所示悬臂刚架在 C 点作用荷载 P 时，梁中点 D 的挠度。并比较轴向变形对位移的影响。截面为矩形 $b\times h$，$EI=$常数。

【解】

① 在梁中点 D 加单位竖向力。

② 分别作荷载作用下的 M_P 图[图 9.22(b)]和单位力作用的 $\overline{M}$ 图[图 9.22(c)]。

③ 计算 Δ

应用图乘法时，在梁上以 $\overline{M}$ 图作为图形面积 A_1，柱也以 $\overline{M}$ 图作为图形面积 A_2。

$$A_1=\frac{1}{2}\cdot\frac{l}{2}\cdot\frac{l}{2}=\frac{l^2}{8},\ y_1=\frac{5}{6}Pl\ (y_1 \text{ 与 } A_1 \text{ 同侧})$$

$$A_2=\frac{l}{2}\cdot l=\frac{l^2}{2},\ y_2=Pl\ (y_2 \text{ 与 } A_2 \text{ 同侧})$$

所以

$$\Delta_M=\sum\int\frac{\overline{M}M_P}{EI}ds=\sum\frac{1}{EI}Ay_0=\frac{1}{EI}\left(\frac{l^2}{8}\cdot\frac{5}{6}Pl+\frac{l^2}{2}\cdot Pl\right)=\frac{29}{48EI}Pl^3(\downarrow)$$

④ 讨论轴向变形对 D 点挠度的影响

分别作荷载作用下的 N_P 图[图 9.22(d)]和单位力作用下的 $\overline{N}$ 图[图 9.22(e)]。

轴向变形引起的位移为：

$$\Delta_N=\sum\int\frac{\overline{N}N_P}{EA}ds=\sum\frac{\overline{N}N_P}{EA}l=\frac{Pl}{EA}$$

与在③中已求出的弯曲变形引起的位移相比，两者的比值为：

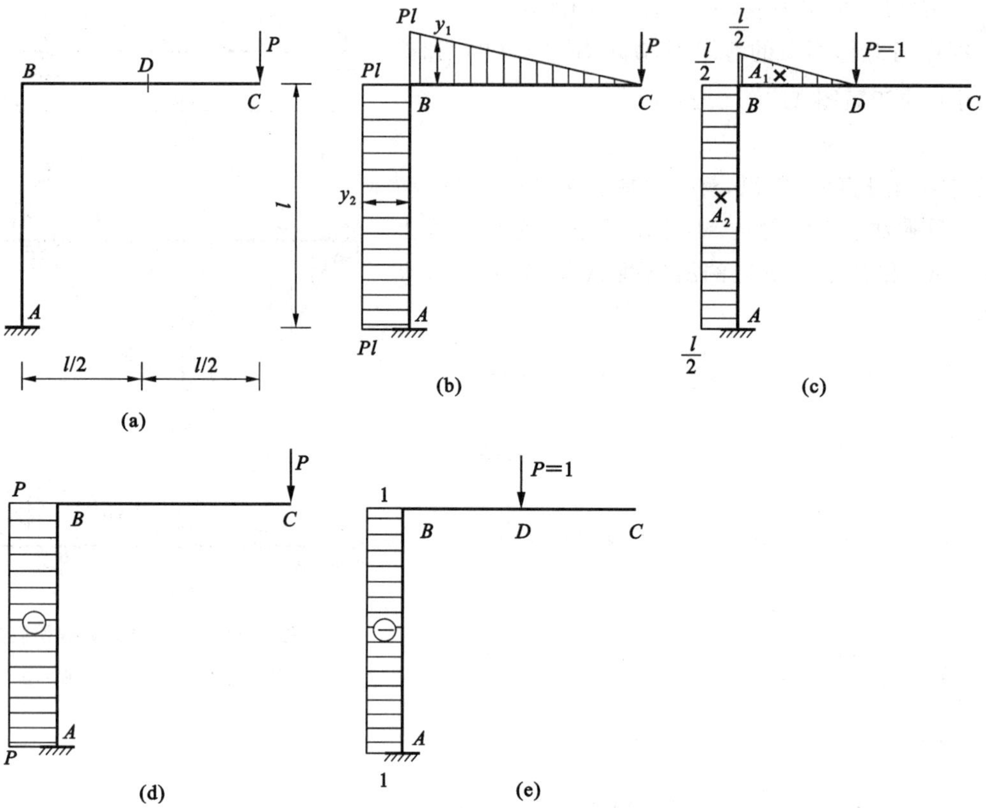

图 9.22　求刚架中点 D 的挠度

(a) 刚架及荷载;(b) M_P 图;(c) 单位力及 $\overline{M}$ 图;(d) 荷载及 N_P 图;(e) 单位力及 $\overline{N}$ 图

$$\frac{\Delta_N}{\Delta_M}=\frac{\dfrac{Pl}{EA}}{\dfrac{29Pl^3}{48EI}}=\frac{48}{29}\frac{I}{Al^2}$$

将矩形截面的 $A=b\times h$、$I=\dfrac{bh^3}{12}$代入上式,有:

$$\frac{\Delta_N}{\Delta_M}=\frac{4}{29}\frac{h^2}{l^2}$$

由上式可以看出,如果$\dfrac{h}{l}=\dfrac{1}{10}$,则$\dfrac{h^2}{l^2}=\dfrac{1}{100}$,$\dfrac{\Delta_N}{\Delta_M}=\dfrac{1}{725}$。轴向变形对位移的影响比弯曲变形对位移的影响小得多,因此,一般忽略轴向变形对梁式杆位移的影响。

【例 9.9】 求图 9.23(a)所示刚架在水压力作用下 C、D 两点的相对水平位移。设各杆 $EI=$ 常数。

【解】

① 因求 C、D 两点的相对水平位移,需在 C 点和 D 点分别加一对方向相反的单位水平力[图 9.23(c)],这是一个广义力。

② 分别作荷载作用下的 M_P 图[图 9.23(b)]和单位广义力作用下的 $\overline{M}$ 图[图 9.23(c)]。

③ 计算 Δ

注意 AC、BD 杆受三角形分布的水压力作用,M_P 图为三次抛物线,顶点在 C、D 点。

杆 AC 和 BD

$$A_1=\frac{1}{4}\times a\times\frac{qa^2}{6}=\frac{qa^3}{24},\ y_1=\frac{4}{5}\times a=\frac{4}{5}a\ (y_1 \text{ 与 } A_1 \text{ 同侧})$$

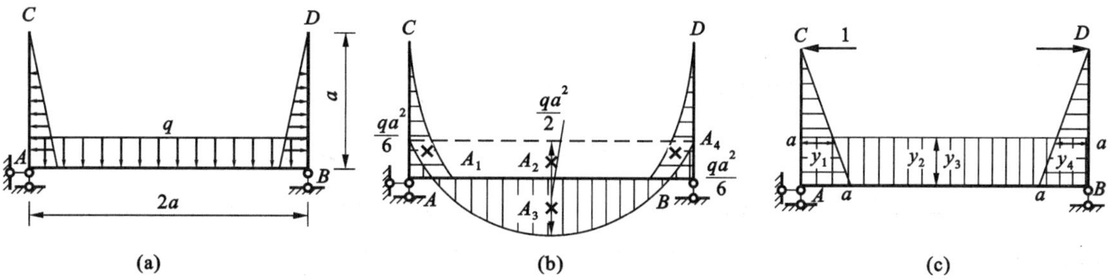

图 9.23　求刚架 C、D 点的相对水平位移

(a) 刚架及荷载；(b) M_P 图；(c) 广义单位力及 $\overline{M}$ 图

杆 AB

$$A_2=2a\times\frac{qa^2}{6}=\frac{qa^3}{3},\ y_2=a\ (y_2 \text{ 与 } A_2 \text{ 同侧})$$

$$A_3=\frac{2}{3}\times 2a\times\frac{qa^2}{2}=\frac{2}{3}qa^3,\ y_3=a\ (y_3 \text{ 与 } A_3 \text{ 反侧})$$

所以

$$\Delta=\sum\int\frac{\overline{M}M_P}{EI}\mathrm{d}s=\frac{1}{EI}(2A_1y_1+A_2y_2-A_3y_3)$$

$$=\frac{1}{EI}\left(2\times\frac{qa^3}{24}\times\frac{4a}{5}+\frac{qa^3}{3}\times a-\frac{2qa^3}{3}\times a\right)=-\frac{4qa^4}{15EI}(\rightarrow\leftarrow)$$

计算结果为负值，说明 C、D 两点实际的相对水平位移与虚设广义单位荷载的指向相反，即不是相互离开而是相互靠近。

【例 9.10】 求图 9.24(a)所示三铰刚架在铰 C 左、右两截面的相对转角，EI 为常数。

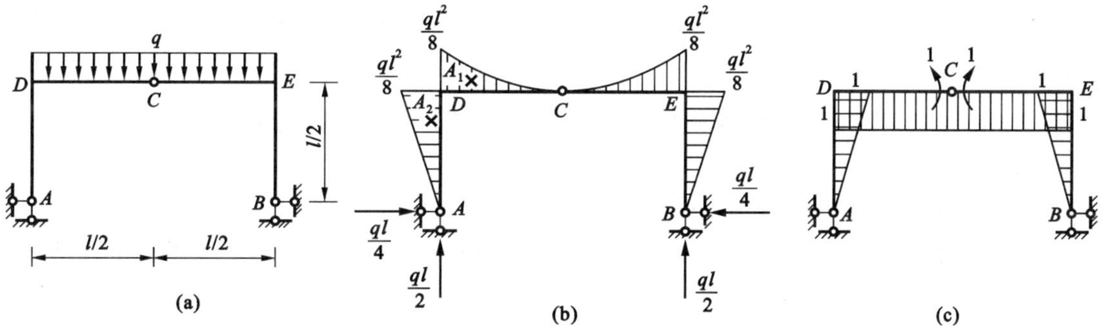

图 9.24　求三铰刚架铰 C 左、右两截面的相对转角

(a) 三铰刚架及荷载；(b) M_P 图；(c) 广义单位力及 $\overline{M}$ 图

【解】

① 在铰 C 两侧截面加一对方向相反的单位力偶，如图 9.24(c)所示，这也是一个广义力。

② 分别作荷载作用下的 M_P 图[图 9.24(b)]及单位广义力作用下的 $\overline{M}$ 图[图 9.24(c)]。

③ 计算 Δ

应用图乘法公式时，因对称，只需计算刚架的一半，然后乘以 2。在荷载作用下铰 C 处剪力为零，因此，M_P 图中梁 DC 和 CE 部分的图形分别是标准二次抛物线，C 为顶点。A 和 y 的计算如下：

$$A_1=\frac{1}{3}\cdot\frac{l}{2}\cdot\frac{1}{8}ql^2=\frac{ql^3}{48},\ y_1=1\ (y_1 \text{ 与 } A_1 \text{ 反侧})$$

$$A_2=\frac{1}{2}\cdot\frac{l}{2}\cdot\frac{1}{8}ql^2=\frac{ql^3}{32},\ y_2=\frac{2}{3}\ (y_2 \text{ 与 } A_2 \text{ 反侧})$$

所以

$$\Delta=\sum\frac{1}{EI}Ay_0=\frac{2}{EI}(-A_1y_1-A_2y_2)$$

$$=\frac{2}{EI}\left(-\frac{ql^3}{48}\times1-\frac{ql^3}{32}\times\frac{2}{3}\right)=-\frac{ql^3}{12EI}(\curvearrowleft\curvearrowright)$$

计算结果为负值，说明铰 C 左、右两截面实际的相对转角与所设单位广义力的转动方向相反。

【例 9.11】 图 9.25(a)所示为一组合结构，链杆 BC 和 CD 为 12 号工字钢，面积 $A=0.178\times10^{-2}\ \mathrm{m}^2$；梁式杆 ADB 为 18 号工字钢，惯性矩 $I=16.6\times10^{-6}\ \mathrm{m}^4$；弹性模量 $E=2.1\times10^8$ kPa，计算 C 点竖向位移。

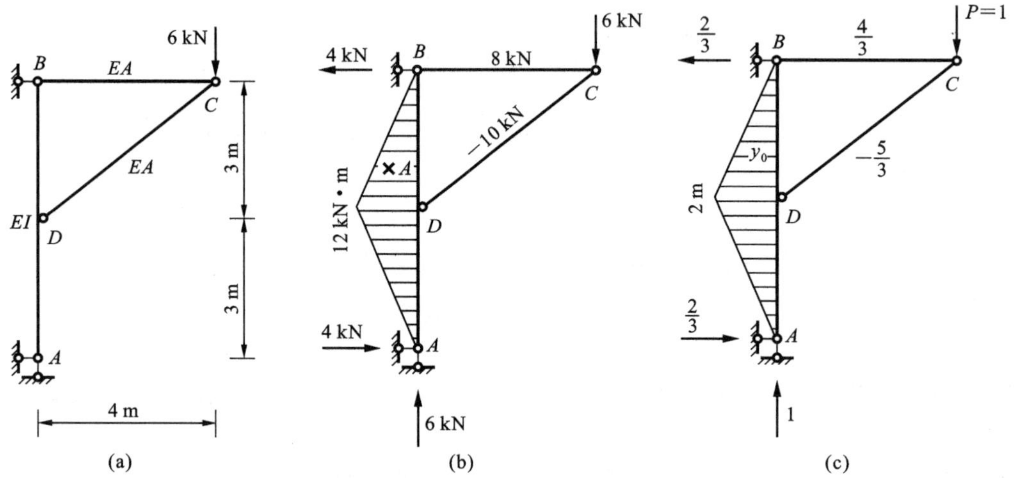

图 9.25　求组合结构的位移

(a) 组合结构及荷载；(b) M_P 和 N_P 图；(c) 单位力及 $\overline{M}$、$\overline{N}$ 图

【解】

本题是组合结构，计算位移时，梁式杆 AB 只需考虑弯矩项的影响，链杆 BC 和 CD 只需考虑轴力项的影响。

① 求 C 点竖向位移，在 C 点加虚设力 $P=1$。

② 荷载作用下的 M_P 图及链杆的 N_P 如图 9.25(b)所示；单位力作用下的 $\overline{M}$ 图及链杆的 $\overline{N}$ 图如图 9.25(c)所示。

③ 计算 Δ_C

由组合结构的位移计算公式(9.12)，在梁式杆部分可应用图乘法。位移计算如下：

$$\Delta_C=\sum\int\frac{\overline{M}M_P}{EI}\mathrm{d}x+\sum\frac{\overline{N}N_P}{EA}l=\sum\frac{1}{EI}Ay_0+\sum\frac{\overline{N}N_P}{EA}l$$

$$=2\frac{1}{EI}\left[\left(\frac{1}{2}\times3\times12\right)\times\left(\frac{2}{3}\times2\right)\right]+\frac{1}{EA}\left[8\times\frac{4}{3}\times4+(-10)\times\left(-\frac{5}{3}\right)\times5\right]$$

$$=\frac{48}{2.1\times10^8\times16.6\times10^{-6}}+\frac{128+250}{2.1\times10^8\times0.178\times10^{-2}\times3}$$

$$=13.77\times10^{-3}+0.34\times10^{-3}$$

$$=14.11\times10^{-3}\,\mathrm{m}(\downarrow)$$

9.6　温度作用时的位移计算

温度作用是指结构周围的温度发生改变时对结构的作用。

对于静定结构，杆件温度变化时，不会引起内力，但材料会发生膨胀和收缩，从而引起截面的应变（即温度应变），使结构产生变形和位移。

应用单位荷载法位移公式(9.7)计算温度变化所产生的位移时，主要是要求出由于温度变化引起的应变，即 ε、γ_0、κ 等。

温度变化所产生的变形可分析如下：设杆件上边缘温度上升 t_1℃，下边缘温度上升 t_2℃[图 9.26(a)]，温度沿杆件截面厚度 h 为线性分布[图 9.26(b)]，即在发生温度变形后，截面仍保持为平面。截面的变形可分解为沿轴线方向的拉伸变形 $\mathrm{d}u$ 和截面的转角 $\mathrm{d}\theta$，不产生剪切变形。$\mathrm{d}u$ 和 $\mathrm{d}\theta$ 的计算如下：

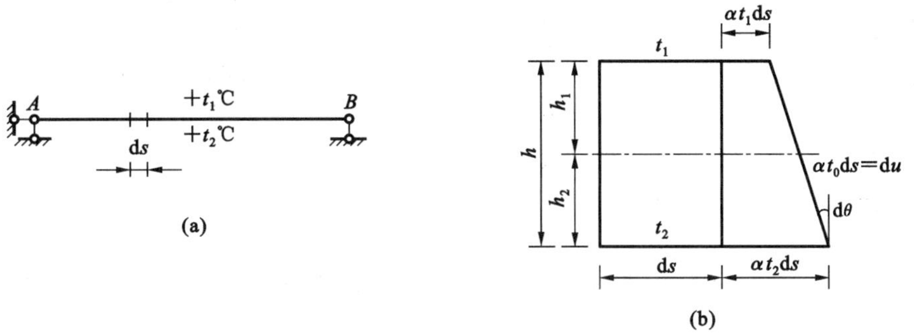

图 9.26　温度变化的变形

(a) 温度变化；(b) 微元 ds 的变形

当杆件截面对称于形心轴时($h_1=h_2$)，则其形心轴处的温度为：

$$t_0=\frac{1}{2}(t_1+t_2) \tag{9.18a}$$

当杆件截面不对称于形心轴时($h_1\neq h_2$)，则有：

$$t_0=\frac{t_1h_2+t_2h_1}{h} \tag{9.18b}$$

而上、下边缘的温度改变差为：

$$\Delta t=t_2-t_1 \tag{9.19}$$

式中　h——杆件截面高度；

h_1、h_2——杆轴至上、下边缘的距离；

t_1、t_2——上、下边缘温度改变值。

如材料的线膨胀系数为 α，则 ds 段的变形为(图 9.26)：

$$\mathrm{d}u=\varepsilon\mathrm{d}s=\alpha t_0\mathrm{d}s,\ \varepsilon=\alpha t_0$$

$$\mathrm{d}\theta=\kappa\mathrm{d}s=\frac{\alpha(t_2-t_1)}{h}\mathrm{d}s,\ \kappa=\frac{\alpha(t_2-t_1)}{h}=\frac{\alpha\Delta t}{h}$$

将上面各值代入式(9.7)，并令 $\gamma_0=0$，$c_K=0$，得计算温度作用引起的位移公式：

$$\Delta=\sum\int\overline{M}\frac{\alpha\Delta t}{h}\mathrm{d}s+\sum\int\overline{N}\alpha t_0\mathrm{d}s \tag{9.20a}$$

如果 t_0、Δt 沿每一杆件的全长为常数，则得：

$$\Delta=\sum\frac{\alpha\Delta t}{h}\int\overline{M}\mathrm{d}s+\sum\alpha t_0\int\overline{N}\mathrm{d}s \tag{9.20b}$$

式中，积分号包括杆件全长；$\int\overline{M}\mathrm{d}s$ 和 $\int\overline{N}\mathrm{d}s$ 分别表示每一杆件 $\overline{M}$ 图和 $\overline{N}$ 图的面积；总和号包括梁、刚架、桁架的各杆。

正负号规定如下：轴力 $\overline{N}$ 以拉力为正，t_0 以温度升高为正。弯矩 $\overline{M}$ 和温差 Δt 则用其乘积定正负号。当弯矩 $\overline{M}$ 和温差 Δt 引起的弯曲为同一方向时（即当 $\overline{M}$ 和 Δt 使杆件的同一边产生拉伸变形时），其乘积取正值；反之取负值。

【例 9.12】 求图 9.27(a)所示刚架 C 点的竖向位移。刚架内侧（梁下侧和柱右侧）温度升高 15 ℃，外侧（梁上侧和柱左侧）温度无改变。$a=400$ cm，$\alpha=0.00001(1/℃)$，各杆截面为矩形，截面高度 $h=40$ cm。

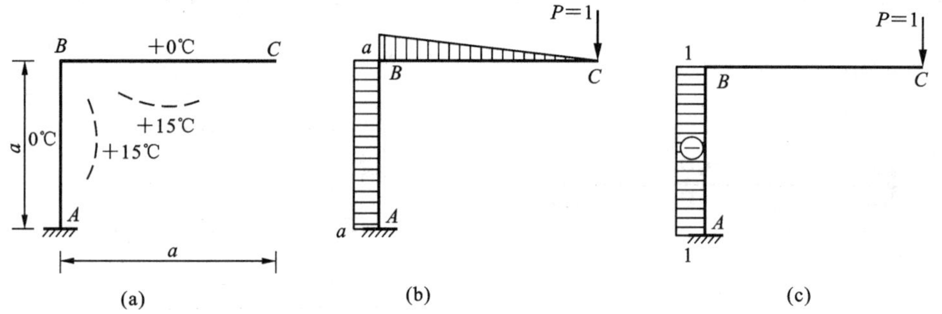

图 9.27　温度变化时刚架的位移

(a) 刚架及温度变化；(b) 单位力和 $\overline{M}$ 图；(c) 单位力和 $\overline{N}$ 图

【解】

① 在 C 点加单位竖向荷载 $P=1$[图 9.27(b)]。

② 分别作 $\overline{M}$ 图[图 9.27(b)]及 $\overline{N}$ 图[图 9.27(c)]。

③ 计算杆件上、下（及左、右）边缘温差 Δt 及轴线处温度变化 t_0：

$$\Delta t=t_2-t_1=15-0=15\ ℃$$

$$t_0=\frac{t_1+t_2}{2}=\frac{0+15}{2}=7.5\ ℃$$

④ 代入式[9.20(b)]，得：

$$\begin{aligned}\Delta&=\sum\frac{\alpha\Delta t}{h}\int\overline{M}\mathrm{d}s+\sum\alpha t_0\int\overline{N}\mathrm{d}s\\&=-\frac{15\alpha}{h}\left(\frac{1}{2}a\times a+a\times a\right)+7.5\alpha(-a)\\&=-7.5\alpha a\left(\frac{3a}{h}+1\right)\end{aligned}$$

因 Δt 与 $\overline{M}$ 所产生的弯曲方向相反，所以上式第一项取负号。因轴力为压力，轴线温度升高，所以第二项也为负号。将 $\alpha=0.00001(1/℃)$，$a=400$ cm，$h=40$ cm 代入，得：

$$\Delta=-0.93\ \mathrm{cm}(\uparrow)$$

负号说明当温度作用如图 9.27(a)所示时，C 点的实际竖向位移方向向上。

9.7 支座移动时的位移计算

静定结构是几何不变无多余约束的体系，当有支座移动时，静定结构将发生刚体位移。因此，支座移动不引起应变，也不引起静定结构的内力。图 9.28(a)所示静定多跨梁，支座 B 向下移动 c_B，AC 杆将绕 A 点转动，CD 杆将绕 D 点转动，这时各杆只发生刚体位移，如图 9.28(a)中虚线所示。

因此，静定结构支座移动时的位移计算，属于刚体体系的位移计算问题，可用刚体体系的虚功原理求解。当用单位荷载法计算时，由式(9.7)可得支座移动时的位移计算公式如下：

$$\Delta = -\sum \overline{R}_K c_K \tag{9.21}$$

式中 c_K——实际的支座移动；

$\overline{R}_K$——与 $P=1$ 平衡的支座反力。

$\overline{R}_K c_K$ 是虚设力系的支座反力 $\overline{R}_K$ 在实际的相应支座移动 c_K 上做的虚功，两者方向一致，乘积为正，反之为负。

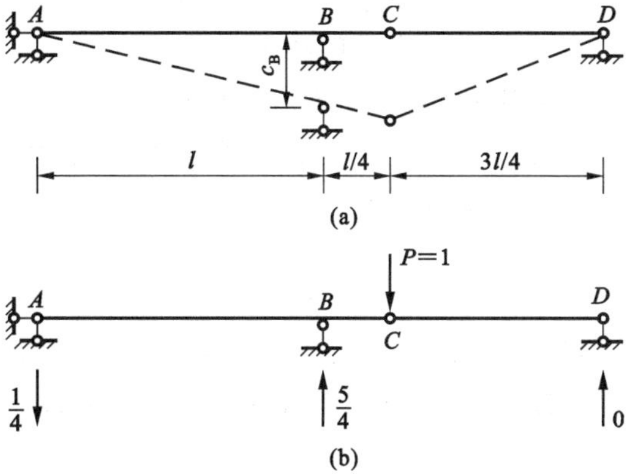

图 9.28 支座移动时的位移计算

(a) 静定多跨梁支座 B 向下移动；(b) 单位力及平衡力系

在图 9.28(a)中，如拟求 C 点的竖向位移，则在 C 点加一竖向单位力，并求出与之平衡的支座反力[图 9.28(b)]，由式(9.21)，得：

$$\Delta = -\left(-\frac{5}{4} \times c_B\right) = \frac{5}{4} c_B (\downarrow)$$

这里只有支座 B 移动，其他支座位移为零。因此只有 B 支座反力做功，支座 A 和 D 的反力都不做功。因支座反力 $\overline{R}_B$ 与支座移动 c_B 方向相反，$\overline{R}_B$ 在 c_B 上做负功，所以 $\overline{R}_B$ 与 c_B 的乘积为负。

用单位荷载法计算支座移动引起的位移步骤如下：

(1) 沿拟求 Δ 方向虚设相应的单位荷载。

(2) 求 $\overline{R}_K$，根据静力平衡条件求单位荷载作用下相应于支座移动 c_K 的支座反力 $\overline{R}_K$。

(3) 求 Δ，由式(9.21)计算 Δ。

【例 9.13】 图 9.29(a)所示简支刚架，支座 A 下沉 a，求 B 点的水平位移和 B 端截面的转角。

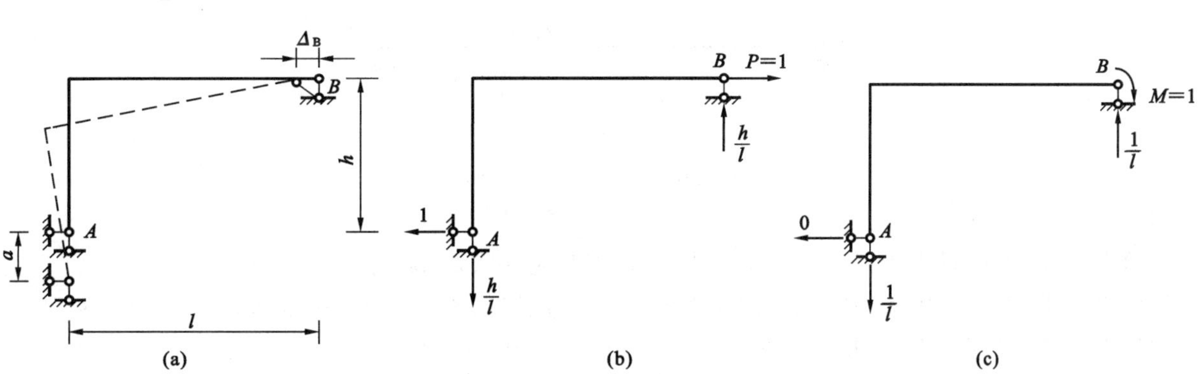

图 9.29 求刚架由于支座下沉引起的位移

(a) 刚架及支座下沉；(b) 求 B 点水平位移时的单位力；(c) 求截面 B 转角时的单位力

【解】

① 求 B 点的水平位移。

a. 在 B 点加水平单位荷载 $P=1$，如图 9.29(b)所示。

b. 由静力平衡条件，求支座反力 $\overline{R}_A$[图 9.29(b)]。

c. 代入式(9.21)，得：

$$\Delta=-\sum\overline{R}_K c_K=-\left(\frac{h}{l}\times a\right)=-\frac{ha}{l}(\leftarrow)$$

这里，支座反力 $\overline{R}_A$ 与支座移动 c_A 方向相同，乘积为正。

Δ 为负值，说明 B 点的实际水平位移与所设 $P=1$ 方向相反，即向左。

②求 B 端截面的转角 θ_B。

a. 在 B 端加相应于 θ_B 的单位力偶 $M=1$，如图 9.29(c)所示。

b. 由静力平衡条件，求支座反力 $\overline{R}_A$[图 9.29(c)]。

c. 代入式(9.21)，得：

$$\Delta=-\sum\overline{R}_K c_K=-\left(\frac{1}{l}\times a\right)(\curvearrowleft)$$

这里，支座反力 $\overline{R}_A$ 与支座移动 c_A 方向相同，乘积为正。

Δ 为负值，说明 B 端截面的实际转动方向与所设单位力偶转动方向相反，即为逆时针。

9.8　线性变形体系的互等定理

本节讨论线性变形体系（也称线弹性结构）的三个互等定理，即功的互等定理、位移互等定理和反力互等定理。这些互等定理对结构的计算是很有用的。

9.8.1　功的互等定理

图 9.30 所示为同一线性变形体系的两种状态。

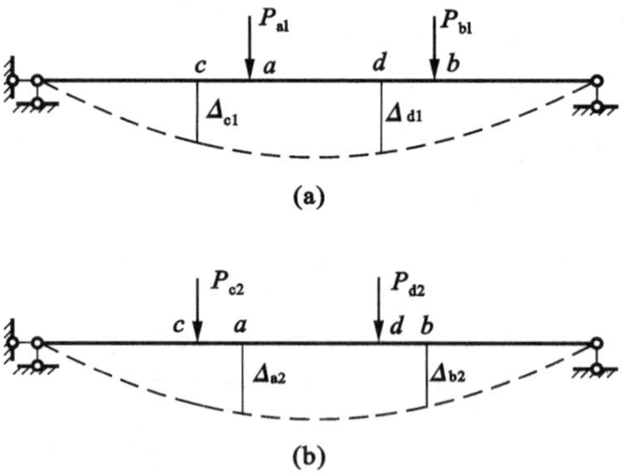

图 9.30　功的互等 $W_{12}=W_{21}$

(a) 状态Ⅰ；(b) 状态Ⅱ

在状态Ⅰ中，力系用 P_1、N_1、Q_1、M_1 表示，位移和应变用 Δ_1、ε_1、γ_{01}、κ_1 表示。

在状态Ⅱ中，力系用 P_2、N_2、Q_2、M_2 表示，位移和应变用 Δ_2、ε_2、γ_{02}、κ_2 表示。

令状态Ⅰ的力系在状态Ⅱ的位移上做虚功，可写出虚功方程如下：

$$W_{12}=\sum P_1\Delta_2=\sum\int N_1\varepsilon_2\mathrm{d}s+\sum\int Q_1\gamma_{02}\mathrm{d}s+\sum\int M_1\kappa_2\mathrm{d}s$$

$$=\sum\int\frac{N_1N_2}{EA}\mathrm{d}s+\sum\int\frac{kQ_1Q_2}{GA}\mathrm{d}s+\sum\int\frac{M_1M_2}{EI}\mathrm{d}s$$

同理，令状态Ⅱ的力系在状态Ⅰ的位移上做虚功，可写出虚功方程如下：

$$W_{21}=\sum P_2\Delta_1=\sum\int N_2\varepsilon_1\mathrm{d}s+\sum\int Q_2\gamma_{01}\mathrm{d}s+\sum\int M_2\kappa_1\mathrm{d}s$$

$$=\sum\int\frac{N_2N_1}{EA}\mathrm{d}s+\sum\int\frac{kQ_2Q_1}{GA}\mathrm{d}s+\sum\int\frac{M_2M_1}{EI}\mathrm{d}s$$

这里，虚功 W 有两个下标：第一个下标表示做功的力系状态，第二个下标表示相应的变形状态。由于上面两式的右边彼此相等，所以：

$$\sum P_1\Delta_2=\sum P_2\Delta_1 \tag{9.22a}$$

或写为

$$W_{12}=W_{21} \tag{9.22b}$$

这就是功的互等定理：在任一线性变形体系中，第一状态的外力在第二状态位移上所做的虚功 W_{12} 等于第二状态的外力在第一状态位移上所做的虚功 W_{21}。

9.8.2　位移互等定理

现在我们用上述功的互等定理来研究一种特殊情况。设在图 9.31 状态Ⅰ中只有一个单位荷载 $P_1=1$，状态Ⅱ中只有一个单位荷载 $P_2=1$。图 9.31(a)中 δ_{21} 表示单位荷载 $P_1=1$ 引起的与 P_2 相应的位移，图 9.31(b)中 δ_{12} 表示单位荷载 $P_2=1$ 引起的与 P_1 相应的位移。这里，位移 δ_{ij} 有两个下标：第一个下标 i 表示位移 δ 是与 P_i 相应的，第二个下标 j 表示位移是由力 $P_j=1$ 引起的。

由功的互等定理可得：

$$P_1\delta_{12}=P_2\delta_{21}$$

因 $P_1=1$，$P_2=1$，所以：

$$\delta_{12}=\delta_{21} \tag{9.23}$$

这就是位移互等定理：在任一线性变形体系中，由单位荷载 $P_2=1$ 引起的与荷载 P_1 相应的位移，在数值上等于由单位荷载 $P_1=1$ 引起的与荷载 P_2 相应的位移。这里的单位荷载 P_1 及 P_2 可以是广义力，则位移 δ_{12} 和 δ_{21} 是相应的广义位移。

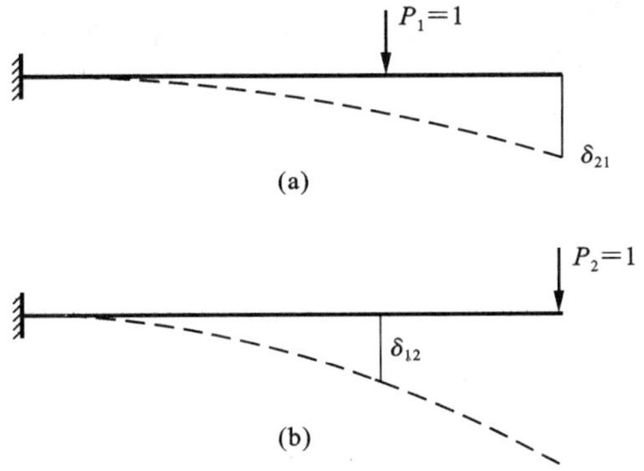

图 9.31　位移互等 $\delta_{12}=\delta_{21}$

(a) 状态Ⅰ；(b) 状态Ⅱ

9.8.3　反力互等定理

反力互等定理也是功的互等定理的一个特殊情况。图 9.32 所示为同一线性变形体系的两种变形状态。图 9.32(a)中状态Ⅰ为由于支座 1 发生单位位移 $c_1=1$ 的状态，此时在支座 1 和 2 引起的支座反力分别用 k_{11} 和 k_{21} 表示。图 9.32(b)中状态Ⅱ为由于支座 2 发生单位位移 $c_2=1$ 的状态，此时在支座 1 和 2 引起的支座反力分别用 k_{12} 和 k_{22} 表示。其他支座反力因所对应的另一状态的支座位移都等于零而不做虚功，因此，在图 9.32 中未给出。这里，支座反力 k_{ij} 有两个下标：第一个下标 i 表示支座反力是与支座位移 c_i 相应的，第二个下标 j 表示支座反力是由支座 j 发生单位位移 c_j 引起的。

由功的互等定理可得：

$$k_{12}c_1=k_{21}c_2$$

因 $c_1=1$，$c_2=1$，所以有：

$$k_{12}=k_{21} \tag{9.24}$$

这就是反力互等定理：在任一线性变形体系中，由单位支座位移 $c_2=1$ 所引起的与支座位移 c_1 相应的支座反力，在数值上等于由单位支座位移 $c_1=1$ 所引起的与支座位移 c_2 相应的支座反力。这里所

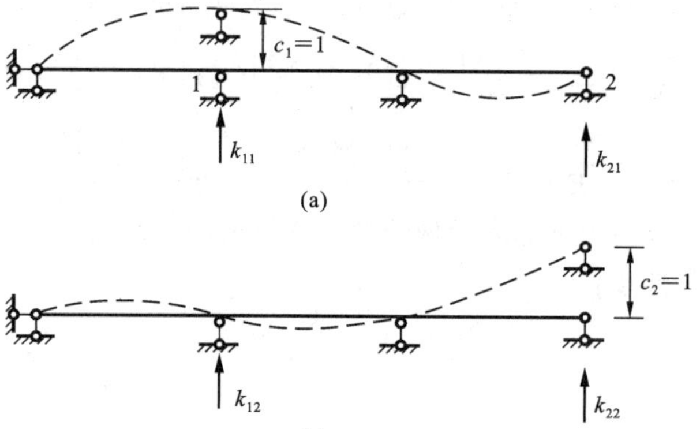

图 9.32　反力互等 $k_{12}=k_{21}$

(a) 状态Ⅰ;(b) 状态Ⅱ

说的支座可以换成别的约束,单位支座位移 c_i 可以换成与该约束相应的广义位移,而支座反力 k_{ji} 则可以换成与该约束相应的广义力。

*9.9　空间刚架的位移计算公式

9.9 节

本节内容可扫二维码阅读。

本章小结

本章主要讨论应用虚功原理计算静定结构的位移。位移计算一方面是计算结构位移的需要,另一方面又为超静定结构的内力计算做准备,起着承上启下的作用,因此掌握好本章内容,有着重要意义。

(1) 虚功原理是力学中的基本原理。虚功和虚功方程的特点是力系与位移无关。所以,在有一组给定的力系时,可以虚设一位移状态,求未知的约束力;在有一组给定的变形时,可以虚设一力系状态,求未知的位移。本章讨论的求位移的方法,就是虚设一力系的方法。

(2) 位移计算的方法是单位荷载法。单位荷载法计算位移的基本公式是式(9.7),即:

$$\Delta=\sum\int(\overline{N}\varepsilon+\overline{Q}\gamma_0+\overline{M}\kappa)\mathrm{d}s-\sum\overline{R}_{\mathrm{K}}c_{\mathrm{K}}$$

计算 Δ 时,应先根据拟求位移虚设 $P=1$,计算与 $P=1$ 平衡的支座反力 $\overline{R}$ 及内力 $\overline{N}$、$\overline{Q}$、$\overline{M}$。还应根据实际的各种变形因素正确计算相应的 ε、γ_0、κ。

(3) 荷载作用下的位移计算。对弹性材料,应变表达式为:

$$\varepsilon=\frac{N_{\mathrm{P}}}{EA},\quad \gamma_0=\frac{kQ_{\mathrm{P}}}{GA},\quad \kappa=\frac{M_{\mathrm{P}}}{EI}$$

位移计算公式如式(9.9),即:

$$\Delta=\sum\int\frac{\overline{N}N_{\mathrm{P}}}{EA}\mathrm{d}s+\sum\int\frac{k\overline{Q}Q_{\mathrm{P}}}{GA}\mathrm{d}s+\sum\int\frac{\overline{M}M_{\mathrm{P}}}{EI}\mathrm{d}s$$

这里有两套内力状态:一套是产生实际应变的荷载作用的内力 N_{P}、Q_{P}、M_{P};另一套是虚设力系的内力 $\overline{N}$、$\overline{Q}$、$\overline{M}$。

将式(9.9)应用于各种结构时，根据弯曲、剪切及轴向变形对位移影响的大小，可得到各种不同结构位移计算的简化公式。

(4) 计算荷载作用下梁和刚架的位移时，可应用图乘法代替积分计算。注意图乘的分段和叠加的技巧。

(5) 温度作用引起的位移计算。应变表达式为：

$$\varepsilon = \alpha t_0, \kappa = \frac{\alpha \Delta t}{h}$$

代入式(9.7)，可得到温度作用引起的位移计算公式(9.20)。

(6) 支座移动在静定结构引起的位移属于刚体位移，计算公式为式(9.21)，关键是正确计算做功的支座反力 $\overline{R}$。

(7) 位移计算中遇到的符号及正负号确定较多。关键是功的正负号规定，即力与位移的乘积的正负号规定，当力与位移方向一致时，乘积为正，反之为负。图乘法中是 A 与 y_0 位于杆件同一边时，乘积为正，反之为负。

(8) 互等定理是力学分析中的另一基本原理。应理解位移互等定理及反力互等定理在各种不同变形条件下的意义及应用。位移互等定理可应用于静定结构，也可应用于超静定结构；而反力互等定理只有在超静定结构中才有用。

思　考　题

9.1　为什么要计算结构的位移？

9.2　产生位移的因素主要有哪些？

9.3　结构位移有哪两大类？

9.4　虚功的特点是什么？

9.5　怎样理解做虚功中做功的力和位移必须是相应的？试画出思考题 9.5 图(a)、(c)中各力相应的位移和思考题 9.5 图(b)、(d)中各位移相应的力？

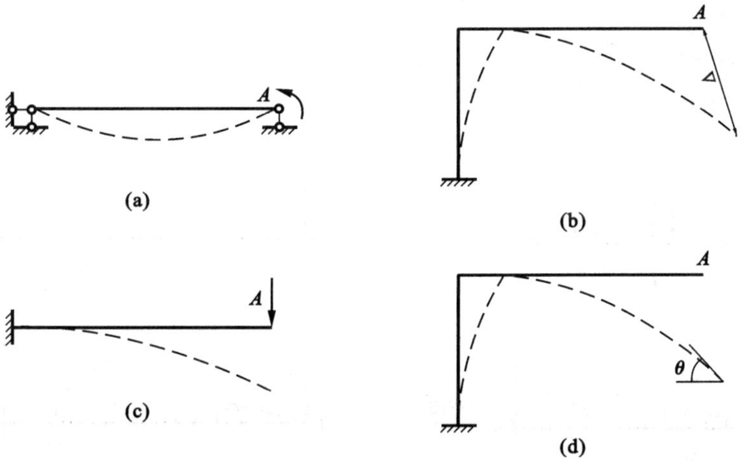

思考题 9.5 图

9.6　虚功原理中对力系和位移有什么要求？

9.7　刚体体系虚功原理在静定结构中有哪两种应用？

9.8　对思考题 9.8 图所示单跨梁，怎样分别选择虚位移状态计算截面弯矩？

9.9　说明变形体体系虚功原理和刚体体系虚功原理的区别和共同点。

9.10　说明式(9.6)是怎样满足变形连续条件的。

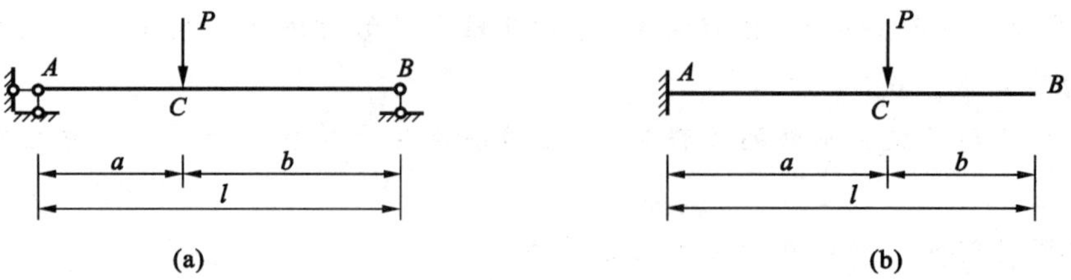

思考题 9.8 图

9.11　请写出用单位荷载法计算位移的一般公式。

9.12　为什么公式(9.7)在应用中具有普遍性和广泛性？

9.13　比较位移计算的一般公式(9.7)和荷载作用下位移计算的一般公式(9.9)的区别。

9.14　写出在荷载作用下梁、刚架和桁架位移计算的公式，并说明其中各项符号的意义及正负号规定。

9.15　说明如何判定求出位移 Δ 的实际方向。

9.16　图乘法的应用条件是什么？求变截面梁、曲梁和拱的位移时，是否可用图乘法？求等截面梁、刚架位移时，在 Q_P 和 $\overline{Q}$，以及 N_P 和 $\overline{N}$ 之间是否能用图乘法？

9.17　图乘法公式(9.14)中的正负号是怎样确定的？

9.18　下列算法是否对？为什么？

(1) $\int M_i M_K \mathrm{d}x = A_1 y_1 + A_2 y_2$　　　[思考题 9.18 图(a)]

(2) $\int \overline{M} M_P \mathrm{d}x = \left(\frac{2}{3}l \times \frac{1}{8}ql^2\right) \times \frac{l}{4}$　　　[思考题 9.18 图(b)]

(3) $\int \overline{M} M_P \mathrm{d}x = \left(\frac{1}{3}l \times ql^2\right) \times \frac{3}{4}l$　　　[思考题 9.18 图(c)]

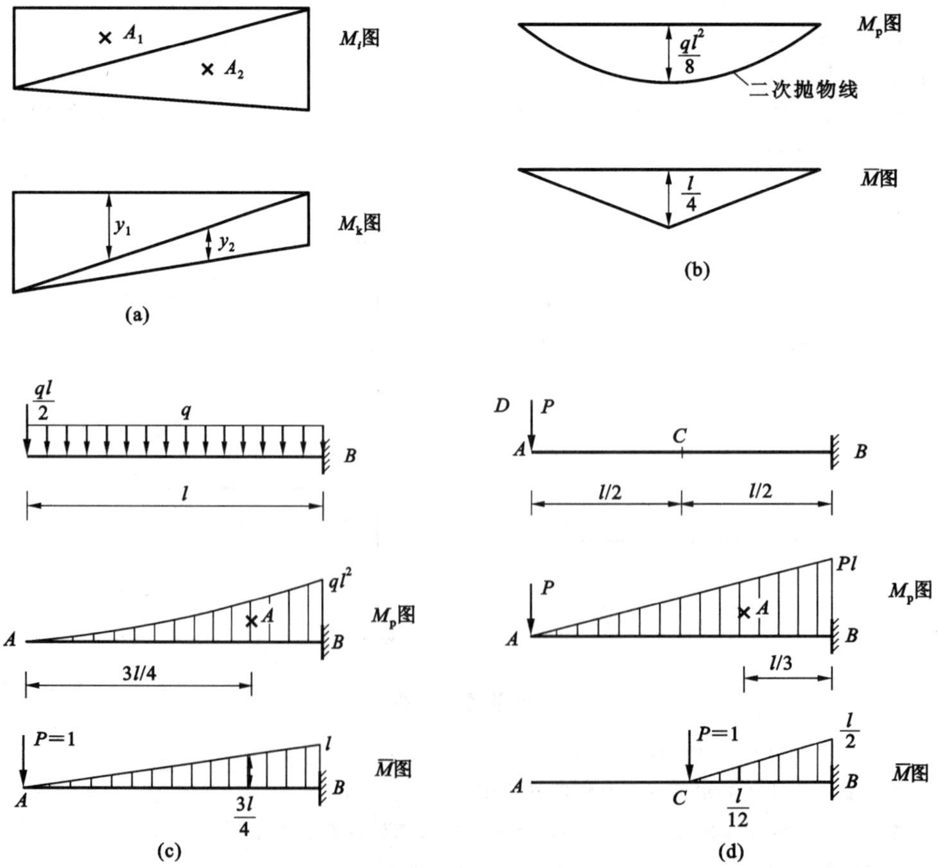

思考题 9.18 图

(4) $\int \overline{M}M_{P}\mathrm{d}x = \left(\frac{1}{2}l \times Pl\right) \times \frac{1}{6} \times \frac{l}{2}$ ［思考题 9.18 图(d)］

9.19　计算温度作用引起的位移时，如何确定 ε、γ_0、κ？

9.20　应用公式(9.17)时，什么条件下可以用计算面积代替积分？式(9.17)中各项正负号是如何确定的？

9.21　式(9.18)中的 $\overline{R}_K$、c_K 各表示什么含义？$\sum$ 表示什么意义？如何确定反力虚功的正负号？

9.22　为什么在式(9.18)中的总和号 $\sum$ 前有一负号？

9.23　思考题 9.23 图分别给出了两组力系，说明位移互等定理。在图中画出 δ_{12}、δ_{21}，并说明 δ_{12} 及 δ_{21} 的单位是什么。

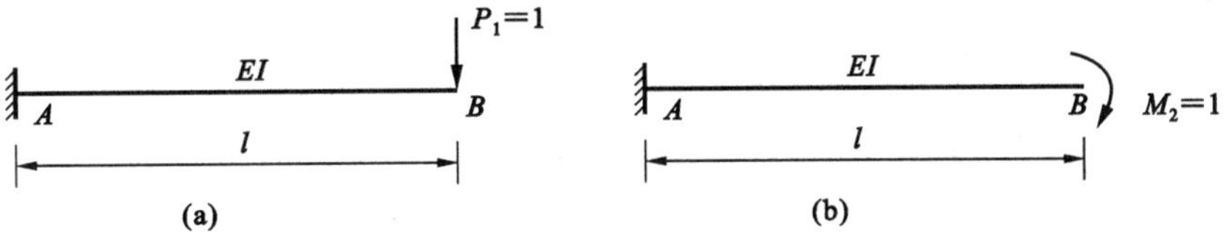

思考题 9.23 图

9.24　反力互等定理是否可用于静定结构？这时会得出什么结果？

习　　题

9.1～9.2　利用虚功原理，计算静定多跨梁指定的支座反力和截面内力。

9.1　Y_C、M_B、$Q_{C左}$、$Q_{C右}$。

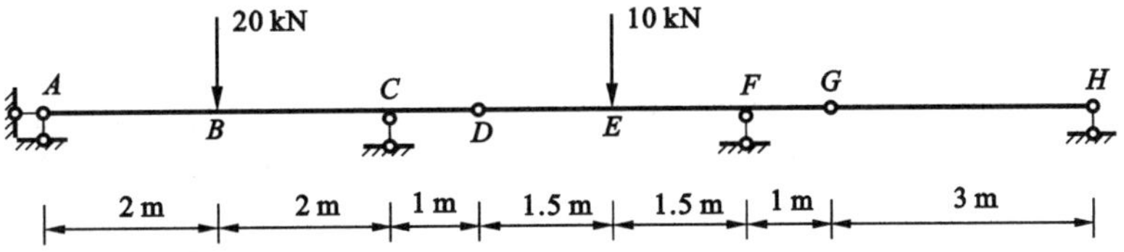

题 9.1 图

9.2　M_A、M_D、Q_A、Y_C（提示：均布荷载在竖向位移上的虚功为 $\int q\mathrm{d}x \cdot y = q\int y\mathrm{d}x = qA$，$A$ 为均布荷载 q 范围内的虚位移图面积）。

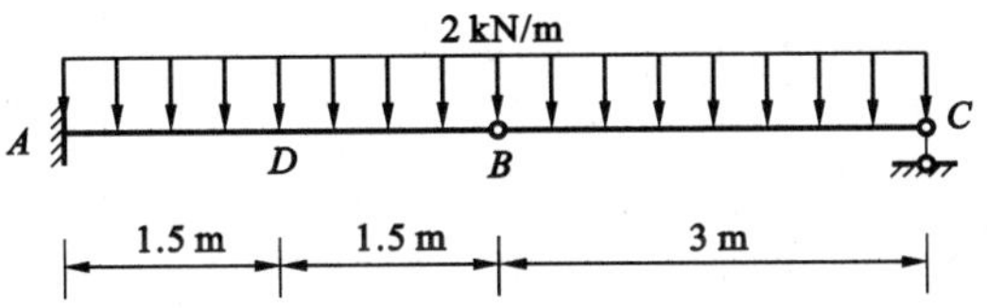

题 9.2 图

9.3～9.4　用积分法求图示悬臂梁 A 端的竖向位移和转角（忽略剪切变形的影响）。

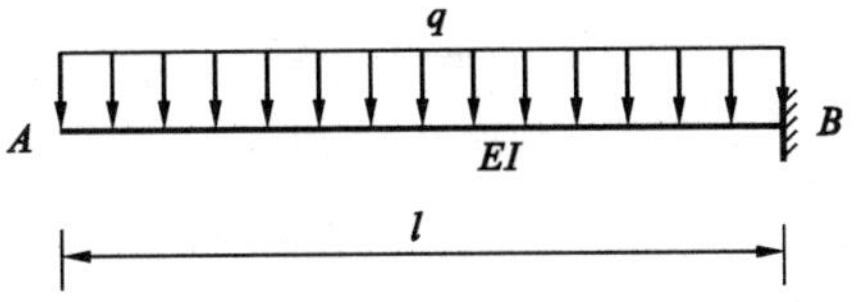

题 9.3 图

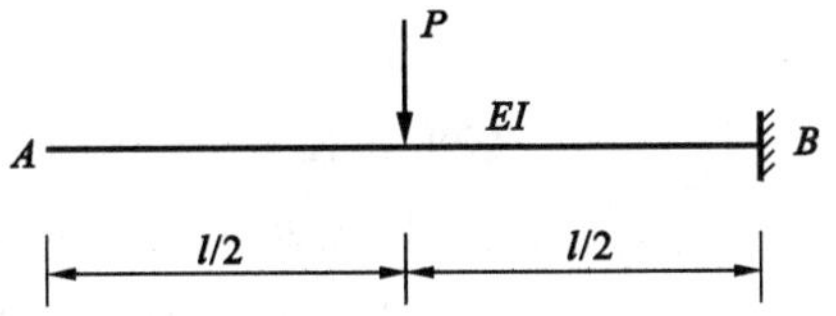

题 9.4 图

9.5～9.6　用积分法求图示简支梁的跨中挠度（忽略剪切变形的影响）。

9.7　用积分法求图示简支梁 A 端截面转角。

9.8～9.9　求图示桁架结点 C 的竖向位移（弹性模量 $E=2.1\times10^8$ kPa）。

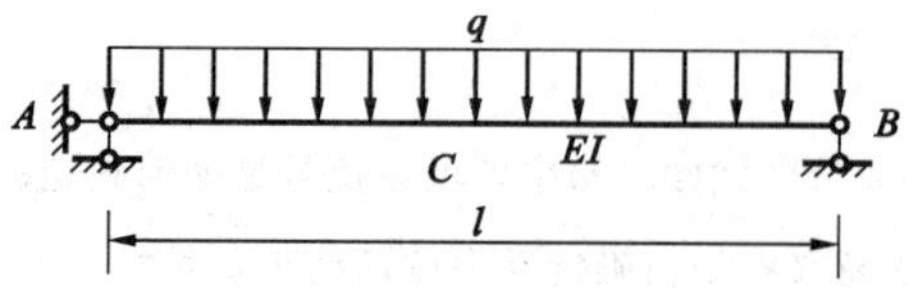

题 9.5 图

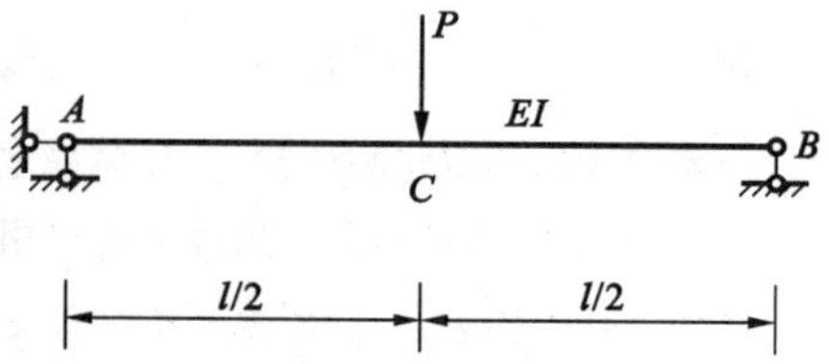

题 9.6 图

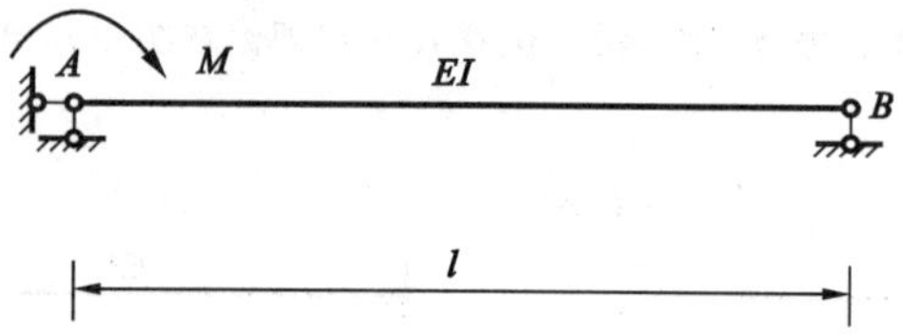

题 9.7 图

9.8　各杆截面相等，$A=30\ \text{cm}^2$。

9.9　各杆截面面积分别注于杆旁，单位为 cm^2。

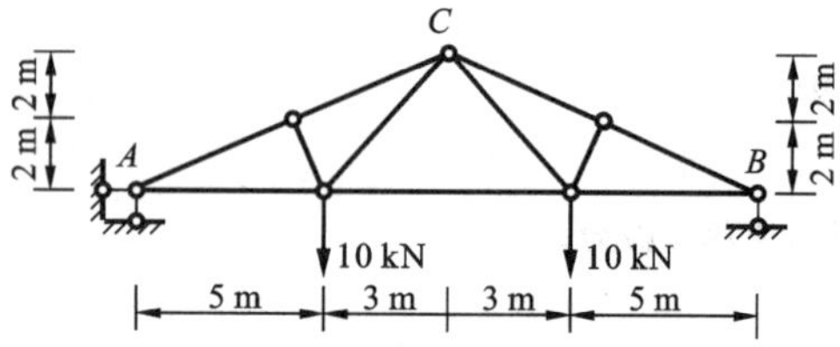

题 9.8 图

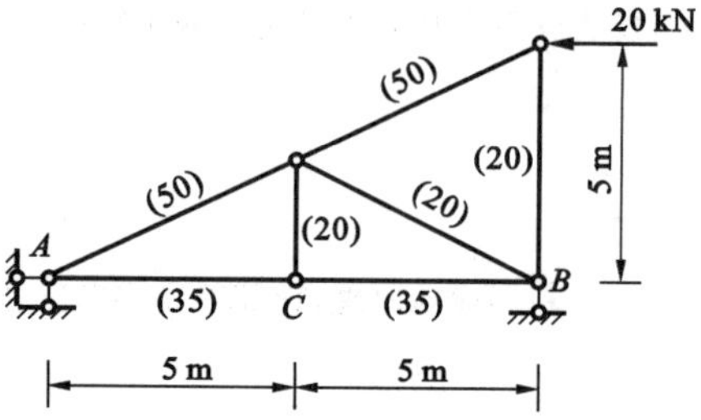

题 9.9 图

9.10～9.11　求图示桁架结点 C 的水平位移，各杆 EA 相等。

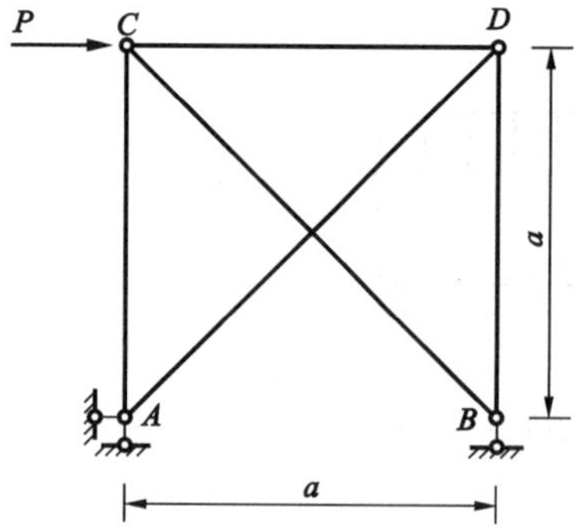

题 9.10 图

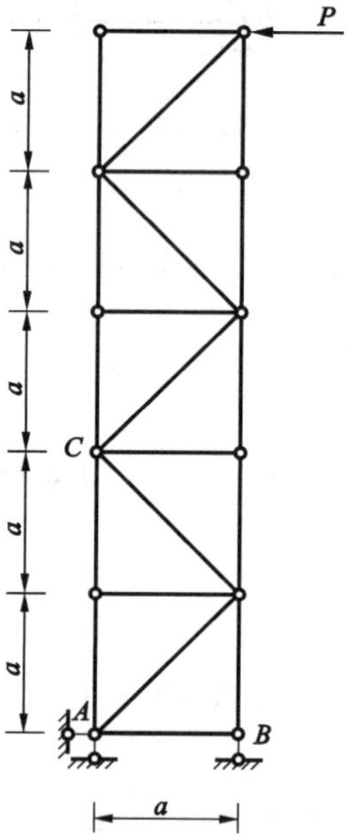

题 9.11 图

9.12　求等截面圆弧曲杆 A 点的竖向位移 Δ_{AV} 和水平位移 Δ_{AH}。设圆弧 AB 为 1/4 个圆周，半径为 R。

9.13　求曲梁 B 点的水平位移 Δ_B，已知曲梁轴线为抛物线，方程为

$$y=\frac{4f}{l^2}x(l-x)$$

EI＝常数，承受均布荷载 q。计算时可只考虑弯曲变形。设曲线比较平，可取 $\mathrm{d}s=\mathrm{d}x$。

9.14～9.18　用图乘法解习题 9.3 至习题 9.7。

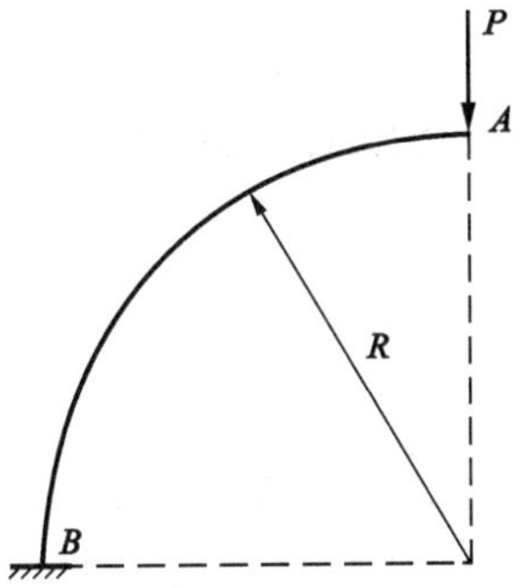

题 9.12 图

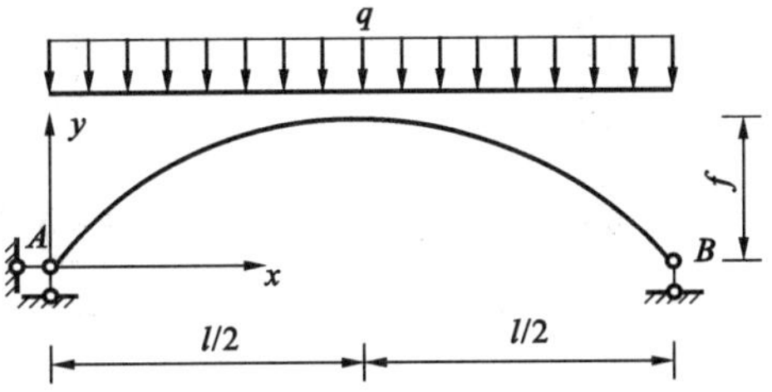

题 9.13 图

9.19　求图示截面 C 和截面 E 的挠度。已知 $E=2.06\times10^8$ kPa，$I_1=6560$ cm^4，$I_2=12430$ cm^4。

9.20　求图示悬臂梁 B 端的挠度及转角。

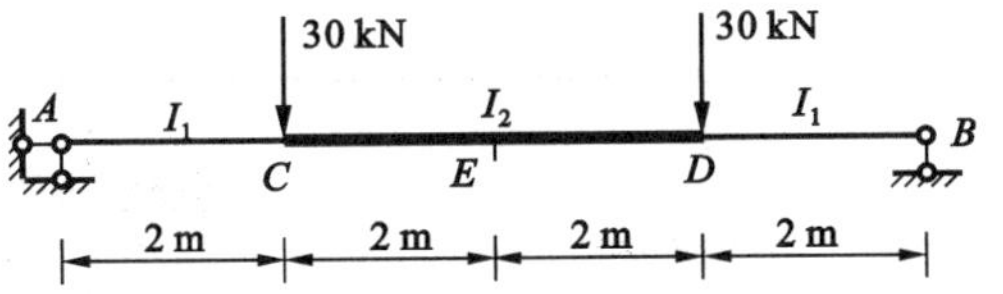

题 9.19 图

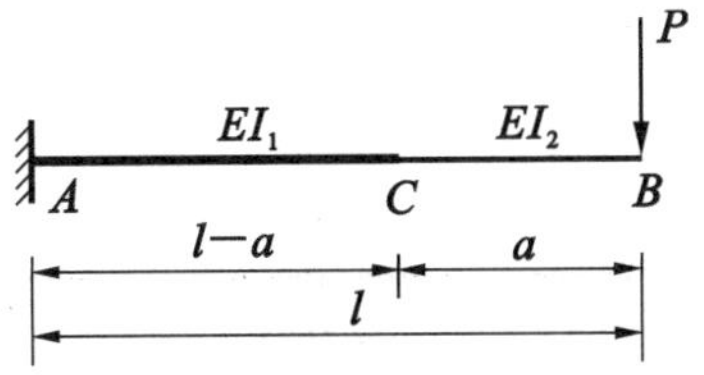

题 9.20 图

9.21　求 D 点挠度，$EI=$常数。

9.22　求 C 点挠度。已知 $P=9$ kN，$q=15$ kN/m，梁为 18 号工字钢，$I=1660$ cm^4，$h=18$ cm，$E=2.1\times10^8$ kPa。

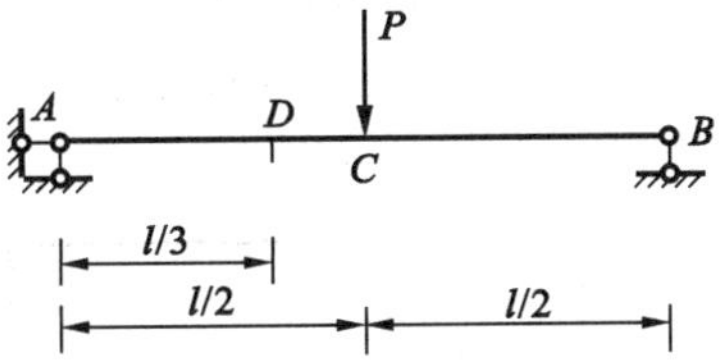

题 9.21 图

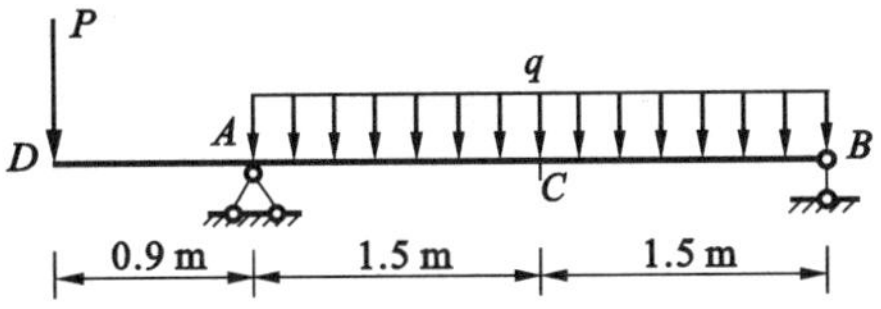

题 9.22 图

9.23　求图示刚架 A 点和 D 点的竖向位移。

9.24　求图示刚架 C 点的水平位移。

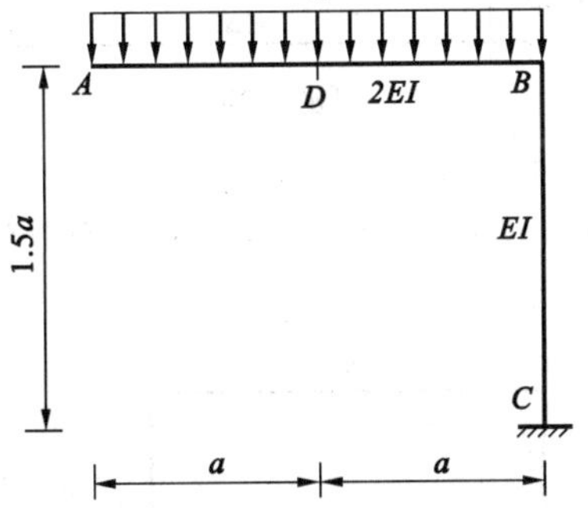

题 9.23 图

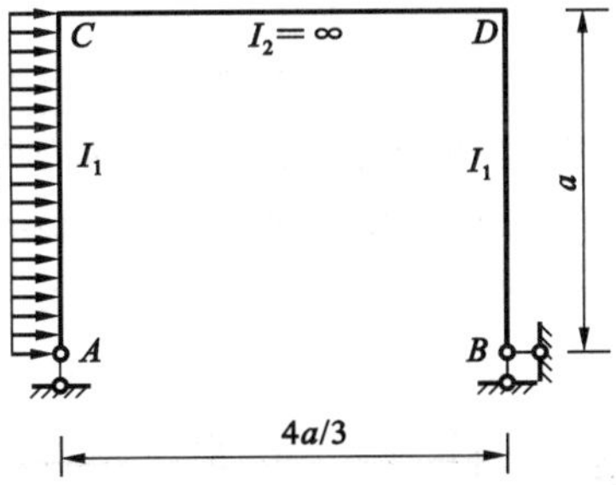

题 9.24 图

9.25　求图示三铰刚架 E 点的水平位移和截面 B 的转角，设各杆 $EI=$常数。

9.26　图示两对称悬臂刚架，求截面 E 和 F 相对竖向位移 Δ_1、相对水平位移 Δ_2、相对转角 Δ_3。设各杆为矩形截面，EI、EA 均为常数。要求：

(1) 忽略轴向变形影响；

(2) 考虑轴向变形影响。

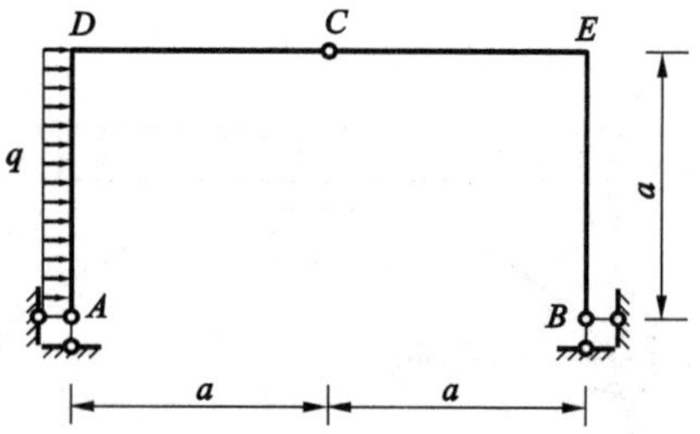

题 9.25 图

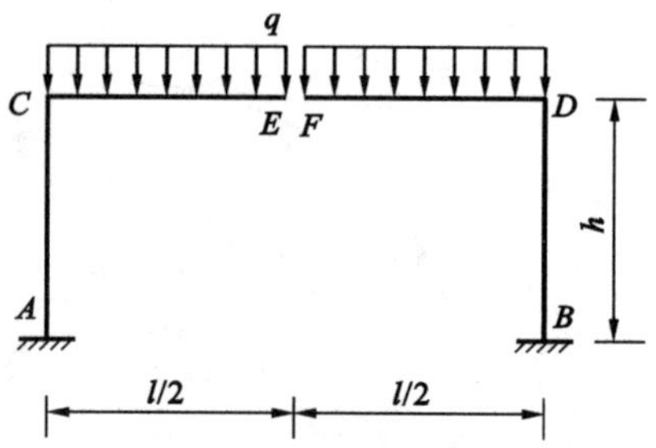

题 9.26 图

9.27　设三铰刚架温度变化如图，各杆截面为矩形，截面高度相同，$h=60$ cm，$\alpha=0.00001(1/℃)$。求 C 点的竖向位移。

9.28　求图示刚架因温度改变引起的 D 点的水平位移。已知各杆由 18 号工字钢组成，截面高度 $h=18$ cm，$\alpha=0.00001(1/℃)$。

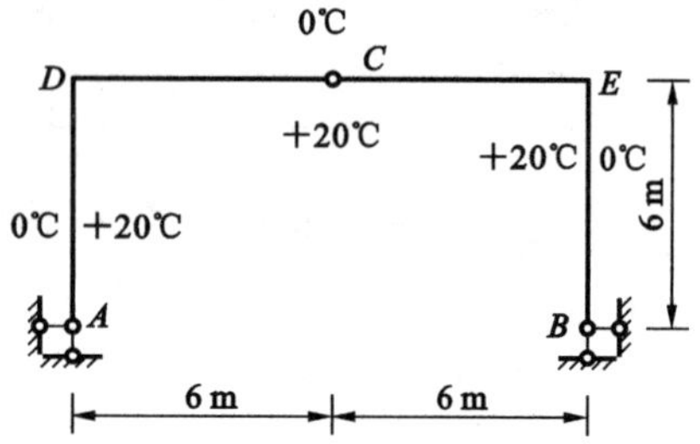

题 9.27 图

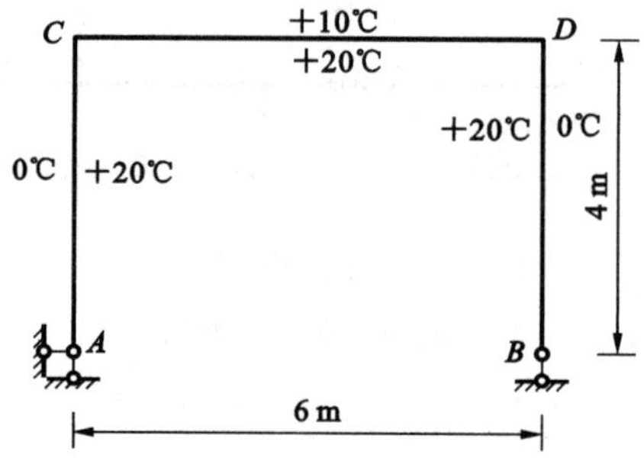

题 9.28 图

9.29　求 D 点水平位移。(1) 设支座 A 向左移动 1 cm，(2) 设支座 A 下沉 1 cm，(3) 设支座 B 下沉 1 cm。

9.30　设支座 A 有给定位移 Δ_x、Δ_y、Δ_φ，试求 K 点的竖向位移 v、水平位移 u 和转角 θ。

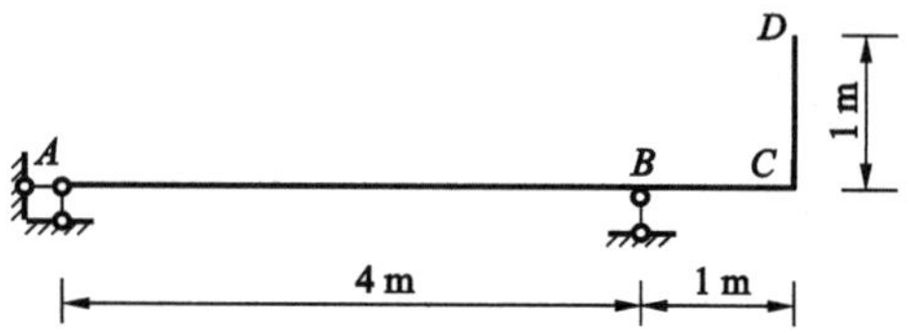

题 9.29 图

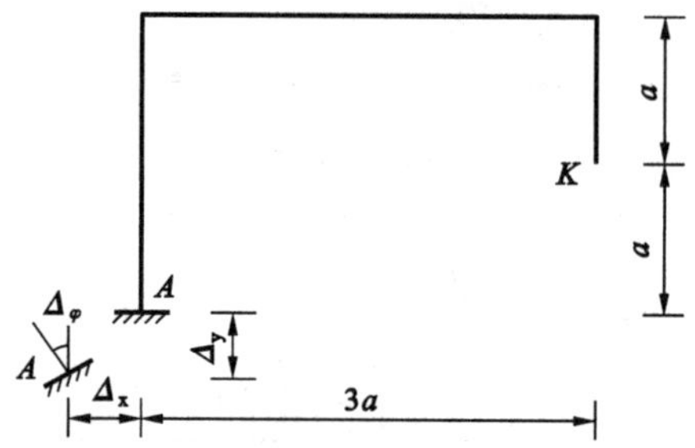

题 9.30 图

9.31　静定多跨梁支座移动如图所示，计算 D 点的竖向位移 Δ_1、水平位移 Δ_2 和角位移 Δ_3。

9.32　三铰刚架支座 B 向右移动 1 cm，计算 C 点的竖向位移 Δ_1、水平位移 Δ_2 和铰 C 左右两截面的相对转角 Δ_3。

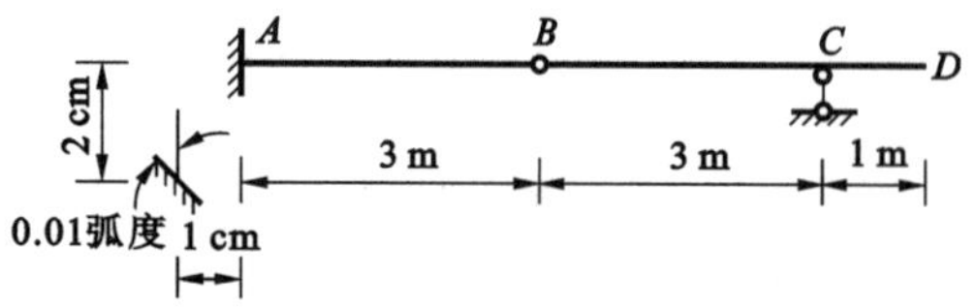

题 9.31 图

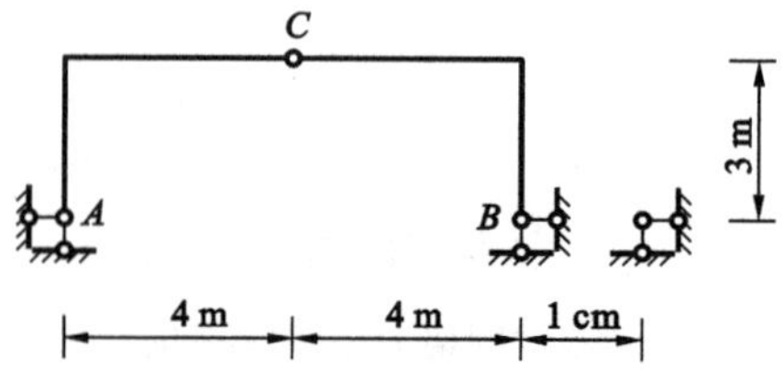

题 9.32 图

10 力　　法

本章提要

本章讨论用力法计算超静定结构问题。重点介绍力法的基本概念和基本原理，详细讨论如何选择力法的基本未知量、基本体系和如何根据变形条件建立力法的基本方程。作为力法计算的应用，分别讨论了超静定梁、刚架、排架、桁架、组合结构、拱、交叉梁系和空间刚架等各种结构的计算问题，并介绍超静定结构在温度变化、支座移动下的内力计算，同时讨论对称结构的简化计算方法。最后介绍了超静定结构的位移计算和超静定结构计算的校核问题。

10.1 超静定结构和超静定次数

10.1.1 超静定结构

在前面几章中，讨论了静定结构的计算问题。从本章起，我们讨论超静定结构的计算问题。

一个结构，如果它的支座反力和各截面的内力都可以用静力平衡条件唯一确定，就称为静定结构。图 10.1(a)所示简支梁是静定结构的一个例子。一个结构，如果它的支座反力和各截面的内力不能完全由静力平衡条件唯一确定，就称为超静定结构。图 10.1(b)所示连续梁是超静定结构的一个例子。

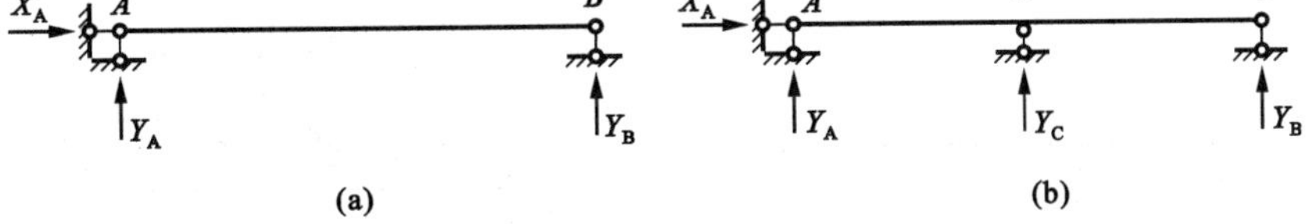

图 10.1　静定结构与超静定结构

(a) 静定结构；(b) 超静定结构

分析以上两个结构的几何组成，简支梁和连续梁都是几何不变的。如果从简支梁中撤去支杆 B，就变成了几何可变体系。反之，如果从连续梁中撤去支杆 C，则仍是几何不变体系。因此，连续梁中支杆 C 是多余约束。所谓多余约束是对保持体系的几何不变性而言，它不是必要的。由此引出如下结论：静定结构是没有多余约束的几何不变体系，而超静定结构则是有多余约束的几何不变体系。

总起来说，反力或内力是超静定的，约束有多余的，这就是超静定结构区别于静定结构的基本特征。

10.1.2　超静定次数的确定

从几何组成的角度看，超静定次数是指超静定结构中多余约束的个数。如果从原结构中去掉 n 个约束，结构就成为静定的，则原结构即为 n 次超静定。因此，

$$\text{超静定次数}=\text{多余约束的个数}=\text{把原结构变成静定结构时所需撤除的约束个数} \tag{a}$$

由于原结构是几何不变的，因此，由第 2 章 2.5 节可知：

$$\text{超静定次数}=-W \tag{b}$$

式中　W——体系的计算自由度数。

从静力分析的角度看，超静定次数等于根据平衡方程计算未知力时所缺少的方程的个数，因此，

$$\text{超静定次数}=\text{多余未知力的个数}=\text{未知力个数}-\text{平衡方程的个数} \tag{c}$$

图 10.2 所示超静定结构，在撤去多余约束以后即变为图 10.3 中所示相应的静定结构。在图中同时还标明了相应的多余约束力。因此，超静定次数分别为 2、4、6、3。

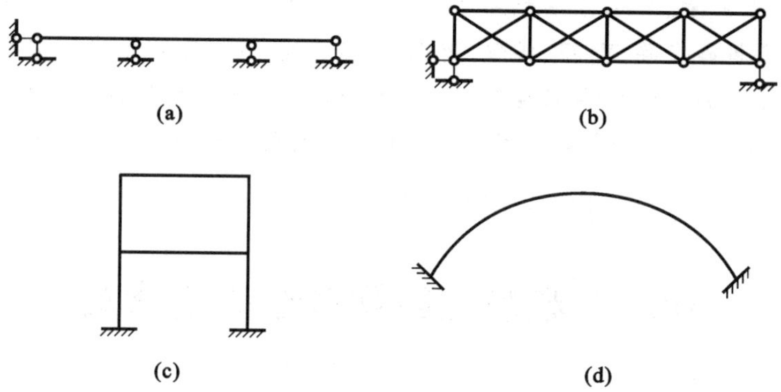

图 10.2　原超静定结构

(a) 梁；(b) 桁架；(c) 刚架；(d) 拱

按照式(a)求超静定次数时，关键是要学会把原超静定结构拆成一个静定结构。通常有以下几种基本方式：

(1) 撤去一根支杆或切断一根链杆，等于拆掉一个约束[图 10.3(a)、图 10.3(b)]。

(2) 撤去一个铰支座或撤去一个单铰，等于拆掉两个约束。

(3) 撤去一个固定端或切断一个梁式杆，等于拆掉三个约束[图 10.3(c)]。

(4) 在连续杆上加一个单铰，等于拆掉一个约束[图 10.3(d)]。

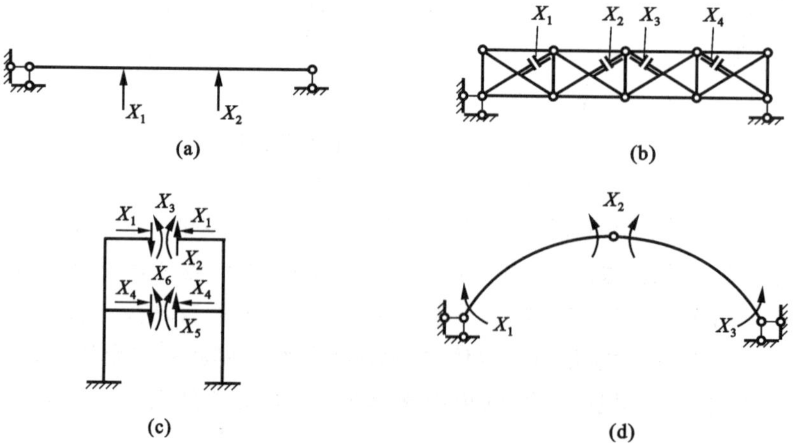

图 10.3　相应的静定结构

(a) 梁；(b) 桁架；(c) 刚架；(d) 拱

在撤去多余约束时,应该注意两点:

(1) 不要把原结构拆成一个几何可变体系。例如,如果把图 10.2(a)所示连续梁中的水平支杆拆掉,这样就变成了几何可变体系。

(2) 要把全部多余约束都拆除。如图 10.4(a)所示的结构,如果只拆去一根竖向支杆,如图 10.4(b)所示,则其中的闭合框仍然具有三个多余约束。因此,必须把闭合框再切开一个截面[图 10.4(c)],这时才成为静定结构。所以,原结构总共有四个多余约束。

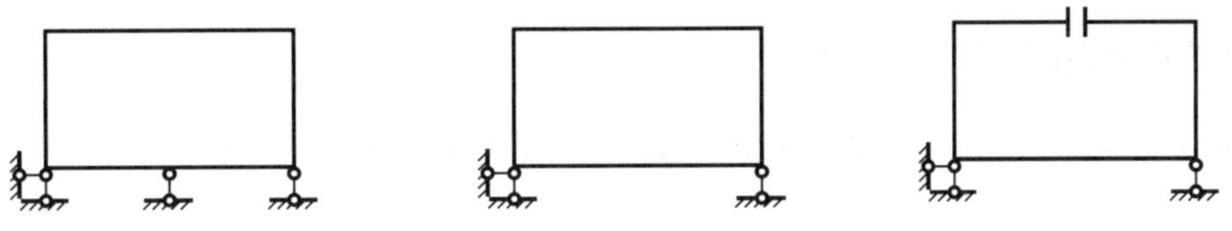

(a) (b) (c)

图 10.4 带闭合框的超静定结构

(a) 内外超静定;(b) 内部超静定;(c) 静定

超静定次数也可根据第 2 章式(2.1)和式(2.2)计算。如桁架的超静定次数 n 为:

$$n = -W = b + r - 2J$$

以图 10.2(b)所示桁架为例,$b = 21$,$r = 3$,$J = 10$,所以有:

$$n = 21 + 3 - 2 \times 10 = 4$$

10.2 力法的基本概念

力法是计算超静定结构的最基本的方法。力法计算的基本思路是把超静定结构的计算问题转化为静定结构的计算问题,即利用已经熟悉的静定结构的计算方法来达到计算超静定结构的目的。

10.2.1 力法的基本未知量和基本体系

超静定结构由于多余约束的存在,相应的就有多余约束力,故不能仅由平衡条件求出,而必须考虑变形条件才能求解。

(1) 力法的基本未知量

图 10.5(a)所示的一次超静定结构,共有四个支座反力 X_A、Y_A、M_A、Y_B,不能完全用三个静力平衡方程求出。若撤去支座 B,代以一个相应的多余未知力 X_1 作用,如图 10.5(b)所示。如设法将 X_1 解出,则原结构就转化为在荷载 q 和 X_1 共同作用下的静定结构的计算问题。而其他支座反力和内力则都能用平衡条件求出。

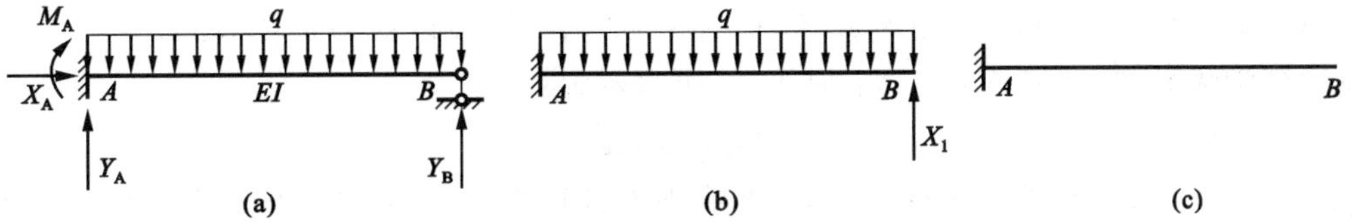

(a) (b) (c)

图 10.5 力法的基本体系与基本结构

(a) 原结构;(b) 基本体系;(c) 基本结构

力法的主要特点是:把多余未知力的计算问题当作解超静定结构的关键问题。处于关键地位的多余未知力称为力法的基本未知量。力法这个名称就是由此而来的。

(2) 力法的基本体系

在超静定结构中,去掉多余约束所得到的静定结构称为力法的基本结构,图 10.5(c)所示的静定结构即为图 10.5(a)的基本结构。基本结构在荷载和多余未知力共同作用下的体系称为力法的基本体系,图 10.5(b)为图 10.5(a)的基本体系。这里要注意原结构与基本体系的异同,在原结构[图 10.5(a)]中,支座反力 Y_B 是以被动力形式出现的,而在基本体系[图 10.5(b)]中,多余未知力 X_1 是以主动力形式出现的。基本体系是静定结构,可以通过调节 X_1 的大小,使它的受力与变形状态与原结构完全相同。所以,基本体系是将超静定结构计算问题转化为静定结构计算问题的桥梁。

10.2.2 力法的基本方程

怎样才能求得图 10.5(b)中的基本未知量 X_1? 很明显,不能由平衡条件求得,而必须考虑补充新的条件。

图 10.6(a)所示的基本结构是在荷载与 X_1 共同作用下的情形。这里,X_1 是主动力,是变量,B 点可以有位移。如果 X_1 过大,则梁的 B 端将往上翘,如果 X_1 过小,则梁的 B 端向下垂。只有当梁的 B 端位移正好等于零时,基本体系中的变力 X_1 才能正好与原超静定结构的多余约束力 Y_B 相等。此时,基本体系才能转化为原超静定结构。

由此可看出,基本体系转化为原超静定结构的条件是:基本体系沿多余未知力 X_1 方向的位移应与原结构相同。即:

$$\Delta_1 = 0 \tag{a}$$

这个条件是一个变形条件,也就是计算多余未知力 X_1 的补充条件。

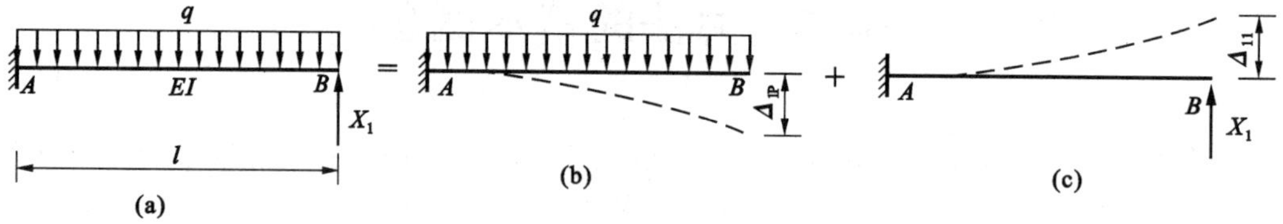

图 10.6　基本体系的线性叠加

(a) 基本体系;(b) 基本结构受荷载作用;(c) 基本结构受未知力作用

下面只讨论线性变形体系的情形。根据叠加原理,图 10.6(a)所示的状态应等于图 10.6(b)所示状态和图 10.6(c)所示状态的总和。这里的状态(b)和状态(c)分别表示基本结构在 q 和 X_1 单独作用下的受力和变形状态。因此,变形条件式(a)可表示为:

$$\Delta_1 = \Delta_{11} + \Delta_{1P} = 0 \tag{b}$$

式中　Δ_1——基本体系(即基本结构在荷载与未知力 X_1 共同作用下)沿 X_1 方向的总位移[即图 10.6(a)中 B 点的竖向位移];

Δ_{1P}——基本结构在荷载单独作用下沿 X_1 方向的位移[图 10.6(b)];

Δ_{11}——基本结构在未知力 X_1 单独作用下沿 X_1 方向的位移[图 10.6(c)]。

位移 Δ_1、Δ_{11} 与 Δ_{1P} 的方向如与所设 X_1 的正方向相同时,则规定为正,反之为负。

在线性变形体系中,位移 Δ_{11} 与 X_1 成正比,可表示为:

$$\Delta_{11} = \delta_{11} X_1 \tag{c}$$

式中　δ_{11}——系数,基本结构在单位力 $X_1 = 1$ 单独作用下沿 X_1 方向产生的位移[图 10.7(b)]。

将式(c)代入式(b),即得:

$$\delta_{11} X_1 + \Delta_{1P} = 0 \tag{10.1}$$

这就是线性变形条件下一次超静定结构的力法基本方程,简称为力法方程。

力法方程中的系数 δ_{11} 和自由项 Δ_{1P} 都是基本结构即静定结构的位移,可用单位荷载法计算。

求得 δ_{11} 和 Δ_{1P} 后，即可根据式(10.1)求得基本未知量 X_1。

为具体计算 Δ_{1P} 和 δ_{11}，作基本结构在荷载作用下的 M_P 图[图 10.7(a)]和在单位力 $X_1=1$ 作用下的 $\overline{M}_1$ 图[图 10.7(b)]。应用图乘法，得：

$$\Delta_{1P}=\int\frac{\overline{M}_1M_P}{EI}\mathrm{d}x=-\frac{1}{EI}\left(\frac{1}{3}\cdot\frac{ql^2}{2}\cdot l\right)\times\frac{3l}{4}=-\frac{ql^4}{8EI}$$

$$\delta_{11}=\int\frac{\overline{M}_1\overline{M}_1}{EI}\mathrm{d}x=\frac{1}{EI}\left(\frac{l\cdot l}{2}\cdot\frac{2l}{3}\right)=\frac{l^3}{3EI}$$

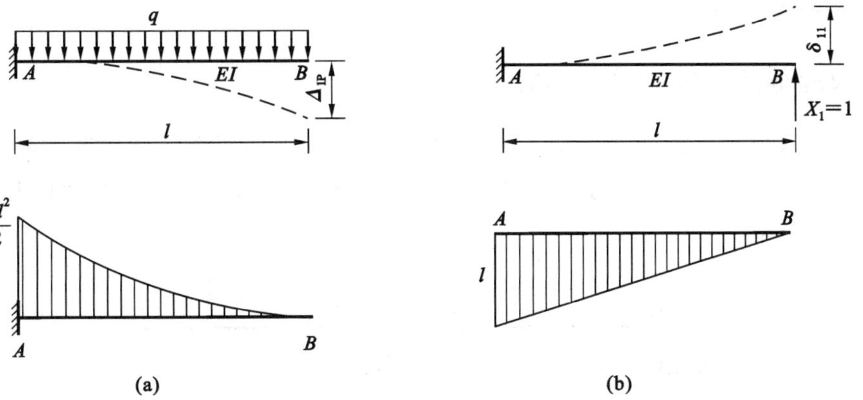

图 10.7　基本结构的 M_P 和 $\overline{M}_1$ 图

(a) M_P 图；(b) $\overline{M}_1$ 图

代入力法方程式(10.1)，得：

$$\frac{l^3}{3EI}X_1-\frac{ql^4}{8EI}=0$$

由此求出

$$X_1=\frac{3}{8}ql$$

求得的 X_1 是正号，表示未知力 X_1 的方向与所设的方向相同。

多余未知力 X_1 求出后，就可以利用静力平衡条件求原结构的支座反力和任一截面的内力，作内力图。计算结果如图 10.8 所示。

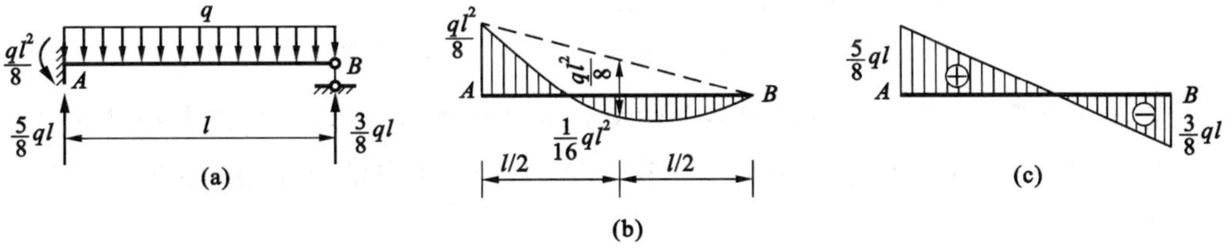

图 10.8　结构的反力与内力图

(a) 反力；(b) M 图；(c) Q 图

结构任一截面的弯矩 M 也可用叠加原理表示为：

$$M=\overline{M}_1X_1+M_P \tag{10.2}$$

式中　$\overline{M}_1$——单位力 $X_1=1$ 在基本结构中任一截面上所产生的弯矩；

M_P——荷载在基本结构中相应截面上所产生的弯矩。

10.3　力法方程的典型形式

如前所述，用力法计算超静定结构，就是以多余未知力作为基本未知量；以基本体系作为桥梁；根据基本体系在荷载和多余未知力共同作用下，在多余未知力处的位移和原结构在多余约束处的相应位移相等的变形条件建立力法方程，求得多余未知力。在多余未知力求得后，即可按静定结构求解全部支座反力和内力。因此，用力法计算超静定结构的关键在于如何根据变形条件建立力法方程，求解基本未知量——多余未知力。

10.3.1　两次超静定结构的力法方程

图10.9(a)所示为两次超静定结构，分析此结构时，必须去掉两个多余约束，若撤除铰支座 B，并以相应的多余未知力 X_1 和 X_2 代替所去约束的作用，则得到如图10.9(b)所示的基本体系。而 X_1 和 X_2 即为基本未知量。

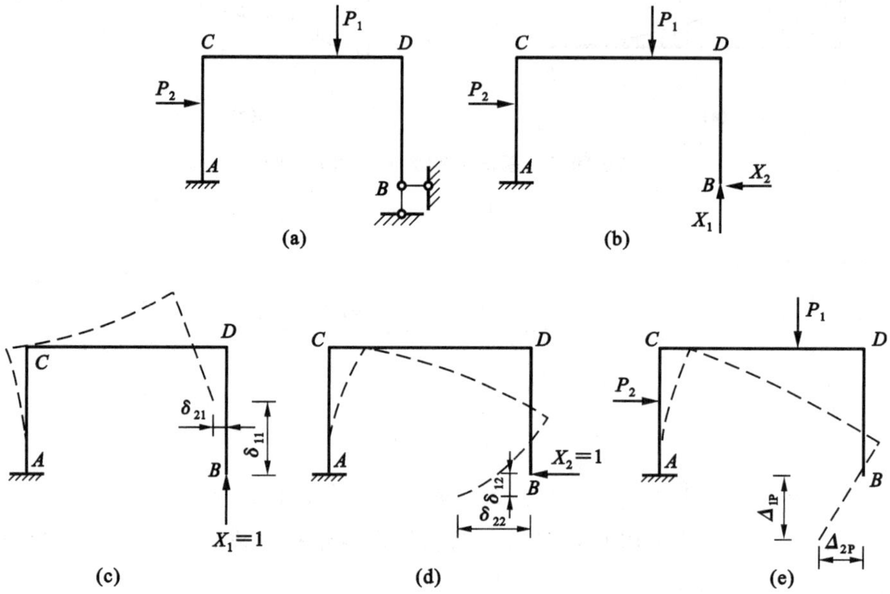

图10.9　两次超静定结构

(a) 原结构；(b) 基本体系；(c) 基本结构受 $X_1=1$ 作用；

(d) 基本结构受 $X_2=1$ 作用；(e) 基本结构受荷载作用

为确定基本未知量 X_1 和 X_2，可利用多余约束处的变形条件，即基本体系在荷载和多余未知力 X_1、X_2 共同作用下在 B 点沿 X_1、X_2 方向的位移与原结构在 B 点的位移相同，即都等于零。因此，变形条件可写为：

$$\left.\begin{aligned}\Delta_1=0\\ \Delta_2=0\end{aligned}\right\}\tag{a}$$

式中　Δ_1——基本体系在 X_1、X_2 和荷载共同作用下沿 X_1 方向的位移，即 B 点的竖向位移；

Δ_2——基本体系在 X_1、X_2 和荷载共同作用下沿 X_2 方向的位移，即 B 点的水平位移。

在线性变形体系中，利用叠加原理，将式(a)中的 Δ_1 和 Δ_2 展开表示为：

$$\left.\begin{aligned}\Delta_1=\delta_{11}X_1+\delta_{12}X_2+\Delta_{1P}\\ \Delta_2=\delta_{21}X_1+\delta_{22}X_2+\Delta_{2P}\end{aligned}\right\}\tag{b}$$

将式(b)代入式(a)，即得：

$$\left.\begin{aligned}\delta_{11}X_1+\delta_{12}X_2+\Delta_{1P}=0\\\delta_{21}X_1+\delta_{22}X_2+\Delta_{2P}=0\end{aligned}\right\}\quad(10.3)$$

这就是两次超静定结构的力法基本方程。

式(10.3)中的各项系数与自由项的意义如下：

δ_{11}、δ_{21}——基本结构在 $X_1=1$ 单独作用时，分别沿 X_1 和 X_2 方向的位移，如图 10.9(c)所示；

δ_{12}、δ_{22}——基本结构在 $X_2=1$ 单独作用时，分别沿 X_1 和 X_2 方向的位移，如图 10.9(d)所示；

Δ_{1P}、Δ_{2P}——基本结构在荷载单独作用时，分别沿 X_1 和 X_2 方向的位移，如图 10.9(e)所示。

力法方程中的系数 δ 和 Δ 都是基本结构的位移，即静定结构的位移，均可采用单位荷载法计算。

根据式(10.3)求得多余未知力 X_1 和 X_2 后，便可应用静力平衡条件求出原结构的其他全部支座反力和杆件内力。此外，也可利用叠加原理求内力，如任一截面的弯矩 M 可用以下叠加公式计算：

$$M=\overline{M}_1X_1+\overline{M}_2X_2+M_P\quad(10.4)$$

式中　$\overline{M}_1$、$\overline{M}_2$——单位力 $X_1=1$ 和 $X_2=1$ 单独作用于基本结构时相应截面的弯矩；

M_P——荷载单独作用于基本结构时相应截面的弯矩。

同一结构可以按不同的方式选取基本结构和基本未知量。如图 10.9(a)所示结构，也可用图 10.10(a)或图 10.10(b)所示的静定结构作为基本结构。这时，与所撤的多余约束相应的多余未知力也不同。力法方程在形式上仍与式(10.3)相同，但因 X_1、X_2 的含义不同，变形条件的含义也不同。如图 10.10(a)中，X_2 为支座 A 的反力矩，$\Delta_2=0$ 为原结构支座 A 的转角等于零。而在图 10.10(b)中，X_2 为梁中点 E 左右两截面的内力矩，所以 $\Delta_2=0$ 为原结构在点 E 左右两截面的相对转角等于零。此外，还应注意，不能将几何瞬变体系作为基本结构。如图 10.10(c)所示的体系是瞬变体系，不能作为基本结构。

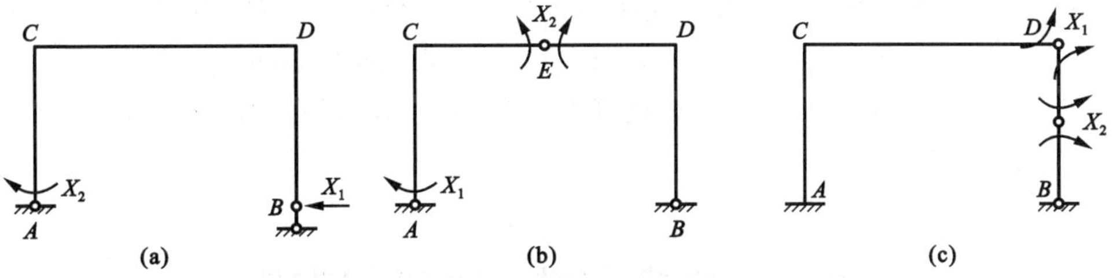

图 10.10　基本结构的多种选择

(a) 简支型刚架；(b) 三铰型刚架；(c) 瞬变体系

10.3.2　n 次超静定结构的力法方程

对于 n 次超静定结构的一般情形，力法的基本未知量是 n 个多余未知力 X_1、X_2、…、X_n，力法的基本体系是从原结构中去掉 n 个多余约束后所得到的一个静定结构。力法的基本方程是由 n 个多余约束处的 n 个变形条件组成的，即基本体系在 X_1、X_2、…、X_n 和荷载共同作用下沿 n 个多余未知力方向的位移应与原结构相应的位移相等。在线性变形体系中，根据叠加原理，n 个变形条件可写为：

$$\left.\begin{aligned}\delta_{11}X_1+\delta_{12}X_2+\cdots+\delta_{1n}X_n+\Delta_{1P}=0\\\delta_{21}X_1+\delta_{22}X_2+\cdots+\delta_{2n}X_n+\Delta_{2P}=0\\\cdots\cdots\\\delta_{n1}X_1+\delta_{n2}X_2+\cdots+\delta_{nn}X_n+\Delta_{nP}=0\end{aligned}\right\}\quad(10.5)$$

式(10.5)为 n 次超静定结构在荷载作用下力法方程的一般形式，称为力法方程的典型形式。

在式(10.5)中,系数 δ_{ij} 和自由项 Δ_{iP} 分别表示基本结构在单位力和荷载作用下的位移。位移符号中采用两个下标:第一个下标表示位移的方向,第二个下标表示产生位移的原因。例如:

δ_{ij}——由单位力 $X_j=1$ 单独作用于基本结构时产生的沿 X_i 方向的位移,也称为柔度系数;

Δ_{iP}——由荷载单独作用于基本结构时产生的沿 X_i 方向的位移。

位移正负号规则为:当位移 δ_{ij} 或 Δ_{iP} 的方向与相应力 X_i 所设正方向相同时,则位移为正。

在式(10.5)中,主对角线上的系数 δ_{11}、δ_{22}、…、δ_{nn} 称为主系数。主系数均为正值且不为零。不在主对角线上的系数 $\delta_{ij}(i\neq j)$称为副系数。副系数可以是正值,也可以是负值,或为零。

根据位移互等定理,副系数 δ_{ij} 与 δ_{ji} 是相等的,即:

$$\delta_{ij}=\delta_{ji}$$

式(10.5)也可用矩阵形式表示为:

$$\begin{bmatrix}\delta_{11} & \delta_{12} & \cdots & \delta_{1n}\\ \delta_{21} & \delta_{22} & \cdots & \delta_{2n}\\ \vdots & \vdots & & \vdots\\ \delta_{n1} & \delta_{n2} & \cdots & \delta_{nn}\end{bmatrix}\begin{Bmatrix}X_1\\ X_2\\ \vdots\\ X_n\end{Bmatrix}+\begin{Bmatrix}\Delta_{1P}\\ \Delta_{2P}\\ \vdots\\ \Delta_{nP}\end{Bmatrix}=\begin{Bmatrix}0\\ 0\\ \vdots\\ 0\end{Bmatrix} \tag{10.6}$$

式中由柔度系数 δ_{ij} 组成的矩阵称为柔度矩阵。柔度矩阵是一个对称矩阵。因此,力法方程也称为柔度方程,力法也称为柔度法。

系数和自由项求得后,解力法方程组,即可求得多余未知力 X_1、X_2、…、X_n,然后根据静力平衡条件或叠加原理,计算各截面内力,绘制内力图。按叠加原理计算内力的公式为:

$$\left.\begin{aligned}M&=\overline{M}_1X_1+\overline{M}_2X_2+\cdots+\overline{M}_iX_i+\cdots+\overline{M}_nX_n+M_P\\ Q&=\overline{Q}_1X_1+\overline{Q}_2X_2+\cdots+\overline{Q}_iX_i+\cdots+\overline{Q}_nX_n+Q_P\\ N&=\overline{N}_1X_1+\overline{N}_2X_2+\cdots+\overline{N}_iX_i+\cdots+\overline{N}_nX_n+N_P\end{aligned}\right\} \tag{10.7}$$

式中 $\overline{M}_i$、$\overline{Q}_i$、$\overline{N}_i$——基本结构由于 $X_i=1$ 单独作用时所产生的任一截面的内力($i=1,2,\cdots,n$);

M_P、Q_P、N_P——基本结构由于荷载单独作用时所产生的相应截面的内力。

在应用式(10.7)求超静定结构内力时,也可先用第一式画弯矩图,然后利用静力平衡条件计算 Q 和 N,并画出 Q 图和 N 图。

10.4 超静定梁、刚架和排架

10.4.1 超静定梁和刚架

用力法计算超静定梁和刚架时,通常忽略剪力和轴力对位移的影响,而只考虑弯矩的影响。因此,力法方程中系数和自由项的表达式为:

$$\left.\begin{aligned}\delta_{ii}&=\sum\int\frac{\overline{M}_i^2}{EI}\mathrm{d}x\\ \delta_{ij}&=\sum\int\frac{\overline{M}_i\overline{M}_j}{EI}\mathrm{d}x\\ \Delta_{iP}&=\sum\int\frac{\overline{M}_iM_P}{EI}\mathrm{d}x\end{aligned}\right\} \tag{10.8}$$

【例 10.1】 图 10.11(a)所示两端固定梁,承受全跨均布荷载 q,作 M 图和 Q 图。

【解】

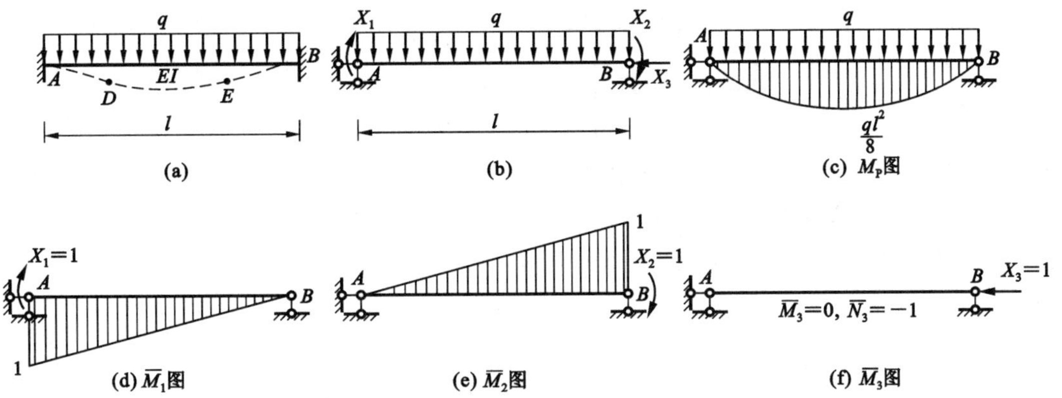

图 10.11　例 10.1 图

(a) 两端固定梁；(b) 基本体系；(c) 基本结构受荷载作用；

(d) 基本结构受 $X_1=1$ 作用；(e) 基本结构受 $X_2=1$ 作用；(f) 基本结构受 $X_3=1$ 作用

① 选择基本体系

这是一个三次超静定梁，可撤去 A、B 两端抗转动约束和 B 端水平约束，得到如图 10.11(b)所示的基本体系。

② 列力法方程

基本体系应满足在 A 端、B 端的转角和 B 端的水平位移分别等于零的变形条件。因此，力法方程为：

$$\delta_{11}X_1+\delta_{12}X_2+\delta_{13}X_3+\Delta_{1P}=0$$
$$\delta_{21}X_1+\delta_{22}X_2+\delta_{23}X_3+\Delta_{2P}=0$$
$$\delta_{31}X_1+\delta_{32}X_2+\delta_{33}X_3+\Delta_{3P}=0$$

③ 计算系数和自由项

系数和自由项都是基本结构(静定结构)的位移，而只考虑弯曲变形的影响。因此，只需绘制基本结构在荷载作用下的弯矩图，即 M_P 图[图 10.11(c)]，以及分别由单位力 $X_1=1$、$X_2=1$ 和 $X_3=1$ 所产生的弯矩图，即 $\overline{M}_1$、$\overline{M}_2$、$\overline{M}_3$ 图[图 10.11(d)、图 10.11(e)、图 10.11(f)]。

利用图乘法，可得：

$$\delta_{11}=\int\frac{\overline{M}_1^2}{EI}dx=\frac{1}{EI}\left(\frac{1}{2}\times l\times 1\right)\times\frac{2}{3}=\frac{l}{3EI}$$

$$\delta_{22}=\int\frac{\overline{M}_2^2}{EI}dx=\frac{1}{EI}\left(\frac{1}{2}\times l\times 1\right)\times\frac{2}{3}=\frac{l}{3EI}$$

$$\delta_{12}=\delta_{21}=\int\frac{\overline{M}_1\overline{M}_2}{EI}dx=-\frac{1}{EI}\left(\frac{1}{2}\times l\times 1\right)\times\frac{1}{3}=-\frac{l}{6EI}$$

计算 δ_{33} 时，因为弯矩 $\overline{M}_3=0$，这时要考虑轴力对位移的影响，则：

$$\delta_{33}=\int\frac{\overline{M}_3^2}{EI}dx+\int\frac{\overline{N}_3^2}{EA}dx=0+\frac{l}{EA}=\frac{l}{EA}$$

$$\delta_{13}=\delta_{31}=\int\frac{\overline{M}_1\overline{M}_3}{EI}dx=0$$

$$\delta_{23}=\delta_{32}=\int\frac{\overline{M}_2\overline{M}_3}{EI}dx=0$$

$$\Delta_{1P}=\int\frac{\overline{M}_1M_P}{EI}dx=\frac{1}{EI}\left(\frac{2}{3}\times l\times\frac{1}{8}ql^2\right)\times\frac{1}{2}=\frac{ql^3}{24EI}$$

$$\Delta_{2P}=\int\frac{\overline{M}_2M_P}{EI}dx=-\frac{ql^3}{24EI}$$

$$\Delta_{3P}=\int\frac{\overline{M}_3M_P}{EI}dx+\int\frac{\overline{N}_3N_P}{EA}dx=0$$

其中，Δ_{2P} 为负值是因为 $\overline{M}_2$ 和 M_P 在梁的不同边。

④ 解力法方程，求基本未知量

将系数和自由项代入力法方程，化简后得到：

$$\begin{cases}2X_1-X_2+\dfrac{ql^2}{4}=0\\-X_1+2X_2-\dfrac{ql^2}{4}=0\\\dfrac{l}{EA}X_3=0\end{cases}$$

由此解得：

$$X_1=-\frac{1}{12}ql^2,X_2=\frac{1}{12}ql^2,X_3=0$$

X_3 等于零表明两端固定梁在垂直于梁轴线的荷载作用下并不产生水平反力。因此可简化为只需求解两个多余未知力的问题，力法方程可直接写为：

$$\delta_{11}X_1+\delta_{12}X_2+\Delta_{1P}=0$$

$$\delta_{21}X_1+\delta_{22}X_2+\Delta_{2P}=0$$

⑤ 作内力图

多余未知力求得后，可按静定结构计算杆端截面内力，作内力图。

a. 作弯矩图

可利用弯矩叠加公式：

$$M=\overline{M}_1X_1+\overline{M}_2X_2+\overline{M}_3X_3+M_P$$

以 M_{AB}、M_{BA} 的值作纵坐标，画在 AB 杆的受拉边，连以虚直线，再叠加简支梁在均布荷载作用下的 M^0 图，即得 M 图[图 10.12(a)]。

b. 作剪力图

可以杆件为隔离体，利用已知杆端弯矩，由静力平衡条件求出杆端剪力，然后作此杆的剪力图。

AB 杆隔离体图如图 10.12(b)所示，由平衡条件：

$$\sum M_A=0,\quad ql\times\frac{l}{2}-\frac{1}{12}ql^2+\frac{1}{12}ql^2+Q_{BA}\times l=0,\quad Q_{BA}=-\frac{1}{2}ql$$

$$\sum M_B=0,\quad Q_{AB}=\frac{1}{2}ql$$

由此画出 Q 图[图 10.12(c)]。

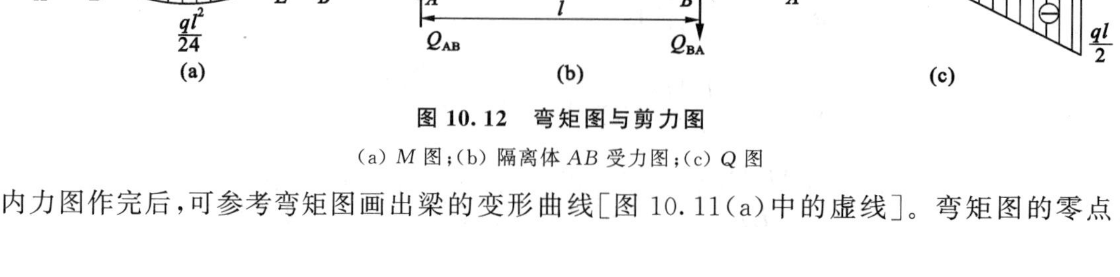

图 10.12 弯矩图与剪力图

(a) M 图；(b) 隔离体 AB 受力图；(c) Q 图

内力图作完后，可参考弯矩图画出梁的变形曲线[图 10.11(a)中的虚线]。弯矩图的零点 D、E

对应于变形曲线的拐点(反弯点)。在中段 DE,梁下边受拉,所以变形曲线向下凸,在左段 AD 和右段 EB,梁上边受拉,故变形曲线向下凹。

【例 10.2】 图 10.13(a)所示为一超静定刚架,梁和柱的截面惯性矩分别是 I_1 和 I_2,$I_1:I_2=2:1$。横梁承受均布荷载 $q=10$ kN/m 作用,作刚架的内力图。

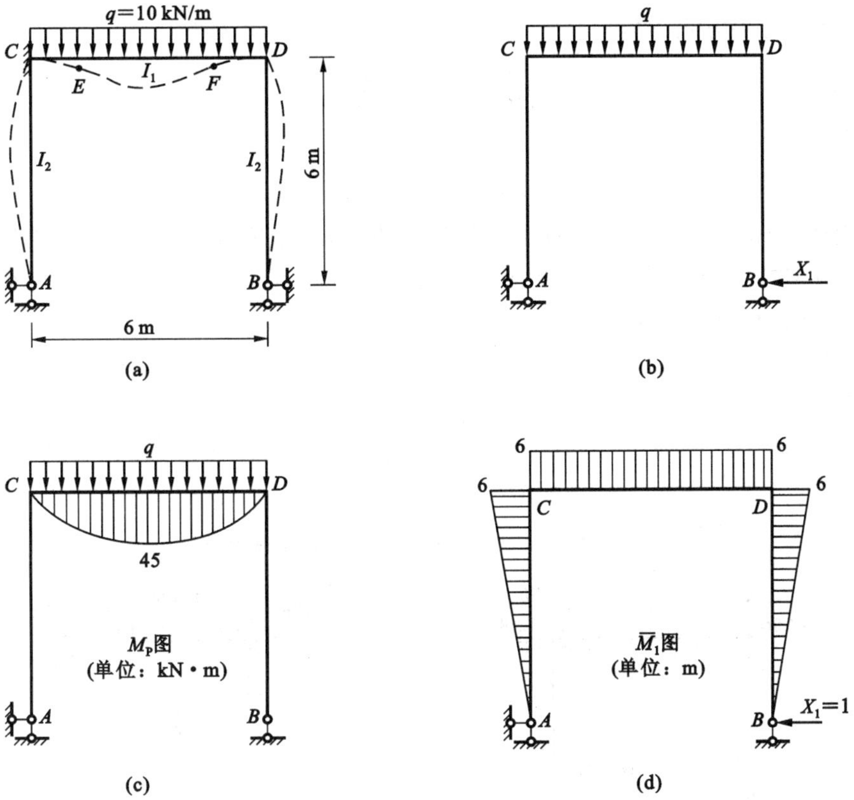

图 10.13 例 10.2 图

(a) 超静定刚架;(b) 基本体系;

(c) 基本结构受荷载作用的 M_P 图;(d) 基本结构受 $X_1=1$ 作用的 M_1 图

【解】

① 选择基本体系

这是一个一次超静定刚架,撤去支座 B 的水平支杆,得到基本体系,如图 10.13(b)所示。

② 列力法方程

基本体系在荷载与多余未知力共同作用下,应满足 B 点水平位移为零的变形条件。力法方程为:

$$\delta_{11}X_1+\Delta_{1P}=0$$

③ 求系数和自由项

分别绘制基本结构在荷载作用下的 $\overline{M}_P$ 图[图 10.13(c)]和单位力 $X_1=1$ 作用下的 $\overline{M}_1$ 图[图 10.13(d)]。

利用图乘法,可得到:

$$\Delta_{1P}=\sum\int\frac{\overline{M}_1M_P}{EI}dx=-\frac{1}{EI_1}\left(\frac{2}{3}\times6\times45\right)\times6=-\frac{1080}{EI_1}$$

$$\delta_{11}=\sum\int\frac{\overline{M}_1^2}{EI}dx=\frac{1}{EI_1}(6\times6\times6)+\frac{2}{EI_2}\left(\frac{1}{2}\times6\times6\right)\times\left(\frac{2}{3}\times6\right)=\frac{216}{EI_1}+\frac{144}{EI_2}$$

因 $I_2 = \frac{1}{2} I_1$，所以有：

$$\delta_{11} = \frac{504}{EI_1}$$

④ 求多余未知力

将 δ_{11}、Δ_{1P} 代入力法方程，得：

$$\frac{504}{EI_1} X_1 - \frac{1080}{EI_1} = 0$$

由此求出：

$$X_1 = 2.14 \text{ kN}$$

以上计算表明，力法方程的系数和自由项与各杆件的 EI 值有关，但最后多余未知力的结果只与各杆件 EI 的相对值有关，而与各杆 EI 的绝对值无关。因此，计算超静定结构在荷载作用下的内力时，只要知道各杆 EI 的相对值即可。

⑤ 作内力图

a. 作弯矩图

弯矩叠加公式为：

$$M = \overline{M}_1 X_1 + M_P$$

因此，以 $X_1 = 2.14$ kN 乘以 $\overline{M}_1$ 图后，再与 M_P 图相加，即得出 M 图[图 10.14(a)]。

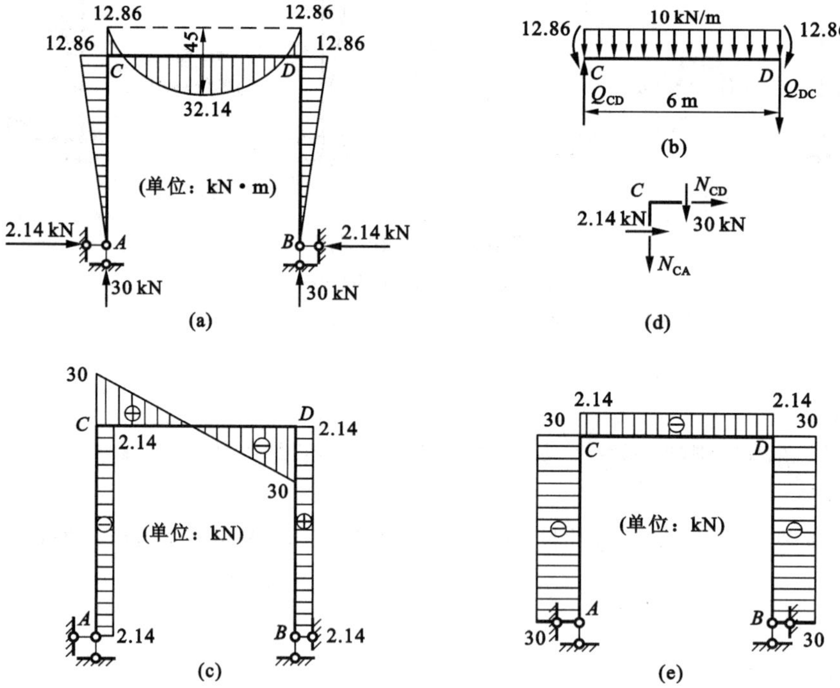

图 10.14　内力图

(a) M 图；(b) 隔离体 CD；(c) Q 图；(d) 结点 C 隔离体；(e) N 图

b. 作剪力图

在刚架中，作任一杆的剪力图时，可取此杆为隔离体，利用已知的杆端弯矩，由平衡条件求出杆端剪力，然后作此杆的剪力图。

以 CD 杆为例，隔离体图如图 10.14(b)所示(确定剪力时，不需考虑杆端轴力，故在隔离体图上未标出轴力)。杆端作用有已知的力矩，待定剪力 Q_{CD}、Q_{DC} 可由平衡方程求出：

$$\sum M_D = 0, Q_{CD} \times 6 - 10 \times 6 \times 3 - 12.86 + 12.86 = 0, Q_{CD} = 30\ \text{kN}$$

$$\sum M_C = 0, Q_{DC} = -30\ \text{kN}$$

杆 AC、BD 的剪力可用同样方法求得。求得各杆剪力后，即可得到 Q 图，如图 10.14(c)所示。

c. 作轴力图

作任一杆的轴力图时，可取结点为隔离体，利用已知的杆端剪力，由平衡条件求出杆端轴力，然后作此杆的轴力图。

以结点 C 为例，隔离体如图 10.14(d)所示(确定 N 时，不需考虑杆端弯矩，故在隔离体图中未标出弯矩)。在隔离体图中作用有已知的剪力，待定的轴力 N_{CD} 和 N_{CA}[图 10.14(d)中假设为拉力]可由投影平衡方程求出：

$$\sum X = 0, N_{CD} + 2.14 = 0, N_{CD} = -2.14\ \text{kN}$$

$$\sum Y = 0, N_{CA} + 30 = 0, N_{CA} = -30\ \text{kN}$$

每个结点有两个投影方程，按照适当的次序截取结点，就可以求出所有杆端轴力。轴力图如图 10.14(e)所示。

注意，剪力图和轴力图均要注明正负号。

参考弯矩图，可画出刚架的变形曲线草图，如图 10.13(a)中的虚线所示。梁 CD 有两个弯矩零点，对应于变形曲线，有两个反弯点 E、F。柱 AC 和 BD 弯矩未变号，则没有反弯点。在刚结点 C(或 D)所连的梁端和柱端的转角应相等。因刚架及荷载都是左、右对称的，所以变形曲线是左、右对称的。

根据以上讨论，用力法计算超静定结构的步骤可归纳如下：

(1) 选取基本体系

在原结构上去掉多余约束得到一个静定的基本结构，并以多余未知力代替相应多余约束的作用。以多余未知力作为基本未知量。

(2) 列力法方程

根据基本体系(在荷载和多余未知力共同作用下)在多余未知力处的变形与原结构在多余约束处变形相等的条件建立力法方程。

(3) 计算系数和自由项

为此，应先分别作出基本结构在单位力作用下的内力图和荷载作用下的内力图，然后利用图乘法计算柔度系数和自由项。

(4) 解方程，求出多余未知力。

(5) 作内力图。

先利用叠加公式作弯矩图，然后根据杆件平衡条件和结点平衡条件作剪力图和轴力图。

10.4.2 铰接排架

铰接排架由屋架(或屋面梁)与柱组成。图 10.15(a)所示为装配式单层厂房的横剖面结构示意图。当对排架柱(含柱顶)受力进行内力分析时，通常可将屋架(或屋面梁)简化为与柱顶铰接且轴向刚度无限大的链杆。阶梯形的变截面柱其上端与链杆铰接，其下端与基础刚性连接，得到如图 10.15(b)所示的计算简图。铰接排架的超静定次数等于排架的跨数，其基本体系由切断各跨链杆得到，链杆切断后，代以一对大小相等、方向相反的广义力作为多余未知力，如图 10.15(c)所示。

因链杆的刚度 $EA \to \infty$，在计算系数和自由项时，忽略链杆轴向变形的影响，只考虑柱子弯矩对变形的影响。因此，系数和自由项的表达式仍为式(10.8)。

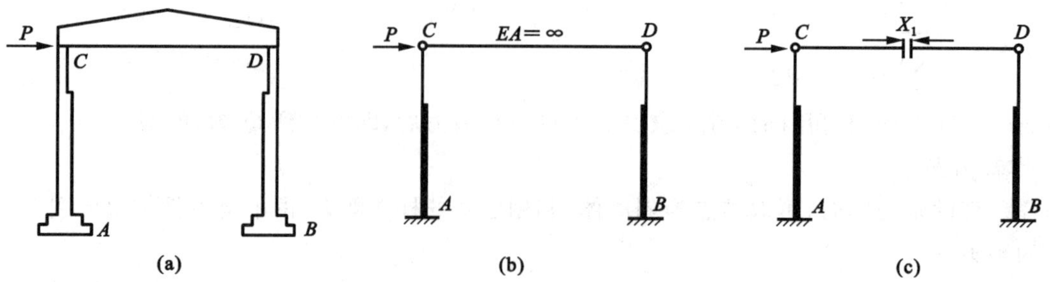

图 10.15　排架的计算简图及基本体系

(a) 单层厂房剖面示意图;(b) 计算简图;(c) 基本体系

【例 10.3】 图 10.16(a)所示为一两跨不等高铰接排架。求在所示吊车横向水平制动力作用下的弯矩图。其中 $I_2=6I_1$。

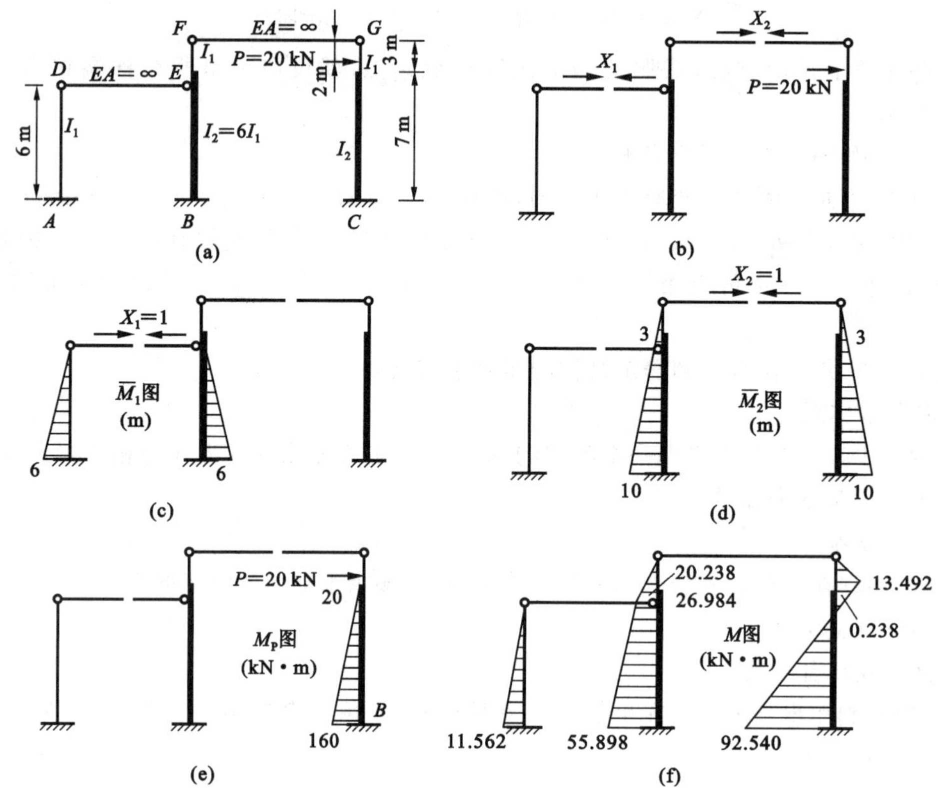

图 10.16　例 10.3 图

(a) 不等高排架;(b) 基本体系;(c) 基本结构受 $X_1=1$ 作用;

(d) 基本结构受 $X_2=1$ 作用;(e) 基本结构受荷载作用;(f) 弯矩图

【解】

① 选取基本体系

此排架是两次超静定。切断两根链杆并代以多余未知力 X_1、X_2,得到如图 10.16(b)所示的基本体系。

② 列力法方程

基本体系在荷载和多余未知力共同作用下,应满足的条件是切口处两侧截面沿轴向的相对位移为零,即切口处两侧截面沿轴向应保持连续。力法方程为:

$$\delta_{11}X_1+\delta_{12}X_2+\Delta_{1P}=0$$

$$\delta_{21}X_1+\delta_{22}X_2+\Delta_{2P}=0$$

③ 求系数和自由项

绘制基本结构在荷载与 $X_1=1$、$X_2=1$ 分别作用下的弯矩图。$\overline{M}_1$、$\overline{M}_2$ 和 M_P 图分别如图 10.16(c)、图 10.16(d)、图 10.16(e)所示。据此可求得系数和自由项：

$$\delta_{11}=\frac{1}{EI_1}\left(\frac{1}{2}\times 6\times 6\times\frac{2}{3}\times 6\right)+\frac{1}{EI_2}\left(\frac{1}{2}\times 6\times 6\times\frac{2}{3}\times 6\right)=\frac{504}{EI_2}$$

$$\begin{aligned}\delta_{22}&=\frac{2}{EI_1}\left(\frac{1}{2}\times 3\times 3\times\frac{2}{3}\times 3\right)+\frac{2}{EI_2}\left[\frac{1}{2}\times 7\times 10\times\left(\frac{2}{3}\times 10+\frac{1}{3}\times 3\right)\right.\\&\quad\left.+\frac{1}{2}\times 7\times 3\times\left(\frac{1}{3}\times 10+\frac{2}{3}\times 3\right)\right]\\&=\frac{2270}{3EI_2}\end{aligned}$$

$$\delta_{12}=\delta_{21}=-\frac{1}{EI_2}\left[\frac{1}{2}\times 6\times 6\times\left(\frac{2}{3}\times 10+\frac{1}{3}\times 4\right)\right]=-\frac{144}{EI_2}$$

$$\Delta_{1P}=0$$

$$\begin{aligned}\Delta_{2P}&=-\frac{1}{EI_1}\left[\frac{1}{2}\times 1\times 20\times\left(\frac{2}{3}\times 3+\frac{1}{3}\times 2\right)\right]-\frac{1}{EI_2}\left[\frac{1}{2}\times 7\times 160\times\left(\frac{2}{3}\times 10+\frac{1}{3}\times 3\right)\right.\\&\quad\left.+\frac{1}{2}\times 7\times 20\times\left(\frac{1}{3}\times 10+\frac{2}{3}\times 3\right)\right]\\&=-\frac{14480}{3EI_2}\end{aligned}$$

④ 求多余未知力

将系数和自由项代入力法方程并消去$\frac{1}{EI_2}$，得：

$$504X_1-144X_2=0$$

$$-144X_1+\frac{2270}{3}X_2-\frac{14480}{3}=0$$

解得

$$X_1=1.927\text{kN},\quad X_2=6.746\text{kN}$$

⑤ 作 M 图

利用叠加公式 $M=\overline{M}_1X_1+\overline{M}_2X_2+M_P$ 得弯矩图，如图 10.16(f)所示。

10.5 超静定桁架和组合结构

10.5.1 超静定桁架

桁架是由两端为铰的链杆组成，在结点荷载作用下，杆件内力只有轴力。力法方程中的系数和自由项的表达式为：

$$\left.\begin{aligned}\delta_{ii}&=\sum\frac{\overline{N}_i\overline{N}_i}{EA}l\\\delta_{ij}&=\sum\frac{\overline{N}_i\overline{N}_j}{EA}l\\\Delta_{iP}&=\sum\frac{\overline{N}_iN_P}{EA}l\end{aligned}\right\}\tag{10.9}$$

各杆轴力的叠加公式为：

$$N = \overline{N}_1 X_1 + \overline{N}_2 X_2 + \cdots + N_P \tag{10.10}$$

【例 10.4】 求图 10.17(a)所示超静定桁架的轴力。各杆材料相同，截面面积在表 10.1 中给出。

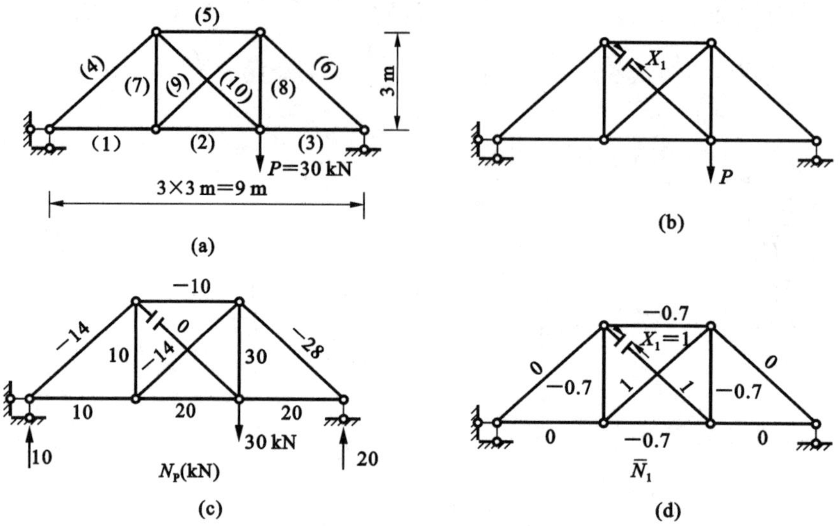

图 10.17　例 10.4 图

(a) 超静定桁架；(b) 基本体系；(c) 基本结构受荷载作用；(d) 基本结构受 $X_1=1$ 作用

【解】

① 选取基本体系

此桁架为一次超静定，切断编号为 10 的杆件，并代以多余未知力 X_1，得基本体系如图 10.17(b)所示。

② 列力法方程

根据链杆(10)变形连续，即切口处相对轴向位移为零的条件，列出力法方程为：

$$\delta_{11} X_1 + \Delta_{1P} = 0$$

③ 计算系数和自由项

基本结构在荷载作用下的各杆轴力 N_P 示于图 10.17(c)中，在单位力 $X_1=1$ 作用下的各杆轴力 $\overline{N}_1$ 示于图 10.17(d)中。系数和自由项可根据位移公式：

$$\delta_{11} = \sum \frac{\overline{N}_1^2 l}{EA}$$

$$\Delta_{1P} = \sum \frac{\overline{N}_1 N_P l}{EA}$$

列表(表 10.1)进行计算，得：

$$\delta_{11} = \frac{89.35}{E}$$

$$\Delta_{1P} = -\frac{1082}{E}$$

④ 求多余未知力

将系数和自由项代入力法方程，得：

$$X_1 = -\frac{\Delta_{1P}}{\delta_{11}} = -\frac{-1082E}{89.35E} = 12.1\ \text{kN}$$

⑤ 计算各杆轴力

利用叠加公式计算：

$$N = \overline{N}_1 X_1 + N_P$$

计算结果也列在表 10.1 中。

表 10.1　δ_{11}、Δ_{1P} 和轴力 N 的计算

杆　件	l(cm)	A(cm²)	N_P(kN)	$\overline{N}_1$	$\frac{\overline{N}_1^2 l}{A}$	$\frac{\overline{N}_1 N_P l}{A}$	$N=\overline{N}_1X_1+N_P$(kN)
(1)	300	15	10	0	0	0	10.0
(2)	300	20	20	−0.7	7.35	−210	11.5
(3)	300	15	20	0	0	0	20.0
(4)	424	20	−14	0	0	0	−14.0
(5)	300	25	−10	−0.7	5.88	84	−18.5
(6)	424	20	−28	0	0	0	−28.0
(7)	300	15	10	−0.7	9.8	−140	1.5
(8)	300	15	30	−0.7	9.8	−420	21.5
(9)	424	15	−14	1	28.26	−396	−1.9
(10)	424	15	0	1	28.26	0	12.1
$\sum$					89.35	−1082	

10.5.2　超静定组合结构

组合结构是由梁式杆和链杆组成的结构。在组合结构中，链杆只受轴力作用。梁式杆既承受弯矩，也承受轴力和剪力作用。在计算位移时，对链杆只考虑轴力项的影响，对梁式杆通常可忽略轴力和剪力项的影响，只考虑弯矩项的影响。因此，力法方程的系数和自由项的计算公式为：

$$\left.\begin{aligned}\delta_{ii} &= \sum\int \frac{\overline{M}_i^2}{EI}\mathrm{d}x + \sum \frac{\overline{N}_i^2}{EA}l \\ \delta_{ij} &= \sum\int \frac{\overline{M}_i\overline{M}_j}{EI}\mathrm{d}x + \sum \frac{\overline{N}_i\overline{N}_j}{EA}l \\ \Delta_{iP} &= \sum\int \frac{\overline{M}_i M_P}{EI}\mathrm{d}x + \sum \frac{\overline{N}_i N_P}{EA}l\end{aligned}\right\} \tag{10.11}$$

各杆内力的叠加公式为：

$$\left.\begin{aligned}M &= \overline{M}_1 X_1 + \overline{M}_2 X_2 + \cdots + M_P \\ N &= \overline{N}_1 X_1 + \overline{N}_2 X_2 + \cdots + N_P\end{aligned}\right\} \tag{10.12}$$

【例 10.5】 计算图 10.18(a)所示超静定组合结构的内力。横梁 $I=1\times10^{-4}\,\mathrm{m}^4$，链杆 $A=1\times10^{-3}\,\mathrm{m}^2$，$E=$常数。

【解】

① 选择基本体系

这是一次超静定组合结构，切断竖向链杆并代以多余未知力 X_1，可得图 10.18(b)所示的基本体系。

② 列力法方程

基本体系在荷载和 X_1 共同作用下，在竖向链杆切口处两侧截面的相对轴向位移为零，故力法方程为：

$$\delta_{11}X_1 + \Delta_{1P} = 0$$

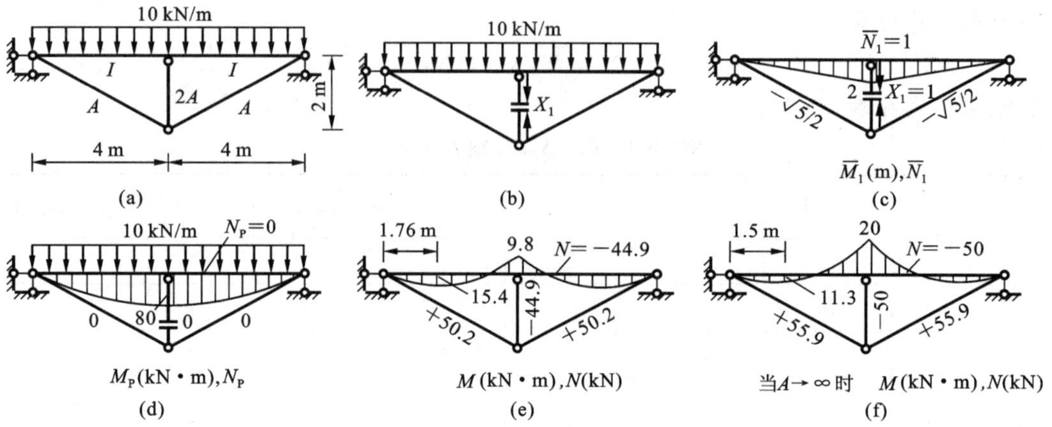

图 10.18　例 10.5 图

(a) 组合结构；(b) 基本体系；(c) 基本结构受 $X_1=1$ 作用；(d) 基本结构受荷载作用；

(e) 弯矩图和轴力；(f) $A\to\infty$时的弯矩图和轴力

③ 计算系数和自由项

绘制基本结构在荷载作用下梁的 M_P 图和各杆的轴力 N_P 及在单位力 $X_1=1$ 作用下的 $\overline{M}_1$ 图和轴力 $\overline{N}_1$，如图 10.18(c)、(d)所示。由位移计算公式可求得：

$$\delta_{11}=\sum\int\frac{\overline{M}_1^2}{EI}\mathrm{d}x+\sum\frac{\overline{N}_1^2 l}{EA}$$

$$=\frac{1}{E\times1\times10^{-4}}\left(2\times\frac{4\times2}{2}\times\frac{2\times2}{3}\right)+\frac{1}{E\times1\times10^{-3}}\left[\frac{1^2\times2}{2}+2\times\left(-\frac{\sqrt{5}}{2}\right)^2\times2\sqrt{5}\right]$$

$$=\frac{1}{E}(1.067\times10^5+0.122\times10^5)$$

$$=\frac{1}{E}(1.189\times10^5)$$

$$\Delta_{1P}=\sum\int\frac{\overline{M}_1M_P}{EI}\mathrm{d}x+\sum\frac{\overline{N}_1N_P}{EA}l$$

$$=\frac{1}{E\times1\times10^{-4}}\left(2\times\frac{2\times4\times80}{3}\times\frac{5\times2}{8}\right)+0$$

$$=\frac{1}{E}(5.333\times10^6)$$

④ 计算多余未知力

$$X_1=-\frac{\Delta_{1P}}{\delta_{11}}=-\frac{5.333\times10^6}{1.189\times10^5}=-44.9\ \mathrm{kN}$$

⑤ 计算内力

由叠加公式：

$$M=\overline{M}_1X_1+M_P$$

$$N=\overline{N}_1X_1+N_P$$

可绘出梁的弯矩图和各杆轴力，如图 10.18(e)所示。

⑥ 讨论

由图 10.18(e)所示 M 图可以看出，由于横梁中点有下部链杆支承作用，横梁的最大弯矩值(15.4 kN·m)比在同样荷载作用而没有下部链杆支承的简支梁的最大弯矩值(80 kN·m)减少了 80.75%。

如果改变链杆截面 A 的大小，组合结构的内力将随之改变。当 A 减小时，梁的正弯矩值将增大而负弯矩值将减小。当 $A\to 0$ 时，梁的弯矩图将为简支梁的弯矩图[同图 10.18(d)]。反之，当 A 增大时，梁的正弯矩值将减小而负弯矩值将增大。当 $A\to\infty$ 时，梁的中点相当于有一刚性支杆，其弯矩图将与两跨连续梁的弯矩图相同，如图 10.18(f)所示。

10.6 对称结构的计算

用力法计算超静定结构，结构的超静定次数愈高，计算工作量愈大。而其中主要的工作量在于求解力法方程，即需要计算大量的系数、自由项并解线性方程组。若要使计算简化，则须从简化力法方程入手。在力法的典型方程中，若能使一些系数和自由项为零，则可使计算简化。我们知道，主系数是恒为正且不等于零的。因此，力法的简化原则是使尽可能多的副系数及自由项等于零。能达到简化目的的方法很多，例如对称性的利用、弹性中心法等。而这些方法的关键在于选择合理的基本体系和基本未知量。本节讨论对称性的利用。

在工程中，很多结构是对称的。对称结构可利用对称性质使计算得到简化。

10.6.1 结构和荷载的对称性

(1) 结构的对称性

结构的对称，是指对结构中某一轴的对称。所以，对称结构必须有对称轴。结构的对称性，包含以下两个方面：

① 结构的几何形状、尺寸和支承情况对某一轴对称；

② 杆件截面尺寸和材料弹性模量(亦即杆件截面刚度 EI、EA、GA)也对此轴对称。

因此，对称结构绕对称轴对折后，对称轴两边的结构图形完全重合。

图 10.19(a)所示单跨刚架，有一根竖向对称轴 $y—y$；图 10.19(b)所示涵管则有两根对称轴 $x—x$、$y—y$。

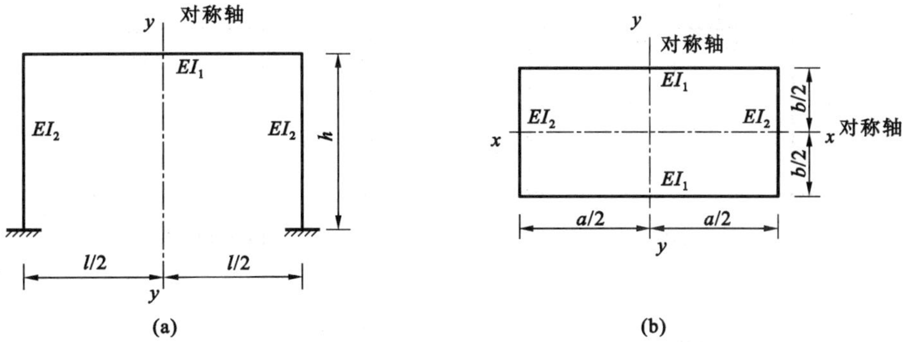

图 10.19 对称结构

(a) 单轴对称的结构；(b) 双轴对称的结构

(2) 荷载的对称性

任何荷载[图 10.20(a)]都可以分解为两部分：另一部分是对称荷载[图 10.20(b)]，另一部分是反对称荷载[图 10.20(c)]。

对称荷载——绕对称轴对折后，对称轴两边的荷载彼此重合(作用点相对应、数值相等、方向相同)，如图 10.20(b)所示。

反对称荷载——绕对称轴对折后，对称轴两边的荷载正好相反(作用点相对应、数值相等、方向相反)，如图 10.20(c)所示。

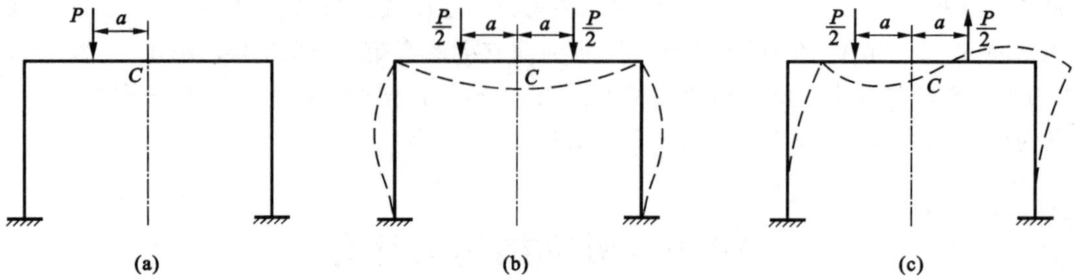

图 10.20　对称荷载与反对称荷载

(a) 任一荷载；(b) 对称荷载；(c) 反对称荷载

10.6.2　取对称基本体系计算

计算对称结构时，应考虑利用对称的基本体系进行计算。对于图 10.20(a)所示的三次超静定结构，可沿对称轴上梁的中间截面 C 切开，所得的基本体系是对称的，如图 10.21(a)所示。梁的截面 C 切口两侧有三对相互作用的多余未知力：一对弯矩 X_1、一对轴力 X_2、一对剪力 X_3。根据力的对称性分析，X_1、X_2 是对称力，X_3 是反对称力。

基本体系在荷载与 X_1、X_2、X_3 共同作用下切口两侧截面的相对转角、相对水平线位移和竖向线位移应等于零。力法方程可写为：

$$\left.\begin{aligned} \delta_{11}X_1+\delta_{12}X_2+\delta_{13}X_3+\Delta_{1P}=0 \\ \delta_{21}X_1+\delta_{22}X_2+\delta_{23}X_3+\Delta_{2P}=0 \\ \delta_{31}X_1+\delta_{32}X_2+\delta_{33}X_3+\Delta_{3P}=0 \end{aligned}\right\} \tag{a}$$

图 10.21(b)、(c)、(d)分别为各单位多余未知力作用时的单位弯矩图和变形图。可以看出：对称未知力 X_1 和 X_2 所产生的弯矩图 $\overline{M}_1$ 和 $\overline{M}_2$ 及变形图是对称的；反对称未知力 X_3 所产生的弯矩图 $\overline{M}_3$ 和变形图是反对称的。因此，力法方程的系数：

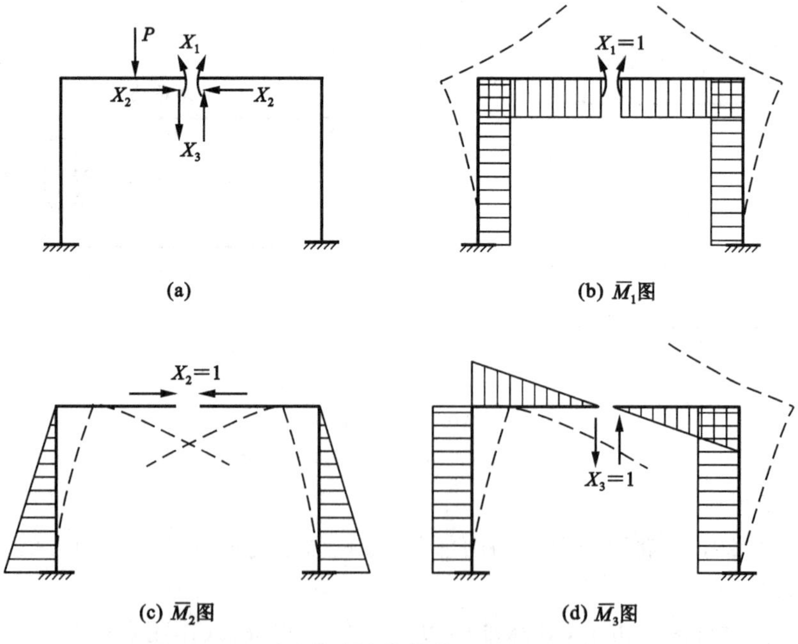

图 10.21　对称基本结构的单位弯矩图及变形图

(a) 基本体系；(b) 基本结构受 $X_1=1$ 作用；

(c) 基本结构受 $X_2=1$ 作用；(d) 基本结构受 $X_3=1$ 作用

$$\delta_{13}=\delta_{31}=\sum\int\frac{\overline{M}_1\overline{M}_3}{EI}\mathrm{d}s=0$$

$$\delta_{23}=\delta_{32}=\sum\int\frac{\overline{M}_2\overline{M}_3}{EI}\mathrm{d}s=0$$

于是，力法方程可简化为：

$$\left.\begin{aligned}\delta_{11}X_1+\delta_{12}X_2+\Delta_{1P}=0\\ \delta_{21}X_1+\delta_{22}X_2+\Delta_{2P}=0\\ \delta_{33}X_3+\Delta_{3P}=0\end{aligned}\right\}\tag{b}$$

可以看出，力法方程分解为独立的两组：式(b)的前两式只包含对称力 X_1 和 X_2，而第三式只包含反对称未知力 X_3。

力法方程的自由项，也同样可以简化。

在对称荷载作用下，基本结构的荷载弯矩图 M_P 和变形图是对称的。如图 10.22(a)所示 M_P 是对称的，而 M_3 图[图 10.21(d)]是反对称的。因此：

$$\Delta_{3P}=\sum\int\frac{\overline{M}_3M_P}{EI}\mathrm{d}s=0$$

由式(b)第三式可知，反对称未知力 $X_3=0$，只需用式(b)前两式计算未知力 X_1 和 X_2 即可[图 10.22(b)]。

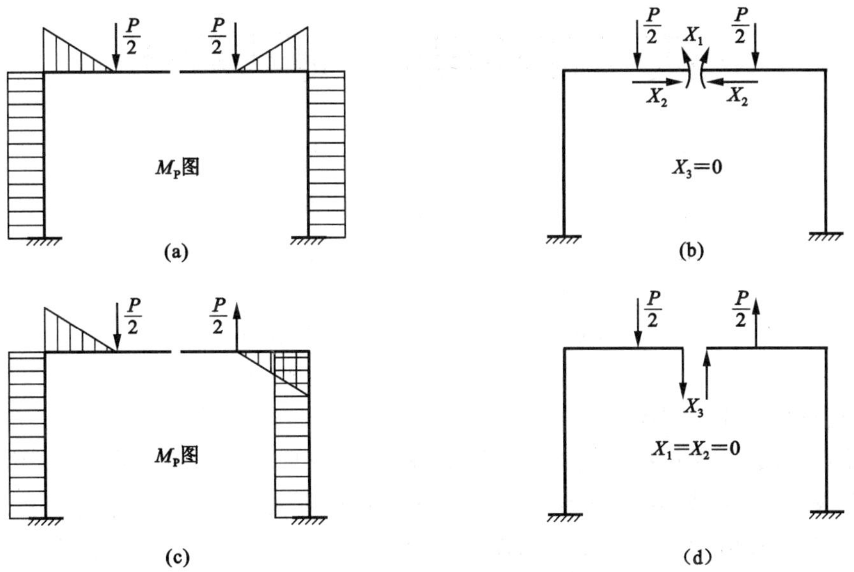

图 10.22　对称基本结构受对称与反对称荷载作用的情形

(a) 对称基本结构受对称荷载；(b) 未知力只有 X_1、X_2；

(c) 对称基本结构受反对称荷载；(d) 未知力只有 X_3

在反对称荷载作用下，基本结构的荷载弯矩图 M_P 和变形图是反对称的。如图 10.22(c)所示的 M_P 图是反对称的，而 $\overline{M}_1$ 图和 $\overline{M}_2$ 图[图 10.21(b)、(c)]是对称的，因此：

$$\Delta_{1P}=\sum\int\frac{\overline{M}_1M_P}{EI}\mathrm{d}s=0$$

$$\Delta_{2P}=\sum\int\frac{\overline{M}_2M_P}{EI}\mathrm{d}s=0$$

由式(b)的前两式可知，对称未知力 $X_1=X_2=0$，只需用式(b)的第三式计算反对称未知力 X_3 即可[图 10.22(d)]。

一般来说，对称结构在对称荷载作用下，变形是对称分布的[图 10.20(b)]，支座反力和内力也是对称分布的。因此，在对称的基本体系中，反对称的未知力必等于零，只需计算对称未知力。

对称结构在反对称荷载作用下，变形是反对称分布的[图 10.20(c)]，支座反力和内力也是反对称分布的。因此，在对称的基本体系中，对称的未知力必等于零，只需计算反对称未知力。

10.6.3　取半边结构计算

利用上面讨论的对称结构在对称荷载和反对称荷载作用下的受力和变形特点的结论，可以利用半边结构计算对称结构。

(1) 奇数跨对称刚架——以单跨对称刚架为例

① 对称荷载作用下的半刚架

图 10.23(a)所示的单跨对称刚架，在对称荷载作用下变形是对称的，在刚架对称轴上的截面 C 位移到对称轴上的 C'，变形曲线在 C 点的切线是水平的，斜率等于零。因此，对称轴上的 C 点只有竖向位移，而水平位移和转角为零。同时，在对称荷载作用下的受力也是对称的，在对称轴截面 C 上只有对称内力——弯矩 X_1 和轴力 X_2，而反对称内力——剪力 X_3 等于零。因此，从对称轴切开取半边结构计算时，对称轴截面 C 处的支座可取为滑动支座，计算简图如图 10.23(b)所示，这是一个两次超静定结构。

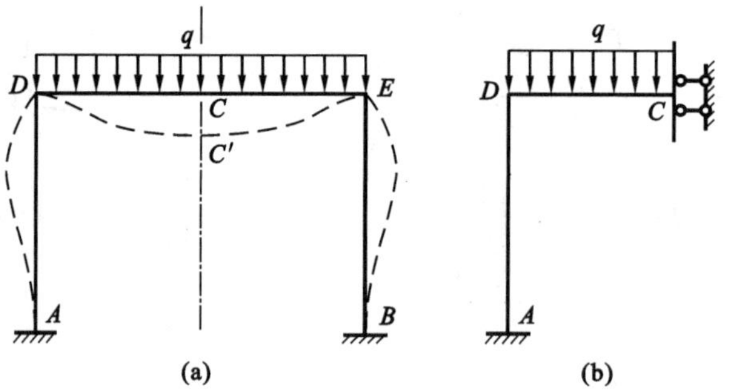

图 10.23　对称荷载作用下奇数跨刚架

(a) 对称荷载下的全刚架；(b) 等效的半刚架

② 反对称荷载作用下的半刚架

图 10.24(a)所示的在反对称荷载作用下的单跨对称刚架，变形是反对称的，对称轴上截面 C 位移到 C'，C 点有水平位移和转角，竖向位移为零。在反对称荷载作用下的受力也是反对称的，在对称轴截面 C 上只有反对称内力——剪力 X_3，而对称内力——弯矩 X_1 和轴力 X_2 等于零。因此，取半边结构计算时，C 端可取为辊轴支座，计算简图如图 10.24(b)所示，这是一个一次超静定结构。

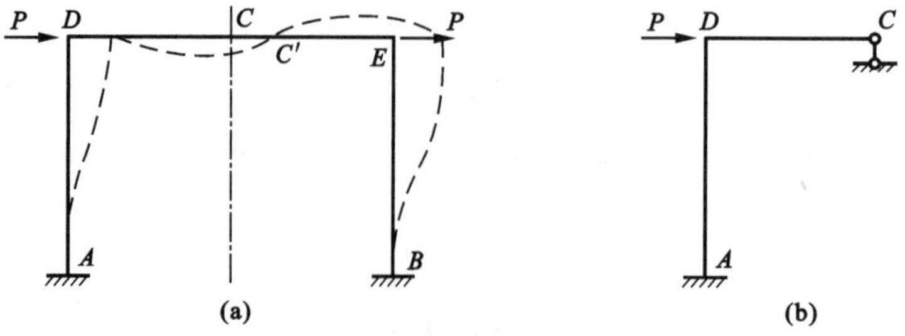

图 10.24　反对称荷载作用下奇数跨刚架

(a) 反对称荷载下的全刚架；(b) 等效的半刚架

(2) 偶数跨对称刚架——以两跨对称刚架为例

① 对称荷载作用下的半刚架

图 10.25(a)所示为一两跨对称刚架受对称荷载作用,其超静定次数为六次。对称轴上有柱 CD,如果忽略柱 CD 的轴向变形,则 C 点的竖向位移等于零。同时,由变形的对称性可知,C 点的水平位移和转角也等于零。经对称性内力分析可知,柱 CD 将没有弯矩和剪力,只有轴力。而 C 点左右两侧的横梁截面则有一对互相平衡的力矩、轴力以及和柱 CD 轴力平衡的对称的剪力[图 10.25(b)]。因此,根据上述变形和受力分析,忽略柱 CD 的轴向变形后,沿对称轴切开取半边结构计算时,C 端可取为固定支座,计算简图如图 10.25(c)所示,为三次超静定结构。

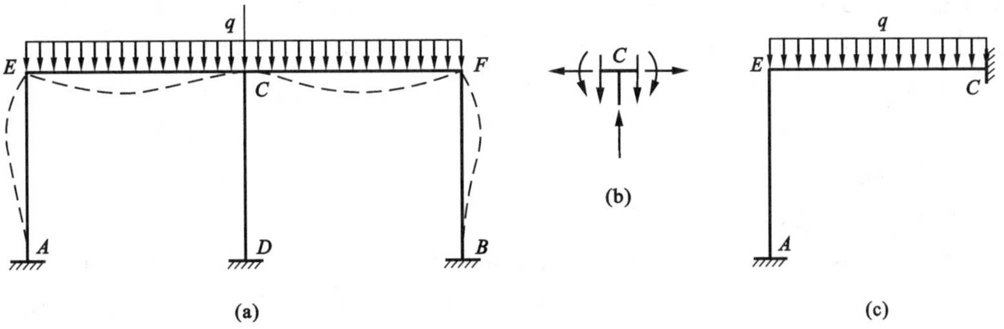

图 10.25 对称荷载作用下偶数跨刚架

(a) 对称荷载下的全刚架;(b) 结点 C 隔离体;(c) 等效的半刚架

② 反对称荷载作用下的半刚架

图 10.26(a)所示为一两跨对称刚架受反对称荷载作用,为六次超静定结构。因变形的反对称性,对称轴 CD 有弯曲变形,对称轴上 C 点经变形位移到 C' 点,刚结点 C 有转角,C 点的竖向位移为零。相应的反对称受力情形是在对称轴上的柱 CD 有弯矩和剪力,而无轴力。如果从柱 CD 切开,即将柱 CD 分解为两根位于对称轴两侧而抗弯刚度为 $\frac{I}{2}$ 的分柱,则一个两跨对称刚架分为两个对称的单跨半结构刚架,它们之间的相互作用力只存在一对反对称未知剪力 X_3[图 10.26(b)],对称轴两侧的受力图形如图 10.26(c)所示,相应的计算简图可取为图 10.26(d)。

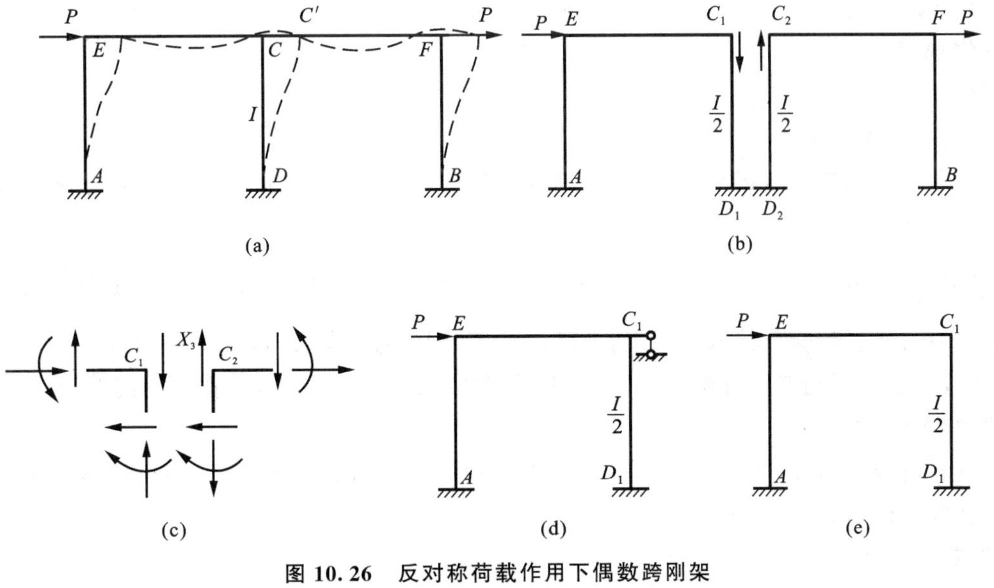

图 10.26 反对称荷载作用下偶数跨刚架

(a) 反对称荷载下的全刚架;(b) 中柱一分为二;(c) 结点 C 隔离体;(d) 等效半刚架之一;(e) 等效半刚架之二

由图 10.26(c)可知，X_3 的作用只是对左、右两半刚架的分柱 C_1D_1、C_2D_2 产生大小相等和方向相反的一对轴力，因此去掉 C_1 处竖支杆也不影响受力，计算简图可进一步简化为图 10.26(e)所示情形，为三次超静定刚架。

当用力法计算出半边结构的多余未知力后，就可绘制出半边结构的内力图，而另半边结构的内力图就可根据内力图图形的对称关系画出。

在对称荷载作用下，对称结构的弯矩图、轴力图是对称的，剪力图是反对称的；在反对称荷载作用下，对称结构的弯矩图、轴力图是反对称的，而剪力图是对称的。

应注意的是两跨对称刚架，在对称荷载作用下，与对称轴重合的柱子有轴力，其数值为对称轴两侧截面剪力之和，符号由平衡条件确定[图 10.25(b)]。因此，在轴力图中应包括与对称轴重合的中间柱子的轴力图。在反对称荷载作用下，中间柱 CD 的内力应为两个半刚架柱 C_1D_1 和 C_2D_2 内力的总和。因此，柱 CD 的弯矩和剪力分别应为按半刚架计算所得柱 C_1D_1 的弯矩和剪力的两倍，其总轴力应为两个半刚架分柱 C_1D_1 和 C_2D_2 轴力之和，而轴力是反对称的，两分柱轴力数值相等，符号相反，故柱 CD 的总轴力为零。

现将对称结构的简化计算小结如下：

(1) 采用对称的基本体系，将基本未知量分为对称未知力和反对称未知力两组，则在力法方程中将有 $\delta_{ij}=0$(这里，i 为对称未知力方向，j 为反对称未知力方向)。这样，多元方程组将分解为两组低元方程。对于不同类型的荷载，又可分为三种情形：

① 对称荷载作用，则只需计算对称未知力(反对称未知力为零)。

② 反对称荷载作用，则只需计算反对称未知力(对称未知力为零)。

③ 任意荷载作用，可将其分解为对称和反对称两种情形分别计算，然后进行叠加得最后结果。也可不分解，直接用非对称荷载计算，但要采用对称的基本体系和基本未知力，力法方程自然分为两组。

(2) 采用半边结构计算。对称结构可分为奇数跨和偶数跨两种情形，它们在对称荷载和反对称荷载作用时在对称轴上的变形和内力是不同的。此外，采用半边结构简化计算时，荷载必须是对称荷载或反对称荷载。如果是非对称荷载，则须分解为对称荷载和反对称荷载两种情形，分别采用半边结构计算简图进行计算，然后叠加得最后结果。

【例 10.6】 求作图 10.27(a)所示单跨对称刚架的弯矩图。并讨论弯矩图随横梁与立柱刚度比值 k 的变化规律。

【解】

① 对称性分析

这是一个三次超静定对称刚架，荷载 P 是非对称荷载。P 可分解为对称荷载和反对称荷载，如图 10.27(b)、图 10.27(c)所示。

在对称荷载作用下[图 10.27(b)]，如果忽略横梁轴向变形，则只有横梁承受压力$\dfrac{P}{2}$，其他杆件无内力。这个内力状态和变形状态，不仅满足平衡条件，同时也满足变形条件，所以它就是真正的内力状态。因此，为了作原刚架的弯矩图，只需作在反对称荷载[图 10.27(c)]作用下的弯矩图即可。

② 基本体系

在反对称荷载作用下，基本体系如图 10.27(d)所示。切口截面的弯矩、轴力均是对称未知力，应为零。只有反对称未知力 X_1 存在。

③ 力法方程为

$$\delta_{11}X_1+\Delta_{1P}=0$$

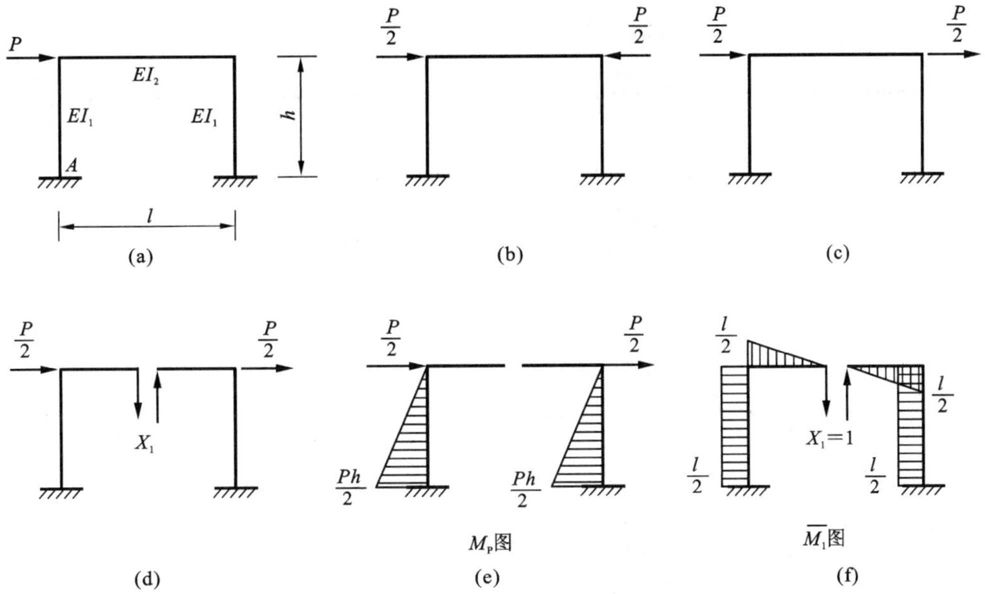

图 10.27 例 10.6 图

(a) 原对称刚架;(b) 对称荷载作用;(c) 反对称荷载作用;(d) 反对称荷载作用的基本体系;(e) 基本结构受荷载作用;(f) 基本结构受 $X_1=1$ 作用

④ 系数和自由项

分别绘制 M_P 图和 $\overline{M}_1$ 图,如图 10.27(e)、(f)所示,由此得:

$$\delta_{11}=2\times\left[\left(\frac{l}{2}\cdot h\right)\times\frac{l}{2EI_1}+\left(\frac{1}{2}\times\frac{l}{2}\times\frac{l}{2}\right)\times\frac{l}{3}\times\frac{1}{EI_2}\right]=\frac{l^2h}{2EI_1}+\frac{l^3}{12EI_2}$$

$$\Delta_{1P}=2\left(\frac{1}{2}\times\frac{Ph}{2}\times h\right)\times\frac{l}{2EI_1}=\frac{Ph^2l}{4EI_1}$$

⑤ 解力法方程

设 $k=\dfrac{I_2h}{I_1l}$,得:

$$X_1=-\frac{\Delta_{1P}}{\delta_{11}}=-\frac{6k}{6k+1}\frac{Ph}{2l}$$

⑥ 作弯矩图

由叠加公式 $M=\overline{M}_1X_1+M_P$,可得刚架弯矩图如图 10.28(a)所示。

⑦ 讨论

a. 当横梁的 I_2 比立柱的 I_1 小很多时,即 $I_2\ll I_1$,k 很小($k\to0$),弯矩图如图 10.28(b)所示,此时弯矩零点在柱顶。

b. 当横梁的 I_2 比立柱的 I_1 大很多时,即 $I_2\gg I_1$,k 很大($k\to\infty$),弯矩图如图 10.28(d) 所示,此时弯矩零点趋于柱中点。

c. 在一般情况下,柱的弯矩图有零点,且零点在柱的中点以上的半柱范围内变动。当 $k=3$ 时,柱的弯矩零点的位置与柱中点已很接近,弯矩图如图 10.28(c)所示。

【例 10.7】 求作图 10.29(a)所示刚架的弯矩图。

【解】

① 对称性分析

这是一个四次两跨对称超静定刚架,可取半边结构分析,在对称荷载作用下,计算简图如图 10.29(b)所示。

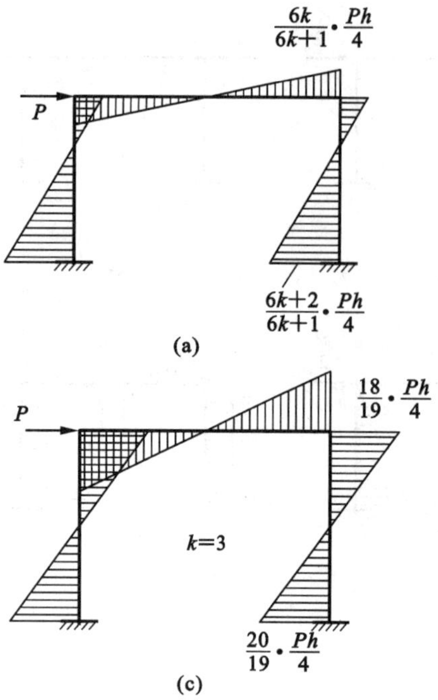

图 10.28　例 10.6 的弯矩图

(a) 一般情况结果；(b) 梁柱刚度比 $k\to 0$ 时的弯矩图；

(c) 梁柱刚度比为 3 时的弯矩图；(d) 梁柱刚度比 $k\to\infty$ 时的弯矩图

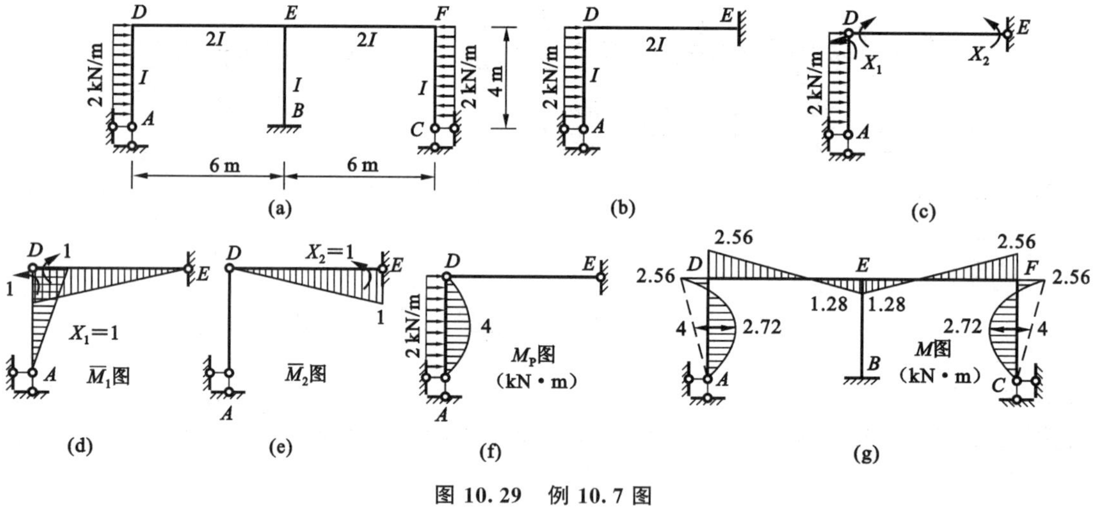

图 10.29　例 10.7 图

(a) 原刚架；(b) 等效半刚架；(c) 基本体系；(d) 基本结构受 $X_1=1$ 作用；

(e) 基本结构受 $X_2=1$ 作用；(f) 基本结构受荷载作用；(g) 弯矩图

② 基本体系

此半边结构为一个两次超静定刚架，可取基本体系为如图 10.29(c)所示的三铰刚架，基本未知力为 X_1 和 X_2。

③ 力法方程

根据基本体系在 X_1、X_2 和荷载共同作用下，在铰结点 D 处两侧截面相对转角为零和铰支座 E 的转角为零的变形条件，可列出力法方程：

$$\delta_{11}X_1+\delta_{12}X_2+\Delta_{1P}=0$$

$$\delta_{21}X_1+\delta_{22}X_2+\Delta_{2P}=0$$

④ 系数和自由项

分别绘制 $\overline{M}_1$、$\overline{M}_2$、M_P 图，如图 10.29(d)、(e)、(f)所示，可求出：

$$\delta_{11}=\frac{7}{3EI},\quad \delta_{12}=\frac{1}{2EI},\quad \delta_{22}=\frac{1}{EI}$$

$$\Delta_{1P}=\frac{16}{3EI},\quad \Delta_{2P}=0$$

⑤ 解力法方程

$$X_1=-2.56\ \text{kN}\cdot\text{m}$$

$$X_2=1.28\ \text{kN}\cdot\text{m}$$

⑥ 作弯矩图

利用叠加公式 $M=\overline{M}_1X_1+\overline{M}_2X_2+M_P$ 及弯矩图的对称性质，可得 M 图如图 10.29(g)所示。

【例 10.8】 求作图 10.30(a)所示刚架的弯矩图。

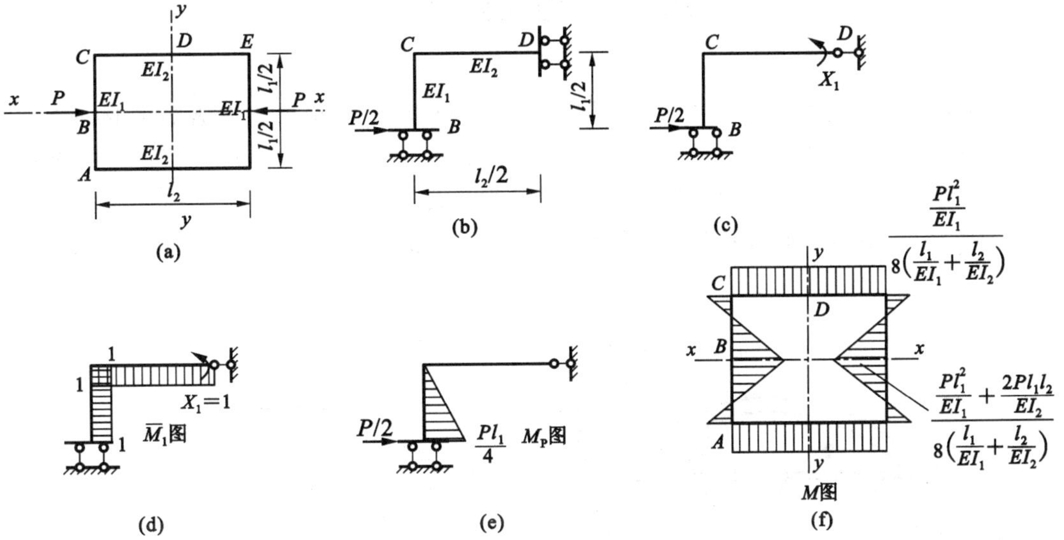

图 10.30 例 10.8 图

(a) 双对称轴刚架；(b) $\frac{1}{4}$结构；(c) 基本体系；(d) 基本结构受 $X_1=1$ 作用；(e) 基本结构受荷载作用；(f) 原刚架的弯矩图

【解】

① 对称性分析

这是一个具有两个对称轴的封闭刚架，三次超静定。荷载也是双轴对称的。利用两个对称轴的对称性后，可取$\frac{1}{4}$结构计算，如图 10.30(b)所示。

② 基本体系

$\frac{1}{4}$结构的基本体系如图 10.30(c)所示。这里，取滑动支座 D 处的弯矩为基本未知力，滑动支座去掉抵抗弯矩的约束后，变为链杆支座。

③ 力法方程

$$\delta_{11}X_1+\Delta_{1P}=0$$

④ 系数和自由项

$\overline{M}_1$、M_P 图如图 10.30(d)、图 10.30(e)所示，可求出

$$\delta_{11}=\frac{l_1}{2EI_1}+\frac{l_2}{2EI_2}$$

$$\Delta_{1P}=\frac{Pl_1^2}{16EI_1}$$

⑤ 解力法方程

$$X_1=-\frac{\dfrac{Pl_1^2}{EI_1}}{8\left(\dfrac{l_1}{EI_1}+\dfrac{l_2}{EI_2}\right)}$$

⑥ 作弯矩图

先作$\frac{1}{4}$结构的弯矩图，如图 10.30(f)的左上角；利用 y 轴的对称性，得上半结构的弯矩图；再利用 x 轴的对称性，得下半结构的弯矩图；最后弯矩图如图 10.30(f)所示。

10.7　超静定拱

超静定拱是工程中应用很广泛的一种结构形式。在桥梁方面，历史上有著名的赵州石拱桥。近年来双曲拱桥也被广泛采用。在建筑方面，除采用落地式拱顶结构外，通常采用带拉杆的拱式屋架[图 10.31(a)]，屋架中的曲杆为钢筋混凝土构件，拉杆为角钢，吊杆是为了防止拉杆下垂而设的构件，计算简图如图 10.31(b)所示。水利工程和地下隧洞衬砌也是拱式结构[图 10.31(c)、图 10.31(d)]。

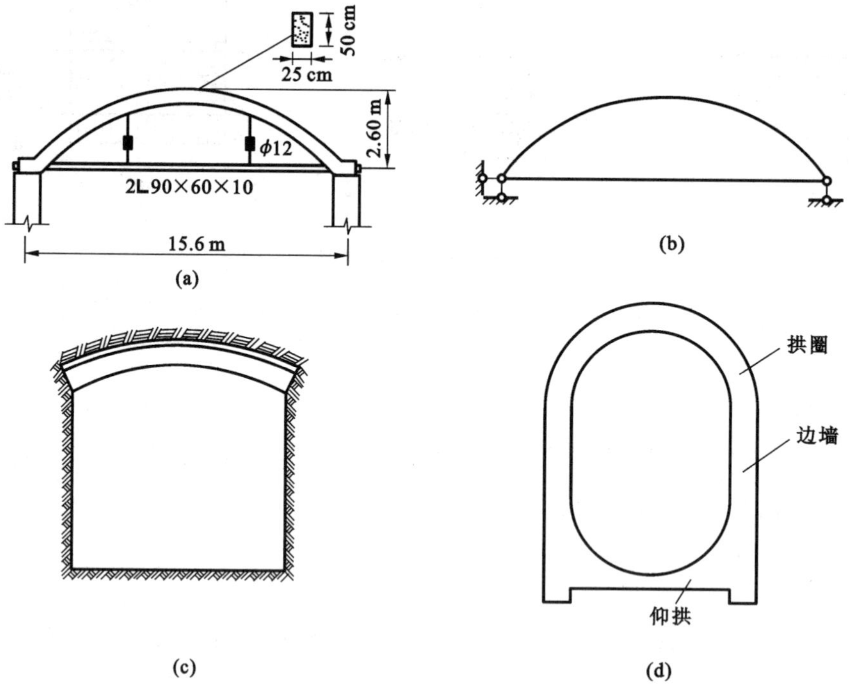

图 10.31　拱式结构

(a) 带拉杆的拱式屋架；(b) 拉杆拱计算简图；(c) 隧道顶拱；(d) 马蹄形隧洞衬砌

工程中超静定拱多数是对称的两铰拱和无铰拱，计算简图如图 10.32 所示。图 10.32(a)、图 10.32(b)分别是无拉杆和有拉杆的两铰拱，图 10.32(c)为无铰拱，图 10.32(d)所示的闭合环形结构可看成无铰拱的特殊情况。

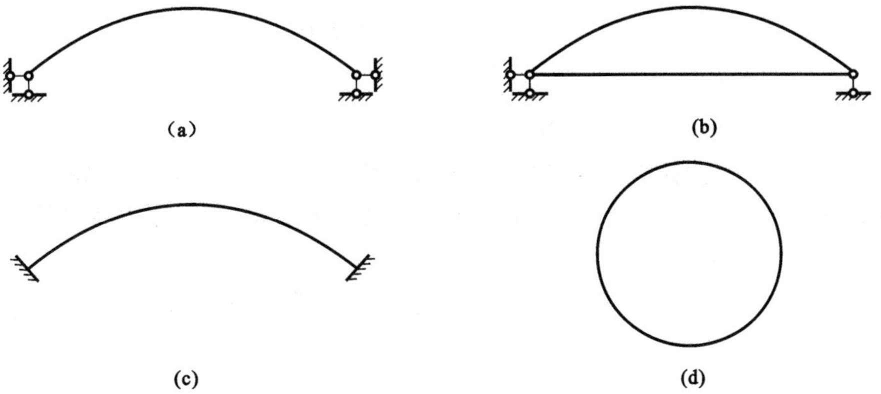

图 10.32　两铰拱和无铰拱

(a) 两铰拱;(b) 带拉杆的两铰拱;(c) 无铰拱;(d) 环形结构

10.7.1　两铰拱计算

(1) 不带拉杆的两铰拱

① 两铰拱的基本体系

两铰拱[图 10.33(a)]是一次超静定结构,撤去支座 B 的水平支杆得到曲梁的基本体系,如图 10.33(b)所示。支座 B 的多余未知力 X_1 为基本未知量。

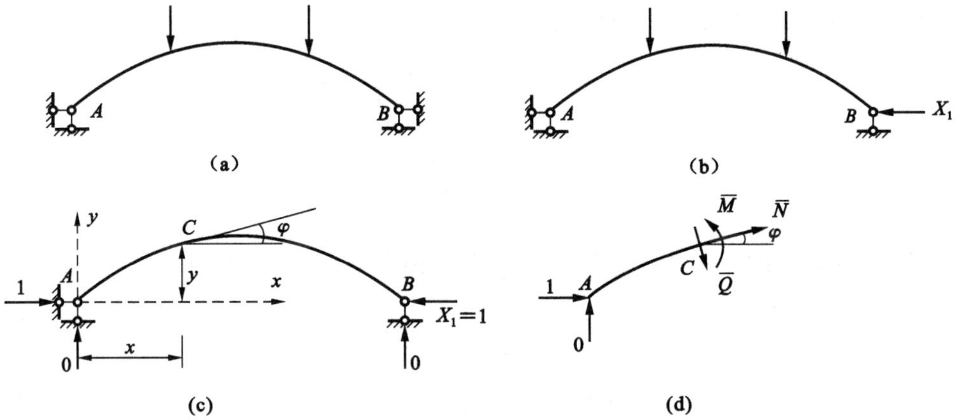

图 10.33　不带拉杆的两铰拱

(a) 两铰拱;(b) 基本体系;(c) 基本结构受 $X_1=1$ 作用;(d) AC 段隔离体

② 力法方程

根据基本体系在荷载与 X_1 共同作用下,在支座 B 处沿 X_1 方向的水平位移为零的变形条件,建立力法方程:

$$\delta_{11}X_1+\Delta_{1P}=0 \qquad (a)$$

③ 计算系数和自由项

因拱是曲杆,计算位移 δ_{11} 和 Δ_{1P} 时不能采用图乘法,需用积分计算。基本体系是一曲梁,曲率对位移的影响可忽略不计。计算 Δ_{1P} 时,一般只考虑弯曲变形;计算 δ_{11} 时,除弯曲变形外,有时需考虑轴向变形①;而剪切变形都可忽略。因此,有:

① 当 $h/f\leqslant 1/2$ 时,可忽略轴向变形;当 $h/f>1/2$ 时,应考虑轴向变形。h 为拱厚,f 为矢高。

$$\left.\begin{aligned}\delta_{11}&=\int\frac{\overline{M}_1^2}{EI}\mathrm{d}s+\int\frac{\overline{N}_1^2}{EA}\mathrm{d}s\\\Delta_{1P}&=\int\frac{\overline{M}_1M_P}{EI}\mathrm{d}s\end{aligned}\right\}\tag{b}$$

设坐标原点在 A 点,任意截面 C 的横坐标为 x,纵坐标为 y,向上为正;φ 表示截面 C 处拱轴切线与 x 轴之间的锐角,左半拱的 φ 为正,右半拱的 φ 为负。弯矩 M 使拱的内缘受拉为正,轴力 N 以拉力为正。

基本结构在 $X_1=1$ 作用下[图 10.33(c)],竖向支座反力为零,任意截面 C 的弯矩和轴力[图 10.33(d)]为:

$$\left.\begin{aligned}\overline{M}_1&=-y\\\overline{N}_1&=-\cos\varphi\end{aligned}\right\}\tag{c}$$

在竖向荷载作用下,简支曲梁任意截面的弯矩与同跨度同荷载的简支水平梁相应截面的弯矩 M^0 彼此相等,即:

$$M_P=M^0\tag{d}$$

将式(c)和(d)代入式(b),得:

$$\left.\begin{aligned}\delta_{11}&=\int\frac{y^2}{EI}\mathrm{d}s+\int\frac{\cos^2\varphi}{EA}\mathrm{d}s\\\Delta_{1P}&=-\int\frac{M^0y}{EI}\mathrm{d}s\end{aligned}\right\}\tag{10.13}$$

④ 求解力法方程,得多余未知力,即水平推力 H 为:

$$X_1=H=-\frac{\Delta_{1P}}{\delta_{11}}=\frac{\int\frac{M^0y}{EI}\mathrm{d}s}{\int\frac{y^2}{EI}\mathrm{d}s+\int\frac{\cos^2\varphi}{EA}\mathrm{d}s}\tag{10.14}$$

⑤ 内力计算

水平推力 H 求出后,内力计算方法和三铰拱完全相同,在竖向荷载作用下计算公式为:

$$\left.\begin{aligned}M&=M^0-Hy\\Q&=Q^0\cos\varphi-H\sin\varphi\\N&=-Q^0\sin\varphi-H\cos\varphi\end{aligned}\right\}\tag{10.15}$$

式中 Q^0——同跨度同荷载的简支水平梁相应截面的剪力。

将拱轴等分若干段,用内力公式计算分段点截面的内力,连成曲线,即得内力图。

⑥ 两铰拱的计算和受力特点

a. 从力法计算来看,两铰拱和两铰刚架基本相同,只是位移 δ_{11} 和 Δ_{1P} 需按曲杆公式用积分计算,而不能采用图乘法。且在计算 δ_{11} 时,除弯矩的影响外,有时还需考虑轴力的影响。

b. 从受力特性来看,两铰拱与三铰拱基本相同,内力计算公式(10.15)在形式上与三铰拱完全相同,只是水平推力 H 有所不同。在三铰拱中推力 H 是由平衡条件求得,在两铰拱中,推力 H 则由变形条件求得。

(2) 带拉杆的两铰拱

在屋盖结构中采用的两铰拱,通常带拉杆,如图 10.34(a)所示。设置拉杆的目的,一方面使砖墙(或柱)不受推力,而另一方面,和普通两铰拱相同,拱肋承受推力,从而减小了拱肋的弯矩。但为承受推力 H,拉杆截面需有一定的刚度。

① 基本体系

将拉杆切断，基本体系如图 10.34(b)所示。在切口两侧截面作用一对拉力 X_1，也就是拱肋所受的推力 H，即为基本未知量。

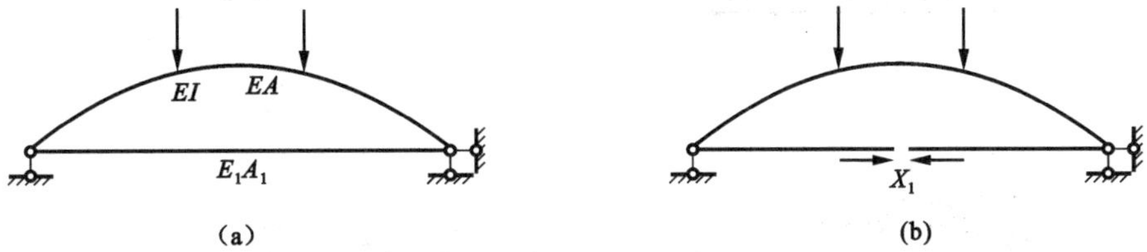

图 10.34 带拉杆的两铰拱

(a) 拉杆拱；(b) 基本体系

② 力法方程

力法方程的形式与不带拉杆两铰拱的方程相同：

$$\delta_{11}X_1+\Delta_{1P}=0 \tag{e}$$

方程的意义表示切口两侧截面相对水平位移为零。

③ 系数和自由项

δ_{11} 的计算应考虑拉杆的变形：

$$\delta_{11}=\int\frac{\overline{M}_1^2}{EI}ds+\int\frac{\overline{N}_1^2}{EA}ds+\int\frac{\overline{N}_1^2}{E_1A_1}dx \tag{f}$$

式中前两项是对拱肋的积分，最后一项是对拉杆积分。E_1 和 A_1 分别表示拉杆的弹性模量和截面面积。

基本结构在 $X_1=1$ 作用下，拉杆的轴力为 $\overline{N}_1=+1$，并设拉杆长度为 l，代入式(f)的第三项：

$$\int_0^l\frac{\overline{N}_1^2}{E_1A_1}dx=\int_0^l\frac{1^2}{E_1A_1}dx=\frac{l}{E_1A_1} \tag{g}$$

拱肋任意截面的弯矩和轴力表达式同式(c)，将式(c)和(g)代入式(f)，得：

$$\delta_{11}=\int\frac{y^2}{EI}ds+\int\frac{\cos^2\varphi}{EA}ds+\frac{l}{E_1A_1} \tag{h}$$

基本结构在荷载作用下，拉杆的拉力为零。因此，计算 Δ_{1P} 时，只对拱肋积分：

$$\Delta_{1P}=\int\frac{\overline{M}_1M_P}{EI}ds=-\int\frac{M^0y}{EI}ds \tag{i}$$

④ 解力法方程

多余未知力，即拉杆的拉力为：

$$X_1=-\frac{\Delta_{1P}}{\delta_{11}}=\frac{\displaystyle\int\frac{M^0y}{EI}ds}{\displaystyle\int\frac{y^2}{EI}ds+\int\frac{\cos^2\varphi}{EA}ds+\frac{l}{E_1A_1}} \tag{10.16}$$

⑤ 内力计算公式与式(10.15)完全相同，公式中的 H 即拉杆中的 X_1。

将拉杆拱的拉力 X_1[式(10.16)]与无拉杆两铰拱推力 H[式(10.14)]的表达式进行比较，式(10.16)的分母比式(10.14)的分母多了一项 $\dfrac{l}{E_1A_1}$。如果拉杆刚度很大($E_1A_1\to\infty$)，则两种形式的推力基本相等，因而受力状态也基本相同。如果拉杆刚度很小($E_1A_1\to 0$)，则 $X_1\to 0$。此时，带拉杆的两铰拱实际上是一个简支曲梁，拱肋的受力状态是很不利的。

【例 10.9】 图 10.35(a)所示为一抛物线两铰拱，承受两个集中荷载，试求其水平推力 H。设拱的截面尺寸为常数，以左支点为原点，拱轴方程为：

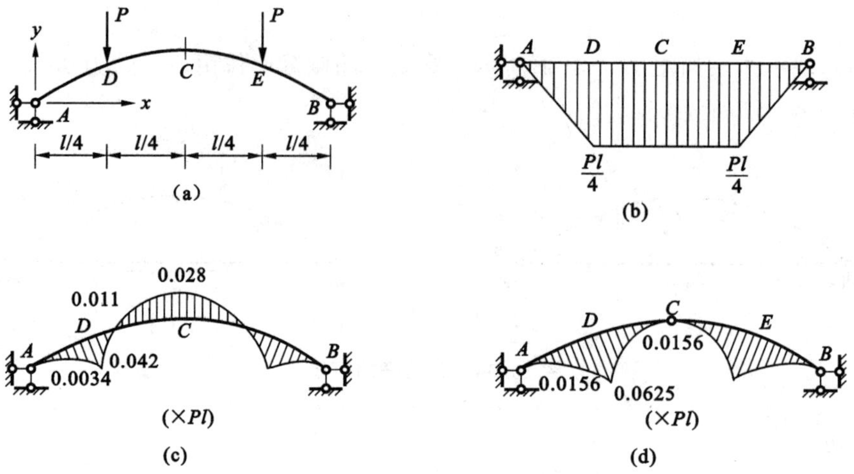

图 10.35　例 10.9 图

(a) 两铰拱及荷载；(b) 简支梁的 M^0 图；(c) 两铰拱的 M 图；(d) 三铰拱的 M 图

$$y=\frac{4f}{l^2}x(l-x)$$

【解】

① 简化假设

本题采用两个简化假设：① 忽略轴向变形，只考虑弯曲变形；② 当拱比较平时（例如 $\frac{f}{l}<\frac{1}{5}$ 时），可近似取 $ds=dx$。因此，位移计算的简化公式为：

$$\delta_{11}=\frac{1}{EI}\int_0^l y^2\,dx$$

$$\Delta_{1P}=-\frac{1}{EI}\int_0^l M^0 y\,dx$$

② 计算系数和自由项

$$\delta_{11}=\frac{1}{EI}\int_0^l y^2\,dx=\frac{1}{EI}\int_0^l\left[\frac{4f}{l^2}x(l-x)\right]^2 dx=\frac{16f^2}{EIl^4}\int_0^l(l^2x^2-2lx^3+x^4)\,dx=\frac{8f^2l}{15EI}$$

计算 Δ_{1P} 时，应先求简支梁的弯矩 M^0，M^0 图如图 10.35(b)所示，利用结构和荷载的对称性，弯矩方程可在半边拱内分两段表示如下：

AD 段（$0<x\leqslant\frac{l}{4}$），　　　　$M^0=Px$

DC 段（$\frac{l}{4}<x\leqslant\frac{l}{2}$），　　　　$M^0=\frac{Pl}{4}$

将 M^0 表达式代入 Δ_{1P} 的简化公式，得：

$$\Delta_{1P}=-\frac{1}{EI}\int_0^l M^0 y\,dx=-\frac{2}{EI}\left[\int_0^{\frac{l}{4}}Pxy\,dx+\int_{\frac{l}{4}}^{\frac{l}{2}}\frac{Pl}{4}y\,dx\right]$$

$$=-\frac{2}{EI}\left[\int_0^{\frac{l}{4}}\frac{4f}{l^2}x(l-x)Px\,dx+\int_{\frac{l}{4}}^{\frac{l}{2}}\frac{4f}{l^2}x(l-x)\frac{Pl}{4}dx\right]=-\frac{19Pfl^2}{128EI}$$

③ 解力法方程

$$H=-\frac{\Delta_{1P}}{\delta_{11}}=0.278\frac{Pl}{f}$$

④ 内力计算

以弯矩为例，利用公式 $M=M^0-Hy$ 作出 M 图，如图 10.35(c)所示。

讨论：计算结果表明，在计算位移时忽略轴向变形的影响的条件下，两铰拱的推力$\left(0.278\dfrac{Pl}{f}\right)$与三铰拱的推力$\left(0.25\dfrac{Pl}{f}\right)$是比较接近的，相对差值为10%。因两铰拱的推力较大，两铰拱的弯矩图比三铰拱的弯矩图[图10.35(d)]均匀。

10.7.2 对称无铰拱计算

对称无铰拱常用于桥梁结构，其计算简图如图10.36(a)所示，是三次超静定结构，力法方程为：

$$\left.\begin{aligned}\delta_{11}X_1+\delta_{12}X_2+\delta_{13}X_3+\Delta_{1P}=0\\ \delta_{21}X_1+\delta_{22}X_2+\delta_{23}X_3+\Delta_{2P}=0\\ \delta_{31}X_1+\delta_{32}X_2+\delta_{33}X_3+\Delta_{3P}=0\end{aligned}\right\}\qquad\text{(j)}$$

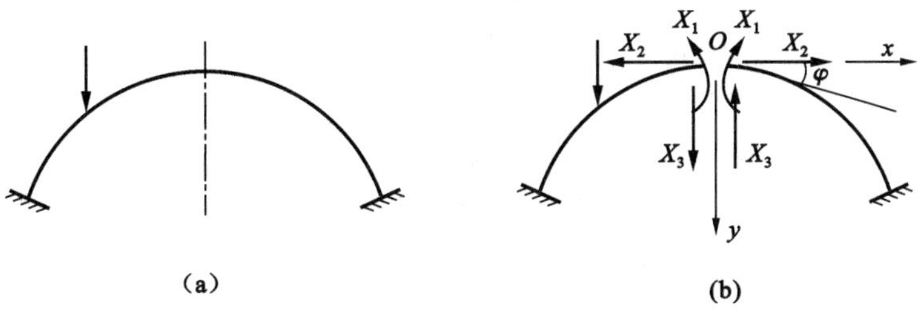

图10.36 对称无铰拱

(a) 原结构；(b) 基本体系

利用结构的对称性，在拱顶切开后得到对称的基本体系如图10.36(b)所示。

在切口两侧截面的一对弯矩X_1和一对轴力X_2是对称未知力，一对剪力X_3是反对称未知力，因此，力法方程(j)中的：

$$\left.\begin{aligned}\delta_{13}=\delta_{31}=0\\ \delta_{23}=\delta_{32}=0\end{aligned}\right\}\qquad\text{(k)}$$

将式(k)代入式(j)，力法方程可简化为独立的两组：

$$\left.\begin{aligned}\delta_{11}X_1+\delta_{12}X_2+\Delta_{1P}=0\\ \delta_{21}X_1+\delta_{22}X_2+\Delta_{2P}=0\\ \delta_{33}X_3+\Delta_{3P}=0\end{aligned}\right\}\qquad(10.17)$$

为计算力法方程的系数，先分别求出基本结构在多余未知力$X_1=1$、$X_2=1$和$X_3=1$作用下的内力表达式。

设坐标原点在拱顶点，x轴以向右为正，y轴以向下为正，在右半拱φ为正值。内力正负号规定与三铰拱相同。拱轴任一截面(x,y)在$X_1=1$、$X_2=1$和$X_3=1$作用下的内力分别为[图10.37(a)、图10.37(b)、图10.37(c)]：

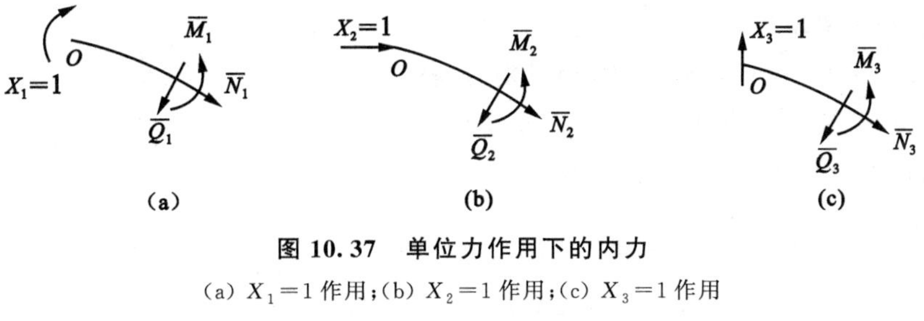

图10.37 单位力作用下的内力

(a) $X_1=1$作用；(b) $X_2=1$作用；(c) $X_3=1$作用

$$\left.\begin{aligned}\overline{M}_1&=1\\\overline{N}_1&=0\\\overline{Q}_1&=0\end{aligned}\right\}\qquad\left.\begin{aligned}\overline{M}_2&=y\\\overline{N}_2&=-\cos\varphi\\\overline{Q}_2&=\sin\varphi\end{aligned}\right\}\qquad\left.\begin{aligned}\overline{M}_3&=x\\\overline{N}_3&=\sin\varphi\\\overline{Q}_3&=\cos\varphi\end{aligned}\right\}$$

在计算 δ_{ii}、δ_{ij} 和 Δ_{iP} 时，通常只考虑弯矩的影响。只有当拱扁平$\left(f<\dfrac{l}{5}\right)$时，计算 δ_{ii} 时除弯矩的影响外还需考虑轴力的影响。各系数和自由项的计算公式如下：

$$\left.\begin{aligned}\delta_{11}&=\int\frac{\overline{M}_1^2}{EI}\mathrm{d}s=\int\frac{1}{EI}\mathrm{d}s\\\delta_{12}&=\int\frac{\overline{M}_1\overline{M}_2}{EI}\mathrm{d}s=\int\frac{y}{EI}\mathrm{d}s\\\delta_{22}&=\int\frac{\overline{M}_2^2}{EI}\mathrm{d}s+\int\frac{\overline{N}_2^2}{EA}\mathrm{d}s=\int\frac{y^2}{EI}\mathrm{d}s+\int\frac{\cos^2\varphi}{EA}\mathrm{d}s\\\delta_{33}&=\int\frac{\overline{M}_3^2}{EI}\mathrm{d}s=\int\frac{x^2}{EI}\mathrm{d}s\\\Delta_{1P}&=\int\frac{\overline{M}_1M_P}{EI}\mathrm{d}s=\int\frac{M_P}{EI}\mathrm{d}s\\\Delta_{2P}&=\int\frac{\overline{M}_2M_P}{EI}\mathrm{d}s=\int\frac{M_Py}{EI}\mathrm{d}s\\\Delta_{3P}&=\int\frac{\overline{M}_3M_P}{EI}\mathrm{d}s=\int\frac{M_Px}{EI}\mathrm{d}s\end{aligned}\right\}\tag{10.18}$$

【例 10.10】 计算图 10.38(a)所示等截面圆弧无铰拱在竖向均布荷载 $q=20$ kN/m 作用下的水平推力及拱顶和拱脚截面处的弯矩。设跨度 $l=16$ m，矢高 $f=4$ m。

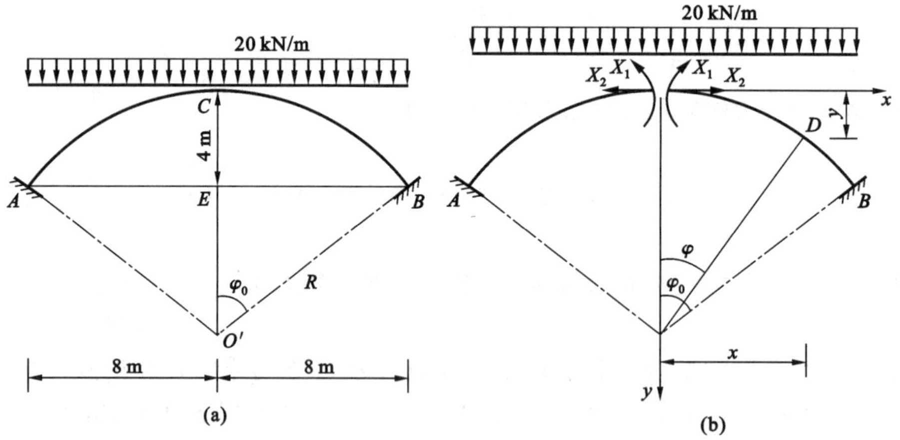

图 10.38　例 10.10 图

(a) 原结构及荷载；(b) 基本体系

【解】

① 基本体系如图 10.38(b)所示。因荷载对称，故 $X_3=0$。

② 求圆拱的半径 R 和半拱的圆心角 φ_0 及坐标关系。

由直角三角形 $O'AE$[图 10.38(a)]，有：

$$R^2=\left(\frac{l}{2}\right)^2+(R-f)^2$$

所以

$$R=\frac{l^2+4f^2}{8f}=10\text{m}$$

$$\sin\varphi_0=\frac{AE}{O'A}=\frac{\frac{l}{2}}{R}=0.8,\cos\varphi_0=\frac{O'E}{O'A}=\frac{R-f}{R}=0.6$$

所以

$$\varphi_0=0.9273\text{ 弧度}$$

坐标关系：

$$x=R\sin\varphi,y=R-R\cos\varphi$$

③ 力法方程

$$\delta_{11}X_1+\delta_{12}X_2+\Delta_{1P}=0$$
$$\delta_{21}X_1+\delta_{22}X_2+\Delta_{2P}=0$$

④ 计算系数 δ_{11}、δ_{12}、δ_{22}

因$\dfrac{f}{l}=\dfrac{1}{4}>\dfrac{1}{5}$，故计算位移时，只考虑弯矩的影响。由式(10.18)有：

$$EI\delta_{11}=\int\overline{M}_1^2\mathrm{d}s=2\int_0^{\varphi_0}R\,\mathrm{d}\varphi=2R\varphi_0$$

$$EI\delta_{12}=\int\overline{M}_1\overline{M}_2\mathrm{d}s=\int y\,\mathrm{d}s=2\int_0^{\varphi_0}(R-R\cos\varphi)R\,\mathrm{d}\varphi$$
$$=2R^2(\varphi_0-\sin\varphi_0)$$

$$EI\delta_{22}=\int\overline{M}_2^2\mathrm{d}s=2\int y^2\mathrm{d}s=2\int_0^{\varphi_0}(R-R\cos\varphi)^2R\,\mathrm{d}\varphi$$
$$=2R^3\left(\frac{3}{2}\varphi_0-2\sin\varphi_0+\frac{1}{4}\sin2\varphi_0\right)$$

将 $\varphi_0=0.9273$ 弧度代入，可得：

$$EI\delta_{11}=1.855R,EI\delta_{12}=0.2546R^2,EI\delta_{22}=0.0619R^3$$

⑤ 计算自由项 Δ_{1P} 和 Δ_{2P}

基本结构在荷载 q 作用下的弯矩方程为：

$$M_P=-\frac{q}{2}x^2=-\frac{q}{2}R^2\sin^2\varphi$$

由式(10.18)有：

$$EI\Delta_{1P}=\int\overline{M}_1M_P\mathrm{d}s=2\int_0^{\varphi_0}1\times\left(-\frac{q}{2}R^2\sin^2\varphi\right)R\,\mathrm{d}\varphi$$
$$=-qR^3\left(\frac{\varphi_0}{2}-\frac{1}{4}\sin2\varphi_0\right)$$

$$EI\Delta_{2P}=\int\overline{M}_2M_P\mathrm{d}s=\int M_Py\,\mathrm{d}s$$
$$=2\int_0^{\varphi_0}(R-R\cos\varphi)\left(-\frac{q}{2}R^2\sin^2\varphi\right)R\,\mathrm{d}\varphi$$
$$=-qR^4\left(\frac{\varphi_0}{2}-\frac{1}{4}\sin2\varphi_0-\frac{1}{3}\sin^3\varphi_0\right)$$

将 φ_0 代入，可得：

$$EI\Delta_{1P}=-0.2237qR^3,EI\Delta_{2P}=-0.0530qR^4$$

⑥ 解力法方程

$$\left.\begin{aligned}1.855X_1+0.2546RX_2-0.2237qR^2=0\\0.2546X_1+0.0619RX_2-0.0530qR^2=0\end{aligned}\right\}$$

得

$$X_1=0.0071qR^2=14.2\ \text{kN}\cdot\text{m}$$
$$X_2=0.827qR=165.4\text{kN}$$

⑦ 求拱顶及拱脚截面弯矩

拱顶弯矩：

$$M_C=X_1=14.2\ \text{kN}\cdot\text{m}$$

拱脚弯矩：

$$M_A=M_B=X_1+X_2f-\frac{q}{2}\left(\frac{l}{2}\right)^2=14.2+165.4\times4-\frac{20}{2}\times\left(\frac{16}{2}\right)^2=35.8\ \text{kN}\cdot\text{m}$$

其他各截面内力可由平衡条件计算。

⑧ 讨论

与三铰拱比较，在同样荷载作用下，拱轴相同的三铰拱的推力为：

$$H'=\frac{M_C^0}{f}=\frac{ql^2}{8f}=\frac{20\times16^2}{8\times4}=160\ \text{kN}$$

H'与H（即X_2）非常接近，相对差值为3.4%。

*10.8　交叉梁系和超静定空间刚架

本节内容可扫二维码阅读。

10.8节

10.9　温度变化和支座移动时超静定结构的内力

超静定结构和静定结构的一个主要区别在于有多余约束。因此，超静定结构在没有荷载作用时，只要有发生变形的因素，如支座移动、温度变化、材料收缩、制造误差等，都可以产生内力，这种内力称为自内力。

10.9.1　温度变化时的内力计算

用力法计算温度变化时超静定结构内力的方法和步骤与荷载作用时基本相同。下面通过例题说明其特点。

【例 10.11】 图10.39(a)所示刚架，浇筑混凝土时温度为15 ℃，而冬季混凝土外皮温度为−35 ℃，内皮温度仍为15 ℃[图10.39(b)]，求此时由于温度变化在刚架中引起的内力。各杆EI为常数，截面尺寸为$b\times h=400\ \text{mm}\times600\ \text{mm}$，混凝土弹性模量$E=2\times10^7\ \text{kPa}$，温度膨胀系数$\alpha=0.00001(1/℃)$。

【解】

① 温度变化分析

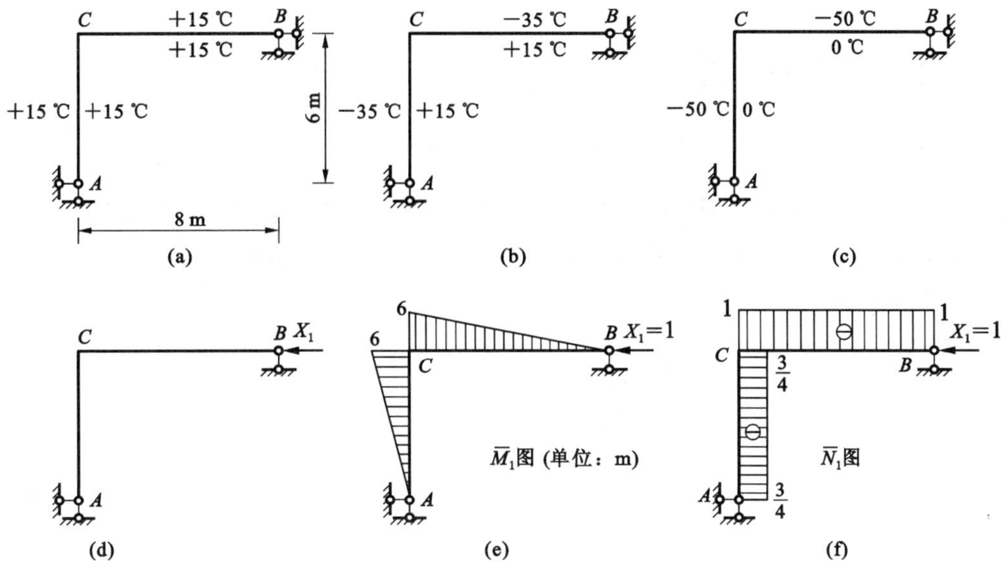

图 10.39 例 10.11 图

(a) 浇筑时的温度；(b) 冬季计算时的温度；(c) 温度变化；

(d) 基本结构和多余未知力；(e)、(f) 基本结构受 $X_1=1$ 作用

设 t_1 是杆件外边缘温度变化，t_2 是杆件内边缘温度变化，施工温度和冬季温度之间温度的变化值为：

$$t_1=-35-15=-50\ ℃$$

$$t_2=15-15=0\ ℃$$

温度改变值如图 10.39(c)所示。

② 基本结构

此刚架为一次超静定，撤去支座 B 的水平支杆，得基本结构及多余未知力 X_1 如图 10.39(d)所示。

③ 力法方程

变形条件为基本结构在温度变化和多余未知力作用下支座 B 的水平位移与原结构支座 B 的变形条件相同，原结构在 B 点的水平位移为零。因此，力法方程为：

$$\delta_{11}X_1+\Delta_{1t}=0 \tag{a}$$

式中自由项 Δ_{1t} 是温度变化在基本结构中沿 X_1 方向产生的位移。

④ 计算系数和自由项

绘制 $\overline{M}_1$ 图和 $\overline{N}_1$ 图，分别如图 10.39(e)、图 10.39(f)所示。系数 δ_{11} 的求法与荷载作用时相同：

$$\delta_{11}=\sum\int\frac{\overline{M}_1^2}{EI}\mathrm{d}s=\frac{1}{EI}\left[\left(\frac{1}{2}\times6\times6\right)\times\frac{2}{3}\times6+\left(\frac{1}{2}\times8\times6\right)\times\frac{2}{3}\times6\right]=\frac{168}{EI}$$

自由项 Δ_{1t} 的求法和荷载作用时不同，可利用第 9 章式(9.20b)：

$$\Delta_{1t}=\sum\alpha\frac{\Delta t}{h}\int\overline{M}_1\mathrm{d}s+\sum\alpha t_0\int\overline{N}_1\mathrm{d}s \tag{b}$$

式中 $\Delta t=t_2-t_1$——内外边缘温度变化差；

$t_0=\dfrac{t_1+t_2}{2}$——杆件轴线平均温度变化值。

$$\Delta t=t_2-t_1=0-(-50)=50\ ℃$$

$$t_0=\frac{1}{2}(t_1+t_2)=\frac{1}{2}(0-50)=-25\ ℃$$

所以

$$\Delta_{1t}=\sum\alpha\frac{\Delta t}{h}\int\overline{M}_1\,\mathrm{d}s+\sum\alpha t_0\int\overline{N}_1\,\mathrm{d}s$$

$$=-\alpha\frac{50}{0.6}\times\left(\frac{1}{2}\times6\times6+\frac{1}{2}\times8\times6\right)+\alpha\cdot25\times\left(1\times8+\frac{3}{4}\times6\right)=-3187.5\alpha$$

注意在 Δ_{1t} 中乘积的符号：在 $\overline{M}_1$ 图中，杆件外边纤维受拉，而温差 Δt 引起杆件内边纤维受拉，故 Δt 与 $\overline{M}_1$ 图面积的乘积取负号。在 $\overline{N}_1$ 图中，横梁 CB 受压，而梁轴线温度变化值 t_0 为负，故 t_0 与 $\overline{N}_1$ 图的面积的乘积取正号。

⑤ 解力法方程

$$\frac{168}{EI}X_1-3187.5\alpha=0$$

得

$$X_1=18.97EI\alpha \tag{c}$$

⑥ 作内力图

因基本结构是静定结构，温度变化时在基本结构中不引起内力，内力全由多余未知力引起，故内力计算的公式为：

$$\left.\begin{aligned}M&=\overline{M}_1X_1\\N&=\overline{N}_1X_1\end{aligned}\right\} \tag{d}$$

M 图和 N 图分别如图 10.40(a)、(b)所示。

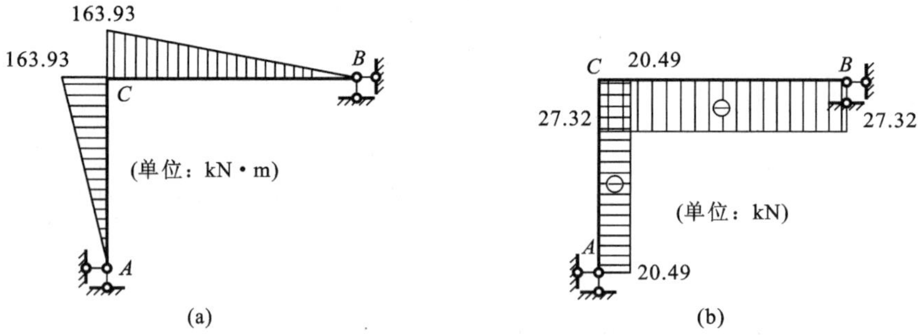

图 10.40　例 10.11 内力图

(a) M 图；(b) N 图

通过以上例题分析可知，用力法计算温度变化时超静定结构内力有以下特点：

(1) 力法方程的式(a)与荷载作用时相同，但自由项不同。自由项 Δ_{1t} 是温度变化时在基本结构中产生的位移，可用式(b)计算。

(2) 内力全部由多余未知力产生，见式(d)。

(3) 由计算结果[式(c)和式(d)]可以看出，温度变化引起的内力与杆件 EI 成正比。如果温度变化条件给定，截面尺寸愈大，则内力也愈大。所以，要改善结构在温度作用下的受力状态，加大截面尺寸并不是一个有效途径。

(4) 由图 10.40(a)可见，当杆件截面内外边缘有温差 Δt 时，弯矩图的纵坐标出现在降温面一侧，即降温面产生拉应力，温度高的一面产生压应力。因此，在混凝土结构中，要特别注意因降温可能出现的裂缝。

10.9.2　支座移动和支座为弹性支座* 时的内力计算

支座移动在超静定结构中将产生内力。

图 10.41(a)所示简支梁，支座 B 有微小位移 Δ_B，沉降到 B_1。因简支梁无多余约束，在支座 B 位移到 B_1 的过程中，支杆 B 不起约束作用，梁 AB 是几何可变体系，可以绕 A 点自由转动，AB 轴线保持为直线，沉降到 B_1 位置后，支座 B 位置再固定，仍是几何不变体系。在支座移动过程中，梁 AB 发生刚体位移，不产生内力。

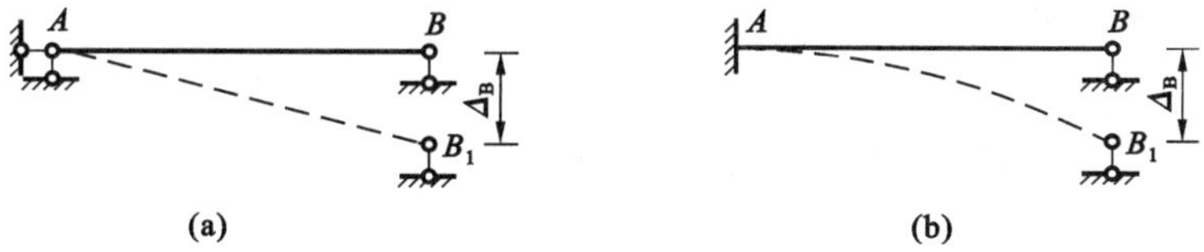

图 10.41　支座移动的影响

(a) 静定结构；(b) 超静定结构

图 10.41(b)所示为 A 端固定的一次超静定梁，支座 B 发生与图 10.41(a)同样的位移。因有多余约束存在，在支座 B 移动过程中，即使支杆 B 不起约束作用，梁 AB 仍是几何不变的，不能发生自由转动，AB 轴线有弯曲变形。因此，在超静定梁 AB 中有自内力。

下面通过例题说明支座移动时超静定结构内力计算的过程与特点。

【例 10.12】　图 10.42(a)所示为一等截面超静定梁，EI＝常数，固定端支座 A 有一转动，角度为 θ，计算梁中引起的自内力，并绘制内力图。

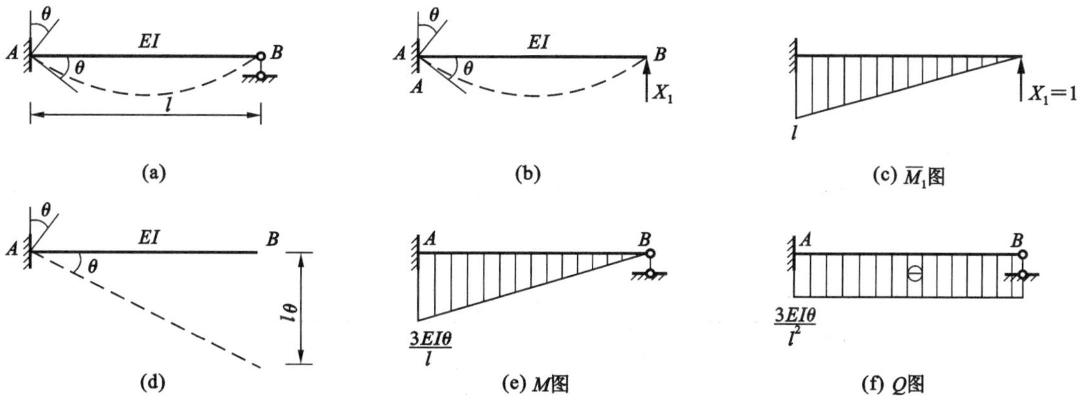

图 10.42　支座转动基本体系一

(a) 支座转动；(b) 基本体系一；(c) 基本结构受 $X_1=1$ 作用；(d) 基本结构受支座转动作用；(e) 弯矩图；(f) 剪力图

【解】

① 取基本体系一计算

a. 基本体系一

撤去支杆 B，代以多余未知力 X_1，得到如图 10.42(b)所示的基本体系。

b. 力法方程

变形条件为：基本体系在多余约束力 X_1 和支座移动共同作用下在 B 点的竖向位移 Δ_1 应与原结构在 B 点的变形相同，原结构在 B 点的竖向位移等于零。因此，力法方程为：

$$\Delta_1 = 0 \tag{e}$$

根据叠加原理，式(e)可写为：

$$\delta_{11} X_1 + \Delta_{1c} = 0 \tag{f}$$

这里，自由项 Δ_{1c} 是当支座 A 产生转角 θ 时在基本结构中产生的沿 X_1 方向的位移。

c. 计算系数和自由项

系数 δ_{11} 可由图 10.42(c)所示 $\overline{M}_1$ 图计算：

$$\delta_{11}=\int\frac{\overline{M}_1^2}{EI}\mathrm{d}x=\frac{1}{EI}\left(\frac{1}{2}l\times l\right)\times\frac{2}{3}l=\frac{l^3}{3EI}$$

自由项 Δ_{1c} 可由第 9 章位移计算公式[式(9.21)]得到：

$$\Delta_{1c}=-\sum\overline{R}c \tag{g}$$

这里 $\overline{R}=l$，$c=\theta$，所以有：

$$\Delta_{1c}=-l\theta$$

自由项 Δ_{1c} 也可由基本结构在 A 端有转角 θ 时的位移图[图 10.42(d)]得到，因 $l\theta$ 与 X_1 方向相反，故 $l\theta$ 为负号，即：

$$\Delta_{1c}=-l\theta$$

d. 解方程，求多余未知力

$$X_1=-\frac{\Delta_{1c}}{\delta_{11}}=\frac{l\theta}{\dfrac{l^3}{3EI}}=\frac{3EI\theta}{l^2} \tag{h}$$

e. 作弯矩图

因基本结构是静定结构，支座移动在基本结构中不引起内力，内力全是由多余未知力引起的。弯矩公式为：

$$M=\overline{M}_1X_1 \tag{i}$$

M 图如图 10.42(e)所示。

f. 作剪力图，如图 10.42(f)所示。

② 取基本体系二计算

a. 基本体系二

撤去支座 A 的转动约束，简支梁作为基本结构，以支座 A 的反力偶为多余未知力 X_1，得到基本体系如图 10.43(a)所示。

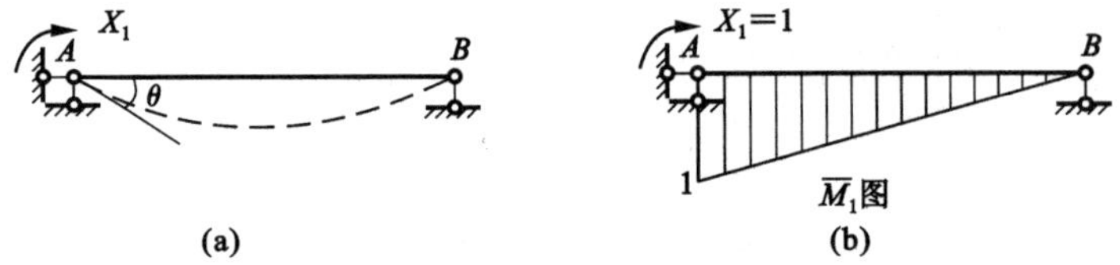

图 10.43　支座转动基本体系二

(a) 基本体系二；(b) 基本结构受 $X_1=1$ 作用

b. 力法方程

变形条件为：基本体系在多余未知力 X_1 作用下在铰支座 A 的转动位移 Δ_1 应与原结构在支座 A 的转动位移相同。原结构在支座 A 的转角为 θ，且与所设 X_1 方向相同，因此，θ 取正号。即：

$$\Delta_1=\theta \tag{j}$$

由叠加原理，上式可写为：

$$\delta_{11}X_1=\theta \tag{k}$$

c. 计算系数

由 $\overline{M}_1$ 图[图 10.43(b)]可得：

$$\delta_{11}=\sum\int\frac{\overline{M}_1^2}{EI}\mathrm{d}x=\frac{1}{EI}\left(\frac{1}{2}l\times 1\right)\times\frac{2}{3}=\frac{l}{3EI}$$

d. 解方程

$$\frac{l}{3EI}X_1=\theta,X_1=\frac{3EI\theta}{l} \tag{l}$$

e. 作内力图，M、Q 图与图 10.42(e)、(f)相同。

通过以上分析，可以看出支座移动与荷载作用相比，有以下几个特点：

(1) 由式(f)和式(k)可以看出，取不同基本体系时，力法方程的形式有所不同，方程等号右边可以不为零，如式(k)。

(2) 由力法方程式(f)可以看出，自由项 Δ_{1c} 是由支座移动在基本结构中产生的位移，可由静定结构支座移动的位移公式计算，也可直接由基本结构在支座移动时的位移图中求得。

(3) 因没有荷载作用，所以内力全部由多余未知力引起[见式(i)]。

(4) 由计算结果式(h)和式(l)及内力图[图 10.42(e)、(f)]可以看出，支座移动时引起的超静定结构的内力与 EI 绝对值成正比，即 EI 愈大，自内力愈大。

具有弹性支座的超静定结构的计算，原则上是与支座移动下的计算相同。弹性支座的特点是支座产生弹性变形，而且支座反力与其对应的变形成正比。这个比例系数称为弹性支座的刚度系数 k。换句话说，刚度系数 k 在数值上等于使支座产生单位位移时所需施加的力。下面通过例题说明具有弹性支座时超静定结构内力计算的方法与特点。

【例 10.13】 图 10.44(a)所示两跨连续梁，支座 B 为弹簧支座。弹簧刚度系数 $k=\frac{2}{3}EI$，$EI=$ 常数。求作连续梁的弯矩图。

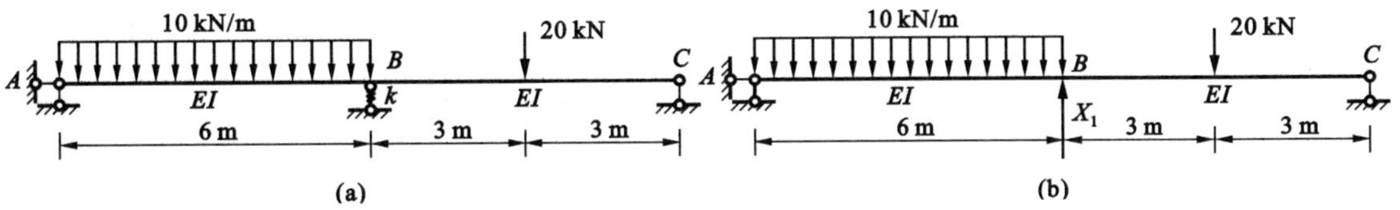

图 10.44　例 10.13 图

(a) 原结构；(b) 基本体系

【解】

① 此题为一次超静定结构，撤去弹簧支杆 B，代以多余约束力 X_1。基本体系如图 10.44(b)所示。

② 力法方程

变形条件：基本体系在荷载与多余约束力共同作用下，结点 B 的竖向位移与原结构相应在 B 点的竖向位移相等。原结构在 B 点的竖向位移等于$\frac{X_1}{k}$，即力法方程为：

$$\delta_{11}X_1+\Delta_{1P}=-\frac{X_1}{k}$$

上式右边负号表示原结构的位移与所设 X_1 方向相反。

③ 计算系数与自由项

基本结构在 $X_1=1$ 作用下的 $\overline{M}_1$ 图与在荷载作用下的 M_P 图分别示于图 10.45(a)、图 10.45(b)。由此可计算 δ_{11} 和 Δ_{1P}：

$$\delta_{11}=\frac{1}{EI}\left(2\times\frac{1}{2}\times6\times3\times\frac{2}{3}\times3\right)=\frac{36}{EI}$$

$$\Delta_{1P}=-\frac{1}{EI}\left(2\times\frac{1}{2}\times6\times120\times\frac{2}{3}\times3+\frac{2}{3}\times6\times45\times\frac{1}{2}\times3+\frac{1}{2}\times6\times30\times\frac{1}{2}\times3\right)$$

$$=-\frac{1}{EI}(1440+270+135)=-\frac{1845}{EI}$$

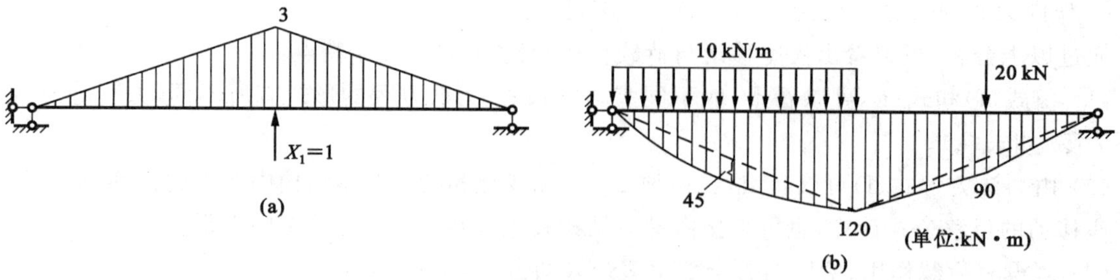

图 10.45　基本结构的 $\overline{M}_1$、M_P 图

(a) $\overline{M}_1$ 图;(b) M_P 图

④ 解方程

$$\left(\delta_{11}+\frac{1}{k}\right)X_1+\Delta_{1P}=0$$

将 $k=\dfrac{2}{3}EI$ 代入,得到:

$$X_1=-\frac{\Delta_{1P}}{\delta_{11}+\dfrac{1}{k}}=\frac{\dfrac{1845}{EI}}{\dfrac{36}{EI}+\dfrac{3}{2EI}}=49.2\ \text{kN}(\uparrow)$$

⑤ 作弯矩图

由叠加公式 $M=\overline{M}_1X_1+M_P$,得到 M 图,如图 10.46 所示。

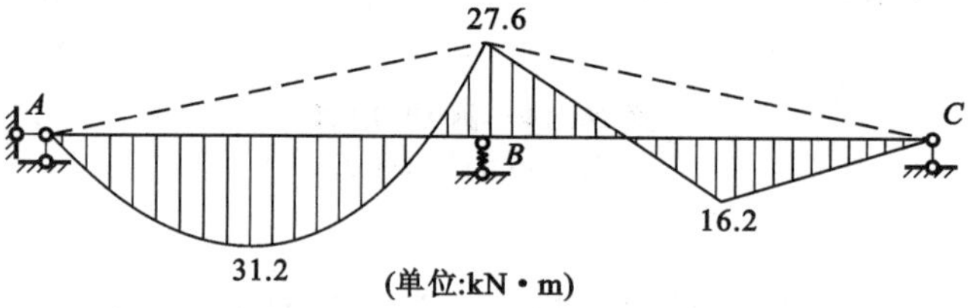

图 10.46　例 10.13 的 M 图

如果本题选取如图 10.47 所示的基本体系,请读者写出力法方程、系数 δ_{11} 和自由项 Δ_{1P}。

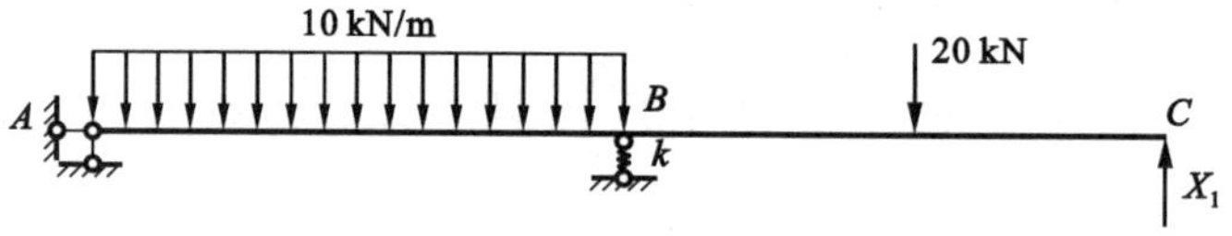

图 10.47　基本体系

10.10　超静定结构的位移计算

超静定结构位移计算的基本原理与第 9 章所讨论的静定结构的位移计算相同,仍然是以虚功原理为基础的单位荷载法。为避免计算时绘制超静定结构在单位荷载作用下的内力图,可以把单位虚设力加在超静定结构的任一基本结构(静定结构)上,这样,单位内力图是静定的,计算和绘制内力图都较简便。

力法的基本思路是取静定结构作为基本结构,利用基本体系来求原结构的内力。这里,关键是基本体系在荷载和多余未知力作用下的受力和变形状态与原结构的受力和变形状态相同。但两者的表现形态又是不同的。在原结构中，多余约束力是以被动的约束力的形式隐含在约束中；在基本体系中，多余未知力是以主动力的形式出现的。

图 10.48(a)所示超静定梁的支座反力 Y_B 是被动力，而在图 10.48(b)的基本体系中，Y_B 的作用就表现为主动力 X_1。但两种情形的受力和变形状态完全相同。如图 10.48(c)所示的 M 图，既是原结构[图 10.48(a)]的 M 图，也是基本体系在荷载与多余未知力共同作用下[图 10.48(b)]的 M 图。同样，图 10.48(a)的中点 C 的挠度也与图 10.48(b)的中点 C 的挠度相同。

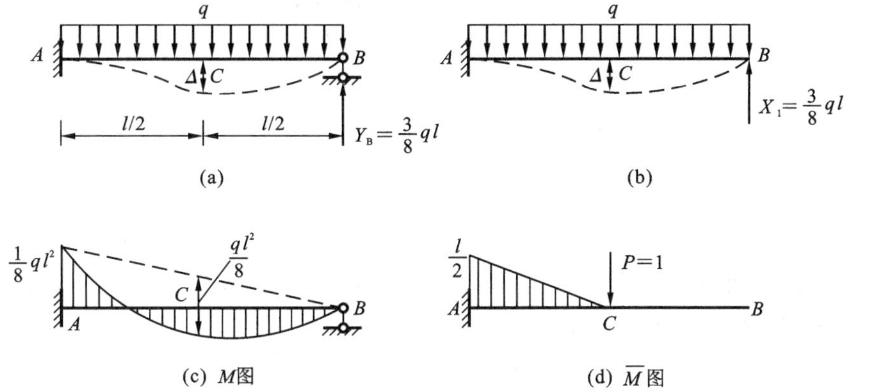

图 10.48　超静定结构的位移计算

(a) 超静定结构的受力与变形；(b) 基本体系的受力与变形；(c) 超静定结构弯矩图；(d) 基本结构受单位荷载 $P=1$ 的弯矩图

因此，原结构的位移计算问题就可转化为基本体系(静定结构)在荷载和多余未知力共同作用下的位移计算问题，即转化为静定结构的位移计算问题。如拟求图 10.48(a)所示梁中点 C 的挠度，单位荷载可加在基本结构上，如图 10.48(d)所示。利用图乘法，得：

$$\begin{aligned}\Delta_C &= \sum\int\frac{\overline{M}M}{EI}dx\\ &=\frac{1}{EI}\left[\left(\frac{1}{2}\times\frac{l}{2}\times\frac{l}{2}\right)\left(\frac{2}{3}\times\frac{1}{8}ql^2+\frac{1}{3}\times\frac{1}{16}ql^2\right)-\left(\frac{2}{3}\times\frac{l}{2}\times\frac{1}{8}ql^2\right)\times\frac{3}{8}\times\frac{l}{2}\right]\\ &=\frac{ql^4}{192EI}(\downarrow)\end{aligned}$$

利用单位荷载法计算超静定结构位移的一般公式为：

$$\Delta=\sum\int\frac{\overline{M}M}{EI}ds+\sum\int\frac{\overline{N}N}{EA}ds+\sum\int k\frac{\overline{Q}Q}{GA}ds+\sum\int\overline{M}\frac{\alpha\Delta t}{h}ds+\sum\int\overline{N}\alpha t_0ds-\sum\overline{R}c \tag{10.19}$$

式(10.19)与静定结构计算位移的一般公式在形式上完全相同。但这里的 M、N、Q 是超静定结构的弯矩、轴力和剪力；$\overline{M}$、$\overline{N}$、$\overline{Q}$ 和 $\overline{R}$ 是单位荷载 $P=1$ 作用于任一基本结构上的弯矩、轴力、剪力和支座反力。

当只有荷载作用时，位移计算公式为：

$$\Delta=\sum\int\frac{\overline{M}M}{EI}ds+\sum\int\frac{\overline{N}N}{EA}ds+\sum\int k\frac{\overline{Q}Q}{GA}ds \tag{10.20}$$

【例 10.14】 取另一种基本结构计算图 10.48(a)所示梁中点 C 的挠度。图 10.48(a)的 M 图重画在图 10.49(a)。

【解】

① 取简支梁为基本结构，单位力 $P=1$ 作用在梁中点 C，$\overline{M}$ 图如图 10.49(b)所示。

② 计算 Δ_C

因梁只考虑弯曲变形，位移计算公式为：

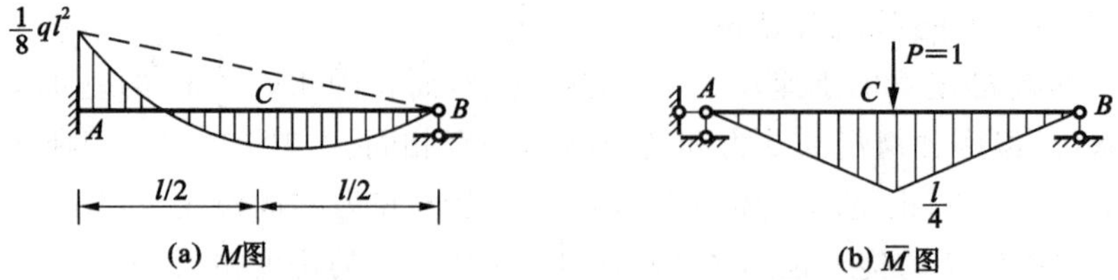

图 10.49　取简支梁为基本结构

(a) 超静定结构弯矩图；(b) 基本结构受 $P=1$ 作用的弯矩图

$$\Delta_C=\sum\int\frac{\overline{M}M}{EI}ds$$

由图乘法有：

$$\Delta_C=\frac{1}{EI}\left[-\left(\frac{1}{2}l\times\frac{l}{4}\right)\times\frac{1}{16}ql^2+2\times\left(\frac{2}{3}\times\frac{l}{2}\times\frac{1}{8}ql^2\right)\times\frac{5}{8}\times\frac{l}{4}\right]=\frac{ql^4}{192EI}(\downarrow)$$

这里，计算时将 M 图分成两个：一个三角形和一个标准抛物线；图乘时式中前一项是取 $\overline{M}$ 图的面积，后一项是取 M^0 图的面积计算的。

由以上例题可知：

(1) 计算超静定结构位移时，单位力可以加在基本结构上。因基本结构是静定结构，计算较简单。

(2) 计算超静定结构位移时，可取不同的基本结构，单位弯矩图虽然不同，但得出的位移结果相同。

【例 10.15】 图 10.50(a)为已求得的排架弯矩图，计算柱顶 C 点的水平位移。

【解】

① 因横梁 CD 的 $EA\to\infty$，C 点的水平位移与 D 点的水平位移相同，取基本结构如图 10.50(b)所示。

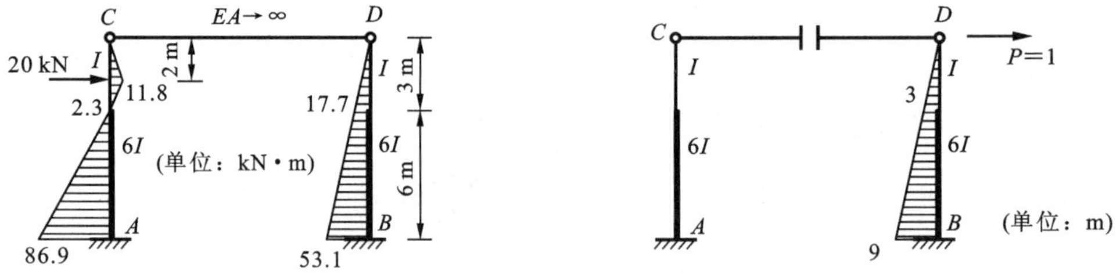

图 10.50　求排架柱顶的水平位移

(a) 原排架 M 图；(b) 基本结构受 $P=1$ 作用的 $\overline{M}$ 图

② 水平单位力 $P=1$ 作用于 D 端，$\overline{M}$ 图如图 10.50(b)所示。

③ 用图乘法计算

$$\Delta_C=\Delta_D=\sum\int\frac{\overline{M}M}{EI}ds=\frac{1}{EI}\left(\frac{1}{2}\times3\times17.7\right)\times\frac{2}{3}\times3$$

$$+\frac{1}{6EI}\left[\left(\frac{1}{2}\times6\times17.7\right)\times\left(\frac{2}{3}\times3+\frac{1}{3}\times9\right)+\left(\frac{1}{2}\times6\times53.1\right)\times\left(\frac{1}{3}\times3+\frac{2}{3}\times9\right)\right]$$

$$=\frac{53.1}{EI}+\frac{1380.6}{6EI}=\frac{283.2}{EI}(\to)$$

如将水平单位力 $P=1$ 作用于基本结构的柱 CA 的 C 端，可得同样结果，读者可自行验算。

10.11 超静定结构计算的校核

在计算超静定结构的过程中，经过的计算步骤和数字运算较多，比较容易发生错误。为保证结果的正确性，校核工作是十分重要的。

校核工作可以从以下三个方面进行：

(1) 计算过程的校核

应根据计算的各个阶段按步骤进行，要求每一步必须正确。

① 超静定次数的判断是否正确，选择的基本结构是否几何不变。

② 基本结构的荷载内力图及单位内力图是否正确。

③ 系数和自由项的计算(包括用图乘法计算时各杆的 A、y_0 及杆件的 EI 值)是否有误。

④ 求解力法方程是否正确，解出多余未知力 X_i 后应代回原方程，检查是否满足。

⑤ 最后校核内力图，应从变形条件和平衡条件两个方面进行。

(2) 变形条件的校核

计算超静定结构内力时，除平衡条件外，还应用了变形条件。特别在力法中，多余未知力是从变形条件求得的，因此，校核工作应以变形条件为重点。

变形条件校核的一般做法是：任意选取基本结构，任意选取一个多余未知力 X_i，然后根据最后的内力图算出沿 X_i 方向的位移 Δ_i，并检查 Δ_i 是否与原结构中的相应位移(给定值)相等，即检查是否满足下式：

$$\Delta_i = \text{给定值} \tag{10.21}$$

如果按式(10.19)求位移 Δ_i，则上式变为：

$$\sum\int\frac{\overline{M}M}{EI}\mathrm{d}s+\sum\int\frac{\overline{N}N}{EA}\mathrm{d}s+\sum\int k\frac{\overline{Q}Q}{GA}\mathrm{d}s+\sum\int\overline{M}\frac{\alpha\Delta t}{h}\mathrm{d}s+\sum\int\overline{N}\alpha t_0\mathrm{d}s-\sum\overline{R}c=\text{给定值} \tag{10.22}$$

式中 $\overline{M}$、$\overline{N}$、$\overline{Q}$ 和 $\overline{R}$——基本结构在 $X_i=1$ 作用下的内力和支座反力；

M、N、Q——原超静定结构的内力。

如果原结构只承受荷载作用，则式(10.22)左边的 Δ_i 可按式(10.20)计算，右边项为零。因此，式(10.22)可写为：

$$\sum\int\frac{\overline{M}M}{EI}\mathrm{d}s+\sum\int\frac{\overline{N}N}{EA}\mathrm{d}s+\sum\int k\frac{\overline{Q}Q}{GA}\mathrm{d}s=0 \tag{10.23}$$

对于梁和刚架在荷载作用下，主要考虑弯曲变形的影响，则变形校核公式为：

$$\sum\int\frac{\overline{M}M}{EI}\mathrm{d}s=0 \tag{10.24}$$

如果一个具有封闭框架的结构，可以利用封闭框架上任一截面相对转角等于零的条件来校核。

如图 10.51(a)所示具有封闭框架 $ABCD$ 刚架的内力图，利用任一截面相对转角为零的条件校核时，$\overline{M}$ 图在封闭框架的所有截面的纵坐标都为 1[图 10.51(b)]，则式(10.24)变为：

$$\oint\frac{M}{EI}\mathrm{d}s=0 \tag{10.25}$$

即各杆 M 图面积除以各杆 EI 的代数和等于零。

因此，对于具有封闭框架的结构来说，当结构只承受荷载作用时，校核 M 图的结果正确与否，可把封闭框架内各杆 M 图的面积除以相应各杆 EI 后的代数和是否等于零作为判断条件来校核。

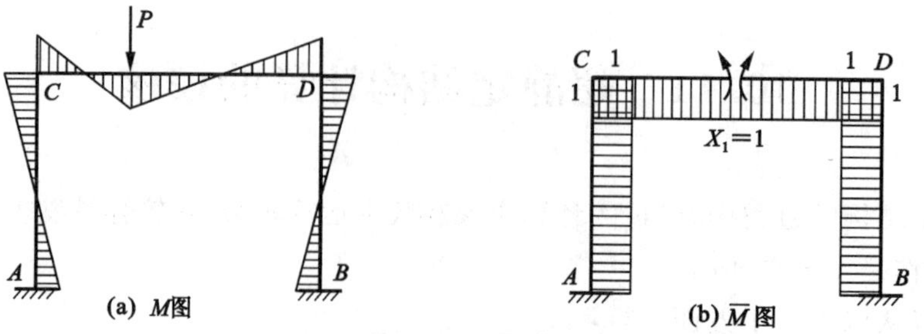

图 10.51　封闭框刚架变形条件的校核

(a) 原超静定刚架弯矩图；(b) 基本结构受 $X_1=1$ 作用的弯矩图

(3) 平衡条件的校核

超静定结构的最后内力图应当完全满足静力平衡条件，即结构的整体或任意取出结构的一部分（如从结构中截取的任一刚结点、任一根杆件，或一部分杆件体系），都应满足平衡条件。

【例 10.16】　图 10.52 给出了刚架的 M、Q、N 图，试校核内力图的正确性。

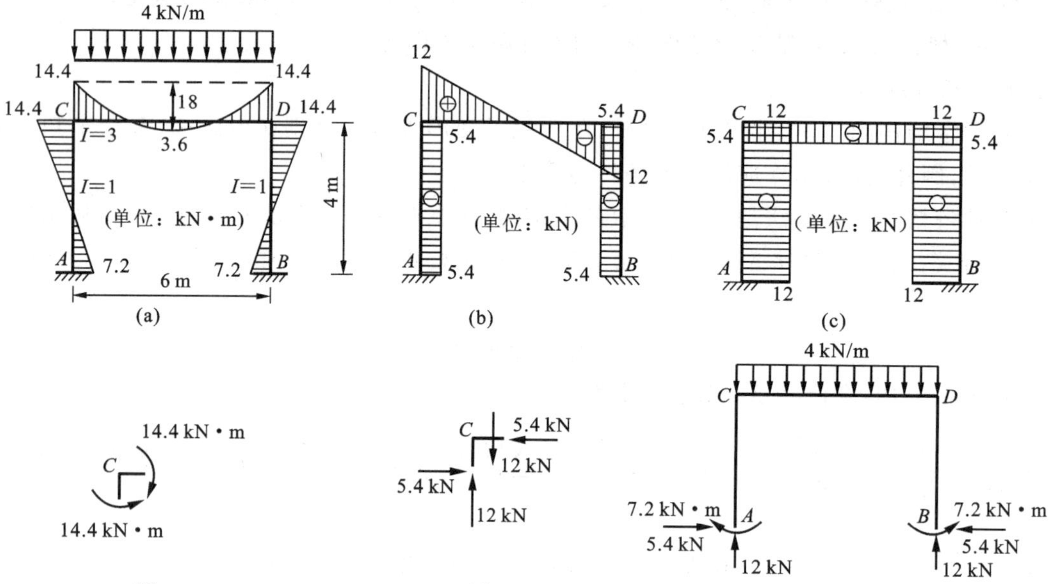

图 10.52　内力图的校核

(a) 超静定刚架 M 图；(b) Q 图；(c) N 图；

(d) 结点 C 力矩平衡；(e) 结点 C 投影平衡；(f) $ABCD$ 整体平衡

【解】

首先应用变形条件校核 M 图。图 10.52(a)所示刚架是一封闭框架，变形条件可用式(10.25)校核：

$$\oint \frac{M}{EI}\mathrm{d}s=\frac{1}{3}\left(-14.4\times 6+\frac{2}{3}\times 6\times 18\right)+\frac{2}{1}\left(-\frac{1}{2}\times 4\times 14.4+\frac{1}{2}\times 4\times 7.2\right)$$
$$=-4.8-28.8=-33.6\neq 0$$

可见 M 图不满足变形条件，虽然由图 10.52(d)、(e)、(f)给出的部分隔离图都能满足平衡条件，但计算结果仍然是错误的。

【例 10.17】　图 10.53(a)所示为一刚架的最后 M 图，试校核其是否满足变形条件。

【解】

为校核 M 图是否满足变形条件，可检查支座 A 处的水平位移 Δ_{AH} 是否等于零。取图 10.53(b)所示基本结构并作其 $\overline{M}$ 图，利用图乘法可得：

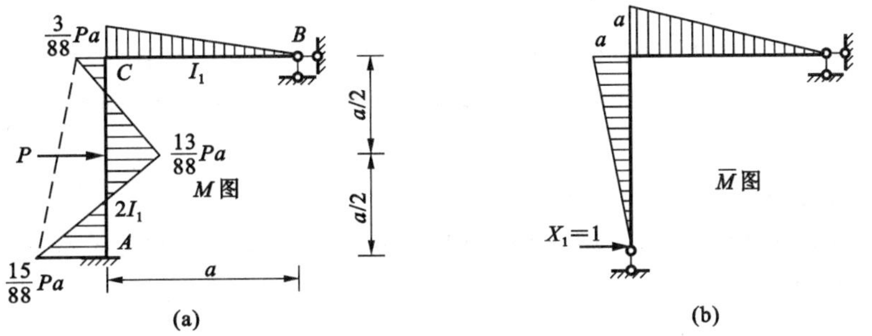

图 10.53　例 10.17 图

(a) 超静定刚架弯矩图；(b) 基本结构受 $X_1=1$ 作用的弯矩图

$$\Delta_{AH}=\sum\int\frac{\overline{M}M}{EI}ds$$
$$=\frac{1}{EI}\left(\frac{a^2}{2}\right)\times\frac{2}{3}\times\frac{3}{88}Pa+\frac{1}{2EI}\left[\left(\frac{1}{2}\times\frac{3Pa}{88}\times a\right)\frac{2a}{3}+\left(\frac{1}{2}\times\frac{15Pa}{88}\times a\right)\frac{a}{3}-\left(\frac{1}{2}\times\frac{Pa}{4}\times a\right)\frac{a}{2}\right]$$
$$=0$$

可见 M 图满足变形条件。平衡条件的校核，读者可自行检查。

本 章 小 结

(1) 力法的计算原理

力法是计算超静定结构的基本方法之一。超静定结构的主要特点是存在多余约束，力法就是以多余约束力为基本未知量，以去掉多余约束后得到的静定结构作为基本结构，利用基本体系在荷载和多余约束力共同作用下的变形条件建立力法方程，从而求解多余未知力。求得多余约束力后，超静定问题就转化为静定问题，可用平衡条件求解所有未知力。

因此，力法计算的关键是：① 确定基本未知量；② 选择基本体系；③ 建立力法方程。

(2) 确定基本未知量和选择基本体系

确定基本未知量和选择力法的基本体系，一般用去掉多余约束使原结构变为静定结构的方法。去掉的多余约束中的多余约束力即为基本未知量。去掉多余约束后得到的静定结构即为基本结构，将多余未知力和原荷载(或支座移动、温度变化等)作用在基本结构上，即得到力法的基本体系。所以，基本未知量和基本体系是同时选定的。同一超静定结构可以选择多种基本体系，应力求选择计算简单的基本体系，但必须保证基本结构是几何不变且无多余约束的静定结构。

这是力法计算中至关重要的一步，为此，应结合复习第 2 章结构的几何组成规律，以便正确判断多余约束和选择基本体系。

(3) 建立力法方程

基本体系在荷载(或支座移动、温度变化等)及多余未知力作用下沿多余未知力方向的位移应与原结构在相应处的位移相等，据此列出力法方程。应充分理解力法方程所代表的变形条件的意义，以及方程中各项系数和自由项的意义。

(4) 力法方程中系数和自由项的计算

力法方程中的系数和自由项都是基本结构(静定结构)上的位移，可用单位荷载法计算。根据不同结构的受力特性，在不同的变形因素(弯曲、剪切、轴向)中，考虑主要变形影响因素。具体计算时，应先分别计算基本结构在单位力和荷载作用下的内力。

这是力法中计算工作量较大的一步，为此，应结合复习前几章中关于静定结构的内力和位移计算的内容，以便迅速获得正确的结果。

(5) 超静定结构的内力计算与内力图的绘制

在求得多余约束力后，可用静力平衡方程或内力叠加公式计算超静定结构内力和绘制内力图。对梁和刚架来说，一般先计算杆端弯矩，绘制弯矩图，然后计算杆端剪力，绘制剪力图，最后计算杆端轴力，绘制轴力图。

(6) 对称性的利用和简化

应充分利用结构的对称性质，选择对称的基本体系进行计算。在荷载对称或反对称作用时，也可用半边结构的计算简图进行简化。

(7) 超静定结构的位移计算和变形条件的校核

采用单位荷载法计算超静定结构位移时，单位力可以加在任一基本结构上。变形条件的校核，可取原结构中一已知位移条件进行校核。

思考题

10.1　什么是超静定结构？它和静定结构有何区别？什么是超静定次数？如何确定超静定次数？撤除多余约束的方式有哪几种？

10.2　用力法解超静定结构的思路是什么？什么是力法的基本体系和基本未知量？为什么首先要计算基本未知量？基本体系和原结构有何异同？

10.3　力法方程的物理意义是什么？思考题 10.3 图(a)所示为一次超静定刚架，选用思考题 10.3 图(b)和图(c)所示两种不同的基本结构，试画出两种相应的基本体系，并说明两种不同基本体系力法方程的物理意义各是什么。分别在两种不同的基本结构上画出 δ_{11} 和 Δ_{1P} 的变形草图。

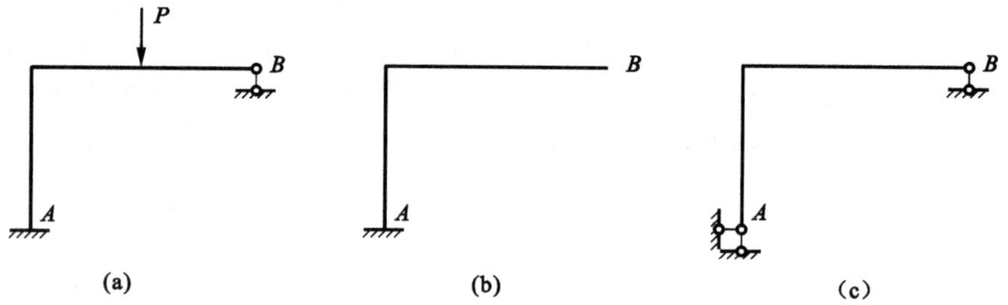

思考题 10.3 图

(a) 超静定结构；(b) 基本结构Ⅰ；(c) 基本结构Ⅱ

10.4　试从物理意义说明：为什么主系数必为大于零的正值，而副系数可为正值、负值或为零？

10.5　用力法计算超静定梁、刚架和排架时，力法方程中的系数和自由项计算时主要考虑哪些变形因素？

10.6　为什么静定结构的内力状态与 EI 无关，而超静定结构的内力状态与 EI 有关？为什么在荷载作用下超静定梁和刚架的内力与各杆 EI 的相对值有关，而与其绝对值无关？

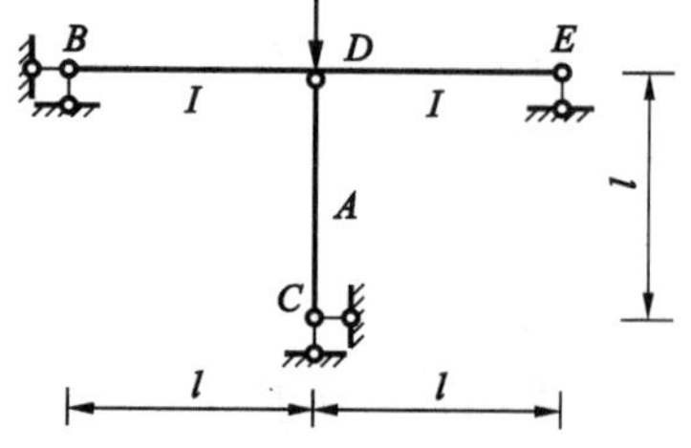

思考题 10.8 图

10.7　用力法计算超静定桁架和组合结构时，力法方程中的系数和自由项计算时主要考虑哪些变形因素？

10.8　试画出思考题 10.8 图所示结构，当链杆 CD 的面积 $A\to 0$ 和 $A\to\infty$ 时，梁 BE 的弯矩图。

10.9　什么是对称结构？思考题 10.9 图所示结构是否对称，为什么？

10.10　为什么对称结构在对称荷载作用下，反对称未知力等于零？反之，在反对称荷载作用下，对称未知力等于零？

10.11　为什么对称结构在对称或反对称荷载作用下可以取半边结构简化计算？

10.12　对于图 10.30(a)所示的双轴对称刚架，如何用选取对称基本体系的方法求解？

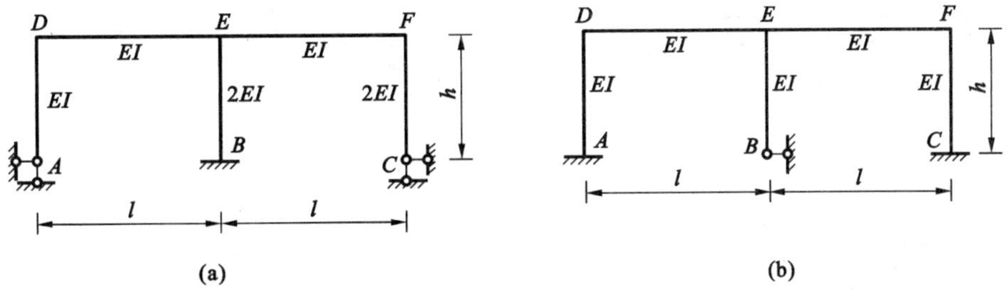

思考题 10.9 图

10.13　例 10.8 中，令 $i_1=\frac{EI_1}{l_1}$，$i_2=\frac{EI_2}{l_2}$，$i_2=ki_1$。试问：当 $k\to 0$ 或 $k\to\infty$ 时，弯矩图会怎么变化？

10.14　计算拱的位移时，在什么情况下可以忽略剪切变形和轴向变形的影响？

10.15　能不能说两铰拱在竖向均布荷载 q 作用下的合理拱轴仍是抛物线 $y=\frac{4f}{l^2}x(l-x)$？能不能说在均布荷载 q 作用下，$y=\frac{4f}{l^2}x(l-x)$形状的三铰拱与同样形状的两铰拱实际受力状态是一样的？为什么？

10.16　说明有拉杆的两铰拱中拉杆的作用。说明当拉杆的轴向刚度变化时，拱肋中弯矩的变化规律。

10.17　没有荷载就没有内力，这个结论在什么情况下适用，在什么情况下不适用？

10.18　用力法计算超静定结构时，考虑温度变化、支座移动等因素的影响与考虑荷载作用的影响，所建立的力法方程有何异同？

10.19　计算超静定结构时，在什么情况下只需给出 EI 的相对值，在什么情况下需给出 EI 的绝对值？

10.20　思考题 10.20 图所示一次超静定梁的支座移动(EI=常数)，分别取思考题 10.20 图(c)和(d)两种不同的基本结构时，力法方程的表达式是否相同？各个力法方程所代表的物理意义是什么？

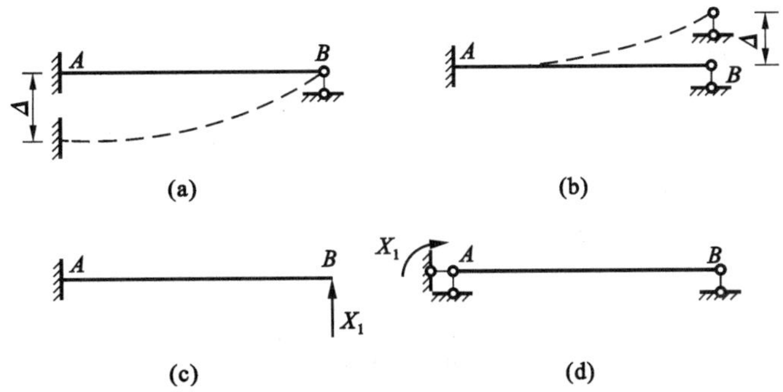

思考题 10.20 图

(a)、(b) 支座移动情况；(c)、(d) 两种不同的基本结构

10.21　计算超静定结构的位移与计算静定结构的位移，两者有何异同？

10.22　为什么计算超静定结构位移时，单位荷载可加在任一基本结构上？

10.23　说明变形条件式(10.25)中 $\oint\frac{M}{EI}\mathrm{d}s=0$ 的物理意义是什么。

习　　题

10.1　确定题 10.1 图所示结构的超静定次数，并用撤除多余约束的方法，将超静定结构变为静定结构。

10.2　用力法计算图示结构，并作 M、Q 图。

10.3　用力法计算图示刚架，并作 M、Q、N 图。

10.4　用力法计算图示刚架，作 M 图。EI=常数。

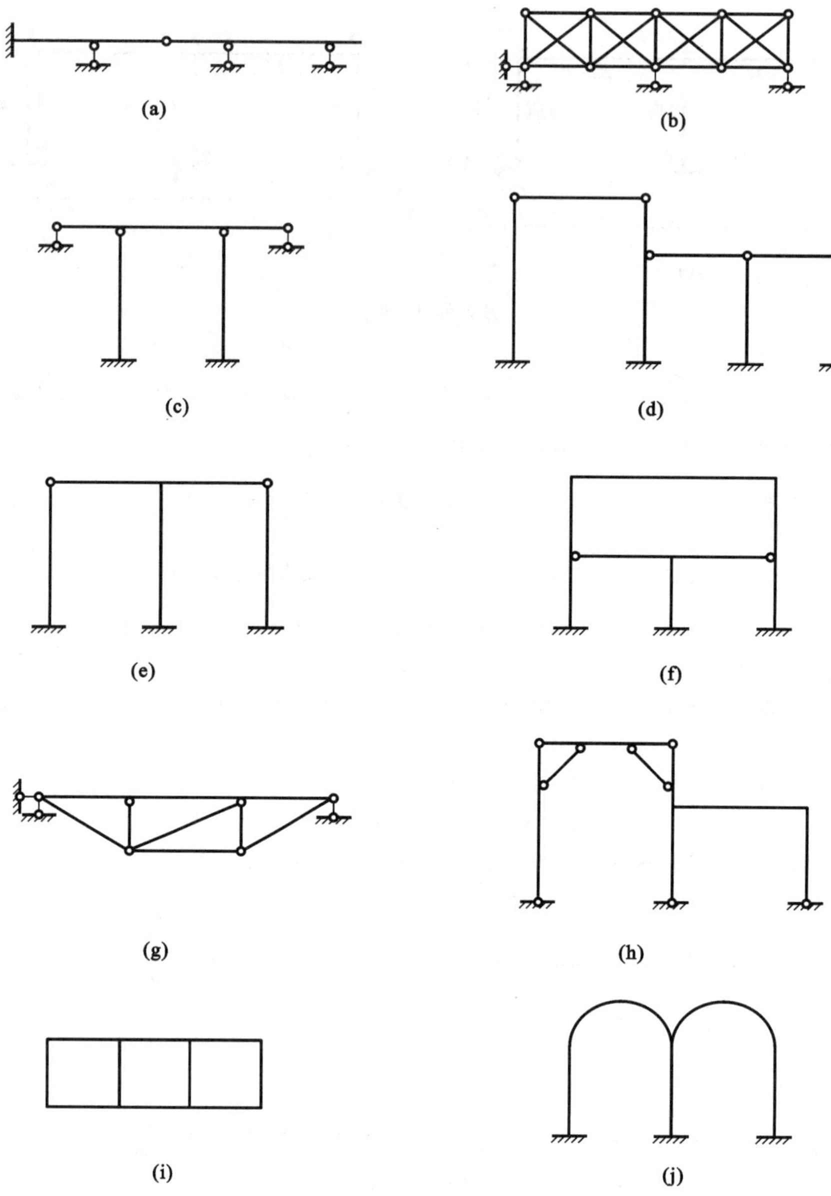
(a)
(b)
(c)
(d)
(e)
(f)
(g)
(h)
(i)
(j)

题 10.1 图

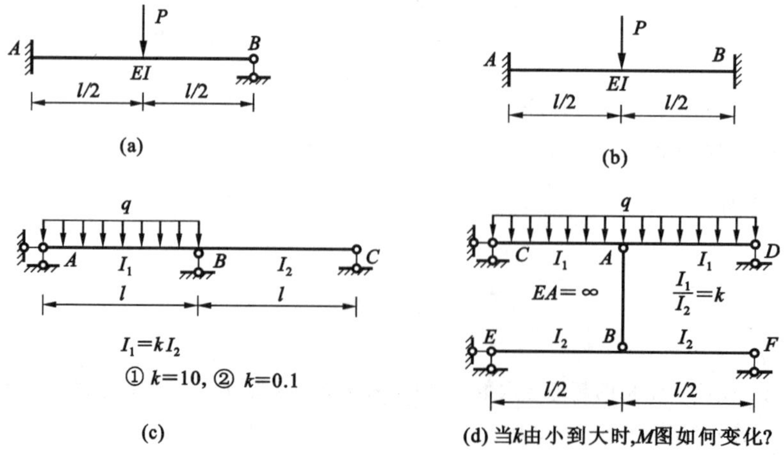
P
A
B
EI
l/2
l/2
(a)
P
A
B
EI
l/2
l/2
(b)
q
A
I1
B
I2
C
l
l
I1=kI2
① k=10, ② k=0.1
(c)
q
C
I1
A
I1
D
EA=∞
I1/I2=k
E
I2
B
I2
F
l/2
l/2
(d) 当k由小到大时,M图如何变化?

题 10.2 图

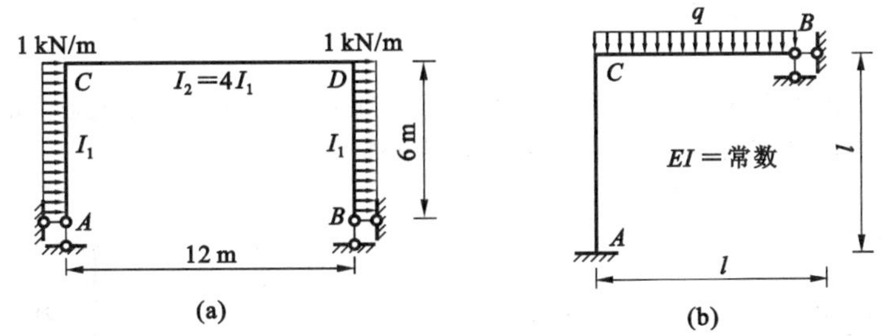

题 10.3 图

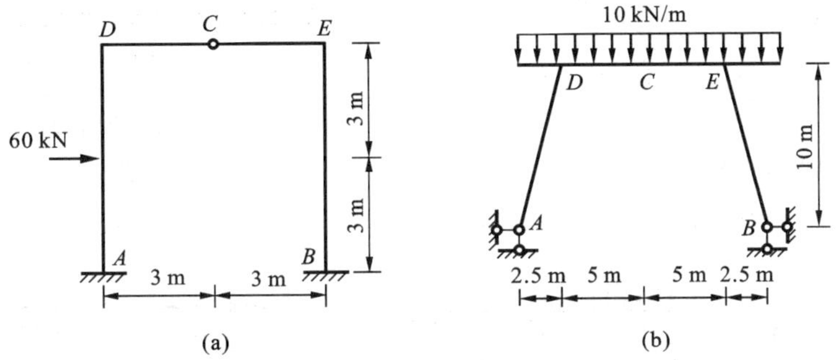

题 10.4 图

10.5　用力法计算图示排架，作 M 图。

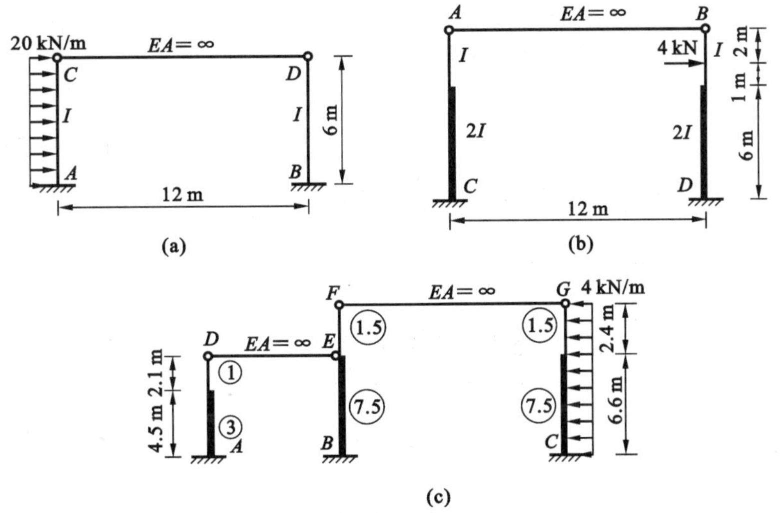

圆圈内数值代表各杆 EI 的相对值

题 10.5 图

10.6　用力法计算图示桁架的轴力，各杆 EA＝常数。

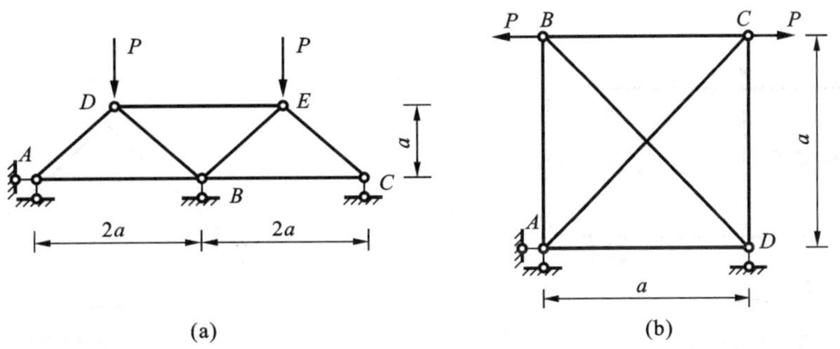

题 10.6 图

10.7　图示一组合式吊车梁，上弦横梁截面 $EI=1400\ \text{kN}\cdot\text{m}^2$，腹杆和下弦的 $EA=2.56\times10^5\ \text{kN}$，计算各链杆轴力并作横梁的弯矩图。

10.8　图示两跨连续悬挂式吊车梁，承受吊车荷载 $P=4.5\ \text{kN}$，考虑吊杆的轴向变形，计算吊杆的拉力和伸长，画出梁的 M、Q 图（$\phi20$ 钢筋每根截面积 $A=3.14\ \text{cm}^2$，I20a 钢梁 $I=2370\ \text{cm}^4$）。

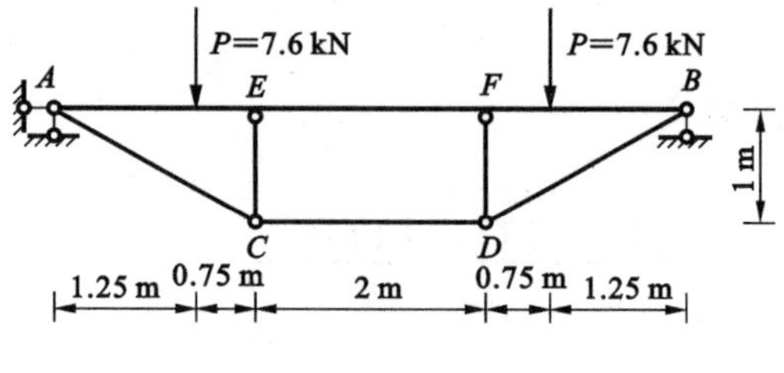

题 10.7 图

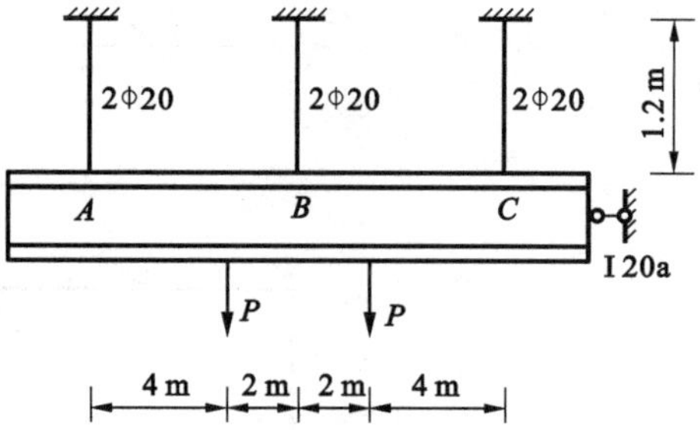

题 10.8 图

10.9　利用对称性，计算图示刚架的 M 图。并对题 10.9 图(a)和(f)再作 Q、N 图。

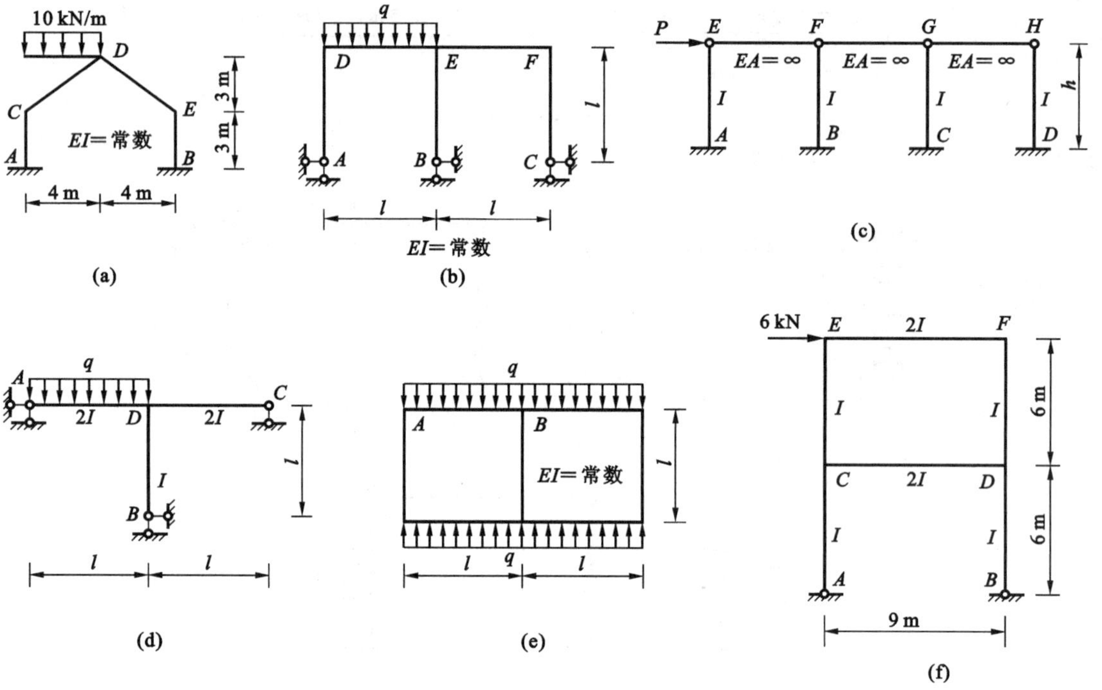

题 10.9 图

10.10　试作图示刚架的 M 图。提示：支座反力是静定的，可视支座反力为荷载作用在结构上。

10.11　图示刚架各杆为矩形截面，截面尺寸为 $b\times h$，求作刚架的 M 图：(a) 计算时忽略轴向变形；(b) 计算时考虑轴向变形，并加以比较。

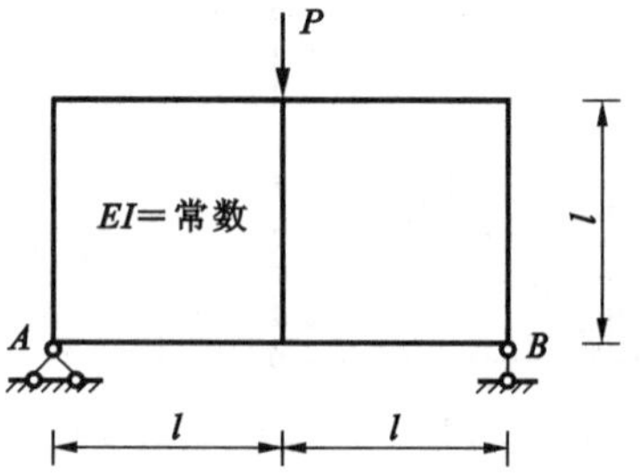

题 10.10 图

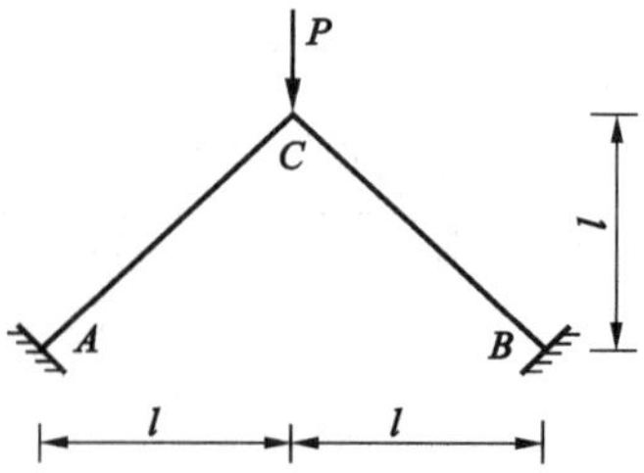

题 10.11 图

10.12　推导抛物线两铰拱在均布荷载作用下拉杆内力的表达式。拱截面 EI=常数，拱轴方程为 $y=\frac{4f}{l^2}x(l-x)$，计算位移时，拱肋只考虑弯矩的影响，并设 $ds=dx$。

10.13　求图示等截面半圆无铰拱在拱顶受集中荷载 P 时的内力。EI=常数。

10.14　求等截面圆管在图示荷载作用下 A、B 截面的内力。EI=常数。

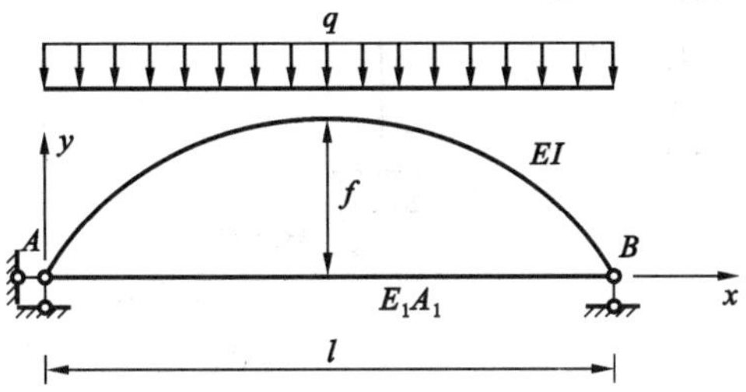

题 10.12 图

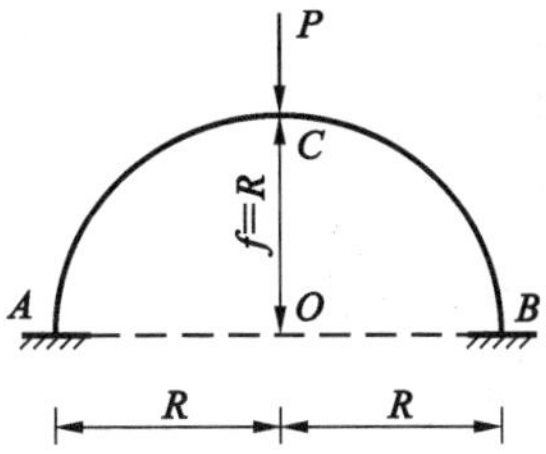

题 10.13 图

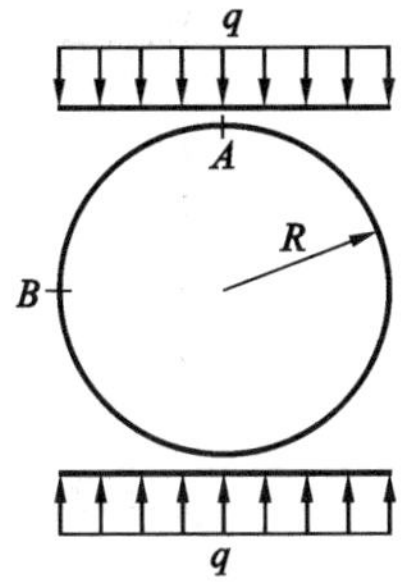

题 10.14 图

10.15　图示等截面交叉梁系，周边简支，承受垂直于结构平面的均布面荷载 $q(kN/m^2)$，可近似简化为结点集中荷载 $P=ql^2$，作弯矩图。

10.16　图示等截面交叉梁系，周边简支，每个结点上有垂直于结构平面的集中荷载 P，利用对称性，选择基本体系，作弯矩图。

10.17　试作图示刚架的弯矩图和扭矩图。各杆截面为圆形，直径相同，材料的 $G=0.4E$。

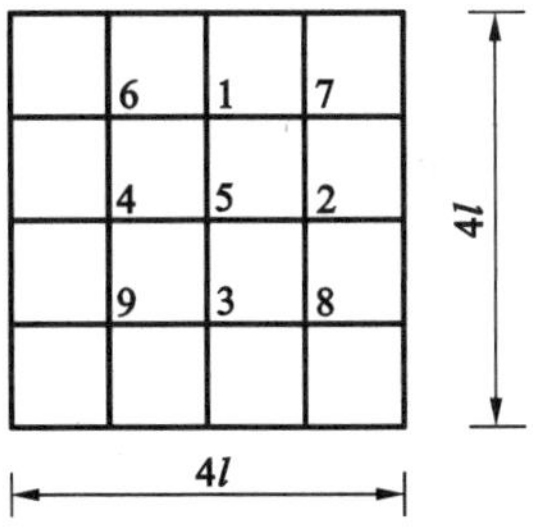

题 10.15 图

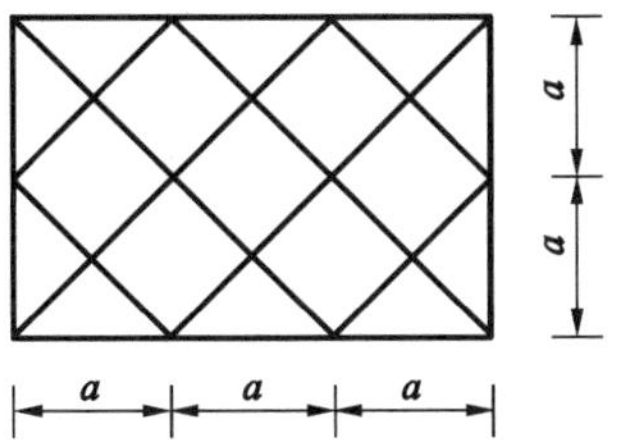

题 10.16 图

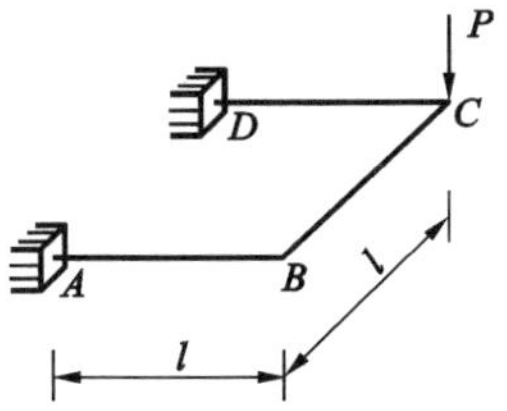

题 10.17 图

10.18　图示单跨梁，温度改变如下：梁上边缘温度升高 t_1，下边缘温度升高 t_2，$t_2>t_1$，作 M 图。EI=常数。线膨胀系数为 α，梁截面高度为 h。

题 10.18 图

10.19　计算图示超静定单跨梁支座移动作用引起的内力，作 M、Q 图。对每一根梁选择两种基本体系计算。EI=常数。图(a)、(b)所示梁 A 端有转角 α，图(c)、(d)所示梁 B 端有下沉位移 Δ。

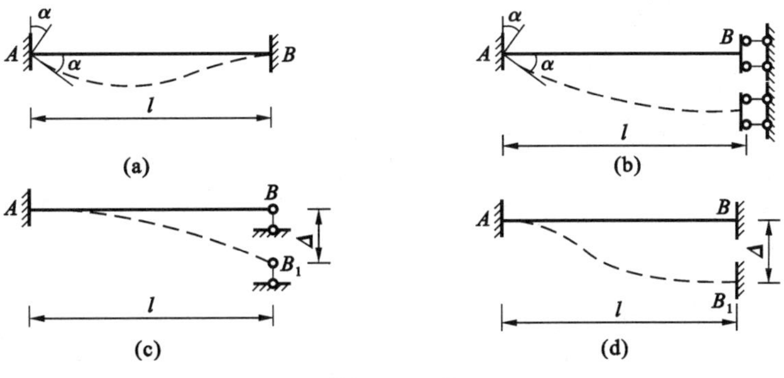

题 10.19 图

10.20　图示结构的支座 B 发生了水平位移 $a=30$ mm，竖向位移 $b=40$ mm，转动 $\varphi=0.01$ 弧度，已知各杆的 $I=6400\ \mathrm{cm}^4$，$E=210$ GPa，作 M 图。

10.21　计算图示具有弹性支座的结构，作 M 图。$EI=$常数。

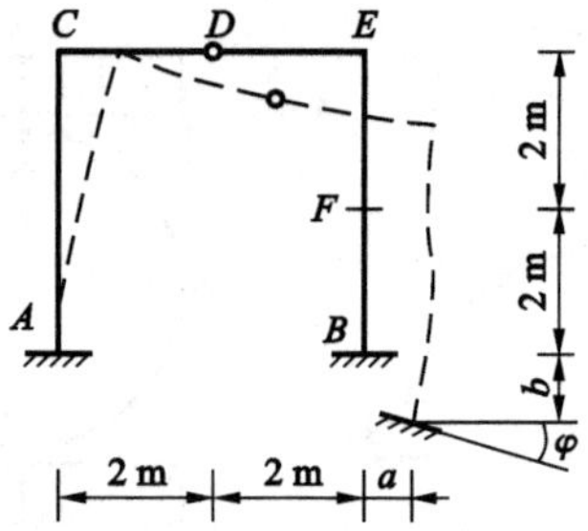

题 10.20 图

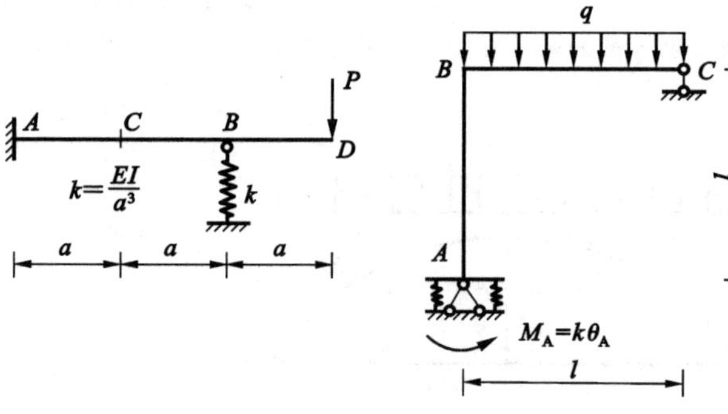

(a)　(b)

题 10.21 图

10.22　计算题 10.3 图(a)所示刚架 C 点的水平位移 Δ_C。

10.23　计算题 10.5 图(a)所示排架 C 点的水平位移 Δ_C。

10.24　计算题 10.18 图(a)所示梁 B 端的转角 θ_B。

10.25　试用以下变形条件校核 M 图：

(a) 题 10.2 图(b)梁 AB 中任一截面的相对转角为零；

(b) 题 10.3 图(b)刚架 B 支座的竖向位移为零。

11 位移法

本章提要

本章讨论用位移法计算超静定结构。首先介绍位移法的基本概念和基本原理，讨论如何确定位移法的基本未知量，如何选取位移法的基本体系和建立位移法的基本方程。作为应用，分别讨论了用位移法计算连续梁、刚架和排架等超静定结构。讨论了用位移法计算超静定结构在支座移动和温度变化时的内力计算。最后介绍了用直接平衡法建立位移法方程。后两节为提高、选学内容。

11.1 位移法的基本概念

力法和位移法是计算超静定结构的两种基本方法。力法发展较早，19 世纪末已经应用于分析各种超静定结构。而位移法稍晚，是在 20 世纪初为了计算复杂刚架而建立起来的。

力法是以多余约束力为基本未知量，通过变形条件建立力法方程，求出未知量后，即可通过平衡条件计算出结构的全部内力。

位移法是以结构的结点位移作为基本未知量，通过平衡条件建立位移法方程，求出位移后，即可利用位移和内力之间的关系，求出杆件和结构的内力。

现以图 11.1(a)所示结构为例说明位移法的基本思路。

如图 11.1(a)所示刚架，在给定荷载作用下，杆件 AC 和 CB 将发生变形，在忽略杆件轴向变形条件下，结点 C 只发生角位移 θ_C。当用位移法计算时，我们将结点角位移 θ_C 作为基本未知量(由刚结

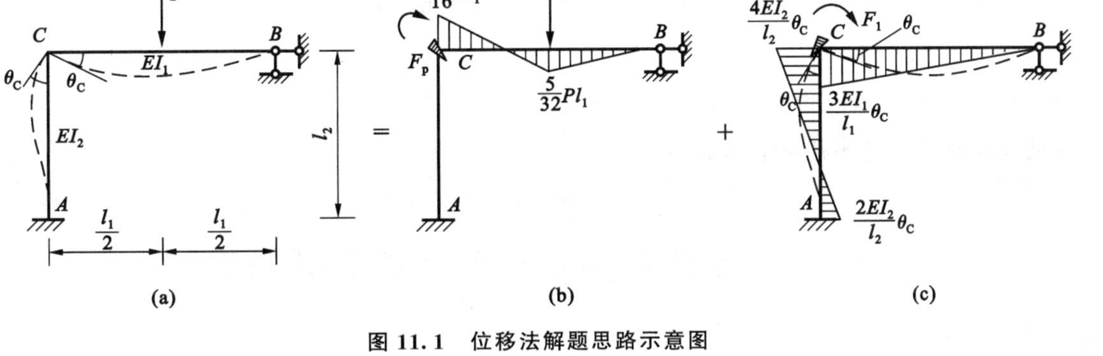

图 11.1　位移法解题思路示意图

(a) 原结构；(b) 荷载作用；(c) 结点位移作用

点的变形连续条件可知，结构在结点 C 的角位移也就是杆件 CB 和 CA 的杆端角位移）。如果能设法把位移 θ_C 求出，则 CB 和 CA 各杆的变形就可求出，从而可求出各杆的内力。

现讨论如何求基本未知量 θ_C 的问题，计算分为两步：

第一步，增加约束，将结点位移锁住。此时结构实际上变为两根超静定杆。在荷载作用下，这两根杆的弯矩可用力法求出，如图 11.1(b)所示。这时，在结点 C 处施加了一个外部约束力矩 $F_P=-\dfrac{3Pl_1}{16}$。

第二步，施加力偶，使结点 C 产生角位移 θ_C，两根超静定杆在 C 端有转角 θ_C 时弯矩图也可由力法求出，如图 11.1(c)所示。这时，在结点 C 处施加了外部力矩 $F_1=\dfrac{3EI_1}{l_1}\theta_C+\dfrac{4EI_2}{l_2}\theta_C$。

这里将实际结构的受力和变形[图 11.1(a)]分解成了两部分：一部分是荷载单独作用下的结果，如图 11.1(b)所示，此时只有荷载作用，而无结点 C 的角位移；另一部分是结点位移单独作用下的结果，如图 11.1(c)所示，此时只有结点 C 的角位移，而无荷载作用。反过来，将图 11.1(b)和图 11.1(c)所示两种状态叠加起来，即成为实际结构。而实际结构在结点 C 处是没有外加约束力矩的，因此由图 11.1(b)和图 11.1(c)叠加后的结果，在结点 C 处也不应有外加力矩，即：

$$F_1+F_P=0$$

$$\left(\frac{3EI_1}{l_1}+\frac{4EI_2}{l_2}\right)\theta_C-\frac{3Pl_1}{16}=0 \tag{a}$$

从而求出：

$$\theta_C=\frac{\dfrac{3Pl_1}{16}}{\dfrac{3EI_1}{l_1}+\dfrac{4EI_2}{l_2}} \tag{b}$$

将 θ_C 代回图 11.1(c)，将所得的结果再叠加上图 11.1(b)的结果，即得到图 11.1(a)所示原结构的解。

从以上分析过程可知位移法要点如下：

(1) 位移法的基本未知量是结点位移[图 11.1(a)中结点 C 的角位移 θ_C]。

(2) 位移法的基本方程是平衡方程[结点 C 的力矩平衡方程式(a)]。

(3) 建立基本方程的方法是：先将结点位移锁住，求各超静定杆在荷载作用下的结果，再求各超静定杆在结点位移作用下的结果。最后叠加以上两步的结果，使外加约束中的约束力等于零，即得到位移法的基本方程。

(4) 求解位移法方程，得到基本未知量，从而求出各杆内力。

这就是位移法的基本思路和解题过程。

11.2　等截面直杆的形常数和载常数

由上节讨论知道，位移法的基础是杆件分析。为此，需先研究杆件（单跨超静定杆）杆端力和杆端位移、荷载之间的关系。

11.2.1 等截面直杆的形常数

图 11.2 所示为一等截面直杆 AB 的隔离体，杆件材料和截面抗弯刚度 EI 为常数，杆端 A 和 B 的角位移分别为 θ_A 和 θ_B，杆端 A 和 B 在垂直于杆轴 AB 方向的相对线位移为 Δ，弦转角 $\varphi=\frac{\Delta}{l}$，杆端 A 和 B 的弯矩和剪力分别为 M_{AB}、M_{BA}、Q_{AB}、Q_{BA}。

在位移法中，采用以下正负号规则：

杆端角位移 θ_A、θ_B 以顺时针转向为正；杆两端相对线位移 Δ（或 φ）以使杆件产生顺时针转动时为正。

杆端弯矩 M_{AB}、M_{BA} 以顺时针转向为正；杆端剪力 Q_{AB}、Q_{BA} 以使作用截面产生顺时针转动时为正。

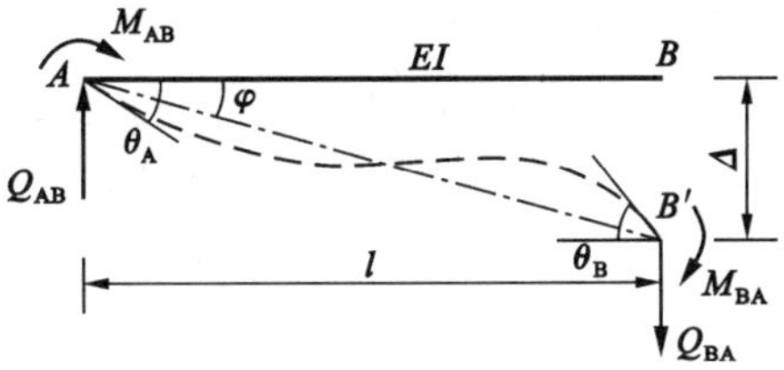

图 11.2 杆端位移和杆端力

采用位移法分析等截面直杆时，关键是要用杆端位移表示杆端力。当杆端位移是单位值（即等于 1）时，所得的杆端力称为等截面直杆的刚度系数。因刚度系数只与杆件材料性质、尺寸及截面几何形状有关，故也称为形常数。

(1) 当 A 端作为固定端，有角位移 $\theta_A=1$ 时的形常数

① B 端为固定支座[图 11.3(a)]

当 A 端位移为 θ_A 时，可由力法计算得到：

$$\left.\begin{aligned} M_{AB}&=4i_{AB}\theta_A \\ M_{BA}&=2i_{AB}\theta_A \\ Q_{AB}&=Q_{BA}=-\frac{6i_{AB}}{l}\theta_A \end{aligned}\right\} \tag{11.1}$$

其中 $i_{AB}=\frac{EI}{l}$ 称为杆 AB 的线刚度。当 $\theta_A=1$ 时，杆 AB 的 A 端弯矩的形常数为 $4i_{AB}$，B 端弯矩的形常数为 $2i_{AB}$，A 端和 B 端剪力的形常数为 $-\frac{6i_{AB}}{l}$。

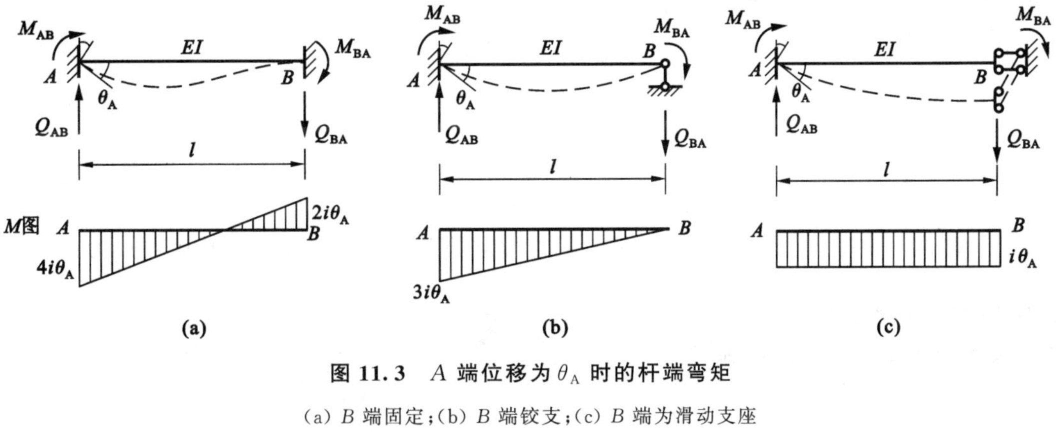

图 11.3 A 端位移为 θ_A 时的杆端弯矩

(a) B 端固定；(b) B 端铰支；(c) B 端为滑动支座

② B 端为铰支座[图 11.3(b)]

当 A 端位移为 θ_A 时，同理可由力法求得：

$$
\left.\begin{aligned}
M_{AB} &= 3i_{AB}\theta_A \\
M_{BA} &= 0 \\
Q_{AB} &= Q_{BA} = -\frac{3i_{AB}}{l}\theta_A
\end{aligned}\right\} \tag{11.2}
$$

可知当 $\theta_A=1$ 时，杆 AB 的 A 端弯矩的形常数为 $3i_{AB}$，A 端和 B 端剪力的形常数则为 $-\frac{3i_{AB}}{l}$。

③ B 端为滑动支座[图 11.3(c)]

当 A 端位移为 θ_A 时，可求得：

$$
\left.\begin{aligned}
M_{AB} &= i_{AB}\theta_A \\
M_{BA} &= -i_{AB}\theta_A \\
Q_{AB} &= Q_{BA} = 0
\end{aligned}\right\} \tag{11.3}
$$

可知当 $\theta_A=1$ 时，杆 AB 的 A 端弯矩的形常数为 i_{AB}，B 端弯矩的形常数为 $-i_{AB}$，A 端和 B 端剪力的形常数则为零。

(2) 当 A 端作为固定端，而 AB 两端有相对杆端线位移 $\Delta=1$ 时的形常数

① B 端为固定支座[图 11.4(a)]

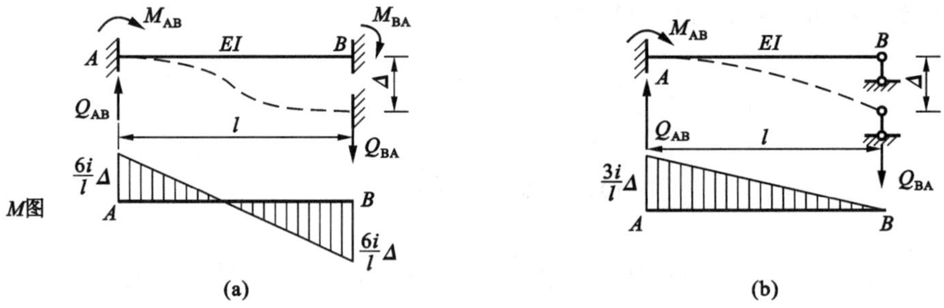

图 11.4　有杆端相对线位移 Δ 时的杆端弯矩

(a) B 端固定；(b) B 端铰支

当 B 端有线位移 Δ 时，同样可由力法求得：

$$
\left.\begin{aligned}
M_{AB} &= M_{BA} = -\frac{6i_{AB}}{l}\Delta \\
Q_{AB} &= Q_{BA} = \frac{12i_{AB}}{l^2}\Delta
\end{aligned}\right\} \tag{11.4}
$$

当 $\Delta=1$ 时，得到杆 AB 的 A 端和 B 端弯矩的形常数为 $-\frac{6i_{AB}}{l}$，剪力的形常数则为 $\frac{12i_{AB}}{l^2}$。

② B 端为铰支座[图 11.4(b)]

当 B 端有线位移 Δ 时，可得到：

$$
\left.\begin{aligned}
M_{AB} &= -\frac{3i_{AB}}{l}\Delta \\
M_{BA} &= 0 \\
Q_{AB} &= Q_{BA} = \frac{3i_{AB}}{l^2}\Delta
\end{aligned}\right\} \tag{11.5}
$$

当 $\Delta=1$ 时，得到杆 AB 的 A 端弯矩的形常数为 $-\dfrac{3i_{AB}}{l}$，B 端弯矩的形常数为 0，A 端和 B 端剪力的形常数则为 $\dfrac{3i_{AB}}{l^2}$。

各种情形的形常数见表 11.1。形常数用 $\overline{M}_{AB}$、$\overline{M}_{BA}$、$\bar{Q}_{AB}$、$\bar{Q}_{BA}$ 表示。

表 11.1　等截面直杆的形常数

编号		简图	弯矩		剪力	
			$\overline{M}_{AB}$	$\overline{M}_{BA}$	$\bar{Q}_{AB}$	$\bar{Q}_{BA}$
两端固定	1	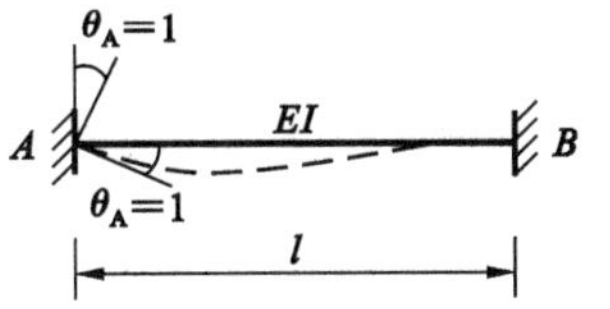	$4i$	$2i$	$-\dfrac{6i}{l}$	$-\dfrac{6i}{l}$
	2	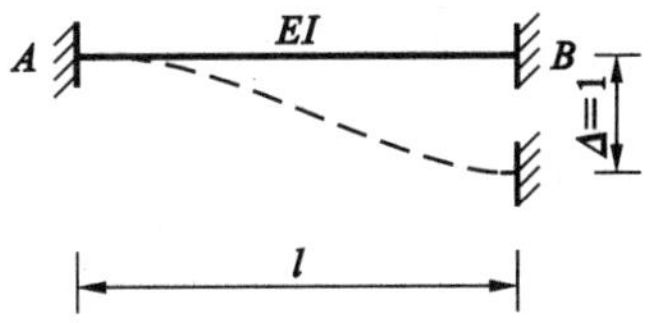	$-\dfrac{6i}{l}$	$-\dfrac{6i}{l}$	$\dfrac{12i}{l^2}$	$\dfrac{12i}{l^2}$
一端固定 一端铰支	3	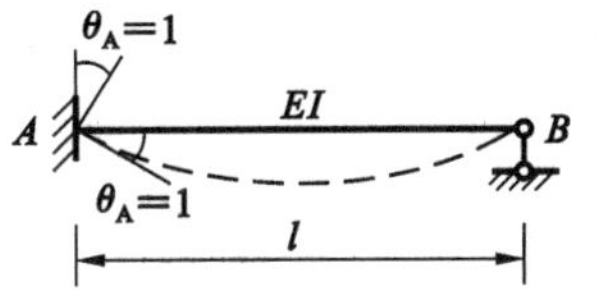	$3i$	0	$-\dfrac{3i}{l}$	$-\dfrac{3i}{l}$
	4	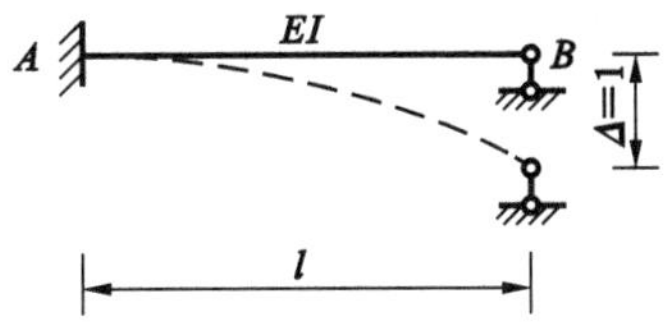	$-\dfrac{3i}{l}$	0	$\dfrac{3i}{l^2}$	$\dfrac{3i}{l^2}$
一端固定 一端滑动	5	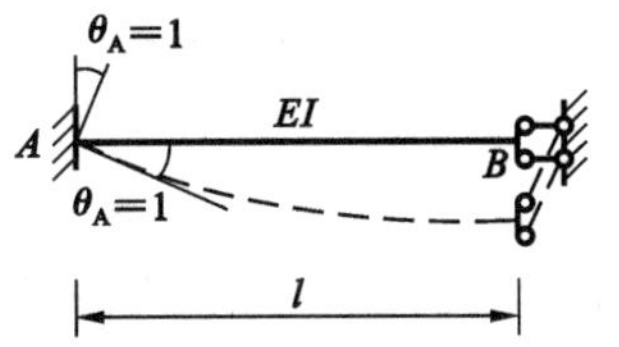	i	$-i$	0	0

11.2.2 等截面直杆的载常数

在等截面直杆中，当杆两端固定（或一端固定、一端铰支，或一端固定、一端滑动，均称为固端），只受荷载作用时，所得的杆端力通常称为固端力（包括固端弯矩和固端剪力）。因固端力与杆件所受荷载的形式有关，故也称为载常数。同样，可利用力法求得各种荷载作用下的杆件固端力。

常用的载常数见表 11.2。载常数用 M_{AB}^{F}、M_{BA}^{F}、Q_{AB}^{F}、Q_{BA}^{F} 表示。

表 11.1 和表 11.2 中的杆端弯矩（包括固端弯矩）、杆端剪力（包括固端剪力）一律以顺时针转向为正。

表 11.2 等截面直杆的载常数

编号		简图	弯矩		剪力	
			M_{AB}^F	M_{BA}^F	Q_{AB}^F	Q_{BA}^F
两端固定	1	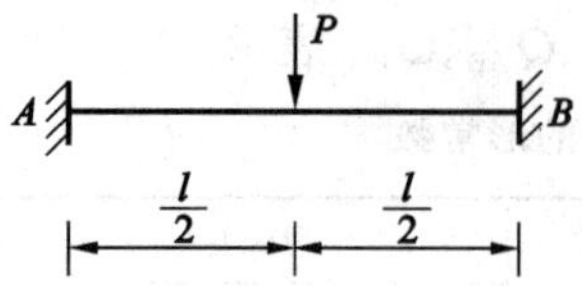	$-\frac{Pl}{8}$	$+\frac{Pl}{8}$	$+\frac{P}{2}$	$-\frac{P}{2}$
	2	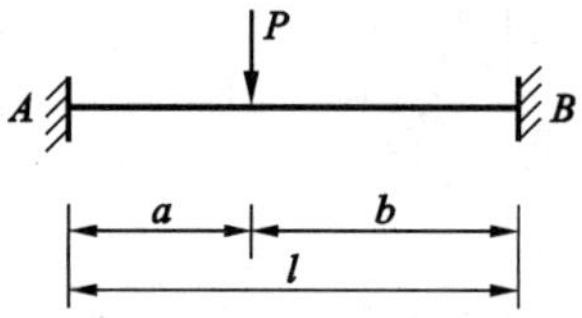	$-\frac{Pab^2}{l^2}$	$+\frac{Pa^2b}{l^2}$	$\frac{Pb^2}{l^2}(1+\frac{2a}{l})$	$-\frac{Pa^2}{l^2}(1+\frac{2b}{l})$
	3	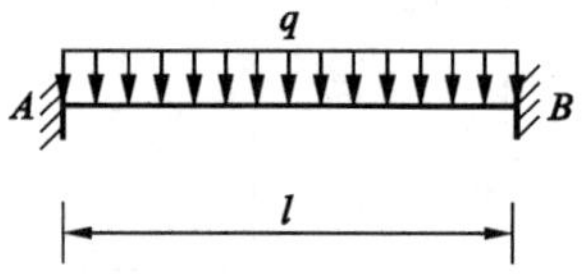	$-\frac{1}{12}ql^2$	$+\frac{1}{12}ql^2$	$+\frac{ql}{2}$	$-\frac{ql}{2}$
	4	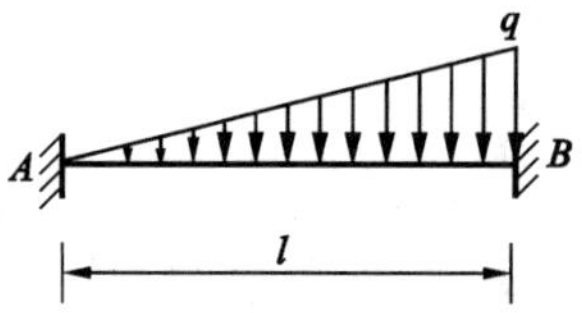	$-\frac{1}{30}ql^2$	$+\frac{1}{20}ql^2$	$+\frac{3}{20}ql$	$-\frac{7}{20}ql$
	5	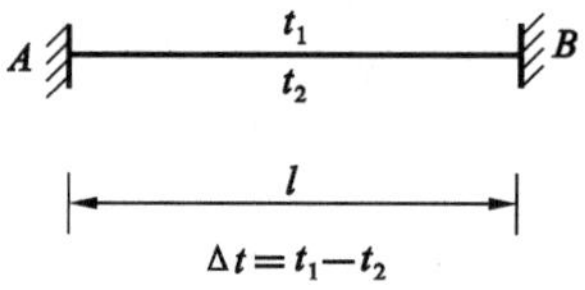	$\frac{EI\alpha\Delta t}{h}$	$-\frac{EI\alpha\Delta t}{h}$	0	0
一端固定 一端铰支	6	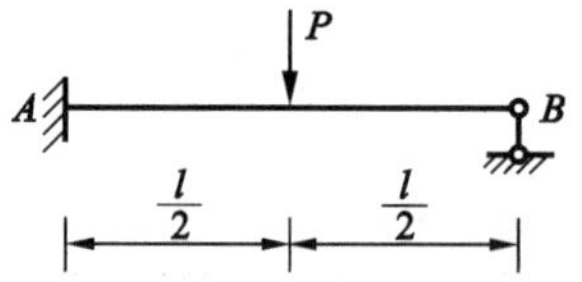	$-\frac{3}{16}Pl$	0	$+\frac{11}{16}P$	$-\frac{5}{16}P$
	7	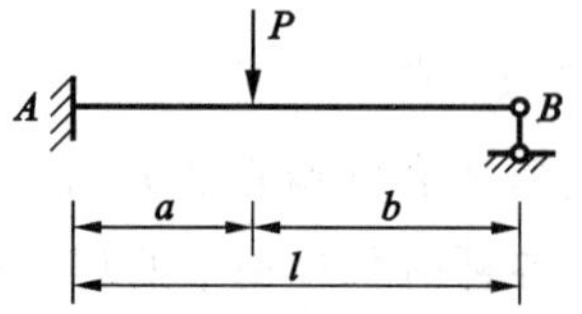	$-\frac{Pb(l^2-b^2)}{2l^2}$	0	$+\frac{Pb(3l^2-b^2)}{2l^3}$	$-\frac{Pa^2(3l-a)}{2l^3}$

续表 11.2

编号		简图	弯矩		剪力	
			M_{AB}^{F}	M_{BA}^{F}	Q_{AB}^{F}	Q_{BA}^{F}
一端固定 一端铰支	8	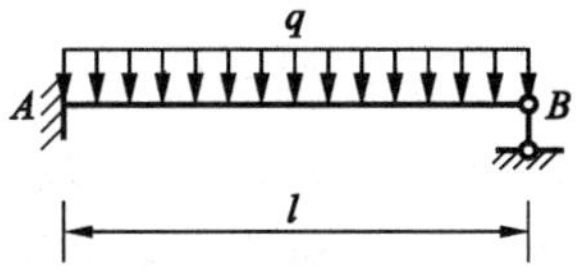	$-\frac{1}{8}ql^2$	0	$+\frac{5}{8}ql$	$-\frac{3}{8}ql$
	9	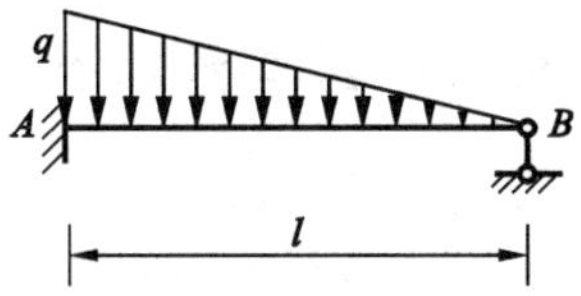	$-\frac{1}{15}ql^2$	0	$+\frac{2}{5}ql$	$-\frac{1}{10}ql$
	10	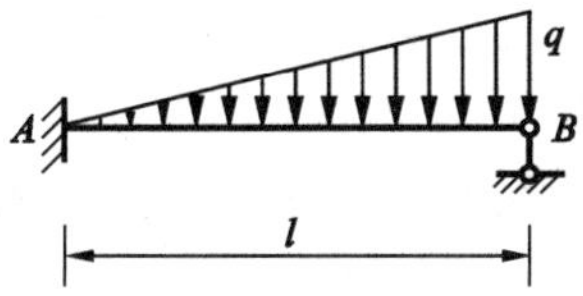	$-\frac{7}{120}ql^2$	0	$+\frac{9}{40}ql$	$-\frac{11}{40}ql$
	11	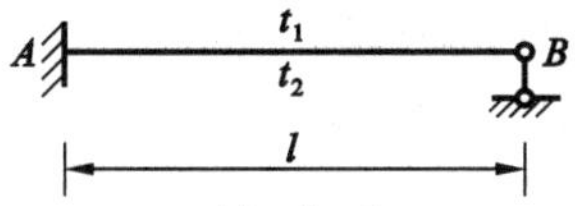 $\Delta t = t_1 - t_2$	$\frac{3EI\alpha\Delta t}{2h}$	0	$-\frac{3EI\alpha\Delta t}{2hl}$	$-\frac{3EI\alpha\Delta t}{2hl}$
一端固定 一端滑动	12	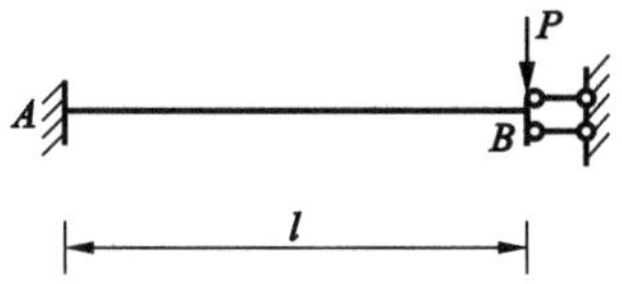	$-\frac{1}{2}Pl$	$-\frac{1}{2}Pl$	$+P$	$B_{左}$ $+P$ $B_{右}$ 0
	13	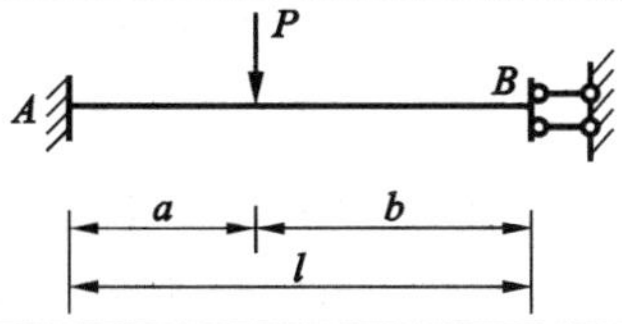	$-\frac{Pa}{2l}(2l-a)$	$-\frac{Pa^2}{2l}$	$+P$	0
	14	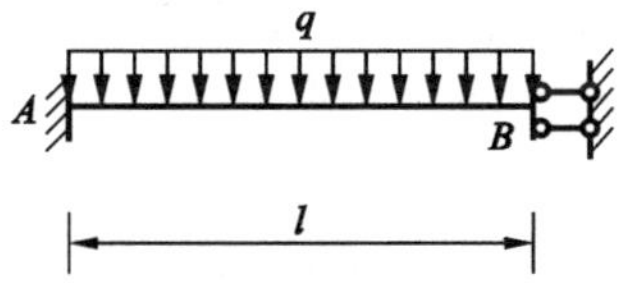	$-\frac{1}{3}ql^2$	$-\frac{1}{6}ql^2$	$+ql$	0
	15	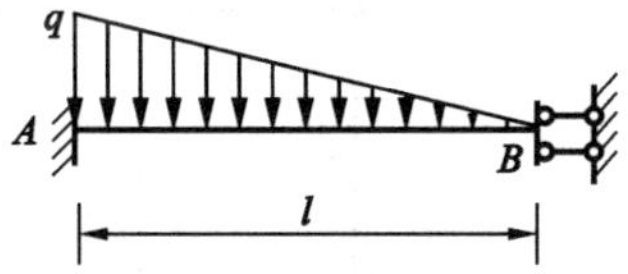	$-\frac{1}{8}ql^2$	$-\frac{1}{24}ql^2$	$+\frac{1}{2}ql$	0
	16	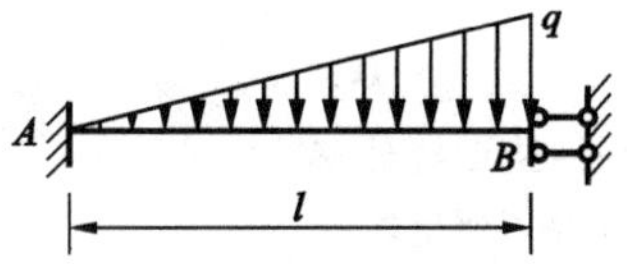	$-\frac{5}{24}ql^2$	$-\frac{1}{8}ql^2$	$+\frac{1}{2}ql$	0
	17	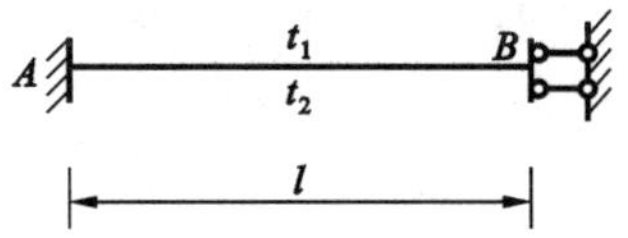 $\Delta t = t_1 - t_2$	$\frac{EI\alpha\Delta t}{h}$	$-\frac{EI\alpha\Delta t}{h}$	0	0

11.3 位移法的基本未知量和基本体系

用位移法计算超静定结构时，首先需要确定基本未知量和基本体系。

位移法的基本未知量是结点角位移和结点线位移。位移法的基本体系是将基本未知量完全锁住后，得到的超静定杆的综合体。下面将分别讨论如何确定基本未知量和选取基本体系。

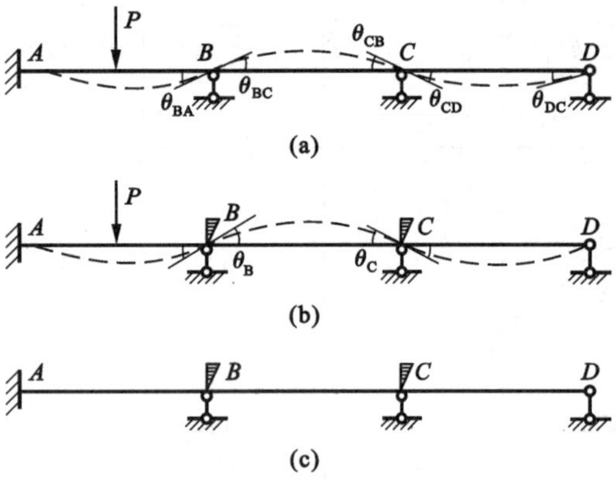

图 11.5 位移法的基本未知量——结点角位移

(a) 原结构；(b) 基本体系；(c) 基本结构

11.3.1 位移法的基本未知量

首先讨论结点角位移基本未知量。如图 11.5 所示连续梁，结点 A、B、C、D 都没有线位移。A 是固定端，转角等于零；B 和 C 是刚结点，可以转动，转角分别为 θ_B 和 θ_C；D 是铰结点，转角为 θ_D。设 BA 杆在 B 端的转角为 θ_{BA}；BC 杆在 B 端的转角为 θ_{BC}，在 C 端的转角为 θ_{CB}；CD 杆在 C 端的转角为 θ_{CD}，在 D 端的转角为 θ_{DC}，共有 5 个杆端转角。但根据刚结点上各杆端转角相等的变形连续条件，有：

$$\left.\begin{aligned}\theta_{BA}=\theta_{BC}=\theta_B\\ \theta_{CB}=\theta_{CD}=\theta_C\end{aligned}\right\} \tag{a}$$

因 D 是铰结点，已知 $M_{DC}=0$，θ_D 可以不取作为基本未知量。

利用刚结点处的变形连续条件式(a)后，只要计算出结点角位移 θ_B 和 θ_C，也就可以得到杆端角位移 θ_{BA}、θ_{BC}、θ_{CB}、θ_{CD}。因此，将刚结点 B 和 C 的角位移 θ_B 和 θ_C 取作为基本未知量，用 Δ_1 和 Δ_2 表示。可见，结点角位移的数目就等于结构刚结点的数目。

再讨论结点线位移基本未知量。在第 2 章曾讨论过，平面杆件体系的一个结点在平面内有两个自由度，也就是说，平面内一个结点有两个线位移。如图 11.6(a)所示刚架，有两个结点 C 和 D，每个结点分别有竖直方向和水平方向两个线位移，则共有四个结点线位移。如图 11.6(b)所示排架，有三个结点 D、E、F，则共有六个结点线位移。

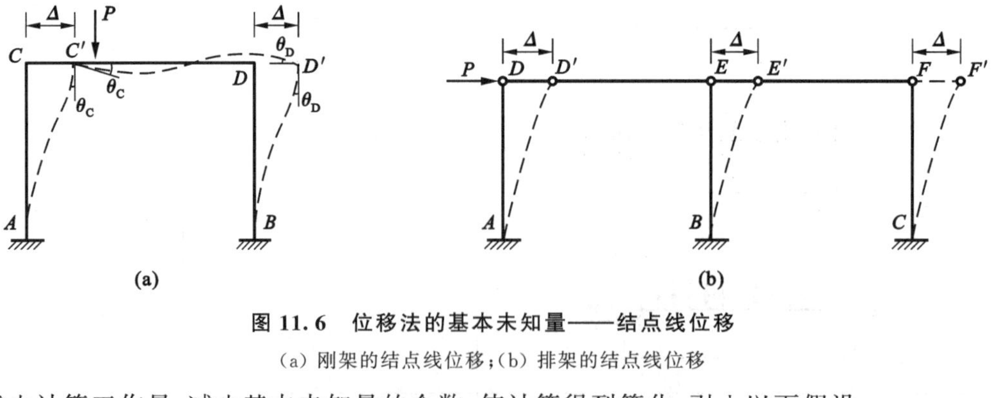

图 11.6 位移法的基本未知量——结点线位移

(a) 刚架的结点线位移；(b) 排架的结点线位移

为减少计算工作量、减少基本未知量的个数，使计算得到简化，引入以下假设：

(1) 忽略各杆轴力引起的轴向变形；

(2) 结点转角 θ 和各杆弦转角 $\varphi(\varphi=\dfrac{\Delta}{l})$ 都很微小。

根据假设(1)，杆件变形前的直线长度与变形后的直线长度可以认为相等。根据假设(2)，弯曲变形后的曲线长度与弦线长度可以认为相等。综合起来，可得出如下结论：杆件发生弯曲变形后，杆件两端结点之间的距离仍保持不变，或杆长保持不变。

根据以上假设，讨论独立的结点线位移的个数。图 11.6(a)所示刚架，由于杆 AC 和 BD 两端距离保持不变，因此在微小位移的情况下，结点 C 和 D 都没有竖向线位移；在结点 C 和 D 虽然有水平线位移，但由于杆 CD 长度不变，因此结点 C 和 D 的水平线位移相等，可用一个符号 Δ 表示。因此，原来四个结点线位移减少为一个独立的结点线位移。该刚架的全部基本未知量只有三个：即结点角位移 $\Delta_1(\theta_C)$、$\Delta_2(\theta_D)$和独立的结点线位移 $\Delta_3(\Delta)$。同理，图 11.6(b)所示排架，结点 D、E、F 的水平线位移相同，故该排架的基本未知量只有一个独立的结点线位移 Δ。

由于在刚架计算中，不考虑各杆长度的改变，因而结点独立线位移的数目可用几何组成分析的方法来判定。如果把所有的刚结点(包括固定支座)都改为铰结点，则此铰结体系的自由度就是原结构的独立结点线位移的数目。换句话说，为了使铰结体系成为几何不变而增加的链杆数就等于原结构的独立结点线位移的数目。

以图 11.7(a)所示刚架为例，为确定独立结点线位移的数目，可把所有刚结点(包括固定支座)都改为铰结点，得到图 11.7(b)实线所示的铰结杆件体系，该体系必须添加两根链杆[图 11.7(b)中虚线所示]后，才能由几何可变成为几何不变。由此可知，图 11.7(a)所示刚架有两个独立结点线位移。

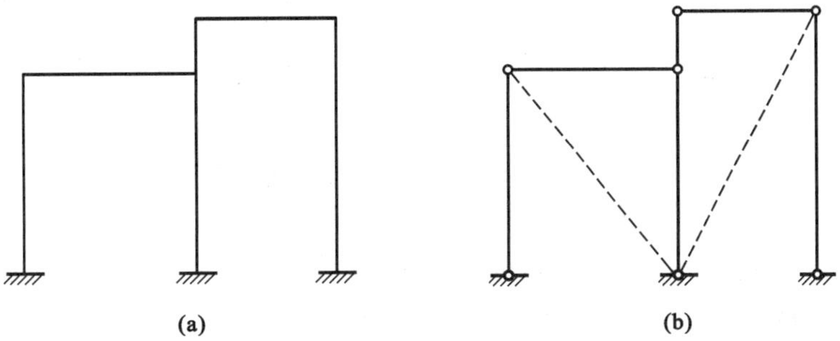

图 11.7 确定独立结点线位移示意图

(a) 原结构；(b) 相应的铰结体系

总括起来说，用位移法计算刚架时，基本未知量包括结点角位移和独立结点线位移。结点角位移的数目等于结构刚结点的数目；独立结点线位移的数目等于将刚结点改为铰结点后得到的铰结体系的自由度数目。

在确定基本未知量时，由于既保证了刚结点各杆杆端转角彼此相等，又保证了各杆杆端距离保持不变，因此，在将分解的杆件再综合为结构的过程中，能够保证各杆杆端位移彼此协调，因此能够满足变形连续条件。

11.3.2 位移法的基本体系

图 11.8(a)所示刚架，只有一个刚结点 D，所以只有一个结点角位移 $\Delta_1(\theta_D)$，没有结点线位移。我们在结点 D 加一个控制结点 D 转动的约束，用加斜线的三角符号表示(注意，这种约束不约束结点线位移)。这样得到的无结点位移的结构称为原结构的基本结构，如图 11.8(c)所示。把基本结构在荷载和基本未知位移共同作用下的体系称为原结构的基本体系，如图 11.8(b)即为图 11.8(a)的基本体系。由此可知，位移法的基本体系是通过增加约束将基本未知量完全锁住后，在荷载和基本未知位移的共同作用下的超静定杆的综合体。

同理，图 11.5(a)的原结构，其基本体系和基本结构分别如图 11.5(b)、(c)所示。这里，基本体系就是把结点角位移锁住后的三根超静定杆的综合体。

图 11.9(a)所示刚架，有两个基本未知量：结点 C 的角位移 $\Delta_1(\theta_C)$，结点 C 和 D 的结点线位移

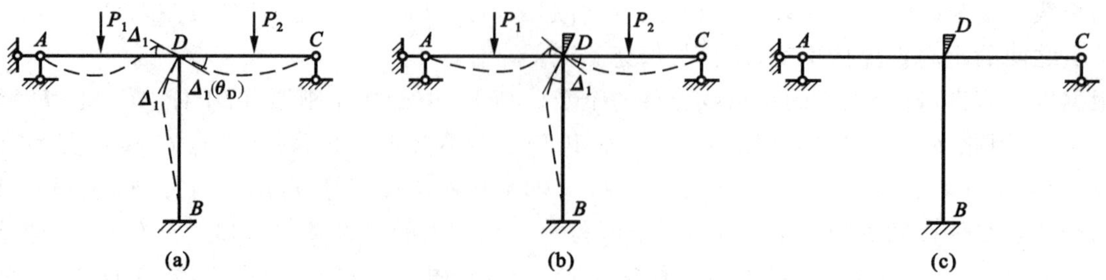

图 11.8　位移法的基本体系

(a) 原结构；(b) 基本体系；(c) 基本结构

Δ_2(独立结点线位移只有一个)。因此，可在结点 C 加一控制结点 C 转动的约束，在结点 D 加一水平支杆，控制结点 C 和 D 的水平线位移。这样得到的基本体系如图 11.9(b)所示，基本结构如图 11.9(c)所示。

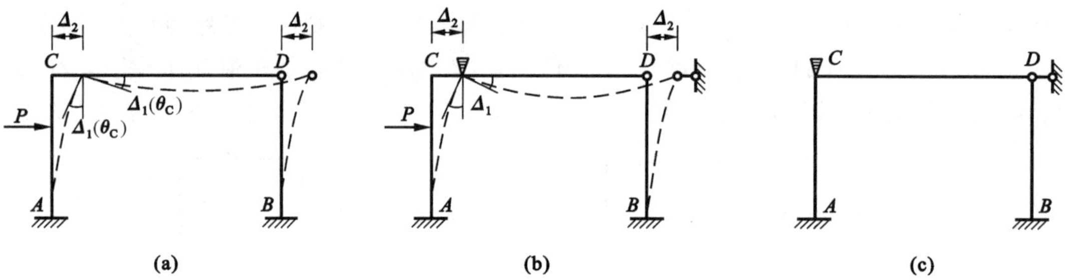

图 11.9　位移法的基本体系

(a) 原结构；(b) 基本体系；(c) 基本结构

由以上讨论可知，在原结构基本未知量处增加相应的约束，就得到原结构的基本体系。对于结点角位移，增加控制转动的约束；对于结点线位移，则增加控制结点线位移的约束，即支杆。这两种约束的作用是相互独立的。因此，基本体系与原结构的区别在于，增加了人为的约束，把原结构变成一个被约束的单杆综合体。下节将讨论如何利用基本体系这一工具来建立位移法的基本方程。

11.4　位移法方程

位移法的基本体系，在荷载与结点位移的共同作用下，如何才能转化为原结构呢？转化的条件就是建立满足平衡条件的位移法方程。为使位移法方程的表达式具有一般性，将基本未知量(角位移和独立结点线位移)统一用 Δ 表示。

11.4.1　位移法方程的建立

以图 11.10(a)所示刚架说明位移法方程的建立。该刚架只有一个刚结点 C，基本未知量就是结点 C 的角位移 Δ_1，可在结点 C 施加控制转动的约束，得到基本体系如图 11.10(b)所示。

基本体系转化为原结构的条件就是施加转动约束的约束力矩 F_1[图 11.10(b)]应等于零，即：

$$F_1=0 \tag{a}$$

因为在原结构结点 C 处没有约束，所以基本结构在荷载和 Δ_1 共同作用下在结点 C 处应与原结构完全相同，即 $F_1=0$。只有这样，图 11.10(b)的内力和变形才能与原结构的内力和变形完全相同。这就是基本体系转化为原结构的条件。$F_1=0$ 是一个平衡方程。

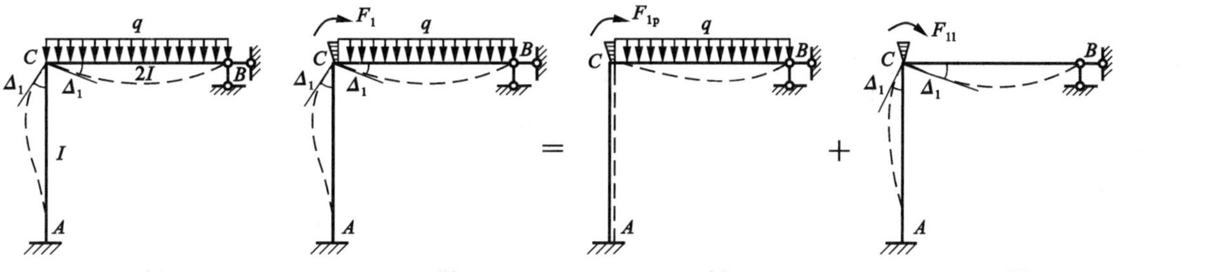

图 11.10 位移法方程建立示意图

(a) 原结构；(b) 基本体系；(c) 荷载作用下；(d) Δ_1作用下

下面利用叠加原理，把基本体系中的约束力 F_1 分解成两种情况的叠加：

第一，基本结构在荷载作用下的计算[图 11.10(c)]。

此时结点 C 处于锁住状态，可先求基本结构在荷载作用下杆 CB 的固端力，以及在转动约束中存在的约束力矩 F_{1P}。

第二，基本结构在基本未知量 Δ_1作用下的计算[图 11.10(d)]。

使基本结构结点 C 发生结点角位移 Δ_1。这时可求出基本结构在有 Δ_1作用时杆件 CA 和 CB 的杆端力，以及在转动约束中存在的约束力矩 F_{11}。

将以上两种情形叠加，使基本体系恢复到原结构的状态，即使基本体系在荷载和 Δ_1作用下附加的约束力矩 F_1 消失。这时图 11.10(b)中，虽然结点 C 在形式上还有附加转动约束，但实际上已不起作用，即结点 C 已处于放松状态。

根据以上分析，式(a)可写为：

$$F_1 = F_{1P} + F_{11} \tag{b}$$

进一步利用叠加原理，将 F_{11} 表示为与 Δ_1有关的量，即式(b)可写为：

$$F_1 = k_{11}\Delta_1 + F_{1P} = 0 \tag{11.6}$$

式中 k_{11}——基本结构在单位位移 $\Delta_1 = 1$ 单独作用时在附加约束中的约束力矩；

F_{1P}——基本结构在荷载单独作用下在附加约束中的约束力矩。

式(11.6)就是求解基本未知量 Δ_1的位移法方程，即平衡方程。

总之，对于一个刚结点，有一个结点角位移——基本未知量，相应可以写出一个结点约束力矩等于零的平衡方程——基本方程。一个基本方程正好解出一个基本未知量。

11.4.2 位移法方程的典型形式

对于具有多个基本未知量的结构，仍然应用上述思路，建立位移法方程的典型形式。

(1) 两个基本未知量的位移法方程

现以图 11.11(a)所示刚架为例说明。

图 11.11(a)所示刚架有两个基本未知量，结点 C 的转角 Δ_1和结点 D 的水平位移 Δ_2。在结点 C 施加控制转动的约束，为约束 1；在结点 D 加一控制水平线位移的约束——支杆，为约束 2。基本体系如图 11.11(b)所示。下面利用叠加原理建立位移法方程。

第一，基本结构在荷载单独作用时的计算[图 11.11(c)]。

先求出各杆的固端力，然后求在两个约束中分别存在的约束力矩 F_{1P} 和 F_{2P}。

第二，基本结构在 Δ_1单独作用时的计算[图 11.11(d)]。

使基本结构在结点 C 发生结点位移 Δ_1，但结点 D 仍被锁住。这时，可求出基本结构在杆件 CA 和 CD 的杆端力，以及在两个约束中分别存在的约束力矩 F_{11} 和约束力 F_{21}。

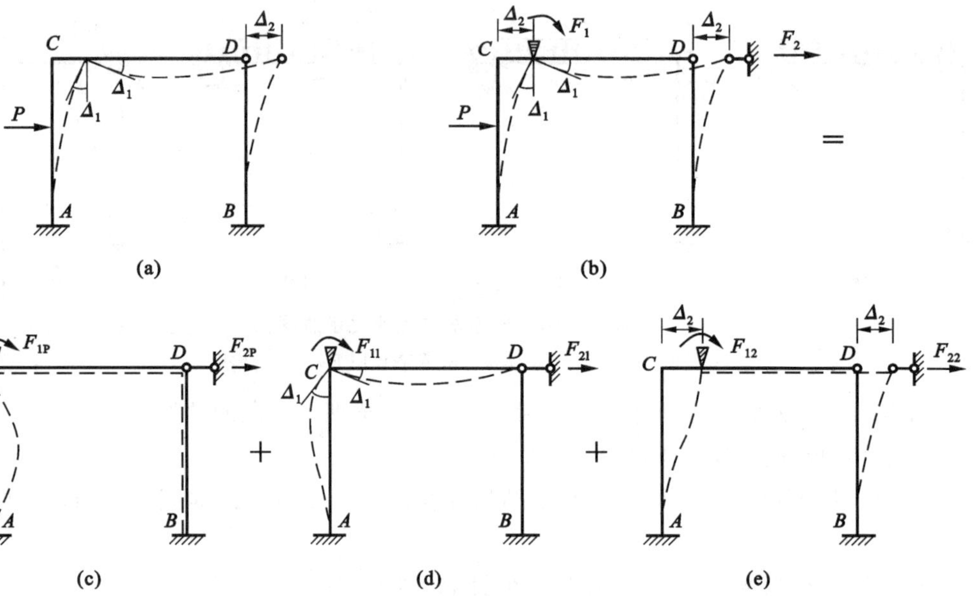

图 11.11　两个基本未知量的刚架

(a) 原结构;(b) 基本体系;(c) 荷载作用下;(d) Δ_1作用下;(e) Δ_2作用下

第三,基本结构在 Δ_2单独作用时的计算[图 11.11(e)]。

使基本结构在结点 D 发生结点位移 Δ_2,但结点 C 仍被锁住。这时可求出基本结构在杆件 AC 和 BD 的杆端力,以及在两个约束中分别存在的约束力矩 F_{12} 和约束力 F_{22}。

叠加以上三步结果,得到基本体系在荷载和结点位移 Δ_1、Δ_2共同作用下的结果。这时基本体系已转化为原结构,虽然在形式上还有约束,但实际上已不起作用,附加约束中的总约束力应等于零,即:

$$\left.\begin{aligned}F_1=0\\F_2=0\end{aligned}\right\}\tag{c}$$

即

$$\left.\begin{aligned}F_{1P}+F_{11}+F_{12}=0\\F_{2P}+F_{21}+F_{22}=0\end{aligned}\right\}\tag{d}$$

式中　F_{1P}、F_{2P}——基本结构在荷载单独作用时在附加约束 1 和 2 中产生的约束力矩和约束力;

F_{11}、F_{21}——基本结构在结点位移 Δ_1单独作用($\Delta_2=0$)时,在附加约束 1 和 2 中产生的约束力矩和约束力;

F_{12}、F_{22}——基本结构在结点位移 Δ_2单独作用($\Delta_1=0$)时,在附加约束 1 和 2 中产生的约束力矩和约束力。

利用叠加原理,可将 F_{11}、F_{21} 等表示为与 Δ_1、Δ_2有关的量,将式(d)展开为:

$$\left.\begin{aligned}k_{11}\Delta_1+k_{12}\Delta_2+F_{1P}=0\\k_{21}\Delta_1+k_{22}\Delta_2+F_{2P}=0\end{aligned}\right\}\tag{11.7}$$

式中　k_{11}、k_{21}——基本结构在单位结点位移 $\Delta_1=1$ 单独作用($\Delta_2=0$)时,在附加约束 1 和 2 中产生的约束力矩和约束力;

k_{12}、k_{22}——基本结构在单位结点位移 $\Delta_2=1$ 单独作用($\Delta_1=0$)时,在附加约束 1 和 2 中产生的约束力矩和约束力。

式(11.7)就是具有两个基本未知量的位移法方程,由此可求出基本未知量 Δ_1和 Δ_2。

(2) n 个基本未知量的位移法方程的典型形式

对于具有 n 个基本未知量的结构，其位移法方程的典型形式如下：

$$\left.\begin{aligned}k_{11}\Delta_1+k_{12}\Delta_2+\cdots+k_{1n}\Delta_n+F_{1P}=0\\k_{21}\Delta_1+k_{22}\Delta_2+\cdots+k_{2n}\Delta_n+F_{2P}=0\\\cdots\cdots\\k_{n1}\Delta_1+k_{n2}\Delta_2+\cdots+k_{nn}\Delta_n+F_{nP}=0\end{aligned}\right\}\tag{11.8}$$

式中 k_{ii}——基本结构在单位结点位移 $\Delta_i=1$ 单独作用(其他结点位移 $\Delta_i=0$)时，在附加约束 i 中产生的约束力($i=1、2、\cdots、n$)；

k_{ij}——基本结构在单位结点位移 $\Delta_j=1$ 单独作用(其他结点位移 $\Delta_j=0$)时，在附加约束 i 中产生的约束力($i=1、2、\cdots、n$；$j=1、2、\cdots、n$，$i\neq j$)；

F_{iP}——基本结构在荷载单独作用(结点位移 Δ_1、Δ_2、…、Δ_n 都锁住)时，在附加约束 i 中产生的约束力($i=1、2、\cdots、n$)。

式(11.8)中的每一方程表示基本体系中与每一基本未知量相应的附加约束处约束力等于零的平衡条件。具有 n 个基本未知量的结构，其基本体系就有 n 个附加约束，也就有 n 个附加约束处的平衡条件，即 n 个平衡方程。显然，可由 n 个平衡方程解出 n 个基本未知量。

在建立位移法方程时，基本未知量 Δ_1、Δ_2、…、Δ_n 均假设为正号，即假设结点角位移为顺时针转向，结点线位移使杆产生顺时针转动。计算结果为正时，说明 Δ_1、Δ_2、…、Δ_n 的方向与所设方向一致；计算结果为负时，说明 Δ_1、Δ_2、…、Δ_n 的方向与所设方向相反。

式(11.8)中系数 k_{ii}、k_{ij} 等也称为结构的刚度系数，可由杆件的形常数求得；自由项 F_{iP} 则可由杆件的载常数求得。

式(11.8)中处于主对角线上的系数 k_{ii} 称为主系数，其值恒大于零；处于主对角线两侧的 k_{ij} 等称为副系数，其值可大于零，可小于零，或等于零。由第 9 章讨论的反力互等定理可知：

$$k_{ij}=k_{ji}\tag{11.9}$$

由此可减少副系数的计算工作量。

11.5 位移法计算连续梁和无侧移刚架

现通过例题说明用位移法计算连续梁和无侧移刚架的过程。

【例 11.1】 用位移法计算图 11.12(a)所示连续梁的内力。EI=常数。

【解】

(1) 基本未知量

连续梁结点 B 角位移 Δ_1。

(2) 基本体系

在结点 B 施加抵抗转动的约束，得到如图 11.12(b)所示的基本体系。

(3) 位移法方程

$$k_{11}\Delta_1+F_{1P}=0$$

(4) 计算 k_{11}

k_{11} 为基本结构在结点 B 有单位转角 $\Delta_1=1$ 作用下在附加约束中的约束力矩。

① 令 $i=\dfrac{EI}{6}$，利用各杆形常数计算各杆杆端弯矩，并作 $\overline{M}_1$ 图，如图 11.12(c)所示。

$$\overline{M}_{BC}=3i,\quad \overline{M}_{BA}=4i,\quad \overline{M}_{AB}=2i$$

② 由结点 B 的力矩平衡[图 11.12(d)]可得：

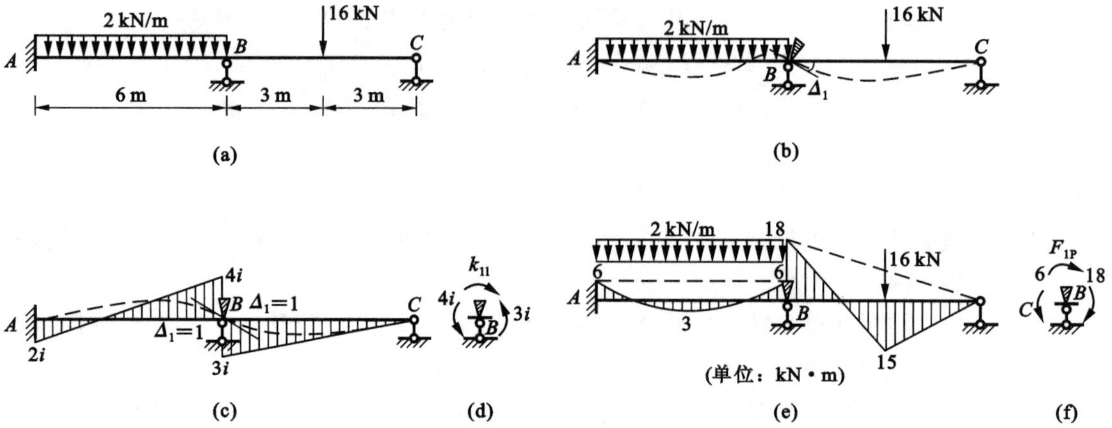

图 11.12　例 11.1 图

(a) 原结构；(b) 基本体系；(c) $\Delta_1=1$ 作用的 $\overline{M}_1$ 图；(d) 计算 k_{11}；(e) 荷载作用的 M_P 图；(f) 计算 F_{1P}

$$\sum M_B=0,\quad k_{11}=4i+3i=7i$$

(5) 计算 F_{1P}

F_{1P} 为基本结构在荷载作用下在附加约束中的约束力矩，此时结点 B 锁住。

① 利用各杆载常数计算各杆固端弯矩，并作 M_P 图，如图 11.12(e)所示。

$$-M_{AB}^F=M_{BA}^F=\frac{ql^2}{12}=\frac{2\times 6^2}{12}=6\ \text{kN}\cdot\text{m}$$

$$M_{BC}^F=-\frac{3Pl}{16}=-\frac{3\times 16\times 6}{16}=-18\ \text{kN}\cdot\text{m}$$

② 由结点 B 的力矩平衡[图 11.12(f)]可得：

$$\sum M_B=0,\quad F_{1P}+18-6=0\quad 则\ F_{1P}=-12\ \text{kN}\cdot\text{m}$$

(6) 将 k_{11} 和 F_{1P} 代入位移法方程，解出 Δ_1

$$\Delta_1=-\frac{F_{1P}}{k_{11}}=\frac{12}{7i}=1.714\,\frac{1}{i}$$

(7) 作 M 图

利用叠加公式 $M=\overline{M}_1X_1+M_P$ 计算杆端弯矩：

$$M_{AB}=2i\Delta_1+M_{AB}^F=2i\left(\frac{1.714}{i}\right)-6=-2.57\ \text{kN}\cdot\text{m}$$

$$M_{BA}=4i\Delta_1+M_{BA}^F=4i\left(\frac{1.714}{i}\right)+6=12.86\ \text{kN}\cdot\text{m}$$

$$M_{BC}=3i\Delta_1+M_{BC}^F=3i\left(\frac{1.714}{i}\right)-18=-12.86\ \text{kN}\cdot\text{m}$$

求得杆端弯矩后，可画出 M 图，如图 11.13(a)所示。画 M 图时，仍将杆端弯矩纵坐标画在受拉边。有荷载段，将杆件两端弯矩纵坐标连以虚直线，再叠加相应简支梁的 M^0 图，即得到最后 M 图。

(8) 作 Q 图

由杆 AB 的隔离体[图 11.13(b)]有：

$$\sum M_B=0,\quad Q_{AB}=\frac{-12.86+2\times 6\times 3+2.57}{6}=4.29\ \text{kN}$$

$$\sum M_A=0,\quad Q_{BA}=\frac{-12.86-2\times 6\times 3+2.57}{6}=-7.72\ \text{kN}$$

由杆 BC 的隔离体[图 11.13(c)]有：

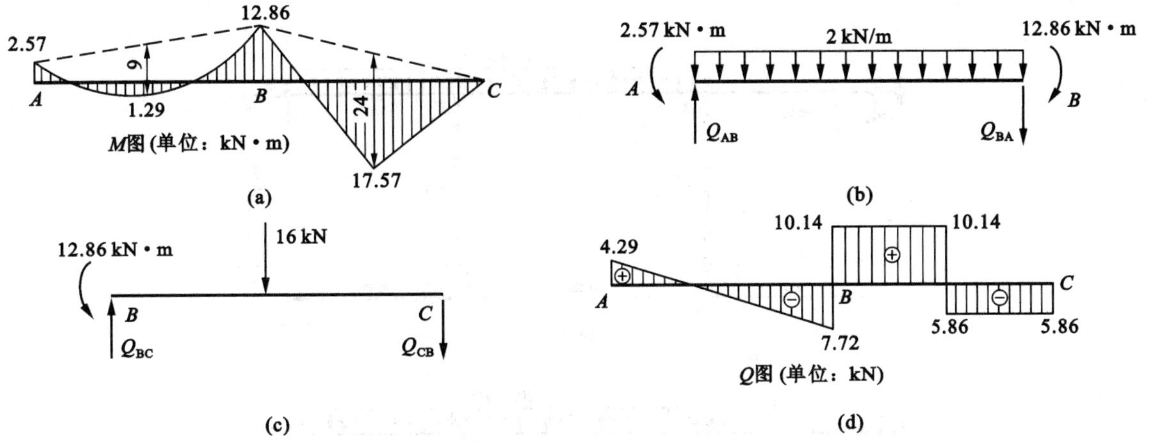

图 11.13　例 11.1 的弯矩图和剪力图

(a) 弯矩图；(b) 杆件 AB 的隔离体；(c) 杆件 BC 的隔离体；(d) 剪力图

$$\sum M_B = 0,\quad Q_{CB} = \frac{-16\times 3 + 12.86}{6} = -5.86\ \text{kN}$$

$$\sum M_C = 0,\quad Q_{BC} = \frac{16\times 3 + 12.86}{6} = 10.14\ \text{kN}$$

Q 图如图 11.13(d)所示。

(9) 校核

结点 B 满足力矩平衡有：

$$\sum M_B = +12.86 - 12.86 = 0$$

连续梁整体满足 $\sum Y = 0$ 有：

$$\sum Y = 0,\quad 4.29 + 17.86 + 5.86 - 2\times 6 - 16 \approx 0$$

【例 11.2】 用位移法作图 11.14(a)所示无侧移刚架的弯矩图。

【解】

(1) 基本未知量

如图 11.14(a)所示刚架，有两个刚结点 D 和 E，没有结点线位移，基本未知量为结点 D 和 E 的转角 Δ_1、Δ_2。

(2) 基本体系

在结点 D 和 E 分别施加转动约束，得到基本体系如图 11.14(b)所示。

(3) 位移法方程

$$k_{11}\Delta_1 + k_{12}\Delta_2 + F_{1P} = 0$$
$$k_{21}\Delta_1 + k_{22}\Delta_2 + F_{2P} = 0$$

(4) 计算系数 k_{11}、k_{12}、k_{21}、k_{22}

超静定结构内力只与各杆刚度比值有关，因此，可设 $EI_0 = 1$。

$$i_{CD} = i_{EF} = \frac{4EI_0}{4} = 1,\qquad i_{DE} = \frac{6EI_0}{6} = 1$$

$$i_{DA} = \frac{2EI_0}{4} = \frac{1}{2},\qquad i_{EB} = \frac{3EI_0}{4} = \frac{3}{4}$$

① 基本结构在结点 D 有单位转角 $\Delta_1 = 1$ 作用时的计算，此时 Δ_2 仍被锁住。

当 $\Delta_1 = 1$ 时，可利用各杆形常数求杆件 DC、DE、DA 的杆端弯矩，并作出 $\overline{M}_1$ 图，如图 11.15(a)所示。

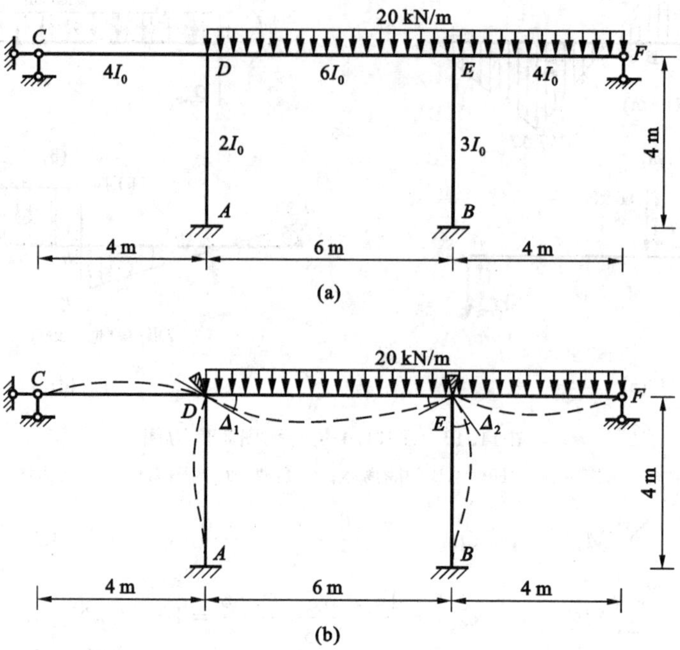

图 11.14　例 11.2 图

(a) 原结构;(b) 基本体系

$$\overline{M}_{DC}=3i_{CD}=3,\qquad \overline{M}_{DA}=4i_{DA}=4\times\frac{1}{2}=2$$

$$\overline{M}_{DE}=4i_{DE}=4,\qquad \overline{M}_{ED}=2i_{DE}=2$$

由结点 D 的力矩平衡[图 11.15(b)],可求得约束力矩 k_{11}:

$$\sum M_D=0,\qquad k_{11}=3i_{CD}+4i_{DA}+4i_{DE}=3+2+4=9$$

由结点 E 的力矩平衡[图 11.15(c)],可求得约束力矩 k_{21}:

$$\sum M_E=0,\qquad k_{21}=2i_{DE}=2$$

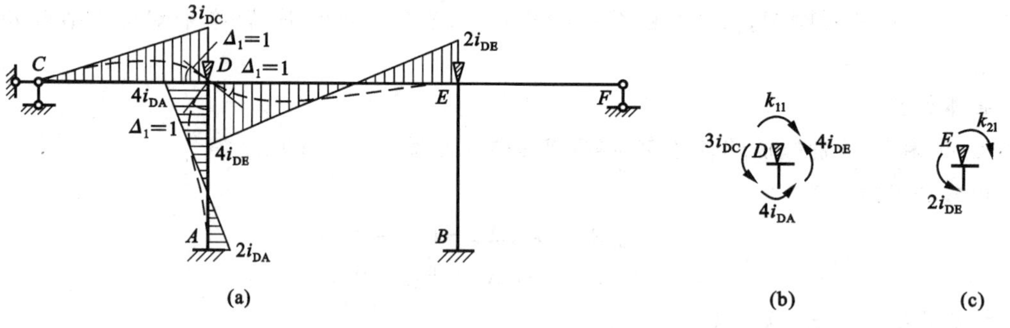

图 11.15　例 11.2 的 $\overline{M}_1$ 图

(a) $\overline{M}_1$ 图;(b) D 结点力矩平衡;(c) E 结点力矩平衡

② 基本结构在结点 E 有单位转角 $\Delta_2=1$ 作用时的计算,此时 Δ_1 被锁住。

当 $\Delta_2=1$,利用各杆的形常数求杆件 ED、EB、EF 的杆端弯矩,并作 $\overline{M}_2$ 图,如图 11.16(a)所示。

$$\overline{M}_{ED}=4i_{ED}=4,\qquad \overline{M}_{EF}=3i_{EF}=3,\qquad \overline{M}_{EB}=4i_{EB}=3$$

由结点 D 的力矩平衡[图 11.16(b)],求得约束力矩 k_{12}:

$$\sum M_D=0,\qquad k_{12}=2i_{DE}=2=k_{21}$$

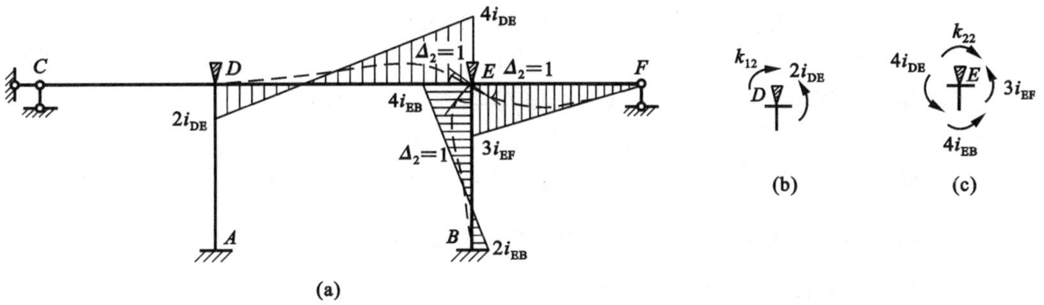

图 11.16　例 11.2 的 $\overline{M}_2$ 图

(a) $\overline{M}_2$ 图;(b) D 结点力矩平衡;(c) E 结点力矩平衡

由结点 E 的力矩平衡[图 11.16(c)],求得约束力矩 k_{22}:

$$\sum M_E = 0,\qquad k_{22} = 4i_{DE} + 4i_{EB} + 3i_{EF} = 4 + 3 + 3 = 10$$

(5) 计算 F_{1P}、F_{2P}

利用各杆载常数,计算各杆固端弯矩,并作 M_P 图,如图 11.17(a)所示。

$$M_{DE}^F = -M_{ED}^F = -\frac{1}{12}ql^2 = -\frac{20}{12}\times 6^2 = -60\ \text{kN}\cdot\text{m}$$

$$M_{EF}^F = -\frac{1}{8}ql^2 = -\frac{1}{8}\times 20\times 4^2 = -40\ \text{kN}\cdot\text{m}$$

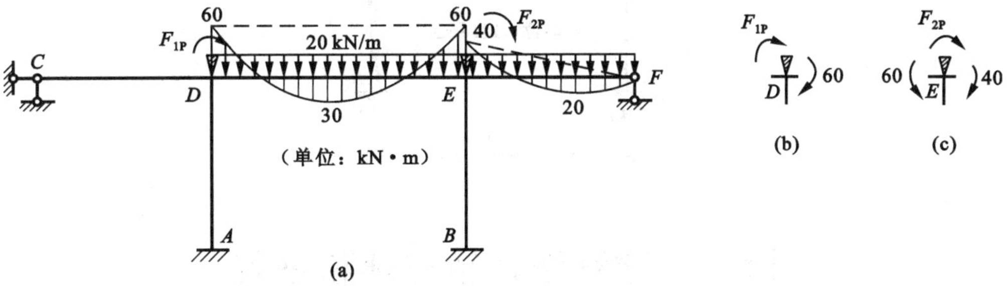

图 11.17　例 11.2 的 M_P 图

(a) M_P 图;(b) 结点 D 力矩平衡;(c) 结点 E 力矩平衡

由结点 D 的力矩平衡[图 11.17(b)],求得约束力矩 F_{1P}:

$$\sum M_D = 0,\qquad F_{1P} + 60 = 0\qquad 则\ F_{1P} = -60\ \text{kN}\cdot\text{m}$$

由结点 E 的力矩平衡[图 11.17(c)],求得约束力矩 F_{2P}:

$$\sum M_E = 0,\qquad F_{2P} + 40 - 60 = 0\qquad 则\ F_{2P} = 20\ \text{kN}\cdot\text{m}$$

(6) 将系数和自由项代入位移法方程,解出 Δ_1、Δ_2:

$$\begin{cases} 9\Delta_1 + 2\Delta_2 - 60 = 0 \\ 2\Delta_1 + 10\Delta_2 + 20 = 0 \end{cases}$$

解得

$$\Delta_1 = 7.442,\qquad \Delta_2 = -3.488$$

(7) 作 M 图

利用叠加公式:$M = \overline{M}_1\Delta_1 + \overline{M}_2\Delta_2 + M_P$,可求得杆端弯矩

$$M_{AD} = 2i_{DA}\Delta_1 = 2\times\frac{1}{2}\times 7.442 = 7.44\ \text{kN}\cdot\text{m}$$

$$M_{DA}=4i_{DA}\Delta_1=4\times\frac{1}{2}\times 7.442=14.88\ \text{kN}\cdot\text{m}$$

$$M_{BE}=2i_{BE}\Delta_2=2\times\frac{3}{4}\times(-3.488)=-5.23\ \text{kN}\cdot\text{m}$$

$$M_{EB}=4i_{BE}\Delta_2=4\times\frac{3}{4}\times(-3.488)=-10.46\ \text{kN}\cdot\text{m}$$

$$M_{DC}=3i_{DC}\Delta_1=3\times 1\times 7.442=22.33\ \text{kN}\cdot\text{m}$$

$$M_{DE}=4i_{DE}\Delta_1+2i_{DE}\Delta_2+M_{DE}^{F}$$
$$=4\times 1\times 7.442+2\times 1\times(-3.488)-60=-37.21\ \text{kN}\cdot\text{m}$$

$$M_{ED}=2i_{DE}\Delta_1+4i_{DE}\Delta_2+M_{ED}^{F}$$
$$=2\times 1\times 7.442+4\times 1\times(-3.488)+60=60.93\ \text{kN}\cdot\text{m}$$

$$M_{EF}=3i_{EF}\Delta_2+M_{EF}^{F}$$
$$=3\times 1\times(-3.488)-40=-50.46\ \text{kN}\cdot\text{m}$$

M 图如图 11.18 所示。

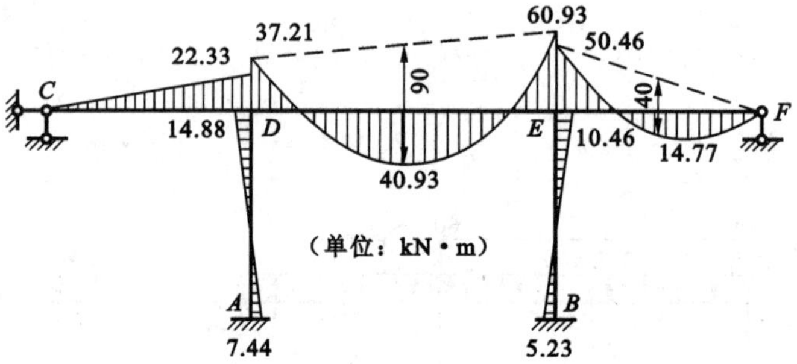

图 11.18　例 11.2 的 M 图

11.6　位移法计算有侧移刚架

从上节讨论可知，对于只有转角位移基本未知量的结构，相应的位移法方程是结点的力矩平衡方程，而对于具有线位移基本未知量的结构，相应的位移法方程是沿着线位移方向的截面投影平衡方程。下面通过例题说明如何用位移法计算有侧移结构。

【例 11.3】　用位移法作图 11.19(a)所示刚架的内力图。

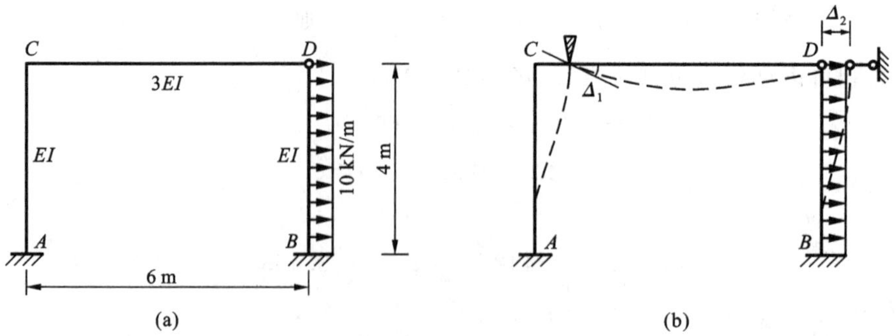

图 11.19　例 11.3 图

(a) 原结构；(b) 基本体系

【解】

(1) 基本未知量

此题有两个基本未知量，刚结点 C 处的角位移 Δ_1 和结点 D 处的线位移 Δ_2。

(2) 基本体系

在刚结点 C 施加控制转动约束，为约束 1；在结点 D 施加控制线位移约束，为约束 2。得基本体系如图 11.19(b)所示。

(3) 位移法方程

$$k_{11}\Delta_1+k_{12}\Delta_2+F_{1P}=0$$
$$k_{21}\Delta_1+k_{22}\Delta_2+F_{2P}=0$$

(4) 计算系数 k_{11}、k_{12}、k_{21}、k_{22}

令 $EI=4i$，各杆相对线刚度为：

$$i_{AC}=i_{BD}=\frac{EI}{4}=i,\qquad i_{CD}=\frac{3EI}{6}=2i$$

① 基本结构在单位转角 $\Delta_1=1$ 单独作用($\Delta_2=0$)下的计算

由各杆件形常数可得各杆杆端弯矩：

$$\overline{M}_{CA}=4i_{CA}=4i,\quad \overline{M}_{AC}=2i_{CA}=2i,\quad \overline{M}_{CD}=3i_{CD}=6i$$

作 $\overline{M}_1$ 图，如图 11.20(a)所示。

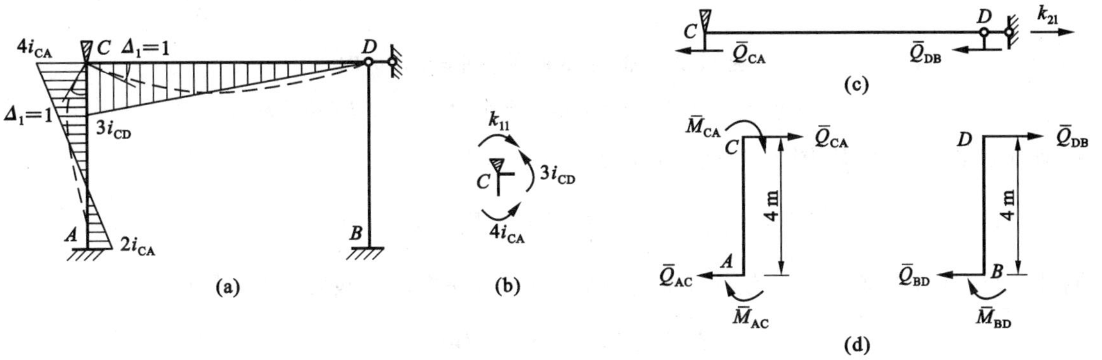

图 11.20 例 11.3 的 $\overline{M}_1$ 图与隔离体图

(a) $\overline{M}_1$ 图；(b) 结点 C 平衡；(c) 截面平衡；(d) 柱隔离体平衡

由结点 C 的力矩平衡[图 11.20(b)]求得 k_{11}：

$$\sum M_C=0,\quad k_{11}=3i_{CD}+4i_{CA}=6i+4i=10i$$

为计算 k_{21}，沿有侧移的柱 AC 和 CD 柱顶处作一截面，取柱顶以上横梁 CD 为隔离体[图 11.20(c)]，建立水平投影方程：

$$\sum X=0,\quad \overline{Q}_{CA}+\overline{Q}_{DB}=k_{21} \tag{a}$$

利用柱 AC、BD 的剪力形常数或建立以柱 AC、BD 为隔离体[图 11.20(d)]的平衡方程计算 $\overline{Q}_{CA}$、$\overline{Q}_{DB}$。

柱 AC：

$$\sum M_A=0,\quad \overline{Q}_{CA}\times 4+\overline{M}_{AC}+\overline{M}_{CA}=0$$

$$\overline{Q}_{CA}=-\frac{(\overline{M}_{AC}+\overline{M}_{CA})}{4}=-\frac{(2i+4i)}{4}=-1.5i$$

柱 BD：

$$\sum M_B=0,\quad \overline{Q}_{DB}\times 4+\overline{M}_{BD}=0\quad 则\ \overline{Q}_{DB}=0$$

将 $\bar{Q}_{CA}$、$\bar{Q}_{DB}$ 代入式(a)，得：

$$k_{21}=-1.5i$$

② 基本结构在单位水平线位移 $\Delta_2=1$ 单独作用($\Delta_1=0$)下的计算

由各杆件形常数可得各杆杆端弯矩：

$$\bar{M}_{AC}=\bar{M}_{CA}=-\frac{6i_{AC}}{l_{CA}}=-\frac{6i}{4}=-1.5i$$

$$\bar{M}_{BD}=-\frac{3i_{BD}}{l_{BD}}=-\frac{3}{4}i$$

$\bar{M}_2$ 图如图 11.21(a)所示。

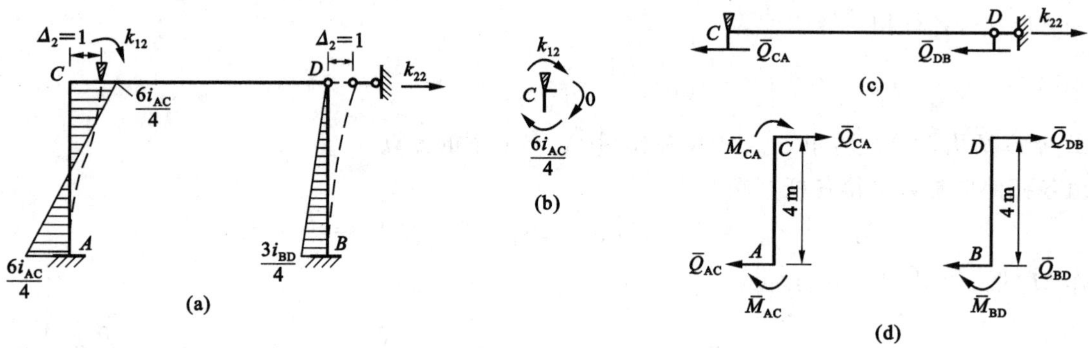

图 11.21 例 11.3 的 $\bar{M}_2$ 图与隔离体图

(a) $\bar{M}_2$ 图；(b) 结点 C 平衡；(c) 截面平衡；(d) 柱隔离体平衡

由结点 C 的力矩平衡[图 11.21(b)]，求 k_{12}：

$$\sum M_C=0,\quad k_{12}+\frac{6i_{AC}}{4}=0\quad 则\ k_{12}=-1.5i=k_{21}$$

同理，取柱顶以上横梁 CD 为隔离体[图 11.21(c)]，建立水平投影方程，求 k_{22}：

$$\sum X=0,\quad \bar{Q}_{CA}+\bar{Q}_{DB}=k_{22} \tag{b}$$

以柱 AC、BD 为隔离体[图 11.21(d)]计算 $\bar{Q}_{CA}$、$\bar{Q}_{DB}$：

$$\bar{Q}_{CA}=-\frac{(\bar{M}_{AC}+\bar{M}_{CA})}{4}=-\frac{(-1.5i-1.5i)}{4}=\frac{3}{4}i$$

$$\bar{Q}_{DB}=-\frac{\bar{M}_{BD}}{4}=-\frac{(-0.75i)}{4}=\frac{0.75}{4}i$$

将 $\bar{Q}_{CA}$、$\bar{Q}_{DB}$ 代入式(b)，得：

$$\frac{3}{4}i+\frac{0.75}{4}i=k_{22}\quad 则\ k_{22}=\frac{3.75}{4}i$$

(5) 计算 F_{1P}、F_{2P}

利用杆件的载常数可求得杆件 BD 的固端弯矩：

$$M_{BD}^{F}=-\frac{1}{8}ql^2=-\frac{1}{8}\times10\times4^2=-20\ \text{kN}\cdot\text{m}$$

M_P 图如图 11.22(a)所示。

由结点 C 的力矩平衡[图 11.22(b)]：

$$\sum M_C=0,\qquad F_{1P}=0$$

以柱顶以上横梁 CD 为隔离体[图 11.22(c)]，建立水平投影平衡方程：

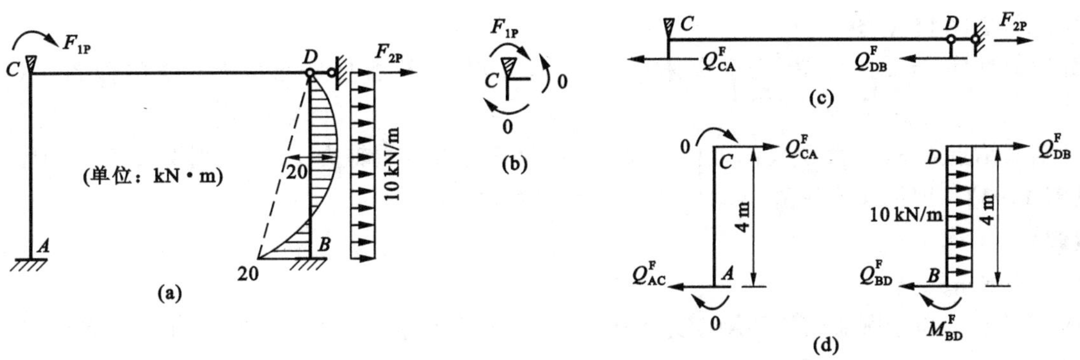

图 11.22 例 11.3 的 M_P 图与隔离体图

(a) M_P 图；(b) 结点 C 平衡；(c) 截面平衡；(d) 柱隔离体平衡

$$\sum X = 0, \quad Q_{CA}^F + Q_{DB}^F = F_{2P} \tag{c}$$

$$Q_{CA}^F = 0, \quad Q_{DB}^F = -\frac{M_{BD}^F + 10 \times 4 \times 2}{4} = -\frac{-20 + 80}{4} = -15 \text{ kN}$$

将 Q_{CA}^F、Q_{DB}^F 代入式(c)，得：

$$F_{2P} = -15 \text{ kN}$$

(6) 将系数和自由项代入位移法方程

$$\begin{cases} 10i\Delta_1 - 1.5i\Delta_2 = 0 \\ -1.5i\Delta_1 + \dfrac{3.75}{4}i\Delta_2 - 15 = 0 \end{cases}$$

解得

$$\Delta_1 = 3.158\frac{1}{i}, \quad \Delta_2 = 21.05\frac{1}{i}$$

结果为正，表明实际位移与所设位移方向一致。

(7) 作 M 图

利用叠加公式：$M = \overline{M}_1\Delta_1 + \overline{M}_2\Delta_2 + M_P$，可得杆端弯矩：

$$M_{AC} = 2i_{AC}\Delta_1 - \frac{6i_{AC}}{4}\Delta_2 = 2 \times 3.158 - \frac{6}{4} \times 21.05 = -25.26 \text{ kN}\cdot\text{m}$$

$$M_{CA} = 4i_{AC}\Delta_1 - \frac{6i_{AC}}{4}\Delta_2 = 4 \times 3.158 - \frac{6}{4} \times 21.05 = -18.95 \text{ kN}\cdot\text{m}$$

$$M_{CD} = 3i_{CD}\Delta_1 = 6 \times 3.158 = 18.95 \text{ kN}\cdot\text{m}$$

$$M_{BD} = -\frac{3i_{BD}}{4}\Delta_2 + M_{BD}^F = -\frac{3}{4} \times 21.05 - 20 = -35.79 \text{ kN}\cdot\text{m}$$

M 图如图 11.23(a)所示。

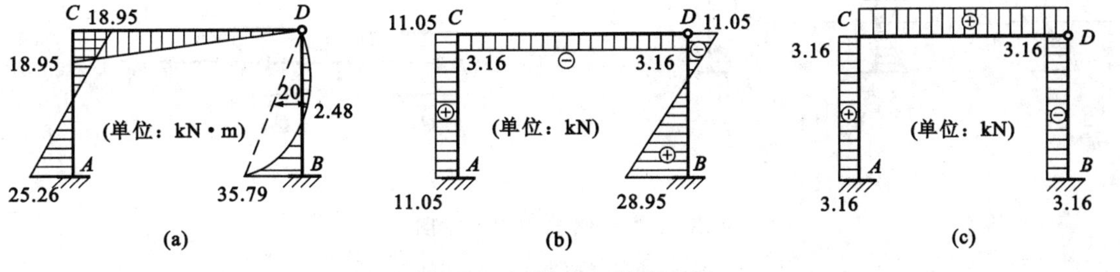

图 11.23 例 11.3 的内力图

(a) M 图；(b) Q 图；(c) N 图

(8) 作 Q 图和 N 图

分别取杆件 AC、BD、CD 为隔离体，建立平衡方程，计算各杆杆端剪力。Q 图如图 11.23(b)所示。

分别取结点 C 和 D 为隔离体，建立平衡方程，计算各杆杆端轴力。N 图如图 11.23(c)所示。

【例 11.4】 用位移法作图 11.24(a)所示刚架的弯矩图。

【解】

(1) 基本未知量

图 11.24(a)所示刚架横梁的刚度为无限大，无结点角位移；只有两个独立结点线位移 Δ_1 和 Δ_2 示于图 11.24(b)中。

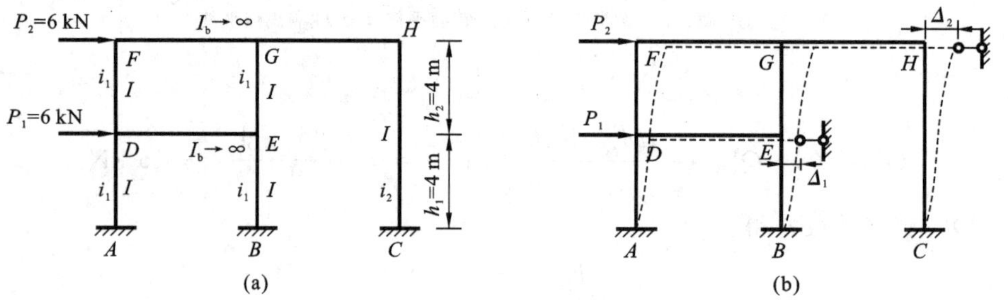

图 11.24 例 11.4 图

(a) 原结构；(b) 变形图和基本体系

(2) 基本体系

在结点 E 和 H 各加一控制水平线位移的约束(水平支杆)，得基本体系如图 11.24(b)所示。

(3) 位移法方程

$$k_{11}\Delta_1 + k_{12}\Delta_2 + F_{1p} = 0$$

$$k_{21}\Delta_1 + k_{22}\Delta_2 + F_{2p} = 0$$

(4) 计算系数 k_{11}、k_{12}、k_{21}、k_{22}

令 $EI=8$，各柱相对线刚度为：

$$i_1 = \frac{EI}{h_1} = \frac{EI}{h_2} = \frac{8}{4} = 2, \quad i_2 = \frac{EI}{h_1+h_2} = = \frac{8}{8} = 1$$

① 基本结构在单位线位移 $\Delta_1=1$ 单独作用($\Delta_2=0$)时的计算

利用各柱形常数可得各柱端弯矩，据此作出 $\overline{M}_1$ 图，如图 11.25(a)所示。

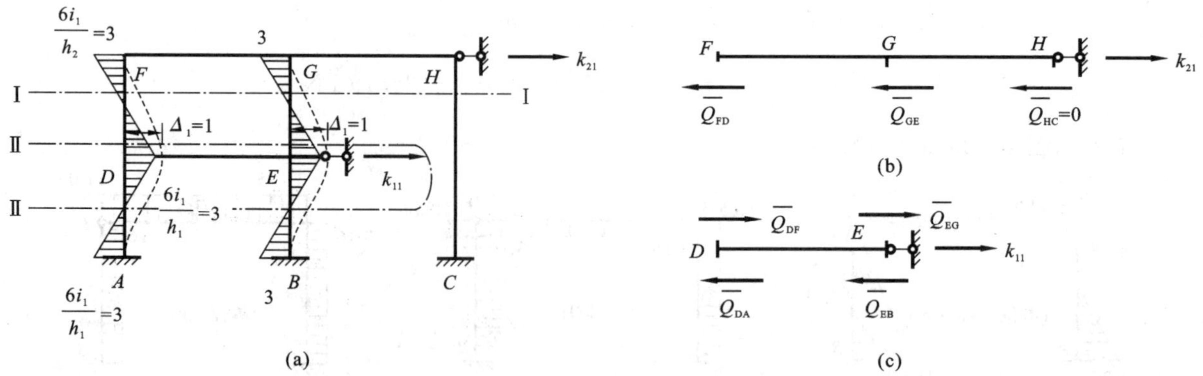

图 11.25 例 11.4 的 $\overline{M}_1$ 图

(a)$\overline{M}_1$ 图；(b)截面Ⅰ隔离体；(c)截面Ⅱ隔离体

为求 k_{21}，沿上层三柱柱顶处作截面Ⅰ，取柱顶以上横梁 FGH 为隔离体[图 11.25(b)]，建立水平投影方程：

$$\sum X=0,\overline{Q}_{FD}+\overline{Q}_{GE}+\overline{Q}_{HC}=k_{21}$$

上式中柱端剪力可由柱端弯矩求出：

$$\overline{Q}_{FD}=-\frac{3+3}{4}=-1.5,\overline{Q}_{GE}=-\frac{3+3}{4}=-1.5,\overline{Q}_{HC}=0$$

则：

$$k_{21}=-1.5-1.5=-3.0$$

为求 k_{11}，需作截面Ⅱ，将横梁 DE 取出作为隔离体[图 11.25(c)]，建立水平投影方程：

$$k_{11}=\overline{Q}_{DA}+\overline{Q}_{EB}-\overline{Q}_{DF}-\overline{Q}_{EG}$$

上式中柱端剪力可由柱端弯矩求出：

$$\overline{Q}_{DA}=\frac{3+3}{4}=1.5,\overline{Q}_{EB}=\frac{3+3}{4}=1.5,\overline{Q}_{DF}=\overline{Q}_{FD},\overline{Q}_{EG}=\overline{Q}_{GE}$$

则：

$$k_{11}=1.5+1.5+1.5+1.5=6$$

② 基本结构在单位线位移 $\Delta_2=1$ 单独作用($\Delta_1=0$)时的计算

计算过程与上一步是完全类似的，图 11.26 中给出了全部结果的数值，读者可以自己核算一下。

$$k_{22}=\overline{Q}_{FD}+\overline{Q}_{GE}+\overline{Q}_{HC}=1.5+1.5+0.1875=3.1875$$

$$k_{12}=\overline{Q}_{DA}+\overline{Q}_{EB}-\overline{Q}_{DF}-\overline{Q}_{EG}=0+0-1.5-1.5=-3.0=k_{21}$$

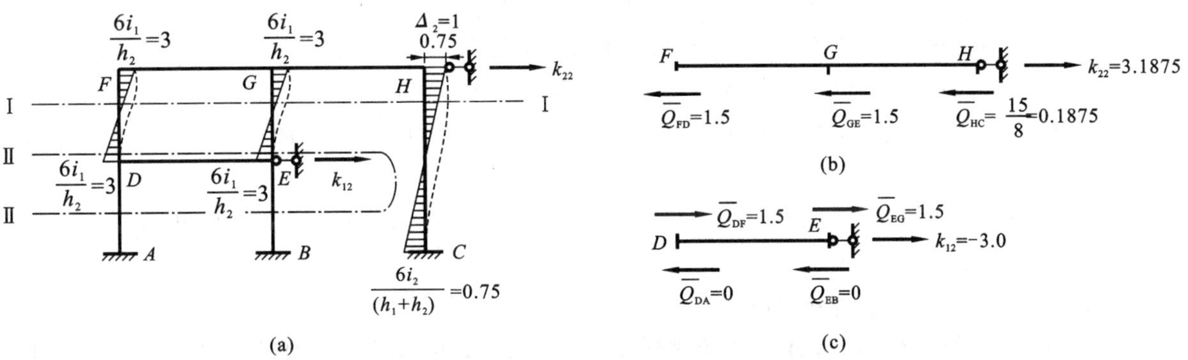

图 11.26 例 11.4 的 $\overline{M}_2$ 图

(a)$\overline{M}_2$ 图；(b)截面Ⅰ隔离体计算结果；(c)截面Ⅱ隔离体计算结果

(5) 计算 F_{1P}、F_{2P}

因荷载是结点荷载，故荷载弯矩全为零[图 11.27(a)]。直接从水平方向的平衡条件，可求得：

$$F_{1P}=-P_1=-6\ \text{kN};F_{2P}=-P_2=-6\ \text{kN}$$

(6) 将系数和自由项代入位移法方程，得到：

$$6\Delta_1-3\Delta_2-6=0$$

$$-3\Delta_1+3.1875\Delta_2-6=0$$

解得

$$\Delta_1=3.666,\Delta_2=5.333$$

(7) 作 M 图

利用叠加公式 $M=\overline{M}_1\Delta_1+\overline{M}_2\Delta_2+M_P$，可求得各柱端的弯矩。如：

$$M_{AD}=M_{DA}=-3\times3.666+0\times5.333+0=-11\ \text{kN}\cdot\text{m}$$

$$M_{DF}=M_{FD}=3\times3.666-3\times5.333+0=-5\ \text{kN}\cdot\text{m}$$
$$M_{EG}=M_{GE}=-5\ \text{kN}\cdot\text{m}$$
$$M_{BE}=M_{EB}=-11\ \text{kN}\cdot\text{m}$$
$$M_{CH}=M_{HC}=-4\ \text{kN}\cdot\text{m}$$

根据各柱的柱端弯矩值可以画出各柱的弯矩图。横梁的刚度为无限大，梁端弯矩，除结点 G 外，都可以利用结点力矩平衡条件，由立柱的端弯矩求出。至于结点 G 处，有两个待求的梁端弯矩 M_{GF} 和 M_{GH}，只一个结点力矩平衡方程，求不出两个待求的梁端弯矩。通常的做法是将横梁 FGH 取出，按两跨连续梁计算，将已求出的柱端弯矩(5 kN·m)作为此梁的结点荷载，按左、右两跨的刚度比分配。本题中，左、右两梁截面刚度、跨度一样，5 kN·m 的柱端弯矩平分给两梁。最后的弯矩图如图 11.27(b)所示。

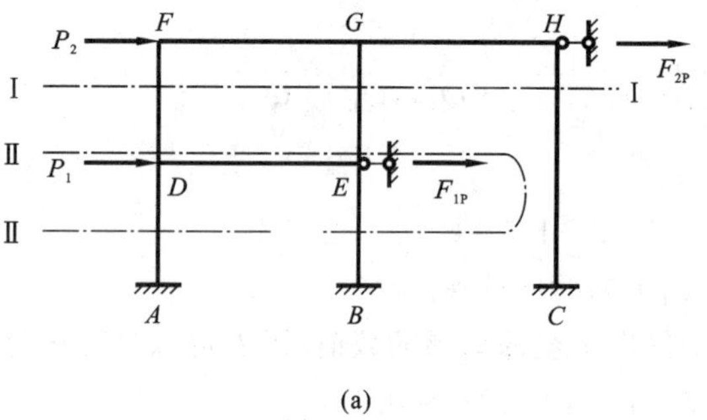

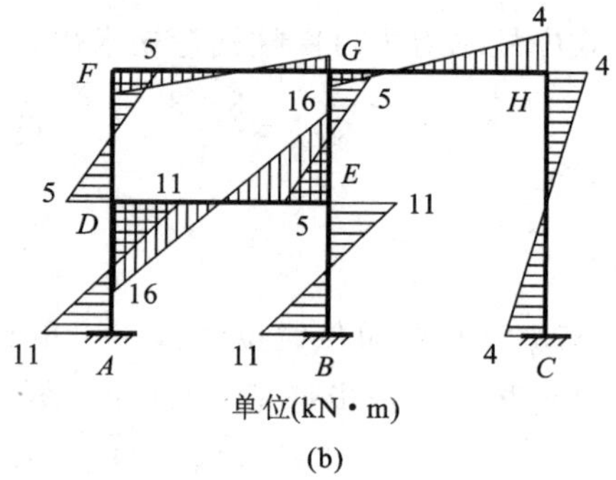

图 11.27　例 11.4 的 M_P 图和弯矩图

(a) M_P 图；(b) M 图

根据以上位移法解题过程，可将用位移法计算超静定结构的步骤归纳如下：

① 确定基本未知量。即确定结构的结点角位移和独立结点线位移。

② 确定基本体系。在原结构上有基本未知量处，施加相应的控制转动的约束或支杆等附加约束，从而得到基本体系。

③ 建立位移法方程。根据基本体系在荷载和结点位移共同作用下在附加约束处的约束力应为零的条件建立位移法方程。

④ 计算位移法方程的系数和自由项。

作基本结构在单位结点位移 $\Delta_i=1$ 单独作用下(其他结点位移 $\Delta_j=0$)的 $\overline{M}_i$ 图，由平衡条件计算方程的系数。作基本结构在荷载单独作用下的 M_P 图，由平衡条件计算方程的自由项。

⑤ 解方程，求基本未知量。

⑥ 作内力图。

利用叠加公式 $M=\overline{M}_1\Delta_1+\overline{M}_2\Delta_2+\cdots+M_P$，计算结构各杆件的杆端弯矩，作 M 图。利用平衡条件计算杆端剪力和轴力，作剪力图和轴力图。

⑦ 校核。

由于变形连续条件在选取基本未知量时已得到满足，因此，重点应校核平衡条件。

11.7　位移法计算对称结构

由上节可知，用位移法计算超静定结构时，当结点位移基本未知量较多时，需解较多数目的联立方程，计算工作量较大。而在实际工程中，应用较多的结构为对称结构，因此，仍然可以利用结构和荷载的对称性进行简化计算。

在第 10 章力法中讨论结构的对称性时曾指出，任何荷载可分解为对称荷载和反对称荷载。而对称结构在对称荷载作用下，变形和内力是对称分布的；在反对称荷载作用下，变形和内力是反对称分布的。因此，用位移法计算对称结构时，在对称荷载或反对称荷载作用下，仍然可以利用对称轴上的变形和内力特征，取半边结构的计算简图进行计算，以减少基本未知量的个数。

【例 11.5】 用位移法作图 11.28(a)所示对称刚架的弯矩图。

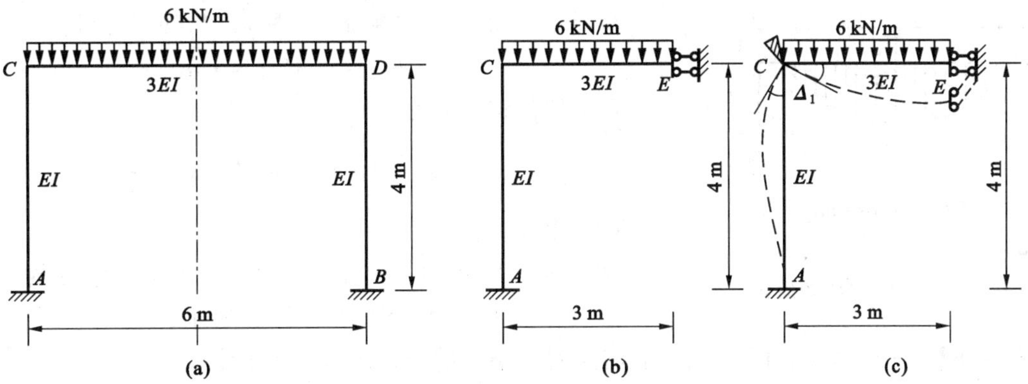

图 11.28 例 11.5 图

(a) 原结构；(b) 半边结构；(c) 基本体系

【解】

(1) 确定基本未知量和基本体系

图 11.28(a)所示刚架有三个结点位移，两个结点角位移和一个结点线位移。但刚架是对称刚架，在对称荷载作用下，可取半边结构的计算简图[图 11.28(b)]进行计算，此半边结构只有一个结点 C 的角位移 Δ_1。所以，基本未知量为结点 C 的角位移 Δ_1。在结点 C 施加转动约束，得到基本体系如图 11.28(c)所示。

(2) 位移法方程

$$k_{11}\Delta_1 + F_{1P} = 0$$

(3) 计算系数 k_{11}

作基本结构在 $\Delta_1 = 1$ 作用下的 $\overline{M}_1$ 图[图 11.29(a)]，由结点 C 的力矩平衡条件[图 11.29(b)]可得(令 $EI = i$)：

$$k_{11} = i_{CE} + 4i_{CA} = \frac{3EI}{3} + \frac{4EI}{4} = 2i$$

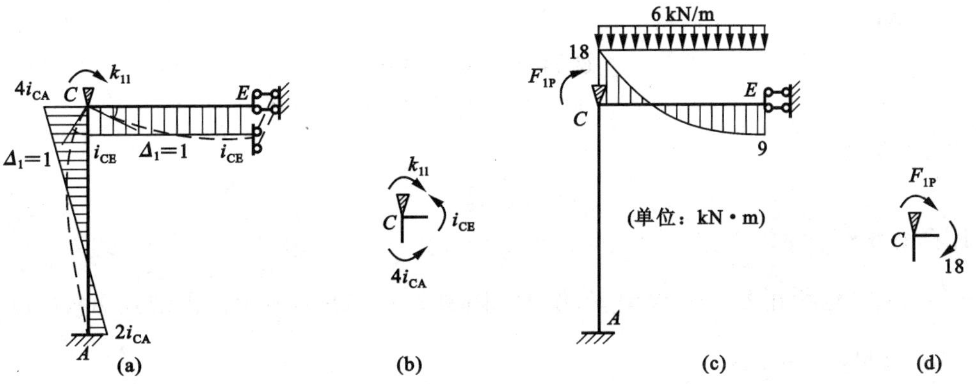

图 11.29 半边结构的 $\overline{M}_1$ 图、M_P 图

(a) $\overline{M}_1$ 图；(b) 计算 k_{11}；(c) M_P 图；(d) 计算 F_{1P}

(4) 计算自由项 F_{1P}

利用载常数计算杆 CE 的固端弯矩，作基本结构在荷载作用下的 M_P 图[图 11.29(c)]：

$$M_{CE}^{F}=-\frac{1}{3}ql^2=-\frac{1}{3}\times6\times3^2=-18\ \text{kN}\cdot\text{m}$$

$$M_{EC}^{F}=-\frac{1}{6}ql^2=-\frac{1}{6}\times6\times3^2=-9\ \text{kN}\cdot\text{m}$$

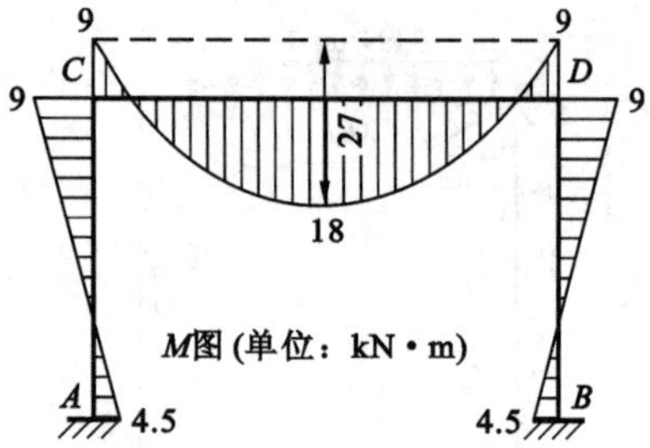

图 11.30　例 11.5 的弯矩图

由结点 C 的力矩平衡条件[图 11.29(d)]可得：

$$F_{1P}=-18\ \text{kN}\cdot\text{m}$$

(5) 解位移法方程

$$2i\Delta_1-18=0\qquad 则\ \Delta_1=\frac{9}{i}$$

(6) 作 M 图

利用叠加公式 $M=\overline{M}_1\Delta_1+M_P$，作出半边结构的 M 图，另一半按对称性画出，M 图如图 11.30 所示。

【例 11.6】 用位移法作图 11.31(a)所示对称结构的弯矩图(EI=常数)。

【解】

(1) 确定基本未知量和基本体系

此结构为一封闭的矩形框，有四个结点角位移。但结构关于 x 轴和 y 轴均对称。在对称荷载作用下，可取$\frac{1}{4}$结构的计算简图计算，如图 11.31(b)所示，这时只有结点 A 的角位移 Δ_1 为基本未知量。基本体系如图 11.31(c)所示。

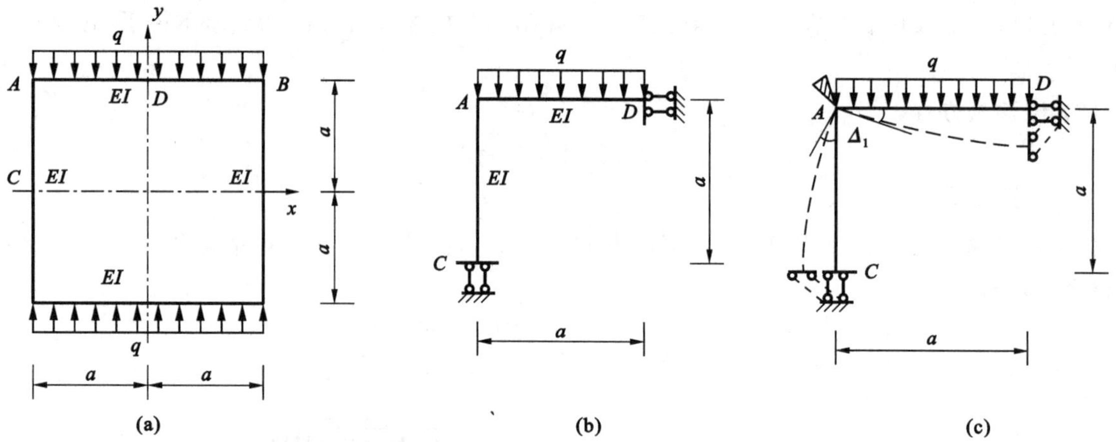

图 11.31　例 11.6 图

(a) 原结构；(b) 1/4 结构计算简图；(c) 基本体系

(2) 位移法方程

$$k_{11}\Delta_1+F_{1P}=0$$

(3) 计算系数 k_{11}

令 $i=\frac{EI}{a}$，基本结构在 $\Delta_1=1$ 作用下，作 $\overline{M}_1$ 图如图 11.32(a)所示。由结点 A 的力矩平衡条件[图 11.32(b)]可得：

$$k_{11}=2i$$

(4) 计算自由项 F_{1P}

利用载常数可得杆 AD 的固端弯矩，作基本结构在荷载作用下的 M_P 图[图 11.32(c)]：

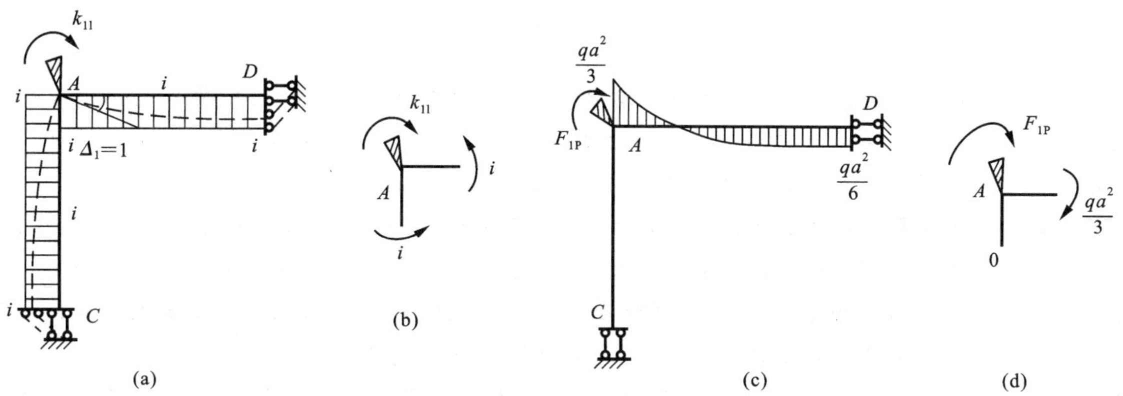

图 11.32 1/4 结构的 $\overline{M}_1$、M_P 图

(a) $\overline{M}_1$ 图；(b) 计算 k_{11}；(c) M_P 图；(d) 计算 F_{1P}

$$M_{AD}^F=-\frac{1}{3}qa^2,\quad M_{DA}^F=-\frac{1}{6}qa^2$$

由结点 A 的力矩平衡条件[图 11.32(d)]可得：

$$F_{1P}=-\frac{1}{3}qa^2$$

(5) 解位移法方程

$$2i\Delta_1-\frac{1}{3}qa^2=0\quad 则\ \Delta_1=\frac{qa^2}{6i}$$

(6) 作 M 图

利用叠加公式 $M=\overline{M}_1\Delta_1+M_P$，作出$\frac{1}{4}$结构的 M 图，然后根据对称性，画出原结构的 M 图，如图 11.33 所示。

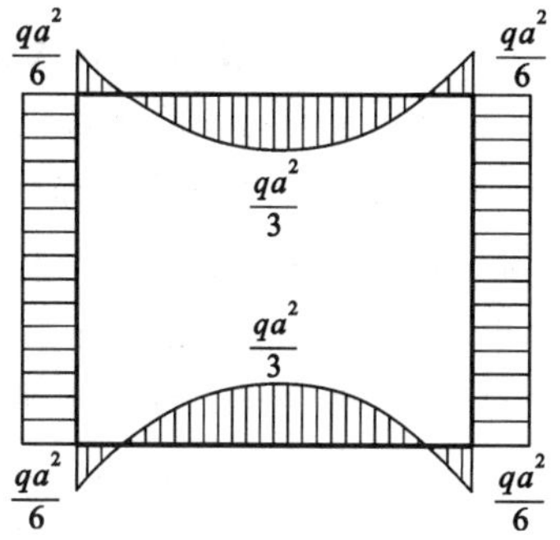

图 11.33 例 11.6 的 M 图

*11.8 支座位移和温度变化时的计算

本节内容可扫二维码阅读。

11.8 节

*11.9 用直接平衡法建立位移法方程

在位移法中，也可以不通过基本体系，而以杆件为单元，利用杆件的形常数和载常数，综合写出每一杆件的杆端弯矩和杆端角位移、相对杆端线位移、荷载的关系式，然后直接建立结点平衡方程和截面平衡方程，计算基本未知量。**本节内容可扫二维码阅读。**

11.9 节

本章小结

(1) 位移法是计算超静定结构的另一基本方法(虽然它也可以计算静定结构),适用于超静定次数较高的连续梁和刚架。同时它又是常用渐近法(力矩分配法、无剪力分配法等)和适用于计算机计算的矩阵位移法的基础。应认真弄清楚位移法的基本物理概念。

(2) 位移法的基本未知量是结构的结点位移,即刚结点的角位移和独立的结点线位移。这时,应清楚地理解等截面直杆形常数和载常数的物理意义,这可以帮助我们了解在位移法中为什么可以取这些结点位移作为基本未知量,而不是任意的结点位移(如铰结点的角位移)作基本未知量。这里要注意位移和杆端力的正负号规定,特别是杆端弯矩新的正负号规定。

(3) 在位移法中,用以解算基本未知量的是平衡方程。对每一个刚结点,可以写一个结点力矩平衡方程。对每一个独立的结点线位移,可以写一个截面平衡方程。平衡方程的数目与基本未知量的数目正好相等。

(4) 利用基本体系写平衡方程,使位移法与力法之间建立更加完整的对应关系,有助于对两种方法的深入了解。采用基本体系后,不仅使基本方程中的每项系数和自由项都具有独立的力学意义,而且可以与第 13 章的矩阵位移法相呼应。

(5) 对称结构的计算主要是取半边结构进行计算。关键是要弄清楚半边结构的取法,即弄清楚在对称荷载或反对称荷载下结构有哪些独立的结点位移。

(6) 支座位移和温度变化时的计算,主要是搞清楚这些特殊的"荷载"在被约束后的杆件(或基本结构)中产生的影响。这是一些特殊的"载常数"。原理和算法与荷载作用时相同。

(7) 位移法中的直接平衡法是以杆件的转角位移方程为基础直接写平衡方程的方法,原理与通过基本体系写平衡方程的方法是一样的。

思考题

11.1 位移法中对于杆端角位移、杆端相对线位移、杆端弯矩和杆端剪力的正负号是怎样规定的?

11.2 什么是杆件的形常数和载常数?

11.3 用力法导出式(11.1)至式(11.5),并熟记表 11.1 中的形常数。

11.4 用力法算出表 11.2 中 1、3、6、8、12、14 等项载常数并熟记。

11.5 试问思考题 11.5 图中,A 端有单位转角时,M_{AB} 和 M_{BA} 各等于多少?

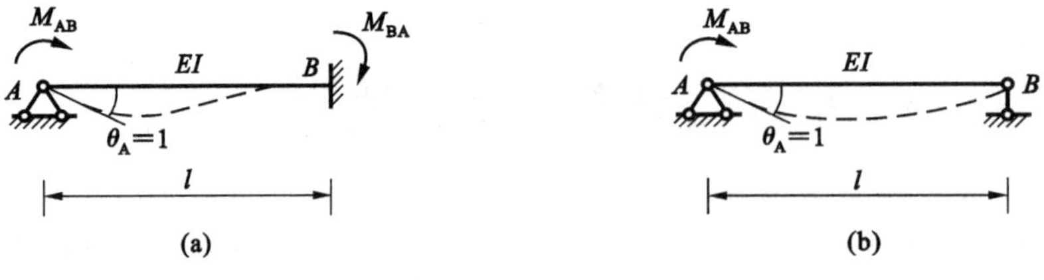

思考题 11.5 图

(a) 一端铰结、一端固定;(b) 两端铰支

11.6 试问思考题 11.6 图中,杆 AB 两端有相对线位移时,M_{AB} 和 M_{BA} 各等于多少?

11.7 位移法的基本未知量有哪几种?

11.8 结点角位移如何确定?确定的根据是什么?

11.9 独立结点线位移的数目是如何确定的?确定的基本假设是什么?为什么可以用铰结体系自由度的数目确定?

11.10 用位移法计算超静定结构时,如何取基本结构?如何取基本体系?与力法计算时选择基本结构和基本

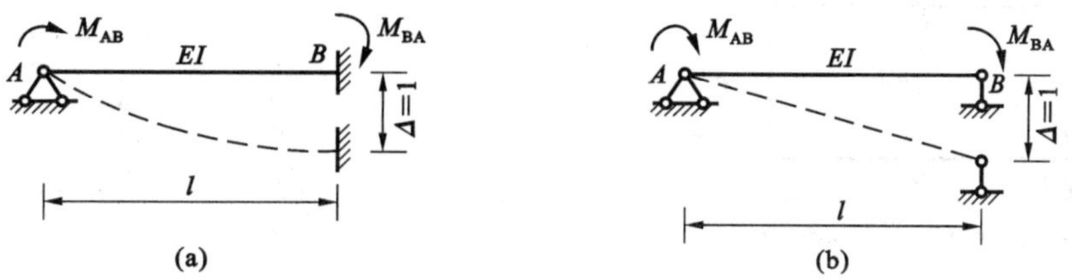

思考题 11.6 图

(a) 一端铰结、一端固定;(b) 两端铰支

体系的思路有何根本的不同?对于同一结构,力法计算时可以选择不同的基本体系,位移法可以有几种不同的基本体系吗?

11.11 位移法基本体系中的附加转动约束和附加支杆约束各起什么作用?

11.12 位移法方程中的系数 k_{ii}、k_{ij} 和自由项 F_{iP} 各代表什么物理意义?

11.13 为什么说位移法方程实质上是平衡方程?

11.14 位移法能计算静定结构吗?

11.15 为什么在荷载作用下求内力时可采用各杆刚度的相对值?采用刚度的相对值所得到的解 Δ_1、Δ_2…是真实的结点位移吗?由此得到的内力是真实内力吗?

11.16 为什么铰支座处的角位移不选作基本未知量?

11.17 为什么对称结构在对称荷载或反对称荷载作用时可以取半边结构计算?荷载不对称时能否取半边结构计算?

11.18 对称结构如不取半边结构,而直接利用原结构进行计算,是否也能利用对称性简化计算?

11.19 用位移法计算超静定结构时,由于支座位移和温度变化的作用,与荷载的作用在计算上有何异同?

11.20 为什么直接平衡法和基本体系方法在实质上是相同的?

11.21 试比较基本体系方法和直接平衡法在计算方法与步骤上的异同?

11.22 将力法和位移法的基本体系方法加以比较。

习 题

11.1~11.8 试确定题 11.1 图至题 11.8 图所示结构用位移法计算时的基本未知量数目,并画出基本结构。

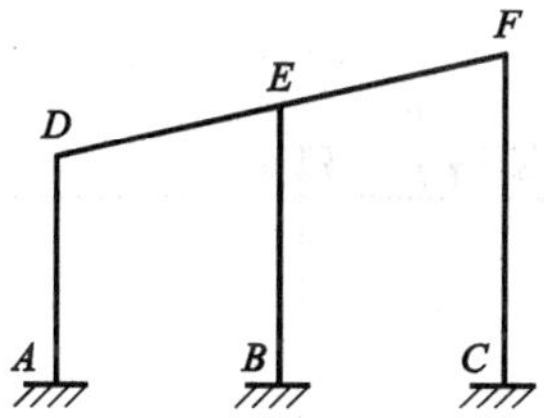

题 11.1 图

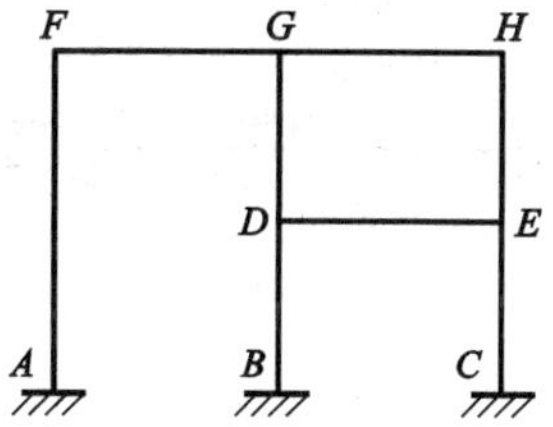

题 11.2 图

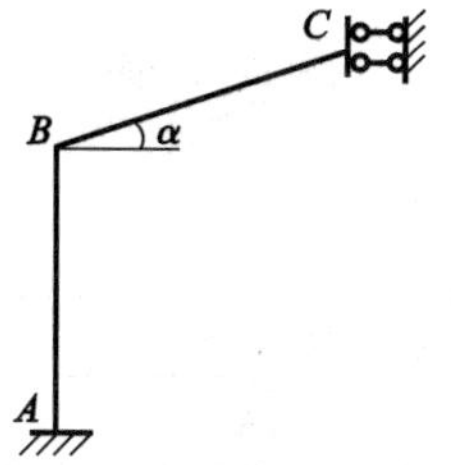

(1) $\alpha\neq0$ (2) $\alpha=0$

题 11.3 图

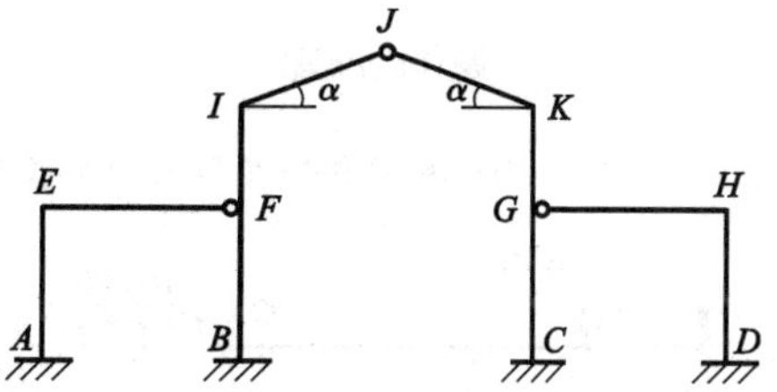

(1) 当$\alpha\neq0$ (2) 当$\alpha=0$

题 11.4 图

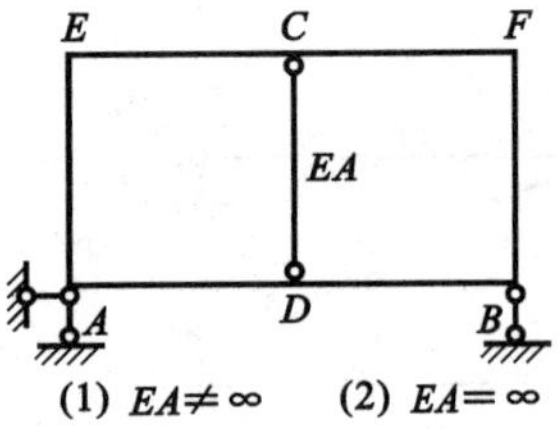

题 11.5 图

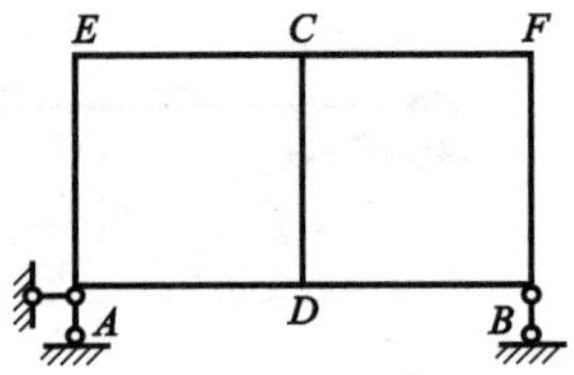

题 11.6 图

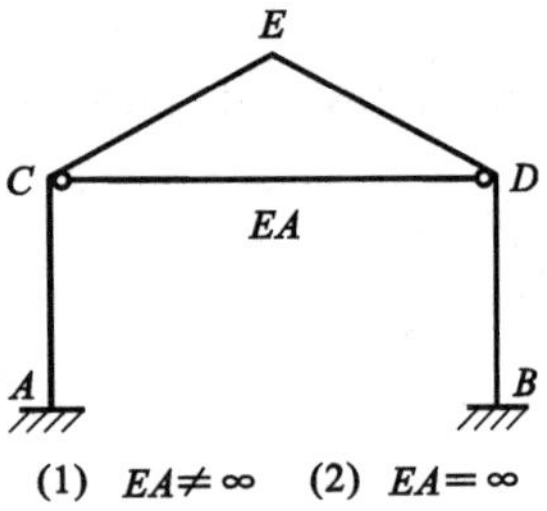

题 11.7 图

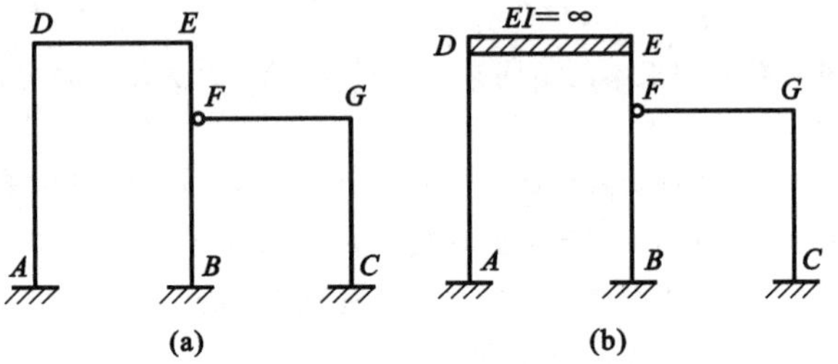

题 11.8 图

11.9～11.12　画出下列结构的基本体系，并画出基本结构的单位弯矩图和荷载弯矩图。

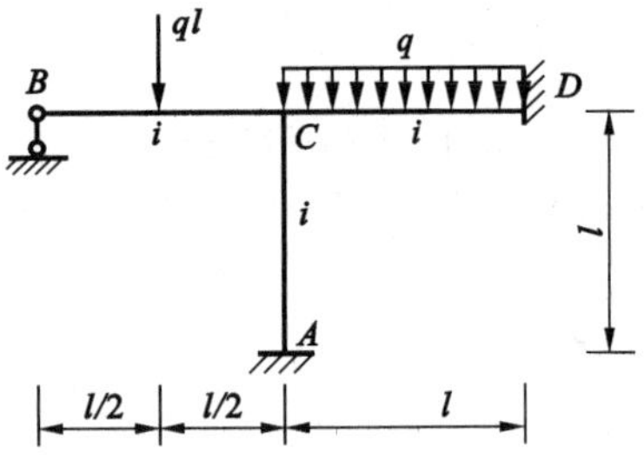

题 11.9 图

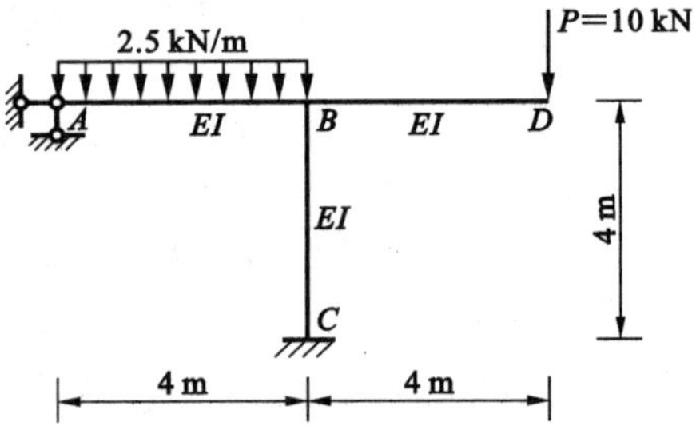

题 11.10 图

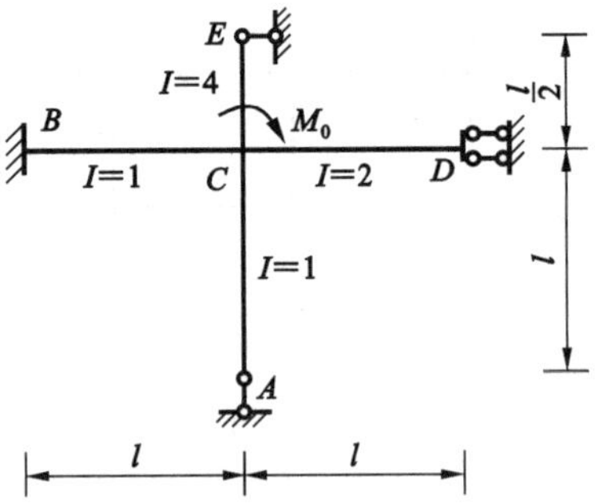

题 11.11 图

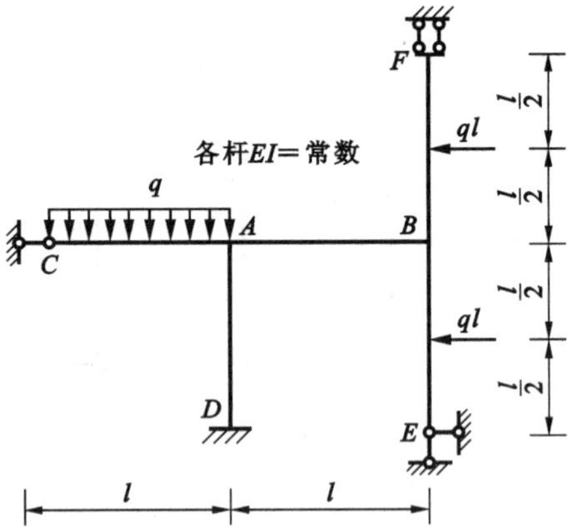

题 11.12 图

11.13～11.16　用位移法作连续梁及无侧移刚架的 M 图。EI＝常数。

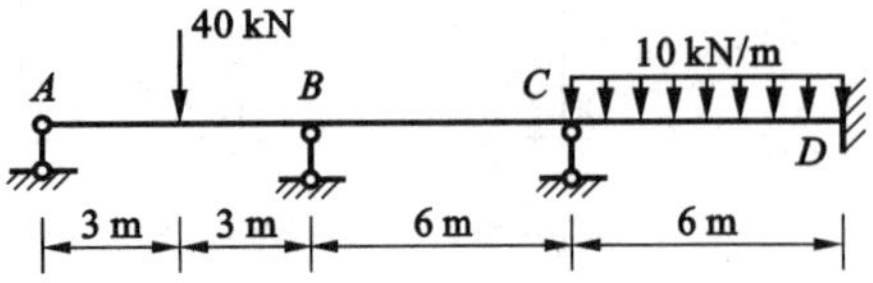

题 11.13 图

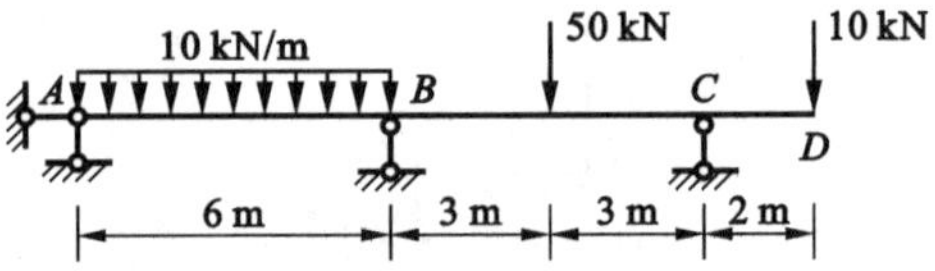

题 11.14 图

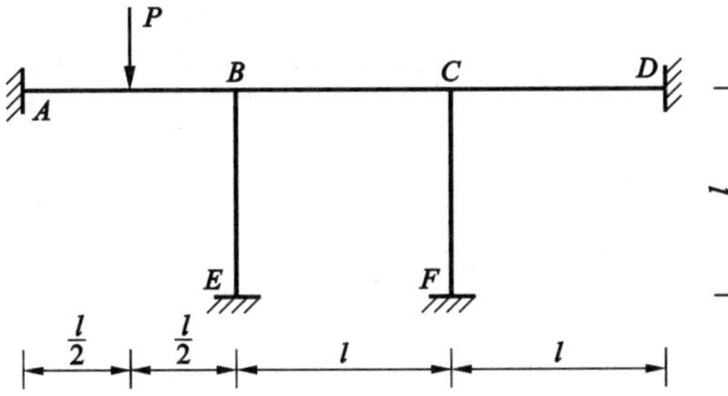

题 11.15 图

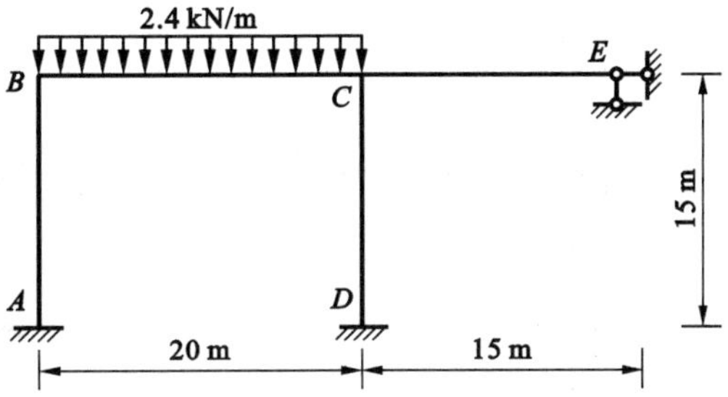

题 11.16 图

11.17～11.18　画出图示刚架(EI＝常数)的基本体系，并画出单位弯矩图和荷载弯矩图。

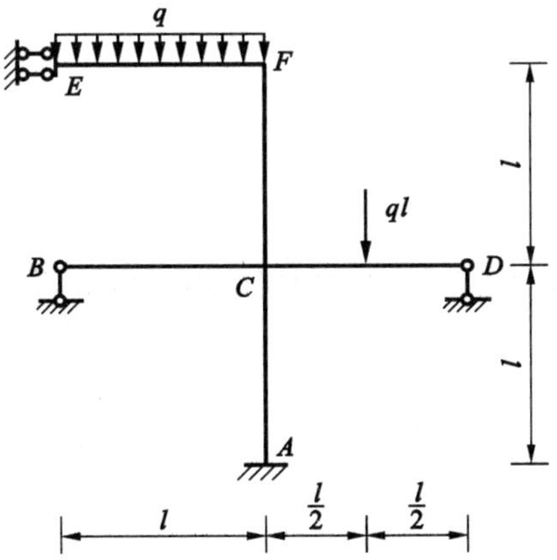

题 11.17 图

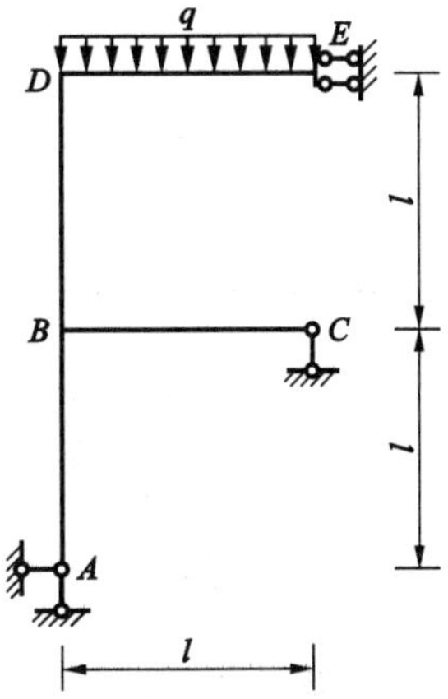

题 11.18 图

11.19～11.22　用位移法作图示刚架的 M 图。

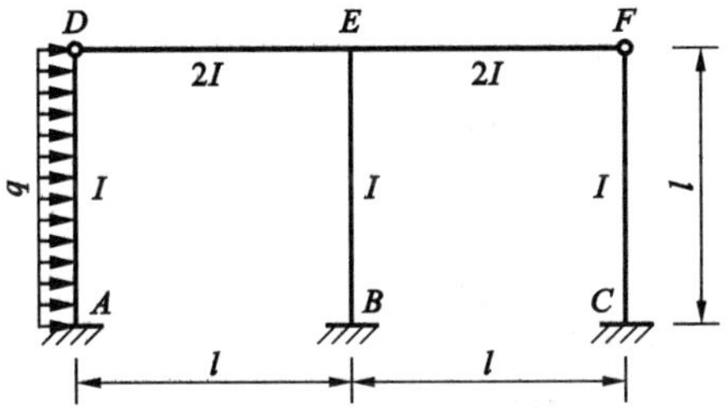

题 11.19 图

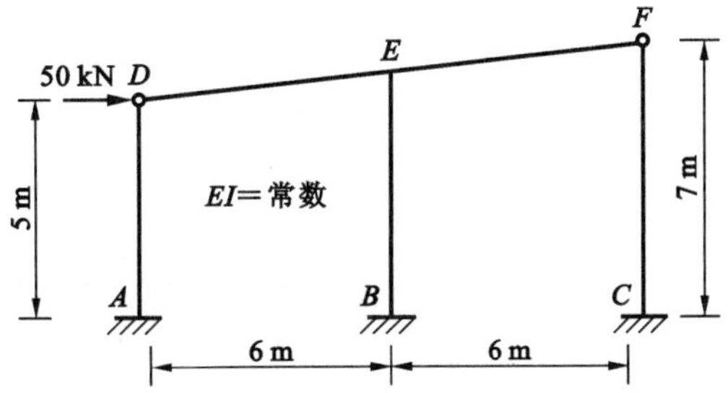

题 11.20 图

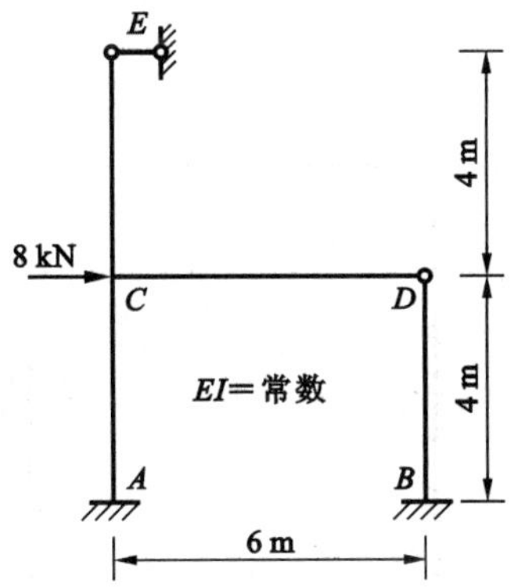

题 11.21 图

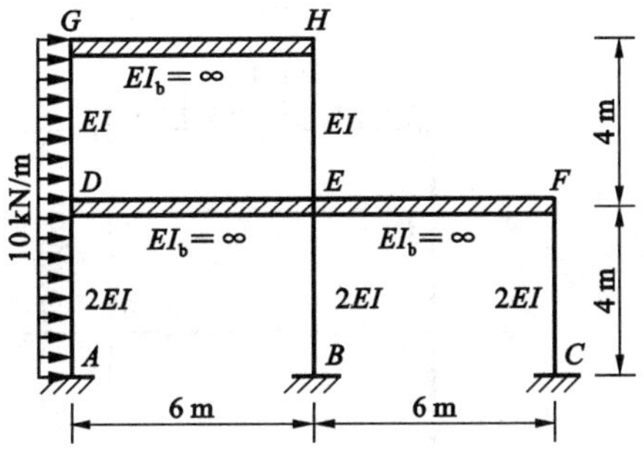

题 11.22 图

11.23～11.24　用位移法计算图示排架和刚架，作 M、Q 和 N 图。

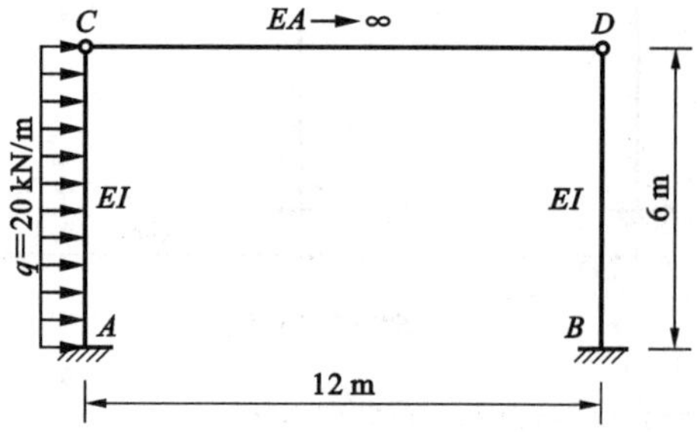

题 11.23 图

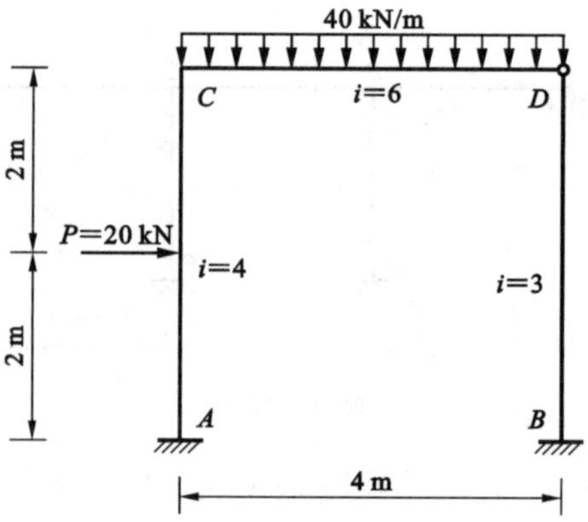

题 11.24 图

11.25～11.27 利用对称性,作图示刚架的 M 图。EI＝常数。

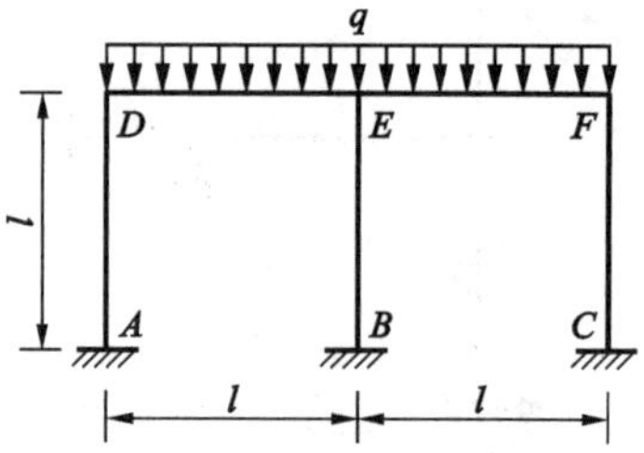

题 11.25 图

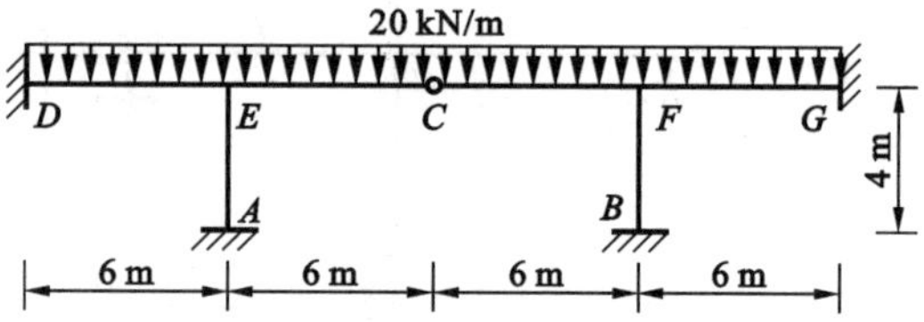

题 11.26 图

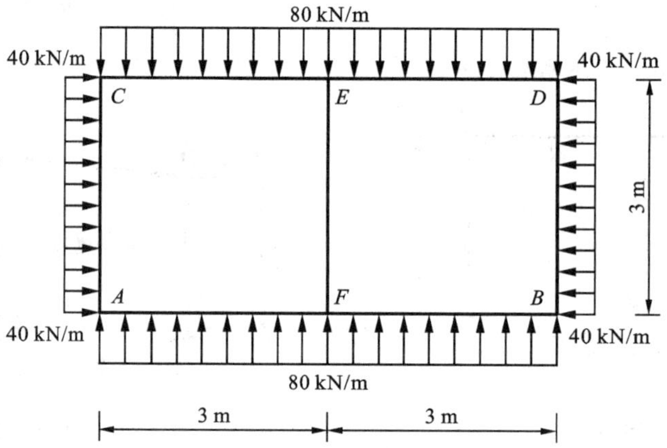

题 11.27 图

11.28～11.29 利用对称性,作图示刚架的 M、Q、N 图。

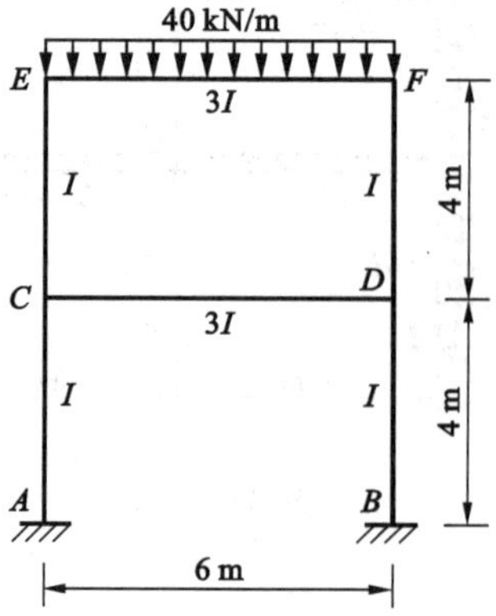

题 11.28 图

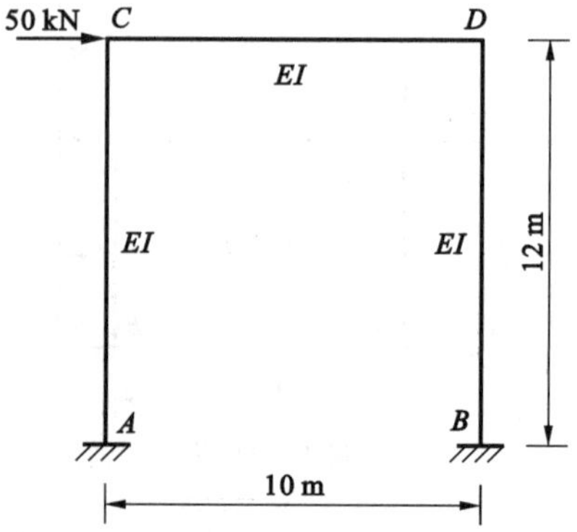

题 11.29 图

11.30 讨论如何利用对称性计算图示刚架。

*11.31 设支座 B 下沉 $\Delta_B=0.5$ cm，求作图示刚架的 M 图。

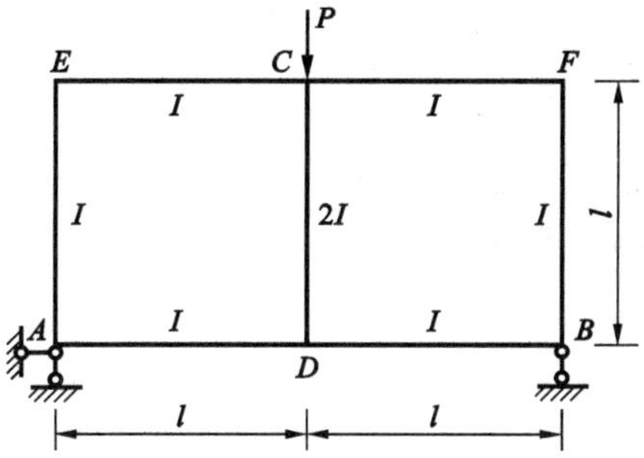

题 11.30 图

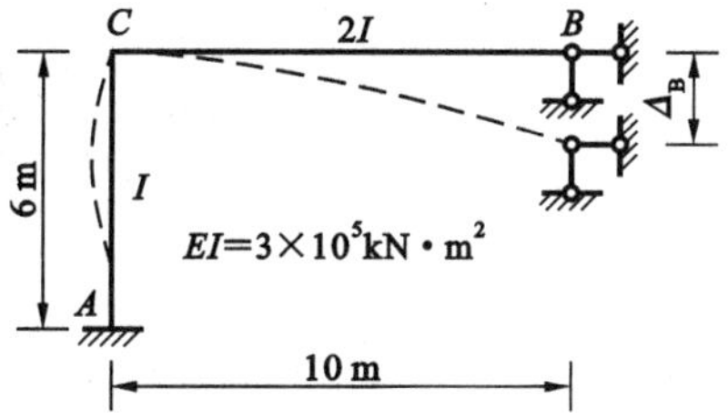

题 11.31 图

*11.32 如图所示连续梁，设支座 C 下沉 1 cm，求作 M 图。

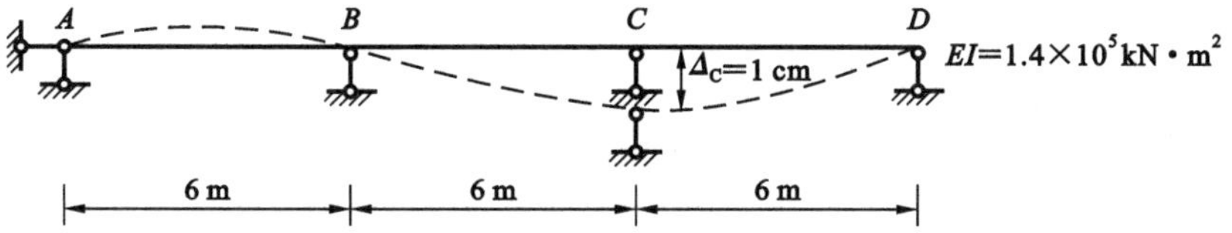

题 11.32 图

*11.33 求作图示具有弹簧支座结构的 M 图。弹簧刚度系数为 k。

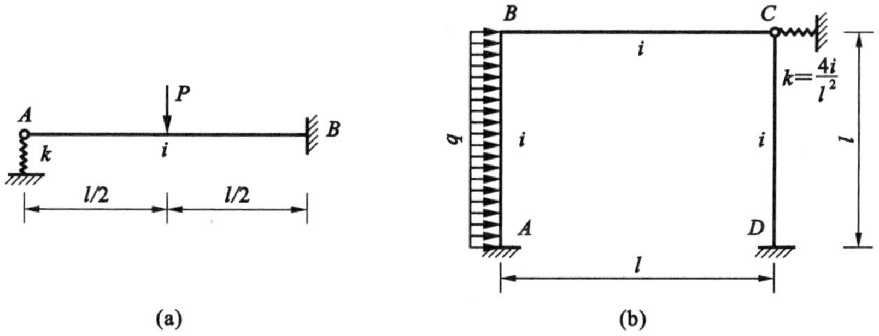

题 11.33 图

*11.34 图示等截面正方形、正六边形刚架，内部温度升高 t ℃，杆截面厚度为 h，温度膨胀系数为 α，求作 M 图。

题 11.34 图

*11.35 求作图示刚架温度变化时的弯矩图。设 $E=1.5\times10^6$ N/cm^2，$\alpha=1\times10^{-5}$(1/℃)，各杆截面尺寸均为 50 cm×60 cm。

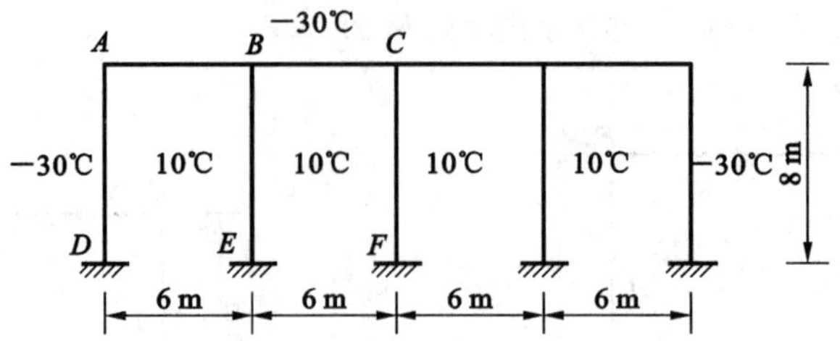

题 11.35 图

*11.36～11.39　用直接平衡法重做习题 11.15、11.16、11.21、11.22。

习题答案

第2章

2.1 (a) 几何不变,有一个多余约束。
(b) 几何不变,有两个多余约束。
(c) 几何可变。

2.2 (a) 几何不变,无多余约束。
(b) 几何可变。
(c) 几何不变,无多余约束。

2.3 (a) 几何不变,无多余约束。
(b) 几何不变,有一个多余约束。
(c) 几何不变,无多余约束。

2.4 几何不变,无多余约束。

2.5 几何不变,有一个多余约束。

2.6 几何不变,无多余约束。

2.7 几何不变,无多余约束。

2.8 几何可变。

2.9 几何不变,无多余约束。

2.10 几何不变,有三个多余约束。

2.11 几何不变,无多余约束。

2.12 几何不变,无多余约束。

2.13 几何不变,无多余约束。

2.14 几何不变,无多余约束。

2.15 几何不变,有一个多余约束。

2.16 几何不变,无多余约束。

2.17 几何不变,无多余约束。

***2.18** 瞬变。

***2.19** 瞬变。

***2.20** 题2.1图:(a) $W=0$,(b) $W=-1$,(c) $W=1$。
题2.2图:(a) $W=0$,(b) $W=1$,(c) $W=0$。

第3章

3.1 $M_A=-ql^2$,$Q_A=ql$。

3.2 $M_A=-38$ kN·m,$Q_A=10$ kN。

3.3 $M_C=11.33$ kN·m,$Q_{C左}=4.67$ kN·m。

3.4 $M_{C左}=9$ kN·m,$Q_C=-\frac{3}{4}$ kN。

3.5 $M_A=3$ Pa(左边受拉),$Q_A=P$。

3.6 $M_A=10.5$ kN·m(左边受拉),$Q_A=5$ kN。

3.7 错误。正确的内力图形状见题3.7答案图。

3.8 错误。正确的内力图形状见题3.8答案图。

3.9 错误。正确的内力图形状见题3.9答案图。

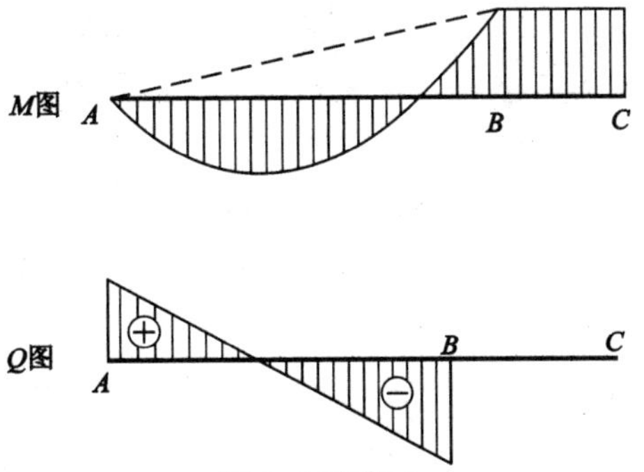

题3.7答案图

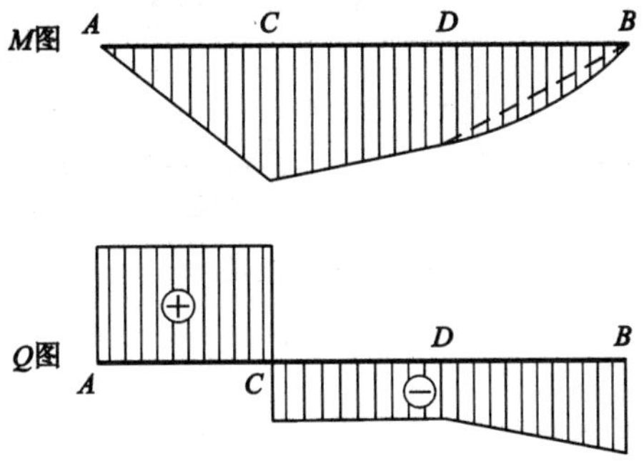

题3.8答案图

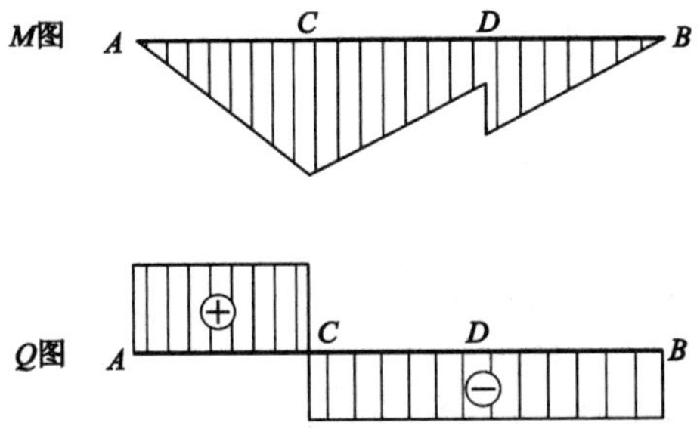

题3.9答案图

3.10 错误。正确的内力图形状见题3.10答案图。

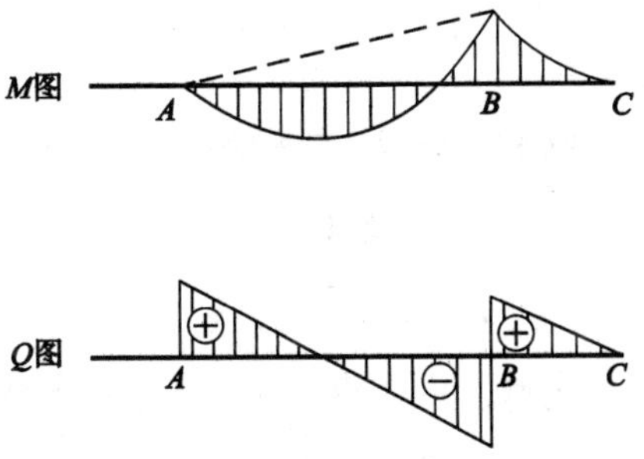

题3.10答案图

3.11　错误。正确的内力图形状见题 3.11 答案图。

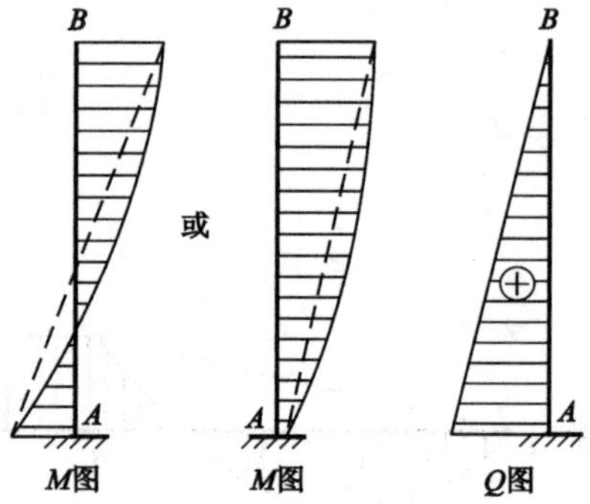

题 3.11 答案图

3.12　错误。正确的内力图形状见题 3.12 答案图。

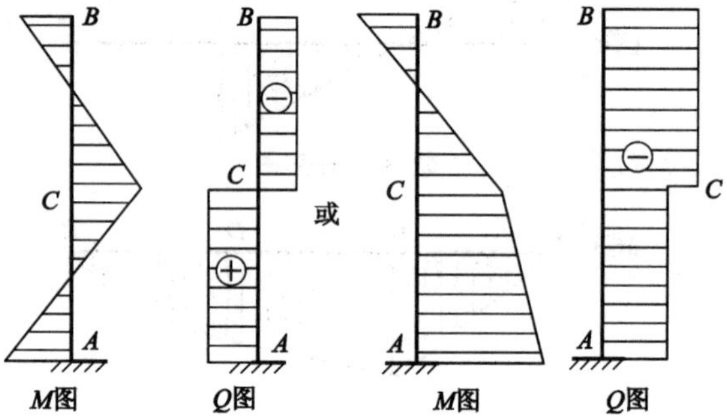

题 3.12 答案图

3.13　$M_C=\frac{1}{8}ql^2$。

3.14　$M_C=0$。

3.15　$M_C=\frac{1}{4}ql^2$。

3.16　$M_C=\frac{1}{2}Pl$。

3.17　$M_C=0$。

3.18　$M_C=\frac{1}{4}Pl$

3.19　$M_C=18$ kN·m。

3.20　$M_C=5$ kN·m。

3.21　$M_C=2$ kN·m。

3.22　$M_C=-12$ kN·m。

3.23　$M_D=1.5q, Q_D=0.8q, N_D=-0.6q$。

3.24　$M_D=1.5q, Q_D=0.8q, N_D=-1.8q$。

3.25　$M_B=-4.34$ kN·m，$Q_{B左}=-10.72$ kN。

3.26　$M_B=10$ kN·m，$Q_{B左}=5$ kN。

第 4 章

4.1　$M_A=16$ kN·m(右边受拉)，$X_A=8$ kN(→)。

4.2　$M_B=3.7$ kN·m(上边受拉)，$X_B=1.5$ kN(→)。

4.3　$Y_A=\frac{1}{2}qa$(↓)，$X_A=qa$(←)。

4.4　$Y_B=7$ kN(↑)。

4.5　$Y_D=\frac{3}{2}P$(↑)。

4.6　$Y_B=7.5$ kN(↑)。

4.7　$Y_B=0, X_B=\frac{M}{a}$(→)。

4.8　$M_A=12$ kN·m(右边受拉)。

4.9　$M_{CD}=16$ kN·m(上边受拉)。

4.10　$M_{CD}=\frac{1}{2}qa^2$(下边受拉)。

4.11　$M_{CB}=28$ kN·m(下边受拉)。

4.12　$M_{BC}=0.5$ Pa(左边受拉)，
　　$M_{CD}=1.5$ Pa(下边受拉)。

4.13　$M_{DC}=68$ kN·m(上边受拉)。

4.14　$M_{EB}=27$ kN·m(右边受拉)。

4.15　$M_A=16$ kN·m(右边受拉)，$Q_{BA}=-8$ kN。

4.16　P 在 E，$M_A=\frac{1}{2}Ph$(右边受拉)。

4.17　$M_{BA}=3.7$ kN·m(上边受拉)，$Q_{BA}=-5$ kN。

4.18　$M_{CB}=28$ kN·m(下边受拉)，$Q_{CD}=8$ kN。

4.19　$M_{CD}=Pa$(下边受拉)。

4.20　$M_{CD}=6$ kN·m(下边受拉)。

4.21　$M_{BC}=6.5$ kN·m(外边受拉)。

4.22　$M_{BC}=40$ kN·m(上边受拉)。

4.23　$M_{EC}=12.5$ kN·m(上边受拉)，$Q_{EC}=-7.5$ kN。

4.24　$M_{EC}=M$(下边受拉)，$Q_{EC}=0$。

4.25　$M_{DC}=50$ kN·m(上边受拉)。

4.26　$M_{ED}=\frac{1}{4}$ Pa(左边受拉)。

4.27　$M_{DA}=24$ kN·m(左边受拉)。

4.28　$M_{FA}=12$ kN·m(左边受拉)。

4.29　错误。正确的 M 图形状见题 4.29 答案图。

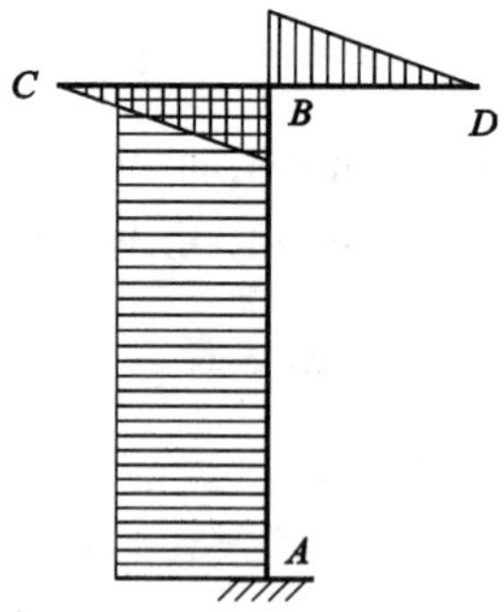

题 4.29 答案图

4.30　错误。正确的 M 图形状见题 4.30 答案图。

4.31　错误。正确的 M 图形状见题 4.31 答案图。

4.32　错误。正确的 M 图形状见题 4.32 答案图。

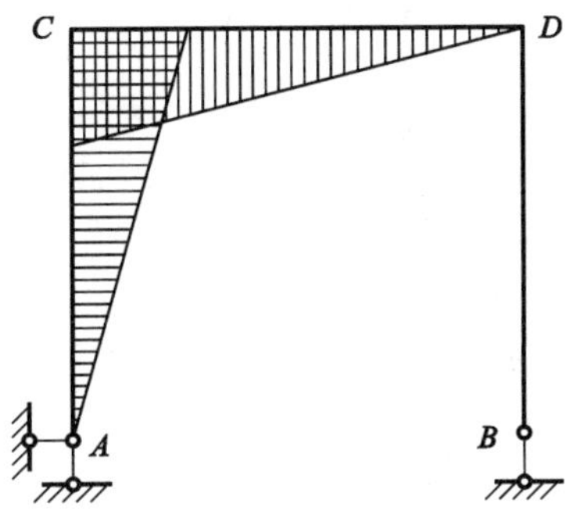

题 4.30 答案图

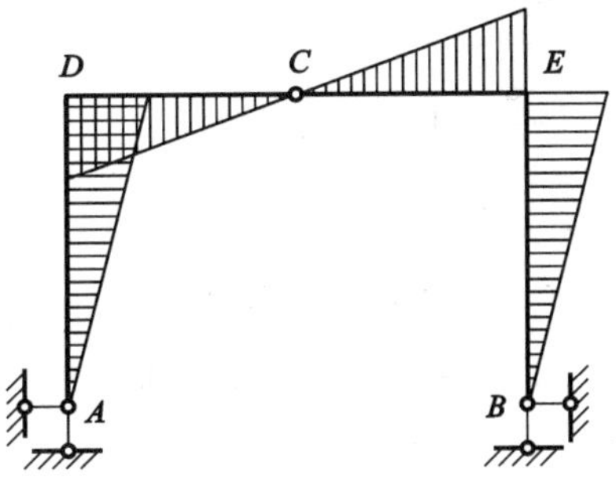

题 4.31 答案图

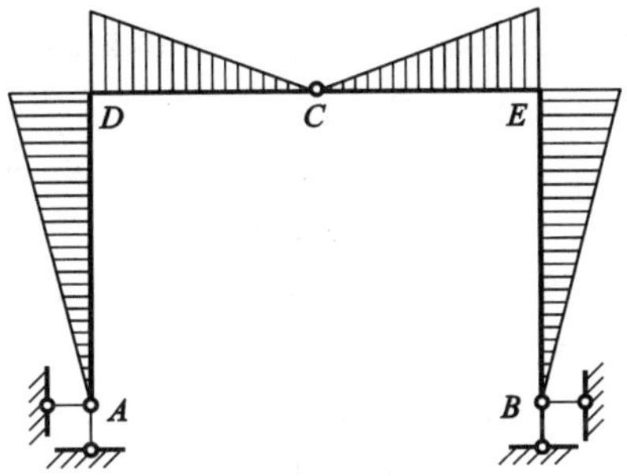

题 4.32 答案图

第 5 章

5.1 $V_A=9.5$ kN，$H=9$ kN。

$M_D=11$ kN·m，$Q_{D左}=4.47$ kN，

$N_{D左}=-12.30$ kN。

5.2 $V_A=100$ kN·m，$H=50$ kN。

$M_D=-29$ kN·m，$Q_D=18.3$ kN，

$N_D=-68.3$ kN。

5.3 $V_A=90$ kN，$N_{DE}=135$ kN。

$M_K=-7.47$ kN·m，

$Q_K=2.15$ kN，

$N_K=-158.20$ kN。

第 6 章

6.1 简单桁架。

6.2 联合桁架。

6.3 简单桁架。

6.4 简单桁架。

6.5 简单桁架。

6.6 简单桁架。

6.7 联合桁架。

6.8 复杂桁架。

6.9 题 6.3 图：13 根。

题 6.4 图：7 根。

题 6.5 图：15 根。

题 6.6 图：14 根。

6.10 $N_{CE}=20$ kN。

6.11 $N_{CB}=\sqrt{2}P$。

6.12 $N_{CD}=P_1$。

6.13 $N_{AB}=-4$ kN。

6.14 $N_{CA}=-1.96P$。

6.15 $N_{BE}=-0.786P$。

6.16 $N_1=7.5$ kN，$N_2=25$ kN，$N_3=-22.5$ kN。

6.17 $N_1=-33.54$ kN，$N_2=-11.18$ kN。

6.18 $N_1=37.5$ kN，$N_2=12.02$ kN。

6.19 $N_2=\frac{1}{4}P$，$N_4=-\frac{5}{4}P$。

6.20 $N_1=-2.5P$，$N_3=3P$。

6.21 $N_1=20$ kN，$N_3=0$。

6.22 $N_1=18.03$ kN，$N_2=52.5$ kN。

6.23 $N_1=22.5$ kN，$N_3=37.5$ kN。

6.24 $N_1=-2.84$ kN，$N_3=5$ kN。

6.25 $N_1=-8$ kN，$N_4=-1$ kN。

6.28 $M_F=4.5$ kN·m(下边受拉)，$N_{DE}=6$ kN。

6.29 $M_D=120$ kN·m(左边受拉)，$N_{CE}=-28.28$ kN。

第 7 章

7.1 (a) 不变。(b) 不变。(c) 不变。(d) 瞬变。

(e) 不变。(f) 不变。

7.2 $N_a=-\frac{P}{2}$，$N_b=\frac{\sqrt{2}}{4}P$。

第 8 章①

8.1 $\overline{R}_A=1$，$\overline{M}_A=-x$。

$$\overline{M}_C=\begin{cases}0,(x\leqslant a),\\-(x-a),(x\geqslant a)。\end{cases}$$

$$\overline{Q}_C=\begin{cases}0,\ (0\leqslant x<a),\\1,\ (a<x\leqslant l)。\end{cases}$$

① 本章答案中用字上面加横线表示该量的影响线，如 R_A、M_A 的影响线分别用 $\overline{R}_A$、$\overline{M}_A$ 表示。

8.2 $\overline{R}_A=1$（A 点的值），

$\overline{R}_B=1$（B 点的值）。

$\overline{M}_C=1.2$ m（C 点的值），

$\overline{Q}_C=-\dfrac{3}{5}$（$C$ 左的值）。

$\overline{M}_A=-2$ m（D 点的值），

$\overline{Q}_{A左}=-1$（A 左的值），

$\overline{Q}_{A右}=+1$（A 右的值）。

8.3 $\overline{R}_A=\overline{R}_A^0,\overline{R}_B=\overline{R}_B^0,\overline{M}_C=\overline{M}_C^0$，

$\overline{Q}_C=\overline{Q}_C^0\cos\alpha,\overline{N}_C=-\overline{Q}_C^0\sin\alpha$。

上标加“0”者为平梁有关量的值。

8.4 $\overline{R}_{Ax}=1,\overline{R}_{Ay}=-\dfrac{x}{l}\tan\alpha$，

$\overline{R}_{By}=\dfrac{x}{l}\tan\alpha$。

$\overline{M}_C=\dfrac{ab}{l}\tan\alpha$（$C$ 点的值），

$\overline{Q}_C=-\dfrac{a}{l}\sin\alpha$（$C$ 左的值），

$\overline{N}_C=\dfrac{a}{l}\dfrac{\sin^2\alpha}{\cos\alpha}$（$C$ 左的值）。

8.5 $\overline{M}_C=\dfrac{2}{3}$ m（D 点的值），

$\overline{Q}_C=\dfrac{2}{3}$（$D$ 点的值）。

8.6 $\overline{R}_A=\dfrac{10}{9}$（$F$ 点的值），

$\overline{M}_C=\dfrac{4}{3}$ m（G 点的值），

$\overline{Q}_C=-\dfrac{2}{9}$（$G$ 点的值），

$\overline{Q}_{D左}=-\dfrac{2}{9}$（$G$ 点的值），

$\overline{Q}_{D右}=-\dfrac{5}{9}$（$D$ 点的值）。

8.7 $P=1$ 上承：$\overline{N}_1=-\dfrac{3}{4}$（$D$ 点），

$\overline{N}_2=-\dfrac{1}{2}$（$D$ 点），$\overline{N}_3=\dfrac{3}{4}$（$C$ 点）。

$P=1$ 下承：$\overline{N}_1=-0.938$（E 点），

$\overline{N}_2=-\dfrac{3}{8}$（$C$ 点），$\overline{N}_3=\dfrac{3}{4}$（$C$ 点）。

8.8 $\overline{N}_1=1,\overline{N}_2=\dfrac{3}{2},\overline{N}_3=\sqrt{2}$，

$\overline{N}_4=\dfrac{\sqrt{2}}{2}$（均为 C 点的值）。

8.9 $\overline{N}_1=1.5,\overline{N}_2=-\dfrac{1}{3}$，

$\overline{N}_3=0.6$（均为 C 点的值）。

8.10 $\overline{N}_1=\sqrt{2},\overline{N}_2=-1,\overline{N}_3=0$，

$\overline{N}_4=\dfrac{1}{2}$（均为 D 点的值）。

8.12 $\overline{M}_E=\dfrac{2}{3}$ m（E 点），

$\overline{Q}_{B左}=-1$（B 左），

$\overline{Q}_{B右}=+1$（B 右）。

8.13 $\overline{R}_C=\dfrac{4}{3},\overline{M}_H=-\dfrac{2}{3}$ m，

$\overline{Q}_H=\dfrac{1}{3},\overline{Q}_G=0$（均为 B 点的值）。

8.14 $\overline{R}_A=\dfrac{1.5}{4}$，

$\overline{R}_B=\dfrac{5.5}{4}$（以上为 C 点的值），

$\overline{M}_E=-1$ m，$\overline{Q}_{E左}=-1$，

$\overline{Q}_{E右}=\dfrac{1}{3}$（以上为 D 点的值）。

8.15 $M_E=55$ kN·m，$Q_{D左}=23.75$ kN。

8.16 $Q_D=3.5$ kN，$M_E=14$ kN·m。

8.17 $M_C=6.8$ kN·m，$Q_C=7.15$ kN。

8.18 $R_B=140$ kN，$M_E=40$ kN·m，$Q_{B左}=-60$ kN。

8.19 $M_{Cmax}=60$ kN·m，$M_{Cmin}=-16$ kN·m；

$Q_{Cmax}=16$ kN，$Q_{Cmin}=-18$ kN。

8.20 $M_{Hmax}=20$ kN·m，$M_{Hmin}=-30$ kN·m；

$Q_{Hmax}=23.33$ kN，$Q_{Hmin}=-13.33$ kN。

8.21 $M_{Cmax}=314.31$ kN·m，$Q_{Cmax}=104.8$ kN，

$Q_{Cmin}=-27.31$ kN。

8.22 $R_{Bmax}=237$ kN。

8.23 $M_{Cmax}=614$ kN·m，$Q_{Cmax}=109.8$ kN，

$Q_{Cmin}=-44.33$ kN。

***8.24** $M_{Cmax}=2244$ kN·m，$Q_{Cmax}=117.58$ kN。

***8.25** 绝对最大弯矩 355.6 kN·m，

跨中截面最大弯矩 350 kN·m。

第 9 章

9.1 $Y_C=16.25$ kN（$\uparrow$），

$M_B=17.5$ kN·m，

$Q_{C左}=-11.25$ kN，

$Q_{C右}=5$ kN。

9.2 $M_A=18$ kN·m，

$M_D=6.75$ kN·m，

$Q_A=9$ kN，

$Y_C=3$ kN。

9.3 $\Delta_{Ay}=\dfrac{1}{8}\dfrac{ql^4}{EI}$（$\downarrow$），

$\Delta_{A\varphi}=\dfrac{1}{6}\dfrac{ql^3}{EI}$（$\curvearrowright$）。

9.4 $\Delta_{Ay}=\frac{5}{48}\frac{Pl^3}{EI}$(↓)，

$\Delta_{A\varphi}=\frac{1}{8}\frac{Pl^2}{EI}$(↘)。

9.5 $\Delta_{Cy}=\frac{5}{384}\frac{ql^4}{EI}$(↓)。

9.6 $\Delta_{Cy}=\frac{5}{48}\frac{Pl^3}{EI}$(↓)。

9.7 $\Delta_{A\varphi}=3\frac{Ml}{EI}$(↻)。

9.8 $\Delta_C=1.15$ mm(↓)。

9.9 $\Delta_C=0.0133$ cm(↓)。

9.10 $\Delta_{CH}=4.828\frac{Pa}{EA}$(→)。

9.11 $\Delta_{CH}=23.66\frac{Pa}{EA}$(←)。

9.12 $\Delta_{AH}=\frac{1}{2}\frac{PR^3}{EI}$(→)，$\Delta_{AV}=\frac{1}{4}\frac{PR^3\pi}{EI}$(↓)。

9.13 $\Delta_{BH}=\frac{q}{15}\frac{fl^3}{EI}$(→)。

9.14 同 9.3。

9.15 同 9.4。

9.16 同 9.5。

9.17 同 9.6。

9.18 同 9.7。

9.19 $\Delta_C=1.53$ cm(↓)，$\Delta_E=2.0$ cm(↓)。

9.20 $\Delta_{Bv}=\frac{1}{EI_1}\frac{P}{3}(l^3-a^3)+\frac{1}{EI_2}\frac{P}{3}a^3$，

$\Delta_{B\varphi}=\frac{1}{2}\frac{P(l^2-a^2)}{EI_1}+\frac{1}{2}\frac{Pa^2}{EI_2}$。

9.21 $\Delta_D=\frac{23}{1296}\frac{Pl^3}{EI}$(↓)。

9.22 $\Delta_C=0.32$ cm(↓)。

9.23 $\Delta_{Av}=7\frac{qa^4}{EI}$(↓)，$\Delta_{Dv}=\frac{161}{48}\frac{qa^4}{EI}$(↓)。

9.24 $\Delta_{CH}=\frac{1}{3}\frac{qa^4}{EI_1}$(→)。

9.25 $\Delta_{EH}=\frac{3}{16}\frac{qa^4}{EI}$(→)，$\Delta_{B\varphi}=\frac{11}{48}\frac{qa^3}{EI}$(↻)。

9.26 (1)$\Delta_1=0$，$\Delta_2=\frac{1}{8}\frac{ql^2h^2}{EI}$(→←)，

$\Delta_3=\frac{1}{4}\frac{ql^2}{EI}\left(\frac{l}{6}+h\right)$(↙↘)。

9.27 $\Delta_{Cv}=1.32$ cm(↑)。

9.28 $\Delta_{DH}=1.65$ cm(→)。

9.29 (1)$\Delta_{DH}=1$ cm(←)，

(2)$\Delta_{DH}=0.25$ cm(←)，

(3)$\Delta_{DH}=0.25$ cm(→)。

9.30 $\Delta_{Kv}=\Delta_y-3a\Delta_\varphi$(↓)，

$\Delta_{KH}=\Delta_x+a\Delta_\varphi$(←)，

$\Delta_{K\varphi}=\Delta_\varphi$(↻)。

9.31 $\Delta_{Dv}=0.33$cm(↓)，

$\Delta_{DH}=1$ cm(←)，

$\Delta_{D\varphi}=0.0033$ 弧度(↻)。

9.32 $\Delta_{Cv}=0.67$cm(↓)，

$\Delta_{CH}=0.5$ cm(→)，

$\Delta_{C\varphi}=0.0033$ 弧度(↙↘)。

第 10 章

10.1 (a) 2 次；(b) 5 次；(c) 3 次；(d) 3 次；(e) 4 次；(f) 7 次；(g) 2 次；(h) 3 次；(i) 9 次；(j) 6 次。

10.2 (a) $M_A=\frac{3}{16}Pl$(上边受拉)，$Q_A=\frac{11}{16}P$。

(b) $M_A=\frac{1}{8}Pl$(上边受拉)，$Q_A=\frac{1}{2}P$。

(c) 当 $k=10$ 时，$M_B=\frac{1}{88}ql^2$(上边受拉)，

当 $k=0.1$ 时，$M_B=\frac{1}{8.8}ql^2$(上边受拉)。

(d) $M_B=\frac{0.156}{1+k}ql^2$(下边受拉)。

10.3 (a) $M_{CD}=18$ kN·m(下边受拉)，$Q_{CD}=-3$ kN。

(b) $M_{CB}=\frac{1}{14}ql^2$(上边受拉)，$Q_{CB}=\frac{3}{7}ql$。

10.4 (a) $M_{AD}=104.46$ kN·m(左边受拉)。

(b) $M_{DE}=62.12$ kN·m(上边受拉)。

10.5 (a)$M_{AC}=225$ kN·m(左边受拉)。

(b) $M_{CA}=11.76$ kN·m(左边受拉)。

(c) $M_{CG}=95.76$ kN·m(右边受拉)。

10.6 (a)$N_{CE}=-0.83P$(压)。

(b) $N_{CD}=0.896P$(拉)。

10.7 $N_{CD}=10.98$ kN(拉)。

10.8 B 点吊杆拉力为 7.66 kN，$M_B=5$ kN·m(上边受拉)。

10.9 (a) $M_{AC}=9.27$ kN·m(右边受拉)，

$Q_{AC}=-8.74$ kN，$N_{AC}=-30.89$ kN(压)。

(b) $M_{DE}=0.039ql^2$，$M_{ED}=0.074ql^2$(均上边受拉)。

(c) $M_{AE}=\frac{1}{4}Ph$(左边受拉)。

(d) $M_{DA}=\frac{3}{40}ql^2$(上边受拉)。

(e) $M_{AB}=\frac{1}{36}qa^2$(上边受拉)。

(f) $M_{EF}=10.8$ kN·m(下边受拉)。

10.10 $M_A=\frac{3}{28}Pl$(内侧受拉)。

10.11 (a)无弯矩。

(b) $M_{AC}=\frac{Pl}{2}\cdot\frac{h^2}{h^2+2l^2}$(外侧受拉),

$M_{CA}=\frac{Pl}{2}\cdot\frac{h^2}{h^2+2l^2}$(内侧受拉)。

10.12 $N_{AB}=\frac{ql^2}{8f}\frac{1}{1+\frac{15}{8}\frac{EI}{E_1A_1f^2}}$。

10.13 $H=0.46P, M_A=M_B=0.11PR$。

10.14 $M_A=\frac{1}{4}qR^2$(内侧受拉),$M_B=\frac{1}{4}qR^2$(内侧受拉)。

10.15 在交点1、2、3、4处中梁承受$\frac{43}{64}P$,边梁承受$\frac{21}{64}P$。

10.16 利用对称性,可化为只含一个多余未知力的问题。

10.17 $M_{AB}=0.270Pl$(上边受拉),$M_{tAB}=-0.084Pl$。

10.18 (a) $M_A=\frac{3EI\alpha\Delta t}{2h}$(上边受拉)。

(b) $M_A=\frac{EI\alpha\Delta t}{h}$(上边受拉)。

10.19 (a) $M_A=\frac{4EI}{l}\alpha$(下边受拉)。

(b) $M_A=\frac{EI}{l}\alpha$(下边受拉)。

(c) $M_A=\frac{3EI}{l^2}\Delta$(上边受拉)。

(d) $M_A=\frac{6EI}{l^2}\Delta$(上边受拉)。

10.20 $M_{AC}=102.6\ \text{kN}\cdot\text{m}$(左边受拉)。

10.21 (a) $M_A=\frac{5}{11}Pa$(上边受拉)。

(b) $Y_C=\frac{3ql}{8}\frac{5+4\frac{EI}{kl}}{4+3\frac{EI}{kl}}$(↑)。

10.22 $\Delta_C=\frac{324}{EI}$(→)。

10.23 $\Delta_C=\frac{1620}{EI}$(→)。

10.24 $\theta_B=\frac{1}{4}\frac{\alpha\Delta tl}{h}$(↶)。

第11章

11.1 4个。

11.2 7个。

11.3 $\alpha\neq0$,2个;

$\alpha=0$,1个。

11.4 $\alpha\neq0$,10个;

$\alpha=0$,10个。

11.5 $EA\neq\infty$,9个,

$EA=\infty$,8个。

11.6 8个。

11.7 $EA\neq\infty$,5个,

$EA=\infty$,4个。

11.8 (a)6个;(b)4个。

11.9 $\overline{M}_{CB}=3i$,

$M^F_{CB}=\frac{3}{16}ql^2$。

11.10 $\overline{M}_{BA}=\frac{3}{4}EI$,

$M^F_{BA}=5\ \text{kN}\cdot\text{m}$。

11.11 $\overline{M}_{CD}=\frac{2EI}{l}$。

11.12 $\theta_A=1,\overline{M}_{FB}=0$;

$\theta_B=1,\overline{M}_{FB}=-i$;$M^F_{FB}=\frac{1}{8}ql^2$。

11.13 $M_{DC}=41.54\ \text{kN}\cdot\text{m}$,

$M_{CD}=-6.92\ \text{kN}\cdot\text{m}$。

11.14 $M_{BA}=45.63\ \text{kN}\cdot\text{m}$。

11.15 $M_{AB}=-\frac{41}{280}Pl$,

$M_{BC}=-\frac{11}{280}Pl$。

11.16 $M_{BC}=-54.3\ \text{kN}\cdot\text{m}$,

$M_{CB}=70.3\ \text{kN}\cdot\text{m}$。

11.17 $\theta_F=1,\overline{M}_{FE}=i$;

$\theta_C=1,\overline{M}_{FC}=2i$;

$\Delta_C=1,\overline{M}_{FC}=\frac{6i}{l}$;

$M^F_{FE}=\frac{1}{3}ql^2$。

11.18 $\theta_B=1,\overline{M}_{BD}=4i$;

$\theta_D=1,\overline{M}_{BD}=2i$;

$\Delta_B=1,\overline{M}_{BD}=\frac{6i}{l}$;

$M^F_{ED}=-\frac{1}{6}ql^2$。

11.19 $M_{AD}=-\frac{11}{56}ql^2$,

$M_{EB}=-\frac{3}{28}ql^2$。

11.20 $M_{AD}=-84.2\ \text{kN}\cdot\text{m}$,

$M_{EB}=-70.0\ \text{kN}\cdot\text{m}, M_{ED}=35.1\ \text{kN}\cdot\text{m}$。

11.21 $M_{AC}=-10.04\ \text{kN}\cdot\text{m}$,

$M_{BD}=-5.65\ \text{kN}\cdot\text{m}$,

$M_{CE}=7.53\ \text{kN}\cdot\text{m}$。

11.22 $M_{DG}=33.3\ \text{kN}\cdot\text{m}$,

$M_{AD}=53.33\ \text{kN}\cdot\text{m}$。

11.23 $M_{AC}=-225$ kN·m，
$M_{BD}=-135$ kN·m。

11.24 $M_{AC}=-34.4$ kN·m，
$M_{CA}=14.7$ kN·m，
$M_{BD}=-20.1$ kN·m。

11.25 $M_{AD}=\frac{1}{48}ql^2$，
$M_{DE}=-\frac{1}{24}ql^2$。

11.26 $M_{DE}=0$，
$M_{ED}=180$ kN·m，
$M_{EC}=-360$ kN·m。

11.27 $M_{CE}=-40$ kN·m，
$M_{EC}=70$ kN·m。

11.28 $M_{EF}=-57.39$ kN·m，
$M_{AC}=-5.22$ kN·m，
$M_{CE}=20.87$ kN·m。

11.29 $M_{AC}=-168.29$ kN·m，
$M_{CA}=-131.7$ kN·m。

11.31 $M_{CB}=-47.37$ kN·m。

11.32 $M_B=-93.7$ kN·m，
$M_C=140.1$ kN·m。

11.33 (a) $M_{BA}=\frac{24i+3kl^2}{3i+kl^2}\cdot\frac{Pl}{16}$

(b) $M_{AB}=-\frac{21}{76}ql^2$

$M_{BA}=-\frac{5}{76}ql^2$

11.34 (a)$M=\frac{EI\alpha t^\circ}{h}$(外部受拉)，(b)同(a)。

11.35 $M_{AB}=2.27$ kN·m，
$M_{DA}=-6.37$ kN·m，
$M_{BA}=6.77$ kN·m，
$M_{BE}=-1.41$ kN·m，
$M_{EB}=-1.08$ kN·m。

参 考 文 献

1 包世华.结构力学(上、下册)[M].第5版.武汉:武汉理工大学出版社,2018.

2 龙驭球,包世华,袁驷.结构力学(Ⅰ、Ⅱ)[M].第4版.北京:高等教育出版社,2018.

3 龙驭球,包世华.结构力学教程[M].北京:高等教育出版社,1988.

4 龙驭球,包世华.结构力学[M].第二版.北京:高等教育出版社,1994.

5 包世华.结构力学[M].北京:中央广播电视大学出版社,1993.

6 杨茀康,李家宝.结构力学[M].第四版.北京:高等教育出版社,1998.

7 李廉锟.结构力学[M].第三版.北京:高等教育出版社,1996.

8 邢沁妍,袁驷.结构力学学习精要[M].北京:高等教育出版社,2021.

9 雷钟和,江爱川,郝静明.结构力学解疑[M].北京:清华大学出版社,1996.

10 包世华.《结构力学》学习指导及题解大全[M].武汉:武汉理工大学出版社,2003.

11 BAO S H,GONG Y Q. Structural Mechanics[M]. Wuhan:Wuhan University of Technology Press,2006.

12 包世华,熊峰,范小春.结构力学教程[M].武汉:武汉理工大学出版社,2016.